国家安全生产应急救援培训教材之八

交通运输安全生产应急管理

国家安全生产应急救援指挥中心　组织编写

煤炭工业出版社

·北　京·

编写组名单

组长　王笑京

成员　董雷宏　张　可　李仲刚　关　健　白　艳
马为军　贺瑞华　汤筠筠　李宏海　程　鹏
刘建新　吴建平　廖文洲　车春江　王　晶
孔庆春　范纪坤　杨　春

前　　言

党的十六届四中、五中、六中全会和党的十七大都对做好应急管理工作提出了明确要求。在党中央、国务院的正确领导下，在各地区、各部门、各单位的共同努力下，全国安全生产应急管理工作近年来取得了较快发展，各级安全生产应急管理机构逐步建立健全，应急管理协调联动机制逐步完善，应急管理法制建设得到加强，应急预案管理工作逐步规范。我国安全生产应急救援队伍在生产安全事故应急救援工作中发挥了骨干作用，在各类灾害抢险，特别在四川汶川、青海玉树特大地震抢险救援中发挥了重要作用。做好安全生产应急管理工作，是深入落实科学发展观的内在要求，是加强政府能力建设的重要内容，是应对安全生产严峻形势的现实需要。

交通运输是国民经济和社会发展的重要基础。由于交通运输涉及的领域和部门众多，运输方式和生产环节复杂，受自然、人为等因素影响，交通运输领域重特大交通事故时有发生，事故死亡人数总量大。近年来，国务院各有关部门、地方各级人民政府加大交通运输安全投入，开展交通运输领域专项治理，全国交通运输安全生产应急管理工作取得较大进展，部分领域交通事故明显下降，其中，道路交通事故死亡人数从每年十万人下降到七万人，铁路交通事故死亡人数从每年九千多人下降到两千多人。

加强交通运输安全生产应急管理培训，增强交通运输管理人员危机意识，提高事故抢险人员的技术水平，减少事故造成的人员伤亡和财产损失，是交通事故应急管理的首要任务。按照《国家安全生产监督管理总局关于加强安全生产应急管理培训工作的实施意见》，结合目前安全生产应急管理工作实际，国家安全生产应急救援指挥中心组织编写了《交通运输安全生产应急管理》培训教材，目的是规范交通运输安全生产应急管理培训工作，使交通运输管理人员、安全管理人员、应急指挥人员、应急救援专业队伍指战员掌握交通运输事故应急处置的专业知识，全面提高应急管理水平和能力。

《交通运输安全生产应急管理》培训教材适用于各级安全生产应急管理部门负责人、交通运输领域中高级安全管理人员、应急指挥人员和大中型交通运输企业负责人等。

《交通运输安全生产应急管理》研究借鉴国内外重大交通事故应急处置案例，详细介绍了事故应急处置原则、程序和基本方法，结合典型事故案例讲解了应急处置技术，具有很强的针对性和实用性，对于推进我国交通运输安全生产应急管理工作，及时有效地处置各类交通事故，促进交通运输安全形势的稳定好转，具有重要意义。

编　者

二〇一〇年五月

目　次

1 交通运输安全生产应急管理概论

1.1 我国安全生产应急管理概述

我国在全面建设小康社会、构建社会主义和谐社会的历史进程中，不可避免地会遇到各种各样的突发公共事件。如何及时有效地应对各种突发公共事件，尽可能地预防和减少突发公共事件及其负面影响，对于更好地保障人民群众的生命财产安全、社会秩序和社会稳定，促进经济社会的全面、协调、可持续发展，都有着十分重要的现实意义。党的十六届三中、四中、五中全会明确提出，要建立健全社会预警体系和应急机制，保障公共安全，提高处置突发公共事件能力。党的十六届六中全会通过的《中共中央关于构建社会主义和谐社会若干重大问题的决定》进一步要求要完善应急管理体制机制，有效应对各种风险。党的十七届二中全会强调，要认真总结南方低温、雨雪冰冻灾害抗灾救灾斗争的经验，更好地应对各种可能发生的重大自然灾害和突发事件，更好地走科学发展道路，更好地推进现代化建设。党的十七届三中全会也明确提出，要推动防减灾事业的全面、协调和可持续发展。党中央的这些决策和要求，为我国应急管理工作指明了方向。

按照党中央的决策和要求，国务院等有关部门对我国安全生产应急管理工作进行了全面规划和部署。2004 年 1 月 9 日，国务院发布《国务院关于进一步加强安全生产工作的决定》（国发［2004］2 号），提出了“加快全国生产安全应急救援体系建设，尽快建立国家生产安全应急救援指挥中心”的要求。2005 年 4 月国务院印发了《关于实施国家突发公共事件总体应急预案的决定》，相继发布了《国家突发公共事件总体应急预案》以及 25 个专项应急预案。按照国务院总体规划，国务院有关部门印发了 80 个部门应急预案。各省、自治区、直辖市全部制定并印发了突发公共事件应急预案，我国政府应急预案体系初步形成，应对各种风险的能力明显提高。2006 年 3 月 14 日，十届全国人大四次会议表决通过的《国民经济和社会发展第十一个五年规划纲要》提出，要“建立健全应急管理体系，加强指挥信息系统、应急物资保障、专业救灾抢险队伍、应急标准体系以及运输、现场通讯保障等重点领域和重点项目的建设，健全重特大自然灾害发生后的社会动员机制，提高处置突发公共事件能力”。并提出进行公共服务重点工程建设，即“建设国家、省、市三级安全生产应急救援指挥中心和国家、区域、骨干专业应急救援体系”。2006 年 6 月国务院发布了《国务院关于全面加强应急管理工作的意见》（国发［2006］24 号），提出了“加强应急管理机构和应急救援队伍建设。统筹规划应对突发公共事件所必须的基础设施建设。各专项应急指挥机构要进一步强化职责，充分发挥在相关领域应对突发公共事件的作用。加快国务院应急平台建设，完善有关专业应急平台功能，形成连接各地区和各专业应急机构、统一高效的应急平台体系”等内容。2006 年 9 月 23 日，国家安全生产监督管理总局和国务院国有资产管理委员会联合召开了“中央企业应急管理和预案编制工作现场会”。会议强调，2006 年年底前，所有中央企业都要完成应急预案编制工作，2007 年年底前，各级各类企业都要完成应急预案编制工作，形成“横向到边，纵向到底”的企业应急预案体系。2006 年 12 月，国务院办公厅印发了《“十一五”期间国家突发公共事件应急体系建设规划》。2007 年 2 月 28 日，《国务院办公厅转发安全监管总局等部门关于加强企业应急管理工作意见的通知》（国办发［2007］13 号）强调，加强企业应急管理，是企业自身发展的内在要求和必须履行的社会责任。2007 年 5 月 19 日，国务院召开全国基层应急管理工作座谈会，提出要依靠群众、立足基层、夯实基础、扎实推进，全面加强应急管理工作。2007 年 5 月 31 日，国家安全生产监督管理总局召开全国安全生产应急管理工作座谈会，要求增强做好安全生产应急管理工作的紧迫感、自觉性和创造性，真抓实干，攻坚克难，增强工作信心，进一步明晰工作思路，明确奋斗目标。2007 年 11 月 1 日，中华人民共和国第十届全国人民代表大会常务委员会第二十九次会议通过了《中华人民共和国突发公共事件应对法》。2009 年 5 月 1 日，国家安全生产监督管理总局发布了《生产安全事故应急预案管理办法》。2009 年 10 月 18 日，《国务院办公厅关于加强基层应急队伍建设的意见》（国办发［2009］59 号）强调，基层应急队伍是我国应急体系的重要组成部分，是防范和应对突发事件的重要力量。

近年来，交通运输部根据国家建立突发公共事件应急预案体系的总体部署，于 2005 年制定和发布了《公路交通突发公共事件应急预案》，2008 年对其进行了修订，并拟更名为《国家公路交通突发事件应急预案》。各地交通部门根据应急预案的要求，也相继制定了地方公路交通应急预案，以确保在各类突发事件发生时或发生后能及时排除险情，有效组织救援、调配，保障公路畅通。2008 年，铁路部门按照《“十一五”期间国家突发公共事件应急体系建设规划》要求，在前期工作基础上，修订完善了《“十一五”期间铁路突发事件应急体系建设规划》。同时，还启动了铁路应急平台、京津城际铁路防灾监控系统、综合视频监控系统、大风实时监测系统、应急培训基地等重点项目建设。2006 年，根据国务院的统一部署，农业部组织编制了《渔业船舶水上安全突发事件应急预案》，为做好预案的贯彻落实工作，并相应颁布了贯彻落实该预案的实施意见。

积极贯彻落实好党和政府这些要求，进一步加强我国安全生产应急管理，建立健全应急管理体制和机制，提高安全生产应急管理的能力和水平，尽可能地控制、减轻和消除突发事件引起的社会危害，已成为各级人民政府和生产经营单位加强自身建设重要而紧迫的任务之一。

1.1.1 安全生产应急管理内涵、特点与任务

安全生产应急管理是国家突发公共事件应急管理的重要组成部分。因此，国家突发公共事件应急管理的指导思想、原则和普遍规律都适合于安全生产应急管理。

1.1.1.1 安全生产应急管理的概念与内涵

根据风险控制原理，风险大小是由事故发生的可能性及其后果严重程度决定的。事故发生的可能性越大，后果越严重，则该事故的风险就越大。因此，控制事故风险的根本途径有两条：第一条是事故预防，防止事故的发生或降低事故发生的可能性，从而达到降低事故风险的目的。然而，由于受技术发展水平、人的不安全行为以及自然客观条件（乃至自然灾害）等因素影响，要将事故发生的可能性降至零，即做到绝对安全，是不现实的。事实上，无论事故发生的频率降至多低，事故发生的可能性都依然存在，而且有些事

故一旦发生，后果将是灾难性的。那么，如何控制这些发生概率虽小、后果却非常严重的重大事故风险呢？无疑，应急管理成为第二条重要的风险控制途径。

安全生产应急管理工作是指立足于防范事故的发生，从安全生产应急管理的角度，着重做好事故预警、加强预防性安全检查、搞好隐患排查整改等工作。

1.1.1.2 安全生产应急管理的特点

安全生产应急管理具有复杂性、长期性和艰巨性等特点，是一项长期而艰巨的工作。

首先，安全生产应急管理本身是一个复杂的系统工程。从时间序列来看，安全生产应急管理在事前、事发、事中及事后四个过程中都有明确的目标和内涵，贯穿于预防、准备、响应和恢复的各个阶段；从涉及的部门来看，安全生产应急管理涉及安全生产监督管理、消防、卫生、交通、物资、市政、财政等政府的各个部门，以及诸多社会团体或机构，如新闻媒体、志愿者组织、生产经营单位等；从应急管理涉及的领域来看，则更为广泛，如工业、交通、通讯、信息、管理、心理、行为、法律等；从应急对象来看，其种类繁多，涉及各种类型的事故灾难；从管理体系构成来看，涉及应急法制、体制、机制和保障系统；从层次上来看，则可划分为国家、省、市、县及生产经营单位应急管理。由此可见，安全生产应急管理涉及的内容十分广泛，在时间、空间和领域等方面构成了一个复杂的系统工程。

其次，重大生产安全事故发生所表现出的偶然性和不确定性，往往给安全生产应急管理工作带来消极的心态影响：一是侥幸心理，主观认为或寄希望于这样的生产安全事故不会发生，对应急管理工作淡漠，而应急管理工作在事故灾难发生前又不能带来看得见、摸得着的实际效益，这也使得安全生产应急管理工作难以得到应有的重视；二是麻痹心理，经过长时间的应急准备，而重大事故却一直没有发生，易滋生麻痹心理而放松应急工作要求和警惕性，若此时突然发生重大事故，则往往导致应急管理工作前功尽弃。重大生产安全事故的偶然性和不确定性，要求安全生产应急管理常备不懈，一刻也不能放松，且任重道远。

1.1.1.3 安全生产应急管理的基本任务

《关于加强安全生产应急管理工作的意见》（安监总应急［2006］196号）指出，事故灾难是突发公共事件的重要方面，安全生产应急管理是安全生产工作的重要组成部分。全面做好安全生产应急管理工作，提高事故防范和应急处置能力，尽可能避免和减少事故造成的伤亡和损失，是坚持“以人为本”、贯彻落实科学发展观的必然要求，也是维护广大人民群众的根本利益、构建社会主义和谐社会的具体体现。

在党中央、国务院的领导下，在各地区、各部门、各单位和社会各界的共同努力下，全国安全生产形势呈现出总体稳定、趋于好转的态势，但是事故伤亡总量大、特重大事故频发、职业危害严重的现状还没有得到根本上的改变，安全生产形势依然严峻。目前，我国正处在工业化加速发展阶段，社会生产活动和经济规模的迅速扩大与安全生产基础薄弱的矛盾突出，处于生产安全事故的“易发期”，加强安全生产应急管理工作显得尤为重要和迫切。我国安全生产应急管理工作尽管取得了一定成绩，但在体系、机制、应急保障及监督管理等方面，还存在许多不适应的问题，必须引起高度重视，采取切实措施，认真加以解决。因此，安全生产应急管理的基本任务包括：

1. 完善安全生产应急预案体系

各级安全生产监督管理部门及其他负有安全监管职责的部门依据政府的统一领导，根据国家生产安全事故有关预案，分门别类制修订本地区、本部门、本行业和领域的各类安全生产应急预案。各生产经营单位按照《生产经营单位安全生产事故应急预案编制导则》，制定应急预案，加快构建完整的应急预案体系，并与政府及有关部门的应急预案相互衔接。

2. 健全和完善安全生产应急管理体制和机制

各级安全生产监督管理部门明确应急管理机构，落实应急管理职责，做到安全生产应急管理指挥工作机构、职责、编制、人员、经费五落实。

各地区、各有关部门安全生产应急管理机构间加强协调联动，积极推进资源整合和信息共享，形成统一指挥、相互支持、密切配合、协同应对事故灾难的合力。各级政府安全生产委员会及其办公室在安全生产应急管理方面发挥协调作用，建立安全生产应急管理工作的协调机制。

3. 加强安全生产应急队伍和能力建设

各类生产经营单位按照安全生产法律法规要求，建立安全生产应急救援组织，并根据预案实施的需要，建立必要的应急救援机构和专兼职的应急救援队伍，高度重视应急管理和应急救援队伍的自身建设。

统筹规划，建设具备风险分析、监测监控、预测预警、信息报告、数据查询、辅助决策、应急指挥和总结评估等功能的国家、省（区、市）、市（地）安全生产应急信息系统，实现各级安全生产应急指挥机构与相关专业应急指挥机构、国家级区域应急救援基地以及骨干应急救援机构间的信息共享。

4. 建立健全安全生产应急管理法律法规及标准体系

各地区、各有关部门依据《中华人民共和国安全生产法》、《中华人民共和国突发公共事件应对法》、《国家突发公共事件总体应急预案》等有关法律、法规和标准，结合实际，制定并完善安全生产应急管理的地方和部门法规、规章及标准。生产经营单位也要建立和完善内部应急管理的规章制度。

5. 坚持预防为主、防救结合，做好事故防范工作

以生产经营单位、社区和乡镇为重点，加强基层和现场的应急管理工作。从建立健全应急预案、建立救援队伍、加大应急投入、完善救援保障、普及应急知识等方面入手，将各项工作落实到各环节、各岗位，全面加强基层安全生产应急管理工作，提高第一时间的应急处置水平和能力。

6. 做好生产安全事故救援工作

各级安全生产监督管理部门、其他有关部门和各生产经营单位要及时上报并密切关注可能导致重特大生产安全事故灾难的重要信息，做好应急准备和处置工作。发生事故的单位要立即启动应急预案，组织现场抢救，控制险情，减少损失；同时，建立事故应急救援的现场组织工作机制，加强协调配合，有效组织各类应急救援队伍和救援力量，调集救援物资与装备，开展应急救援工作；还要高度重视生产安全事故灾难的信息发布、舆论引导工作，充分发挥中央和地方主流新闻媒体的舆论引导作用；生产安全事故灾难善后迟滞工作结束后，各级安全生产监督管理部门和其他负有安全监管职责的部门要对所辖区域内生产安全事故灾难的处置、相关防范工作和应急管理工作进行评估，及时改进工作，提高应

急管理工作水平。

7. 加强安全生产应急管理培训和宣传教育工作

生产经营单位加强对从业人员的应急管理知识和应急救援内容的培训，特别是要加强重点岗位人员的应急知识培训，提高现场应急处理能力。充分发挥广播、电视、报纸、网络等文化宣传力量的作用，通过学习安全生产应急管理的法律法规、应急预案、救援知识，提高生产经营单位从业人员救援技能，增强社会公众的安全意识和应对事故灾难的能力。

8. 加强安全生产应急管理支撑保障体系建设

各级安全生产监督管理部门和其他负有安全监管职责的部门应依靠科技进步，提高安全生产应急管理和应急救援水平。并根据国家有关规定，积极争取将安全生产应急管理和应急救援需要政府负担的经费，纳入本级财政年度预算。制定安全生产应急救援队伍有偿服务的指导意见和管理办法，建立安全生产应急救援队伍正常的经费渠道。

1.1.2 我国安全生产应急管理体系

1.1.2.1 安全生产应急管理工作的整体思路

我国安全生产应急管理工作总的要求是：以科学发展观为统领，以加强应急管理、完善应急体系、提高应急能力为主线，强化基础工作，健全应急管理体制、机制、法制，完善应急预案、应急平台和救援队伍体系，提高应急保障和救援能力，促进安全生产形势持续稳定转好。主要包括：

1. 加强应急管理基础工作，为应急救援提供有力支持和科学依据

（1）建立和完善应急管理数据库，为应急管理和科学施救提供技术支持和决策依据。

（2）加快推进应急指挥平台相关硬件设备建设和网络建设，实现与省（区、市）应急指挥平台的对接。

（3）做好应急管理有关信息的统计分析和上报。

2. 加强应急预案管理，完善应急预案体系

（1）建立应急预案分级分类管理制度。根据属地管理的原则，省（区、市）、市（地）安监机构各自负责对所监管企业应急预案的管理，对企业的应急预案区分对待、突出重点、实施管理。

（2）进一步加强应急预案的审查和报备工作。对所有已经制定的应急预案进一步修订完善，重点行业、重点企业预案由安监和行业管理部门进行备案审查。规范预案管理程序，完善预案管理系统，建立健全预案数据库，提高预案管理水平。

（3）定期组织开展应急预案演练。例如危化品运输企业以及人员密集场所等重点企业，每年至少开展两次演练，演练应制定专门的演练计划方案，演练时安监部门派员参加，对存在的问题提出改进意见，督促制定整改措施，适时修订预案。

（4）大力推广应急预案管理先进典型。例如在危化品运输企业选出 2 ~ 3 个应急预案管理先进典型，在本行业内加以推广，让同行业企业学习、借鉴、提高，推动生产经营单位应急预案的管理上层次、上水平。

3. 完善应急管理体制机制，提高应急反应速度和保障能力

（1）继续推进应急救援指挥机构建设。建立相应的应急救援指挥机构，省（区、市）、市（地）落实专职人员从事应急管理工作。

（2）建立应急管理协调工作机制。进一步建立应急救援指挥机构与政府各部门及救援中心的协调机制，继续完善和认真落实应对自然灾害的预警机制，着力加强生产安全事故救援工作中的相互协调、配合和支持，确保响应快速、组织有力、救援有效。

（3）组织开展预防性安全检查。进一步完善和规范应急救援队伍参与事故预防和隐患排查工作机制，推动救援队伍开展社会化技术服务。

4. 加强应急救援体系建设，提高综合救援能力

（1）加强应急救援队伍技能训练。指导推动救援队伍开展相关领域应急救援技能训练，提高业务技术水平，扩充配备相应装备，拓展业务范围，实现一专多能。

（2）进一步完善应急救援队伍体系建设。合理建立和分布各行业应急救援队伍，使应急救援队伍体系更加完善，区域性救援更加科学、有效，生产经营单位依法建立专、兼职救援队伍。

5. 加强应急管理宣传教育和培训工作，提高全民安全意识和素质

（1）广泛宣传普及应急知识。组织开展多种形式的应急管理宣传教育活动，充分利用新闻媒体，开辟专栏、举办专刊、组织专访等形式加大应急知识的宣传力度，提高全民应急知识水平，增强全民安全意识。

（2）加强应急管理知识的培训教育。在组织的各类培训班中，将应急管理的相关知识纳入安全培训内容，加大培训力度，提高培训质量，提高生产经营单位主要负责人、应急管理人员及相关人员的素质和应对突发事件的处置水平和能力。

1.1.2.2 安全生产应急管理体系架构

我国应急管理体系主要包括应急管理组织体系、预案体系、运行机制和应急保障等方面。

1. 应急管理的组织体系

（1）领导机构。国家层面上，国务院是应急管理工作的最高行政领导机构。地方层面上，各级政府是所在地区应急管理工作的领导机构。

（2）办事机构。国务院办公厅设置国务院应急管理办公室，是应急管理的办事机构。各级政府设立与国务院应急管理办公室职能相对应的应急管理办事机构。

（3）工作机构。国务院及地方政府的主管部门依据有关法律、行政法规和各自的职责，负责相关类别应急管理工作。

（4）专家组。国家、地方政府及其主管部门根据实际需要聘请有关专家组成专家组，为应急管理提供决策建议，参与应急处置工作。

2. 应急管理的预案体系

1）预案体系分类

我国的应急预案体系主要由国家总体应急预案、国家专项应急预案、国家部门应急预案、地方政府应急预案和基层单位应急预案组成。

2）预案体系的框架和特点

我国应急预案具有一些其他国家没有的、超前的、创新的内容。我国应急预案在编制过程中，参考了美国、日本、俄罗斯等国以及联合国等国际组织的各种规划、预案和指南的内容，总结了我国的经验教训并根据我国的国情进行了创新，具有鲜明的中国特色。

第一，我国的应急预案涉及部门多，强调组织体系和工作机制的建立。

第二，我国的应急预案弥补了原来规划的不足，加强了我国的应急管理能力。

第三，我国的应急预案具有超前性，弥补了我国应对突发公共事件的各种法律的不足之处，为今后应急管理方面的法律完善奠定了基础。

第四，强调以预防为主和先期应急处置的重要性。

第五，把以人为本和科学发展观等作为理念和原则引入了预案。

第六，强调属地管理。

3. 应急管理的运行机制

运行机制是指应急组织体系中各部分之间相互作用的方式和规律，为应对和处理突发事件而建立的应急体系和工作机制，主要包括：

1）预测与预警

各级政府及有关部门针对各种可能发生的突发公共事件，完善监测、预测预警信息，建立长效预测预警机制；依据突发公共事件可能造成的危害程度、紧急程度和发展势态，划分预警级别；确定预警的启动和终止程序；根据预警事件的特征和影响程度与范围，提出应急资源征用方案。

2）应急处置

应急处置是应急运行机制的核心内容。突发公共事件按照其可控性、严重程度和影响范围需要进行分级响应，并确定不同的应急响应启动和终止程序；建立完善信息报送与处理程序；明确各级指挥机构的职责和权力，以及不同处置队伍间的分工协作程序。

3）恢复与重建

恢复与重建工作由事发地政府负责，包括善后处置、调查与评估和恢复重建等工作。

4）信息发布

突发公共事件的信息发布具体按照国家和地方政府《突发公共事件新闻发布应急预案》执行。

4. 应急管理的应急保障机制

按照国家和地方政府总体预案的要求，做好应对突发公共事件的人力、物力、财力、交通运输、医疗卫生及通信保障等工作，保证应急救援工作的需要和灾区群众的基本生活，以及顺利进行恢复重建工作。

1.1.2.3　安全生产应急管理法律法规体系

1. 安全生产应急管理法律法规的特征

（1）应急法律法规主要是调整应急时期政府机关如何行使紧急权利，相对于其他法律法规，应急法律法规一般都授予政府机关。

（2）应急法律法规在保护公民权利方面更注重对社会公共利益的保护。

（3）应急法律法规具有较强的时效性，更加强调政府部门应急时期的权利和义务。

（4）应急法律法规都具有强制性，无论是行使应急权利的政府机关，还是一般的公民，都必须无条件地服从应急法律法规的规定。

2. 应急管理法制主要内容

应急管理法制建设是一个宏大的社会系统工程，其主要内容包括：

（1）完善的应急法律规范和应急预案。

（2）依法设定的应急机构及其应急权利与职责。

（3）紧急情况下国家权力机关之间、国家权利与公民权利之间的法律调整机制。

（4）紧急情况下行政授权、委托的特殊要求。

（5）紧急情况下的行政程序和司法程序。

（6）对紧急情况下违法犯罪行为的法律约束和制裁机制。

（7）与危机管理相关的各种纠纷解决、赔偿、补偿等权利救济机制。

（8）针对各管理领域进行特殊规定等。

3. 应急管理法制原则

应急管理法制建设原则包括两个层次：一是从宏观层面对所有应急救援领域进行全面指导的“基本原则”，如《中华人民共和国突发公共事件应对法》；二是从微观方面对应急管理法制的某一领域进行单项指导的“具体原则”，它们的使用范围仅限于应急管理法制的某一方面，如《安全生产应急管理条例》草案。

一般而言，应急管理法制建设的基本原则包括以下几个方面：

（1）法治原则。即一切应急权力的行使必须有明确的法律依据，必须严格按照法律规定执行。

（2）应急性原则。即在必要情况下为了国家利益和社会公众利益，政府可以运用紧急权力，采取各种有效措施。

（3）基本权利保障原则。即一切政府应急行为都必须以保障公民基本权利为依据。

涉及管理法制的原则众多，彼此有机地构成一个完整、统一的突发事件应急管理法制原则体系，从而为突发事件应急管理法制奠定科学而坚实的理论基础。

4. 应急管理法制的功能

（1）配置协调紧急权利调动整合应急资源。应急管理法制的一个重要功能就是通过一系列权利的配置和义务的明确，协调各种可能的力量，形成统一的合力，共同应对突发事件，以尽快平息事态。

（2）建立完善应急机制，规范应急管理过程。通过应急管理法制来对突发事件发生、发展的各个不同阶段设立相应的制度，来实现应急管理法制规范应急管理过程的功能。

（3）约束限制行政权力，保障公民合法权益。通过应急管理法制的功能，使行政紧急权力的运用在法律规定的范围之内。

5. 我国应急管理法律法规层级框架

当前，我国安全生产应急管理法制建设滞后，安全生产应急救援法律法规体系不完善，不能为应急管理工作提供强有力的法律支持。因此，应该进一步加强安全生产应急管理法制建设，逐步形成规范的生产安全事故灾难预防和应急处置工作的法律法规和标准体系。

我国安全生产应急管理法律法规主要由以下5个层级构成：

（1）法律层面。《中华人民共和国突发事件应对法》是规范应对各类突发事件的预防与应急准备，监测与预警，应急处置与救援，事后恢复与重建等应对活动。

（2）行政法规层面。国务院已经出台了《生产安全事故报告和调查处理条例》等行政法规。《安全生产应急管理条例》草案及《危险化学品安全管理条例》修订草案已报国务院法制部门审查。

（3）地方性法规层面。地方人大或人民政府依据国家法律和行政法规，针对本区域潜在的事故灾难的风险性质与种类，结合应急资源的实际情况，制定了相应的地方法规，对突发性事故应急预防、准备、响应和恢复等各阶段制定针对性的规定与具体要求。

(4) 行政规章层面。有关部门根据有关法律和行政法规在各自权限范围内制定有关事故灾难应急管理的规范性文件，内容是对具体管理制度和措施的进一步细化，说明详细的实施办法。如《生产安全事故应急预案管理办法》、《矿山救援队资质认定管理规定》等。

(5) 标准层面。国务院有关部门针对具体的应急管理工作制定的技术标准，内容应覆盖事故应急管理的各阶段与过程。

1.1.2.4 安全生产应急管理的主要内容

应急管理是指为了降低突发事件的危害，达到优化决策的目的。应急管理基于对突发事件的原因、过程及后果的分析，有效集成社会各方面的资源，对突发事件进行有效的应对、控制和处理。加快应急管理体系建设，是做好应急管理工作的基础和前提，是当前和今后一个时期各级地方政府的重要工作。

1.1.2.5 《国家突发公共事件总体应急预案》的基本内容

为了提高政府保障公共安全和处置突发公共事件的能力，最大程度地预防和减少突发公共事件及其造成的损害，保障公众的生命财产安全，维护国家安全和社会稳定，促进经济社会全面、协调、可持续发展，国务院发布了《国家突发公共事件总体应急预案》，主要用于涉及跨省级行政区划的，或超出事发地省级人民政府处置能力，或者需要由国务院负责处置的特别重大突发公共事件的应对工作。《国家突发公共事件总体应急预案》主要包括组织体系、运行机制、应急保障和监督管理等内容。

1.1.3 突发公共事件与安全生产应急管理

1.1.3.1 突发公共事件的基本概念

突发公共事件又称突发事件，是指突然发生，造成或者可能造成重大人员伤亡、财产损失、生态环境破坏和严重社会危害，危及公共安全的紧急事件。例如1998年夏天中国的大洪水、2003年非典事件、2003年重庆开县天然气井喷事故、2008年初南方低温雨雪冰冻灾害、2008年“5·12”汶川大地震等，都是突发公共事件。

突发公共事件具有以下共同特征：

(1) 不确定性。即事件发生的时间、形态和后果往往无规则，难以准确预测。

(2) 紧急性。即事件的发生突如其来或者只有短时预兆，必须立即采取紧急措施加以处置和控制，否则将会造成更大的危害和损失。

(3) 威胁性。即事件的发生威胁到公众的生命财产、社会秩序和公共安全，具有公共危害性。

1.1.3.2 安全生产应急管理的本质

安全生产应急管理是安全生产工作的重要组成部分，做好安全生产应急管理工作，是深入落实科学发展观的内在要求，其本质是落实“保增长、保民生、保稳定”要求的必然选择，是履行政府职能、加强社会管理的具体体现，是应对安全生产严峻形势的现实需要。

1.1.3.3 突发公共事件与安全生产应急管理的关系

在安全生产应急管理的研究中可以发现，其与突发公共事件是相互联系、相互作用的。

(1) 安全生产应急管理是在应对突发事件的过程中，为了降低突发事件的危害，达到优化决策的目的，基于对突发事件的原因、过程及结果进行分析，有效集成社会各方面的相关资源，对突发事件进行有效预警、控制和处理的过程。

(2) 安全生产应急管理是指组织或者个人通过实施监测、预警、预控、预防、应急处理、评估、恢复等措施，防止可能发生的突发事件，处理已经发生的突发事件，控制风险扩大、尽可能减少损失的过程。

(3) 安全生产应急管理是指为了应对突发事件而进行的一系列有计划有组织的管理过程，主要任务是如何有效地预防和处置各种突发事件，最大限度地减少突发事件的负面影响。

总之，突发公共事件应急管理，就是针对可能发生或者已经发生的突发公共事件，为了减少突发公共事件的发生或降低其可能造成的后果和影响，达到优化决策的目的，而基于对突发公共事件的原因、过程及后果进行的一系列有计划、有组织的管理。它涵盖在突发公共事件发生前、中、后的各个阶段，包括为应对突发事件而采取的预先防范措施、事发时采取的应对行动、事发后采取的各种善后措施及减少损害的行为。

结合突发公共事件特点和实际，突发公共事件应急管理应强调对潜在突发公共事件实施全过程的管理，即由预防、准备、响应和恢复4个阶段组成，使突发公共事件应急管理工作贯穿于各个阶段，并充分体现“预防为主、常备不懈”的应急理念。

1.1.4 我国安全生产应急管理现状

1.1.4.1 我国安全生产应急管理的现状与总体形势

在党中央、国务院的高度重视和正确引导下，经过各级党委和政府、社会各方面和广大人民群众的共同努力，我国安全生产领域的应急救援工作取得了长足发展。安全生产领域认真贯彻和落实党中央、国务院的重大决策和部署，以“一案三制”（预案、体制、机制和法制）为重点，加强安全生产应急救援体系建设、队伍建设、装备建设，安全生产应急管理工作取得了新的进展。

1. 安全生产应急预案体系基本形成

国务院有关部门已先后完成了9个事故灾难类专项应急预案和30多个事故灾难类部门应急预案的编制工作，并全部发布实施。全国31个省（区、市）人民政府和新疆生产建设兵团及其有关部门针对本地危险行业和领域的实际情况，制定发布了若干个关于安全生产的专项应急预案和部门应急预案。全国所有市（地、县、区）人民政府及其有关部门都制定了安全生产专项应急预案和部门应急预案。在各级政府、各有关部门的推动下，所有生产经营单位都制定了相关安全生产应急预案，我国安全生产应急预案体系基本形成。

2. 应急管理和应急救援指挥体系正在逐步完善

以国务院安全生产委员会为核心，由国家安全生产监督管理总局（国务院安委会办公室）与国务院有关部门和省级人民政府共同构成了安全生产应急救援协调指挥和领导决策层。

国家安全生产应急救援协调指挥执行机构已经建立。2006年2月21日，成立了由国家安全生产监督管理总局管理的国家安全生产应急救援指挥中心，在国务院安委会办公室的领导下，具体履行全国安全生产应急救援综合监督管理的行政职能，协调、指挥生产安全事故灾难应急救援工作。

地方安全生产应急管理机构逐步建立。全国31个省（区、市）人民政府和新疆生产建设兵团全部在安全生产监督管理局内成立了应急管理办公室或安全生产应急救援指挥中心。绝大部分市（地）各级人民政府成立了安全生产应急管理机构，相当部分县（市、区）也成立了安全生产应急管理机构。

以国家安全生产应急救援指挥中心为中枢，横向联合消防、海上搜救、铁路、民航、核工业、电力、旅游、特种设备和医疗救护等9个专业应急救援指挥机构，纵向联合地方省级安全生产应急救援指挥机构，初步构成了省部级层面安全生产应急救援协调指挥体系框架。

3. 应急管理法制建设步伐加快

在各方面的共同努力下，安全生产应急管理法制建设有了一定的进展。国务院、国家安全生产监督管理总局以及公安、交通、核工业、建设、铁路、民航、特种设备、电力等部门都相继发布了一些安全生产应急管理相关的规章和制度。

4. 安全生产应急救援队伍初具规模

经过多年努力，我国安全生产应急救援队伍有了一定规模，总人数已逾25万人。

5. 应急救援工作成效显著

在各级党委和各级政府的直接领导下，各政府、各部门、各生产经营单位加快应急救援能力建设，加强事故应急救援的组织和现场施救工作，安全生产应急救援队伍的能力得到提高，应急救援工作取得了显著的成效。

目前，我国在应对特别重大事故时，仍然存在一些薄弱环节，但应对事故灾难的能力有了较大提高，可以对各类事故灾难进行及时施救、科学施救、有序施救和安全施救，卓有成效地减少了事故起数和事故后果的严重程度，化解了一部分重特大事故险情，减少了人员伤亡和财产损失。

1.1.4.2 我国安全生产应急管理总体应急预案、法律法规体系建设与发展趋势

实践证明，将应急管理纳入法制化轨道，有利于保证突发公共事件应对措施的正当性和有效性，从而做到既有效地减少和控制突发公共事件的发生，又能够将国家和社会应对突发公共事件的代价降到最低。

国际劳工组织（ILO）在起草制定有关公约时，对生产安全事故应急管理做了一些具体的要求，形成一个共同遵循的安全生产应急管理工作约定，对安全生产应急管理起步较晚的国家起到了指导和促进作用。我国政府批准实施了这些公约，对我国安全生产框架体系的建立带来了积极的推动作用。

近年来，我国高度重视突发公共事件应对的法制建设，加快了应急管理立法工作步伐，先后制定或者修订了《中华人民共和国防洪法》、《中华人民共和国防震减灾法》、《中华人民共和国安全生产法》、《中华人民共和国消防法》、《中华人民共和国道路交通安全法》、《中华人民共和国治安管理处罚法》等40余部法律，《生产安全事故报告和调查处理条例》、《突发公共卫生事件应急条例》、《地质灾害防治条例》等40余部行政法规，《铁路行车事故处理规则》、《民航总局重大飞行事故应急处理程序》等60余部部门规章。一些地方政府及其部门也结合实际，制定了相关地方法规和规章，为预防和处置相关突发

公共事件提供了法律依据和法律保障。

我国全面、系统的安全生产应急管理法律法规正在建设阶段。目前，涉及安全生产应急管理的有关规定和要求，分散在现行多个相关法律、行政法规中，如《中华人民共和国安全生产法》、《中华人民共和国职业病防治法》、《中华人民共和国消防法》、《危险化学品安全管理条例》、《使用有毒物品作业场所劳动保护条例》、《特种设备安全监察条例》等，分别从不同方面对安全生产应急管理做了相关规定和要求。

此外，国家安全生产监督管理总局发布了《安全监督总局重特大事故信息报送及处置程序》、《安全生产应急救援联络员工作办法》等规章制度和《关于加强安全生产应急管理工作的意见》、《国家安全生产应急平台体系建设指导意见》等文件，对安全生产应急管理工作的相关事宜作出了明确规定。

这些法律法规对加强安全生产应急管理工作，提高防范、应对生产安全重特大事故的能力，保护人民群众生命财产安全发挥了重要作用。

1.1.4.3 我国安全生产应急管理未来发展趋势分析

我国安全生产应急管理取得了一定成绩，但工作进展仍然不平衡，主要表现在：应急管理体制、机制尚不完善；应急预案系统性、实效性不够强；应急救援队伍素质有待提高，救援能力还比较低；投入不足，技术装备落后、陈旧。

当前，我国安全生产形势依然严峻，事故总量仍然较大，重特大事故时有发生。危险化学品、道路交通等行业领域非法违法生产经营问题，尚未真正解决；安全基础仍然薄弱，安全管理亟待加强；由于粗放的经济增长方式没有根本转变，能源原材料和交通运输市场需求过旺，交通运输超载、超限、超负荷运行现象比较普遍，事故隐患和安全风险增加。因自然灾害等因素造成的生产安全事故时有发生。事故灾难给人民群众的生命财产造成了严重损失。

贯彻落实《国务院关于全面加强应急管理工作的意见》（国发［2006］24 号）和国家安全生产监督管理总局《关于加强安全生产应急管理工作的意见》是当前和今后一段时间的主要工作，《国民经济和社会发展第十一个五年规划纲要》和《安全生产“十一五”规划》是各级人民政府和部门努力工作的目标。根据国务院的总体部署和要求，当前我国安全生产应急管理发展趋势主要体现在几个方面。

1. 提高认识，加强对安全生产应急管理工作的领导

当前，我国正处于“矛盾凸显期”，突发事件已成为影响我国经济社会发展全局的重大问题。能否有效应对、妥善处置突发事件，已成为衡量检验政府、部门和单位行政及管理能力的重要方面。

我国尚处于社会主义初级阶段，生产力发展水平还很低，粗放的、落后的经济增长方式尚未从根本上改变。经济规模急剧扩大，能源、原材料需求大幅度增加，工业生产和交通运输满负荷甚至超负荷运行，加大了安全生产的压力。加之一些制约安全生产的深层次矛盾和问题还未能解决，我国仍处在事故“易发期”。在这种形势下，加强安全生产应急管理和应急救援工作，提高整体应急管理和救援水平，有效地防范和应对事故灾难，显得尤为重要和紧迫。

2. 加强应急预案管理，不断完善预案体系

按照国务院提出的建立“横向到边、纵向到底”应急预案体系的要求，应抓好以生

产经营单位应急预案为主的预案制定完善工作。一是各地突出工作重点，组织指导高危行业企业和其他规模以上生产经营单位按照《生产经营单位安全生产事故应急预案编制导则》开展应急预案的制定和完善工作。二是要加强预案的备案工作。各生产经营单位按照有关规定将本单位的应急预案报各级安全监管机构或有关部门备案。同时，安全监管等部门加强协调，搞好生产经营单位预案与当地政府及其有关部门应急预案的相互衔接。三是各级安全监管部门及其他有安全监管职责的部门根据国家生产安全事故有关应急预案，分门别类制修订本地区、本部门、本行业和领域的各类安全生产应急预案，并依法加强对生产经营单位应急预案工作的监督管理。

3. 加强安全生产应急管理和应急救援体系建设

依据《国民经济和社会发展第十一个五年规划纲要》、《安全生产“十一五”规划》和《全国安全生产应急救援体系总体规划方案》，依托企业和社会救援力量，优化、整合各类应急救援资源，建设国家、区域骨干和专业应急救援基地，并按照《中华人民共和国安全生产法》等法律法规，加强生产经营单位应急救援能力建设，形成以专业区域应急救援基地和骨干专业队伍为中坚力量，以企业和社会救援力量为基础的应急救援体系。

4. 加强安全生产应急管理法治建设

各地、各有关部门依据有关法律法规，制定部门和地方安全生产应急管理法规和规章，以使安全生产应急管理工作有章可循。各类生产经营单位都要努力建立健全安全生产应急管理的规章制度和企业内部标准。

5. 进一步加大安全生产应急投入，推进技术进步，加强装备能力建设

加大资金投入是做好安全生产应急管理尤其是应急救援工作的重要保障。各级安全监管部门按照国务院和国家安全生产监督管理总局的要求，在地方党委和政府的领导下，做好协调工作，积极争取将安全生产应急管理和应急救援需要政府负担的经费纳入本级财政年度预算，集中人力、财力、物力，重点加强应急救援体系、应急信息系统等项目建设。尤其要将国家投入与地方资金、企业投入集中使用，共同配套建设好国家级应急救援基地和地方自己的救援力量。

同时，安全生产应急管理需要组织力量开展科技攻关，大力开发、推广使用先进的救援手段、装备；引进高、精、尖的救援装备，淘汰落后的、安全保障能力低、救援效果差的装备、设施；全面推进科技进步，提高救援装备的科技含量，以适应事故救援尤其是复杂、难险事故救援工作的需要。

6. 加强事故预防和应急救援工作

安全生产应急管理工作应立足于防范事故的发生，从安全生产应急管理的角度，着重做好事故预警、预防性安全检查、隐患排查整改等工作。

7. 加强应急培训和宣传教育工作

安全生产应急管理培训是安全生产应急管理工作的重要环节，是消除事故隐患、减少事故发生、提高事故处置能力、降低事故损失的重要举措。按照《国家安全监管总局关于加强安全生产应急管理培训工作的实施意见》（安监总应急［2007］34 号）的要求，要全面加强安全生产应急管理培训工作，为安全生产应急管理和应急救援工作提供人才保障和智力支持。

切实抓好安全生产应急宣传教育工作。通过编制预案简本、科普读本、影像资料、知

识问答、典型案例分析和举办讲座、论坛、研讨会、知识竞赛等多种形式，利用广播、电视、报刊、网络、墙报、宣传栏、安全教育馆等多种媒体，利用“安全生产月”和“安全生产万里行”等各种机会，宣传搞好安全生产应急管理工作的重要性，宣传安全生产应急管理的法律法规，宣传各种应急预案和其他安全生产及应急方面的内容，普及事故灾难预防、避险、报警、自救、互救等知识，强化企业员工乃至全社会的安全意识，提高企业从业人员和社会公众应对事故灾难的意识和能力。

此外，各地区、各有关部门、各生产经营单位都要加强应急管理的基础工作，建立重大危险源和隐患档案，建立各种台账、各类数据库和专家库，掌握各类资源的分布情况和有关工作的现状等，不断增强工作的针对性和实效性。

1.2 交通运输安全生产应急管理综述

1.2.1 交通运输安全生产应急管理基本概念

1. 交通运输安全生产应急管理的涵义

交通运输是国民经济和社会发展的基本需要和先决条件，是现代社会的生存基础和文明标志，是社会经济的基础设施和重要纽带，是现代工业的先驱和国民经济的先行部门，是资源配置和宏观调控的重要工具，是国土开发、城市和经济布局形成的重要因素，对促进社会分工、大工业发展和规模经济的形成，巩固国家的政治统一和加强国防建设，扩大国际经贸合作和人员往来发挥重要作用。

安全生产是消除和控制生产过程中的不安全因素，保证生产顺利进行的活动。安全生产亦指企事业单位在劳动生产过程中的人身安全、设备和产品安全，以及交通运输安全等。搞好安全工作，改善劳动条件，可以调动职工的生产积极性，减少职工伤亡和财产损失，增加企业效益，促进企业的发展。

应急管理是指政府或组织在突发事件的事前预防、事发应对、事中处置和善后管理过程中，通过建立必要的应对机制，采取一系列必要措施，保障公众生命财产安全，促进社会和谐健康发展的有关活动。同时，应急管理是对突发事件的全过程管理，根据突发事件的预防、预警、发生和善后四个发展阶段，应急管理可分为预防与应急准备、监测与预警、应急处置与救援、事后恢复与重建四个过程。应急管理又是一个动态管理，包括预防、预警、响应和恢复四个阶段，均体现在管理突发事件的各个阶段。应急管理是一个完整的系统工程，可以概括为“一案三制”，即突发事件应急预案，应急机制、体制和法制。

综上所述，交通运输安全生产应急管理的涵义是以安全生产为先决条件从事交通运输业时，一旦发生突发公共事件，政府及其组织通过建立必要的应对机制，采取一系列必要措施，保障公众生命财产安全，确保交通运输安全生产；或是在相关领域发生突发公共事件时，交通运输作为重要支持保障环节，为确保国民经济和社会发展稳定运行，所采取的保障性应急管理工作，以及促进社会和谐健康发展的有关活动。交通运输是国民经济与社会发展的基本保障，同时也是人民群众出行的基本工具。因此，当其他行业领域受到突发事件影响时，交通运输作为重要保障环节往往也需启动应急预案（如“煤电油运”保障运输）；当交通运输安全生产受到重大突发公共事件影响而启动应急预案时，其他行业的正常生产经营活动也将受到不同程度的影响，这就是交通运输安全生产应急管理的行业特色。

安全生产应急管理工作首先立足于防范事故的发生。要从安全生产应急管理的角度，着重做好事故预警，加强预防性安全检查，搞好隐患排查整改等工作。交通运输安全生产应急管理的关键在事故预防，特别是安全隐患的排查工作。交通运输安全生产除因自然灾害导致突发事件发生外，绝大部分是人为因素造成的。针对交通运输的特点，无论是在公路、铁路、水路、民航、城市交通以及农机、渔船运输领域必须秉持“预防为主、常备不懈”的理念，同时在发生突发事件时做好快速响应、科学处置、事后恢复等各项环节的工作。

2. 交通运输安全生产应急管理的指导思想、工作目标和内容

交通运输安全生产应急管理的指导思想是以邓小平理论和“三个代表”重要思想为指导，深入贯彻落实科学发展观，坚持以人为本、预防为主，充分依靠法制、科技和人民群众，以保障公众及从业人员进行交通运输生产过程中生命财产安全为根本，以落实和完善交通运输各项应急预案为基础，以提高预防和处置交通运输突发公共事件能力为重点，全面加强行业应急管理工作，最大限度减少突发公共事件及其他造成人员伤亡和危害，维护国家安全和社会稳定，促进经济社会全面、协调、可持续发展。

交通运输安全生产应急管理的工作目标是建成覆盖全行业、各地区、各单位的交通运输应急预案体系，健全分类管理、分级负责、条块结合、属地为主的安全生产应急管理体制，加强应急管理机构和应急救援队伍建设；构建统一指挥、反应灵敏、协调有序、运转高效的应急管理机制；完善安全生产应急管理法律法规，建设交通运输突发公共事件预报预警、应急处置信息系统和专业化、社会化相结合的应急管理保障体系，形成政府主导、部门协调、军地结合、全社会共同参与的安全生产应急管理新格局。

交通运输安全生产应急管理的主要工作内容：

（1）交通运输安全生产应急管理规划与制度建设。其中包括统筹交通运输各行各业安全生产应急管理体系建设规划并纳入到国民经济和社会发展规划；注重行业应急管理制度建设，特别是应急管理法律法规建设；应急预案体系建设和管理；应急管理体制和机制的建设等。

（2）各类影响交通运输安全生产的突发公共事件的预防工作。交通运输突发公共事件主要以自然灾害类、事故灾难类、卫生事件类、社会活动类为主，通过落实风险隐患排查与治理工作，加强各领域安全防范措施，做好突发公共事件的预警与信息报告工作，完成各级应急管理培训任务等方法措施，降低突发公共事件对交通运输安全生产带来的不利影响。

（3）应对交通运输突发公共事件的能力建设。这包括建立完善的各级应急平台体系，提高基层应急管理能力，抓好应急救援队伍建设和各类应急物资的管理工作，突出解决事件发生后应急处置和善后问题，加强事后评估与统计分析工作。

（4）制定和完善全面加强交通运输安全生产应急管理的政策措施。其中包括加大对应急管理的资金投入力度，发展行业特色的公共安全技术和产品，建立公共安全科技支撑体系，加强领导和协调配合等。

3. 交通运输安全生产应急管理的特点与意义

1）交通运输安全生产应急管理的特点

（1）交通运输安全生产应急响应可能是主动响应也可能是被动响应，也就是说交通运输可能在直接造成重大事故或受突发公共事件影响时启动应急预案，也可能是受其他行业影响而被动启动应急预案。

（2）交通运输安全生产既可受到自然灾害、公共卫生事件和社会安全事件等单独影响也可受其共同影响，特别是人为因素是影响行业安全生产的最复杂因素。

（3）从时间序列来看，交通运输安全生产应急管理在事前、事发、事中及事后四个过程中都有明确的目标和内涵，贯穿于预防、准备、响应和恢复各个过程。

（4）从涉及部门上看，交通运输安全生产应急管理不单独是交通运输部门内部的问题，还涉及公安交通管理、安全生产监督机构、市政、消防、通信、卫生等各个部门，以及诸多社会团体或机构；从层次上看，可划分为国家（部门）、省、市、县及生产经营单位应急管理。

（5）从应急对象来看，其种类繁多，涉及各种类型的突发事件灾难。

2）交通运输安全生产应急管理的重要意义

加强交通运输安全生产应急管理是落实党中央、国务院有关加强安全生产、应急管理的重要举措。胡锦涛总书记、温家宝总理曾多次对安全生产、应急管理及应急救援工作提出要求。交通运输各领域也将安全生产应急管理纳入到日常重要工作当中，逐级建立完善应急预案制度，确保各项安全生产应急管理工作措施逐步落实。

加强交通运输安全生产应急管理，提高防范、应对重大交通运输突发事件的能力，是坚持以人为本、执政为民思想的重要体现，也是全面履行政府职能，进一步提高行政能力的重要方面。安全是人的最基本需求，安全是人民群众最重要的利益，交通运输是全体公民都必须参与的基本社会经济需求。“以人为本”首先要以人的生命为本，科学发展首先要安全发展，和谐社会首先要关爱生命。最大限度地减少交通运输安全事故及其造成的人员伤亡和经济损失是社会管理和公共服务的重要内容。

面对当前交通运输安全生产形势，加强安全生产应急管理既是当前一项紧迫的工作，也是一项需要付出长期努力的艰巨任务。

4. 交通运输安全生产应急管理的主要任务

1）完善交通运输安全生产应急预案体系

交通运输安全生产应急预案体系是国家、部门、地方以及单位等多方面共同组成的有机体系，各级交通运输安全生产管理部门及其他负有安全监管职责的部门要在政府的统一领导下，根据国家安全生产应急管理有关预案，分领域制修订本地区、本部门、本领域的各类交通运输安全生产应急预案。各交通运输生产经营单位要按照自身特点制定应急预案，加快构建完整的应急预案体系，并与政府及有关部门的应急预案相互衔接。

各级交通运输安全生产管理部门要把生产安全应急预案的编制、备案、审查、演练等作为安全生产监督、检查工作的重要内容，通过应急预案的备案、审查和演练，提高应急预案的质量，做到相关预案相互衔接，增强应急预案的科学性、针对性、实效性和可操作性。依据有关法律、法规和国家标准、行业标准的修改变动情况，以及生产经营单位生产条件的变化情况、预案演练过程中发现的问题和预案演练的总结等，及时对应急预案予以修订。

交通运输各领域应在相关预案的指导下开展交通运输突发公共事件预报预警等预防工作，针对自然灾害类突发事件要加强与气象、国土资源、水利等相关部门的协作，建立相关预报预警工作机制；针对事故类、公共卫生类和社会类突发事件要确实做好危险源的隐患排查工作，按照“早发现、早预防、早处置”的原则处理好交通运输突发公共事件的事前管理。

交通运输突发公共事件发生后，各级主管部门应按照有关应急预案的要求做好事件上报与应急响应工作，按照逐级启动、统一指挥的原则做好交通运输突发公共事件应急处置工作。

2）建立健全交通运输安全生产应急管理体制、机制和保障体系

交通运输涉及工程建设、客货运输、基础设施等多方面安全生产环节，由于安全生产存在多头管理现象，相关安全生产应急管理体制存在不顺现象，机制也不健全，故需要交通运输各级安全生产管理部门都要明确应急管理机构，落实应急管理职责。做到安全生产应急管理指挥工作机构、职责、编制、人员、经费五落实。

加强各地区、各有关部门交通运输安全生产应急管理机构间的协调联动，积极推进资源整合和信息共享，形成统一指挥、相互支持、密切配合、协同应对事故灾难的合力。要发挥交通运输行业主管部门和各级政府在安全生产应急管理方面的协调作用，建立安全生产应急管理工作的协调机制。

通过多种渠道建立政府、行业、社会相结合的多方共同支持的交通运输安全生产应急保障体系。加强与有关国家、地区及国际组织在交通运输安全生产应急管理和应急救援领域的交流与合作。密切跟踪研究国际交通运输安全生产应急管理发展的动态和趋势，开展重大项目的研究与合作。继续组织国际交流和学习培训，学习、借鉴国外事故灾难预防、处置和应急体系建设等方面的有益经验。

3）完善交通运输安全生产应急管理法律法规及标准体系

加强交通运输安全生产应急管理的法制建设，逐步形成规范的交通运输安全生产突发事件预防和应急处置工作的法律法规和标准体系。认真贯彻《中华人民共和国安全生产法》和《中华人民共和国突发公共事件应对法》，认真落实国务院《国家突发公共事件总体应急预案》及交通运输行业内部相关预案，抓紧做好交通运输各领域安全生产应急管理的法律法规起草工作和具体实施工作。要抓紧研究制定安全生产应急预案管理、救援资源管理、信息管理、队伍建设、培训教育等配套规章规程和标准，进而形成交通运输安全生产应急管理的法规及标准体系。

各地区交通运输部门要依据有关法律、法规和标准，结合实际制定并完善交通运输安全生产应急管理的地方和部门法规、规章及标准。交通运输生产经营单位要建立和完善内部应急管理的规章制度。

4）加大交通运输安全生产应急管理培训和宣传教育工作

将交通运输安全生产应急管理和应急救援培训纳入安全生产教育培训体系。分类分领域组织编写交通运输应急管理和应急救援培训使用教材，加强培训管理，提高培训质量。交通运输生产经营单位要加强对从业人员的应急管理知识和应急救援知识的培训，特别是要加强重点岗位人员的应急知识培训，提高现场应急处理能力。

充分发挥出版、广播、电视、报纸、网络等文化宣传力量的作用，通过各种有效方

式，加大宣传力度。要使交通运输安全生产应急管理的法律法规、应急预案、救援知识进企业、进机关、进学校、进社区，普及生产安全事故预防、避险、自救、互救和应急处置知识，提高交通运输生产经营单位从业人员的救援技能，增强社会公众的安全意识和应对交通运输突发公共事件的能力。

1.2.2 交通运输突发公共事件概述

1. 交通运输突发公共事件的基本概念

《国家突发公共事件总体应急预案》中对突发公共事件做了明确定义，突发公共事件又称突发事件，是指突然发生，造成或者可能造成重大人员伤亡、财产损失、生态环境破坏和严重社会危害，危及公共安全的紧急事件。通俗的概念是社会生活中难以预测、影响范围广泛且对社会公共领域造成严重威胁和危害的公共紧急事件。交通运输突发公共事件，是指突然发生，在公路、铁路、民航、水上及海上、城市交通、农业机械等交通运输领域内，受到自然或人为因素影响，造成或者可能造成重大人员伤亡、财产损失、生态环境破坏和严重社会危害，危及公共安全的紧急事件；或者对交通运输造成道路中断、场站瘫痪、大范围拥堵及人员滞留以及需要交通运输提供支持保障的紧急事件。

交通运输突发公共事件的特征具有不确定性、紧急性和威胁性三个方面。但同时还具备关联性和复杂性。

（1）关联性。即交通运输突发公共事件与其他类突发公共事件有着密切联系，例如公共卫生事件、自然灾害事件、社会安全事件、重大物资调配事件、大型社会活动事件都会影响交通运输的正常运行，故交通运输突发公共事件除因其内部领域所发生的突发事件外（如一般交通事故、运输工具故障等），大部分事件是由其他因素引发的连锁事件。

（2）复杂性。交通运输本身涉及的领域众多，任何突发事件都会造成公众出行的不确定性，交通运输将承担大量复杂情况造成的直接或间接后果，其结果加大了交通运输突发公共事件应急处置的复杂性。

2. 交通运输突发公共事件的机理分析

人类社会总是难以避免各种各样的突发事件，伴随各种各样突发事件的是人们各种心理应激反应。对应于交通运输突发事件应急机理体系，提出对突发事件的心理应激机理体系。个体在外界环境与自身因素的条件制约下，对突发事件这一“应激源”进行最初的认知评价、应激反应、应激演化和应激恢复的发展过程，最终给出应对突发事件心理应激的各个阶段应采取的积极引导措施，以实现突发事件中心理应激的良性发展。

1）问题引出

所有人在突如其来的灾难面前，都成了拥有脆弱生命的渺小的人。人类是在灾难中生存和发展起来的，灾难所造成的危机也对人的心理素质进行着严峻的考验。无法度过心理危机，就会对人的心理健康产生威胁，甚至造成伤害；顺利度过心理危机，就会使人们积累应付危机的经验，变得更加成熟，获得新的成长。如何协助人们度过灾后心理危机已经成为人类服务工作者关注的焦点。

2）交通运输突发事件的相关概念

从管理学角度我们给出的交通运输突发公共事件有狭义和广义两种解释。狭义上来讲，突发事件是指在一定区域内，突然发生规模较大的，对交通运输产生负面影响的，对人民群众的生命和财产构成严重威胁的事件。例如 2008 年初南方大范围的低温雨雪冰冻灾害。广义上来说，交通运输突发事件是指在交通运输领域组织或者个人原定计划之外或者在其认识范围之外突然发生的，对交通运输利益具有损伤性或潜在危害性的一切事件。例如2005年北京八达岭高速造成24人死亡的交通事故。根据交通运输突发公共事件的发生性质、过程和机理，可以分为自然灾害、事故灾难、公共卫生事件、社会安全事件四大类。

心理学中的突发灾难事件，又称严重突发事件（Critical Incident），是指一种使个体产生无法抵御的感觉，并失去控制的情境。个体在这种情境中有可能不知所措、无所适从。重大突发事件具有突然发生、难以预料、危害大且影响广泛等特点，常引发个体出现一系列与应激有关的障碍，即心理危机。

3）心理应激机理体系

简要概述了突发事件的一些概念后，我们从突发事件应激心理的发生、发展、演化以及障碍恢复的过程规律总结出突发事件应激心理的四大机理，即认知评价机理、心理应激机理、应激演化机理和应激恢复机理。

（1）认知评价机理。在一定的社会环境中生活，总会有各种各样的情境变化或刺激对人施以影响，作为刺激被人感知，或作为信息被人接收，进而引起主观的评价，同时产生一系列相应的心理以及生理方面的变化。

（2）心理应激机理。生理心理学的研究表明，当人面对重大突发事件时，将产生一种应激状态。应激是指人对某种意外的环境刺激所做出的适应性反应。当人们遇到某种意外危险或面临某种突发事件时，人的身心都处于高度的紧张状态，这种高度的紧张状态即为应激状态（Stress）。“应激”可以简单的描述为“心理的巨大混乱”。如2003的“非典”在我国造成的公众应激情况比较突出，甚至出现了“非典恐惧症”，并由此导致一些过激行为：盲目抢购药材、惧怕乘坐公共交通出行等。

（3）应激演化机理。心理应激演化机理是指在应对突发事件的发生发展过程中主体心理反应的类别级别、表现形式、范围及区域等各种变化过程。我们将突发事件心理应激机理的演化大致分为应激蔓延、应激转换、应激衍生和应激耦合四种形式。

3. 交通运输突发公共事件的分类

通常，根据突发公共事件的发生过程、性质和机理，突发公共事件主要分为自然灾害、事故灾难、公共卫生事件和社会安全事件四类。本书研究的交通运输突发公共事件基本也分为上述四大类，而其中自然灾害、事故灾难因涉及交通运输领域与具体原因不同，将上述两大类进行更为详细的分类。

自然灾害类，主要是受地质、恶劣天气、地震、水毁等不利自然条件导致的突发公共事件，影响交通运输的正常运行，甚至造成重大人员伤亡和财产损失。

事故灾难类，主要是因人为工作疏忽、麻痹大意、安全生产意识不强等安全生产主观原因造成的突发公共事件，如交通事故、危险化学品运输事故等，影响交通运输的正常运行，甚至造成重大人员伤亡和财产损失。

公共卫生事件类，主要是因造成或者可能造成社会公众身心健康严重损害的重大传染病、群体性不明原因疾病、重大食物和职业中毒以及因自然灾害、事故灾难或社会安全等事件引起的严重影响公众身心健康的公共卫生事件，影响交通运输的正常运行，甚至造成重大人员伤亡和财产损失。

社会安全事件类，主要是因发生重大刑事案件、重特大火灾事件、恐怖袭击事件、涉外突发事件、金融安全事件、规模较大的群体性事件、民族宗教突发群体事件、学校安全事件以及其他社会影响严重的突发性社会安全事件，影响交通运输的正常运行，甚至造成重大人员伤亡和财产损失。

在交通运输突发公共事件分类的基础上，还应进行交通运输突发公共事件的分级。根据《国家突发公共事件总体应急预案》，各类突发公共事件按照其性质、严重程度、可控性和影响范围等因素，一般分为Ⅰ级（特别重大）、Ⅱ级（重大）、Ⅲ级（较大）和Ⅳ级（一般）。本书研究的交通运输突发公共事件的分级与上述分类基本一致，但因突发公共事件的种类不同，交通运输领域不同，具体分级标准与类型不同，具体将在交通运输各领域安全生产应急管理章节中详细介绍。

1.2.3 交通运输安全生产应急管理核心内容

交通运输安全生产应急管理的核心内容是结合交通运输突发公共事件的特点与实际，强调对突发公共事件实施全过程管理，由预防、准备、响应和恢复 4 个阶段组成。

（1）预防。是指在交通运输突发公共事件发生之前，为了消除突发公共事件发生的可能或者为了减轻突发公共事件可能造成的损害所作的各种预防性工作。

加强交通运输各领域危险源管理与排查，杜绝事故隐患，加大交通运输突发公共事件的预防力度，通过管理与技术手段，尽可能地防止突发公共事件的发生。结合交通运输的具体特点，预防的关键在于日常对交通运输基础设施、车辆及人员的安全生产责任制的落实与危险源的排查。

（2）准备。是交通运输应急管理过程中极其关键的过程。是指针对特定或者潜在的交通运输突发公共事件，为迅速、有序地开展应急处置行动而预先进行的各种对应准备工作。具体的准备应包括：思想组织准备、预案机制准备、应急物资准备、人员队伍准备和救援恢复准备等，针对交通运输的具体特点，应急准备的核心在于应急预案中的各项要求的落实，特别是预警机制与预警能力的建设。

交通运输应急准备的主要措施有：利用现代信息技术建立应急平台，针对重大危险源、应急队伍、应急物资及装备等建立统一的信息管理系统；针对不同的突发公共事件类型建立相应的预警系统；组织制定、更新与落实交通运输各领域应急预案；按照预案要求定期组织预案演练与人员培训工作；组织政府、行业企业、救援力量共同参与的救援演练活动，落实救援物资的储备、使用、技术支持，物资装备供应、救援队伍等准备工作。

（3）响应。是指在交通运输突发公共事件发生、发展过程中进行的各种紧急处置和救援工作，关键在于突发事件的判断与预案的启动时机，迅速排除突发事件影响，确保人员生命安全，尽快恢复交通运输正常运行或基本保障重要物资及人员的运输，同时要注重相关信息的公开与发布，正确引导人民群众的规范出行。

交通运输应急响应的主要措施有：事件报警与通报，启动应急预案，开展各类现场抢险作业，实施现场警戒和交通管制，紧急疏散事故可能影响区域的人员，提供现场人员急救和转送医院治疗，评估突发事件的发展态势，向公众通报事态进展等一系列工作。其工作目标是，首先抢救受害人员，保护可能受到威胁的人员，降低公共财产的损失程度，尽可能控制或消除突发公共事件对交通运输的不利影响，尽早恢复正常的交通运输状态。

（4）恢复。指突发公共事件的影响得到初步控制后，为使交通运输生产、工作、生活和生态环境尽快恢复到正常状态所进行的各种善后工作。

应立即进行恢复的工作有事件原因调查、清理事件现场、恢复正常秩序、评估有关事件造成的损失和提供快速理赔等。

需要进行长期恢复的工作有恢复受损的交通运输基础设施或设备、重新规划和建设受影响的区域和设施设备、汲取突发公共事件和应急救援的经验教训、开展进一步的交通运输突发公共事件预防工作和减灾工作。

交通运输安全生产应急管理的过程中，各级交通运输主管部门和属地政府必然要承担主要角色并发挥主导作用。政府不仅要组织动员各种力量和资源共同参与，而且要对各种组织机构和人员进行统一指挥、协调、调度，有序地处置各项应急事务。从这个意义上说，政府应急管理能力的强弱，决定着应对突发公共事件的成效和社会的安危。因此，要求各级交通运输主管部门不断探索总结突发公共事件应急管理的经验教训，提高政府应对交通运输突发公共事件的能力已成为各级政府和社会普遍关注的问题。

除了政府的主导性作用外，要充分发挥全社会的参与、支持和配合，这样才能成功应对特大交通运输突发公共事件。例如2008 年的低温雨雪冰冻灾害期间，正是依靠社会组织、企业、新闻媒体和公众的力量，使之成为应对突发公共事件的主体，就可以确保能够应对各种交通运输突发公共事件。

开展交通运输安全生产应急管理的全过程管理要注意以下几方面：以人为本、平急结合、预防为主、科学应对；统一领导、分级管理、属行结合、联动协调；依法规范、职责明确、部门协作、资源共享。

1.2.4 交通运输安全生产应急管理体系现状

在党中央、国务院的高度重视和正确领导下，我国的安全生产应急管理体系建设取得了巨大成绩，安全生产应急救援体系建设、队伍建设、装备建设等也取得了新的进展。由于我国综合交通运输体系尚未形成，交通运输涉及领域及管理部门众多，交通运输安全生产应急管理体系在各领域存在较大差异。总体上讲，目前交通运输安全生产应急管理体系缺乏统一协调机制。

交通运输包括公路、铁路、水路、海上、民航、城市交通以及农机、渔船运输等领域，部门涉及交通运输部、铁道部、农业部及各级地方政府。我国交通运输安全生产应急管理组织体系以属地化管理为主体，结合行业垂直管理共同形成，随着国务院大部制改革及地方政府机构改革，我国综合运输体系的逐步形成，面向全行业的交通运输安全生产应急管理组织体系将逐渐形成并不断完善。

交通运输安全生产应急管理的法律法规体系在近几年逐步得到完善，一大批涉及交通运输安全生产应急管理的综合性法律法规及部门规章先后出台，例如国家制定或者修订了《中华人民共和国安全生产法》、《中华人民共和国突发事件应对法》等法律法规及部门规章（详见1.2.8）。此外，地方政府及行业主管部门也出台了地方性法规、规章，基本形成了自上而下的交通运输安全生产应急管理的法律法规体系。今后，国家、部门及地方将加大相关立法及配套法规的出台，使之形成完整的交通运输安全生产应急管理的法律法规体系。

交通运输预案体系建设是近年来国家高度重视的安全生产应急管理体系中的重点工作。交通运输相关预案纳入国家专项预案及部门预案的有十余个。此外，地方及部门内部涉及交通运输各领域的专项预案则更为细化。在行业企业内部自上而下基本形成了比较完整的应急预案体系。需要指出的是，大量预案尚未正式发布，许多预案还只是停留在预案本身，缺乏可操作性及必要的培训与演习。

我国交通运输安全生产应急管理运行机制初步建立，多部门协作与跨地区协同管理的运行机制正在完善。在经历了2003年“非典”、2008年低温雨雪冰冻灾害、汶川特大地震以及2008年北京奥运会之后，交通运输安全生产应急管理运行机制在实战中得到了磨合，特别是交通运输应急管理综合效应在重大突发公共事件面前起到了关键作用，推动了跨部门、跨地区的协作与沟通，为建立统一、高效的交通运输安全生产应急管理运行机制奠定了基础。机制建设历来是我国各行业普遍遇到的难点问题，而交通运输安全生产应急管理涉及面广、协调难度大，难免存在应急管理决策机制不完善，缺乏科学决策的手段与技术，信息披露机制不健全，预警机制不完备，管理与社会参与机制不灵活，善后处理机制不成熟以及保障机制不健全等问题。今后，各级交通运输主管部门及地方政府应重点在应急管理机制上下工夫，在资源共享、协调联动、跨地区跨部门协作方面取得实质突破。

交通运输应急管理指挥系统与救援体系正在逐步完善。交通运输应根据各领域各主管部门的统一管理，建立直属或横向联合地方的应急救援指挥机构或联席会议制度，统筹行业内各领域的应急管理指挥系统与救援体系，同时加强与安监管理部门、公安交通管理部门、公安消防部门、公共卫生部门、气象部门、国土资源部门、地震部门等的合作，形成联合救援力量与战时协同指挥机构，初步构成横纵联合、多级层面的交通运输安全生产救援协调指挥体系。

交通运输安全生产应急管理救援队伍与装备资源初具规模。经过多年努力，我国交通运输安全生产应急管理救援队伍有了一定规模，总数达数十万人。例如，在铁路方面，形成了按铁路局设置的应急救援队伍。各铁路局在规定地点设特、一等救援列车，在无救援列车的二等以上车站或较大中间站设事故救援队，现有人数约5000人；在公路方面，形成了以基层公路养护队伍和高速公路养护公司为主体的公路应急抢险保通队伍。同时，在各级道路运输管理部门和运输企业都具有一定规模的救援队伍；在民航方面，形成了以民航空管系统为主体的指挥协调和搜救队伍，以及以机场管理机构为主体的地面救援队伍。全国现有民航公安、空警、消防和医疗救护人员达7000余人；在水上搜救方面，已经初步建立以海上搜救与救捞为主的水上应急救援队伍，在沿海与长江、黑龙江设有数百个站点，船艇近900艘，应急救援队伍人数达万人。

1.2.5 交通运输应急预案与危险源管理

1.2.5.1 交通运输应急预案

在国家层面交通运输安全生产应急预案占据十分重要的地位，国家专项预案和国务院部门预案有关交通运输的多达19个，其中涉及铁路交通运输的8个，公路交通运输的1个，民航运输的2个，水上、海上交通运输的3个，城市交通运输的2个，综合交通运输的2个，交通建设领域的1个。上述预案已有4项国家专项预案和4项国务院部门预案正式公布，具体如下：国家处置铁路行车事故应急预案（已公布）、国家处置民用航空器飞行事故应急预案（已公布）、国家海上搜救应急预案（已公布）、国家处置城市地铁事故灾难应急预案（已公布）、铁路破坏性地震应急预案（已实施）、铁路地质灾害应急预案（已实施）、建设工程重大质量安全事故应急预案（分省制订、实施）、城市桥梁重大事故应急预案（分省制订、实施）、铁路交通伤亡事故应急预案（已实施）、铁路火灾事故应急预案（已实施）、铁路危险化学品运输事故应急预案（已实施）、铁路网络与信息安全事故应急预案（已实施）、水路交通突发公共事件应急预案（已实施）、公路交通突发公共事件应急预案（已公布）、渔业船舶水上安全突发事件应急预案（已公布）、危险化学品事故灾难应急预案（已公布）、铁路突发公共卫生事件应急预案（已实施）、突发公共卫生事件民用航空器应急控制预案（已公布）、煤电油运综合协调应急预案（已实施）。

此外，交通运输各部门及地方主管部门还出台了大量配套应急预案和专项预案。北京市在交通运输安全生产应急管理预案方面出台了相应的预案，初步建立了预案体系。例如北京市突发公共事件总体应急预案、北京西站地区突发事件总体应急预案、北京市危险化学品事故应急预案（2007 年修订）、北京市轨道交通运营突发事件应急预案、北京市雪天道路交通保障应急预案、北京市防汛应急预案（2006 年修订）、北京市交通管理部门部门雨天应急联动方案、北京市建设工程施工突发事故应急预案、北京市在建地铁工程防汛应急预案。

1.2.5.2　交通运输重大危险源

为加强生产经营单位重大危险源的监督管理，预防和减少重特大生产安全事故，保障人民群众生命和财产安全，有必要加强重大危险源的管理与排查工作。交通运输领域众多，涉及面广，危险源存在于交通运输的各个环节，同时具备可抗力和不可抗力多种因素，按照重大危险源的监督管理应坚持预防为主、预防与应急相结合的原则，实行属地管理、分级备案制度。地方各级人民政府对本行政区域内的重大危险源的监督管理工作实施统一领导、分类管理、分级负责；地方各级人民政府安全生产监督管理部门依据有关法律、法规和本规定对本行政区域内的重大危险源实施综合监督管理，其他负有安全生产监督管理职责的部门对其职责范围内的重大危险源实施日常监督管理。交通运输生产经营单位是本单位重大危险源安全管理的责任主体，生产经营单位主要负责人对本单位重大危险源的安全管理工作全面负责；地方各级人民政府依法履行对生产经营单位重大危险源安全管理的监督检查职责。

交通运输生产经营单位应依据国家相关标准对本单位重大危险源进行辨识。生产经营单位应组织有关专家或委托具有相应安全评价资质的中介机构对辨识出的重大危险源进行安全评估，并形成安全评估报告。依据国家相关标准，重大危险源的等级按照其危险程度由高到低依次划分为一级、二级、三级和四级。生产经营单位和承担安全评估的中介机构对其出具的安全评估报告的真实性及所作结论负责。安全评估报告应当数据准确，内容完整，结论明确并客观公正，建议措施具体可行。安全评估报告应包括以下内容：

（1）安全评估的主要依据；

（2）重大危险源的基本情况；

（3）危险、有害因素的辨识与分析；

（4）可能发生的事故情景、可能性及严重程度；

（5）可能受影响的周边单位和人员；

（6）重大危险源等级；

（7）安全管理和技术措施；

（8）评估结论与建议。

交通运输生产经营单位应建立健全重大危险源安全管理制度，制定重大危险源安全管理技术措施；应按照国家相关法律、法规和标准规定制定并及时完善重大危险源事故应急预案；应成立专（兼）职应急管理机构，配备专（兼）职应急管理人员，并配备必要的应急救援器材、设备，并进行经常性维护、保养，保证正常运转；应针对重大危险源每年至少开展一次综合应急演练或专项应急演练，每半年至少开展一次现场处置方案演练；应根据行业特点和生产规模成立专（兼）职的应急救援队伍，或与专业应急救援队伍签订救援服务协议；应对涉及重大危险源的从业人员进行应急管理培训，使其全面掌握本岗位的安全操作技能和在紧急情况下应当采取的应急措施；应将重大危险源可能发生事故的后果及应急措施等信息告知可能受影响的单位和人员；应在重大危险源现场设置明显的安全警示标志；应根据重大危险源的等级，建立健全相应的以视频监控、数据远传等为手段的安全监控系统或安全监控设施，保证重大危险源安全管理技术措施的落实；应依据国家相关规定对重大危险源进行定期的检测，并做好检测、检验记录；应对重大危险源及其周边环境开展隐患排查，及时采取措施消除隐患；其主要负责人应保证重大危险源安全管理所需资金的投入。

地方各级人民政府应当针对本行政区域内的交通运输重大危险源，按照分级管理的原则，组织有关部门制定针对重大危险源和受影响区域的事故应急预案，建立应急救援体系；对本行政区域内生产经营单位重大危险源的辨识、评估、登记建档、备案、核销、安全管理等工作实行综合监管；应建立重大危险源信息管理系统，对重大危险源备案等实施动态监管，并制定重大危险源监督检查计划，对交通运输生产经营单位重大危险源的安全管理情况进行专项监督检查；在检查中发现重大危险源存在事故隐患，应当责令生产经营单位立即整改，不能立即整改的，必须坚持整改措施、资金、期限、责任单位、应急预案“五落实”；在整改前或者整改中无法保证安全的，应当责令生产经营单位从危险区域内撤出作业人员，暂时停产、停业或者停止使用。事故隐患排除后，经审查同意，方可恢复生产经营。

1.2.6 交通运输突发公共事件应急处置与救援综述

交通运输安全生产应急管理的应急处置主要针对应急全过程管理的应急响应与恢复环节，而救援是应急响应中的重要工作内容与环节。

1.2.6.1 应急响应

1. 应急响应的基本任务

交通运输应急救援贯彻统一指挥、分级负责、区域为主、单位自救和社会救援相结合的原则。除了平时做好事故预防工作，避免和减少突发事件的发生，还要落实好相应工作的各项准备工作，确保一旦发生事件能及时进行响应。突发事件应急响应的基本任务有：

（1）控制危险源。及时有效地控制造成突发事件的危险源是应急响应的首要任务。只有控制了危险源，防止事件的进一步扩大和发展，才能及时有效的实施救援行动。

（2）抢救受害人员，组织群众撤离和疏散。抢救受害人员是第一时间应急响应的重要任务。初期响应行动中，及时、有序、科学地实施现场抢救和安全转送伤员对挽救受害人员生命、稳定病情、减少伤害率具有重要意义。应及时指导和组织群众采取各种措施进行自身防护，并迅速撤离危险区或可能发生危险的区域，及时利用其他运输工具进行疏散。在撤离过程中开展群众自救与互救。

（3）快速抢通，确保交通运输通道的顺畅，积极组织车辆、船舶等进行疏散与绕行。

利用救援装备设施，科学、及时地开展抢通工程，尽快恢复交通运输通道的顺畅对消除突发事件对交通运输的影响具有决定性意义。

(4) 尽快疏散和安置受困群众，充分利用综合交通运输的优势，将受困群众和滞留人员进行疏散与安置，利用各种交通运输方式尽早将群众安全送达目的地。

(5) 清理现场，消除其他隐患及危害后果。

2. 应急响应的实施、现场控制与安排

应急响应的实施有许多环节构成，其中现场控制和安排是一个重要环节，也是应急管理工作中内容最复杂、任务最繁重的部分。现场控制和安排在一定程度上决定了应急处置的效率与质量。科学合理的现场控制不仅能大大降低事故造成的损失，也是一个国家和地区的政府部门应急处置能力的重要体现。

应急响应现场控制与安排应遵从以下原则：快速反应原则、人员救助原则、人员疏散原则、保护现场原则和保护应急参与人员安全的原则。

现场控制的基本方法包括警戒线控制法、区域控制法、遮盖控制法、以物围圈控制法和定位控制法。

任何处置工作的开展必须以对现场形势的准确评估为前提。这需要评估事件的性质，现场存在潜在危害的检测，现场情景与所需的应急资源，人员伤亡的情况以及周围环境和条件等。

现场的应急处置安排，包括设置警戒线、应急反应人力资源组织与协调、应急物资设备的调集、通道的抢通与保通、人员安全疏散、现场交通管制、现场秩序维护、相关绕行疏散方案及对信息和新闻媒体的管理等。

1.2.6.2 应急恢复与善后

交通运输应急恢复是指突发公共事件得到初步控制后，政府、社会组织和公民，为使交通运输生产、生活、工作、社会秩序和生态环境尽快恢复到正常状态而采取的措施或行动。当应急响应阶段结束后，从紧急情况恢复到正常状态需要时间、人员、资金和正确的指挥，这时对恢复能力的预先估计将变得很重要。应急恢复从应急救援工作结束时开始。决定恢复时间长短的因素包括：破坏与损失的程度，完成恢复所需的人力、财力和技术支持，相关法律法规和其他因素等。通常情况下，重要的交通运输恢复活动包括：恢复期间管理，突发事件调查，现场警戒和安全、重要基础设施的恢复与通道恢复、安全和应急系统的恢复、人员的救助、法律问题、损失评估、保险与索赔、公共关系等。

1.2.6.3 应急救援系统

交通运输应急救援系统是一个多维多层次的体系，既涉及到应急救援的组织机构，又涉及应急救援的支持保障；既包含救援系统的核心要素，又需要响应程序来实现其功能。

1. 交通运输突发事件应急救援系统的要素

交通运输应急救援系统是指负责突发事件预测和报警接收、应急救援预案的编制、应急救援行动的开展、应急救援培训和演练、恢复工作等事务，控制和消除事件，使事件造成的损失程度降低到最低程度，它是由若干相互联系、相互作用的应急要素组成的一个有机体。救援的总目标是通过预先设计和应急措施利用一切可以利用的力量，在突发事件发生后迅速控制其发展，保护现场人员的健康和安全，并将突发事件对环境和财产造成的损失降到最低程度。突发事件应急救援系统的规模因突发事件类型的影响范围而异，具体的要素包括应急救援预案、应急组织机构、应急信息系统、应急器材与设施、外部援助系统和应急预警系统。

2. 交通运输突发事件应急救援系统的组织机构

针对交通运输的特点，设置交通运输突发事件应急救援系统的组织机构时，应以日常交通运输应急管理部门为主体，根据突发事件的影响程度在交通运输涉及的各部门、各地方政府设立临时联合应急处置工作组，同时组成指挥与综合协调小组、现场工作与救援小组、各项保障小组、新闻宣传小组、恢复重建小组与总结评估小组等共同对应交通运输突发事件，并在执行具体任务时相互联系、相互协调、呈现系统性的运作状态。

3. 我国交通运输突发事件救援体系现状

我国的交通运输突发事件应急救援管理主要以属地管理为主，行业管理为辅的模式，由各级政府和各行业部门共同管理突发事件救援工作，并协调相关部门进行支援。对于需要多个部门共同参与的紧急救援，则由主管部门牵头，相关部门与军队参加，组成跨部门、跨地区的协调机构。对于大规模的救援，则由国务院组成领导机构进行统一指挥。

但是这样的救援体系存在许多问题，对于救灾过程中产生的实际需要还有很大距离，具体表现在：

（1）缺乏一个强有力的综合交通运输应急救援领导机构。在目前的突发事件管理体制下，这种由交通运输各部门分工负责的体系，任何一个部门都没有能力承担起综合指挥与协调的职责，在发生重大突发事件时，政府只能召集各部门领导，成立临时的应急机构，这必然使得资源和信息的整合在短时间内无法实现，从而贻误了救援的黄金时机。

（2）应急救援资源的利用率低下。长期以来，我国没有形成统一的救援体系，过去长期形成的灾害管理体制基本上是分类别、分地区、分部门的单一管理模式。这种模式带来的必然是各种弊端：一方面，一些部门拥有自己的应急救援资源，全局上造成了严重浪费；另一方面，发生事件后，需要统一使用救援力量时，各部门各行其是，步伐不一，资源只是简单的相加而无法顺利的实现整合，难以协同应对，不可避免造成救援不得力的局势。

（3）各专业救援队伍的装备整体水平比较落后。装备水平的高低在很大程度上决定了救援的效果和质量。由于各地区的经济实力不同，对应急救援的认识水平各有差异，对硬件设施的投入也就有所不同，从而影响了救援工作的最终效果。

1.2.7 交通运输突发事件应急处置评价概述

1.2.7.1 应急处置评价的基本概念

突发事件应急管理包括预防、预备、响应、恢复四个过程。交通运输突发事件应急处置评价是对整个突发事件应急管理进行全面、综合的评价，是应急管理工作不断完善的重要依据和立足点。通过应急处置评价，总结经验教训，提出改进工作的要求和建议，从而对整个应急管理工作起到一个闭环回馈的作用。

从实践上讲，应急处置评价是做好预防工作的重要前提，也是检测和评估应急处置过程的监视器，更是政府和企业进行应急管理的重要依据。

从理论上讲，应急处置评价是政府和企业应急管理体系中所有要素和应急行为主体有机组合的总体评价，主要表现为应急管理工作的协调、整合情况。

1.2.7.2 应急处置评价的原则

交通运输突发事件应急处置评价应遵循科学、客观、公正、独立的原则，严谨、明确地做出应急处置评价结论。

1. 客观、科学性原则

交通运输突发事件应急处置评价应该符合客观实际，符合已被实践证明了的科学理论，能充分反映交通运输突发事件应急处置的内在机制。评价指标的物理意义必须明确，测算方法标准，统计计算方法规范，具体指标能够反映应急处置的含义和目标的实现程度，保证评价的科学性、评价结果的真实性和客观性。

2. 全面、简明性原则

要求指标体系覆盖面广，能全面反映应急系统的各种因素，以及各因素之间的协调关系。根据指标的内容和特点，可分为综合性指标与单项要素指标或部门性指标等。同时要求指标体系内容简单明了与准确，并具有代表性。指标往往是经过加工处理过的，要求指标能准确、清楚地反映问题。

3. 相关、动态性原则

交通运输突发事件应急处置是一个系统工程，需要多部门之间的协调，综合运用多种技术。因此，要求指标之间都有一定的内在联系，才能很好地评估应急处置的水平。应急处置评价又是一个动态过程，要求一些指标充分考虑动态变化的特点。既有静态指标，也要有动态指标。

4. 实用、可比性原则

指标的设置要实用，容易理解，基础数据容易收集，所得指标应能易于进行比较；同时，也要考虑与我国历史资料的可比性问题。

5. 层次性原则

交通运输突发事件应急处置是一个复杂系统，它可以分解成若干个子系统。因此，评价应急处置应在不同层次上有不同的指标体系，有利于决策者在不同层次上改进应急处置技术。

6. 定性、定量结合原则

指标体系应尽可能量化，但对于一些难以量化其意义又重大的指标，也可以用定性指标来描述。

1.2.7.3 应急处置评价指标

1. 评价指标功能

（1）反映功能。选取的评价指标应具有代表性，力求把复杂的应急处置状况浓缩在有限的指标之内。

（2）监测功能。监测功能是反映功能的延伸，是动态中的反映性。监测功能可分为两类：一是应急处置发展情况的监测，如应急人员数量的增减、通信水平的升降、报警时间的延长或缩短等；二是应急政策、应急计划执行情况的监测，如应急宣传教育政策执行情况等。前者是对应急处置“自身状态”的监测，后者则是对有组织、有目的应急目标的监测。

（3）比较功能。当应急处置评价指标被用来衡量两个或两个以上认识对象的时候，它就具有了比较功能。比较功能也可分为两类：一是横向比较，即在同一时间序列上对不同认识对象进行比较，如同一时期地区与地区的比较、国家与国家之间的比较等等；二是纵向比较，即对同一认识对象的不同时期发展状况的比较，如对公众应急意识作宣传教育前后的比较等。横向比较有助于认识自己的特点和位置，明确自己的长处和短处；纵向比较有助于认识自己的状况和发展趋势，明确自己是在前进、后退或停滞，它们都有助于对应急处置做出正确的判断。

（4）评价功能。评价功能是反映功能、监测功能和比较功能的深化和发展。这是因为，反映、监测、比较本身并不能说明应急处置水平，只有对反映、监测、比较的结果做出评价，对它们的客观状况做出评论，对它们的前因后果做出解释，对它们的利弊得失做出判断，才算是对社会现象做出了说明。从这个意义上说，反映、监测、比较功能只是应急处置评价指标的基础性功能，只有评价功能才是应急处置评价指标的核心功能，离开了评价功能，反映、监测、比较功能也就失去了意义。

（5）预测功能。预测功能是在评价的基础上，对应急处置未来发展趋势的预先测算。预测功能包括两个方面：一是应急处置发展预测，即对推动应急处置技术发展的各种因素的预测。例如，在对本年度应急处置状况做出评价的基础上，预测下一年度应急处置技术的发展状况等。二是应急处置技术问题预测，即对阻碍应急处置技术发展的各因素的预测。例如，在对本时期应急能力做出评价的基础上，预测下一时期应急能力的发展趋势等。

（6）规划功能。规划功能是预测功能的延伸。预测为规划提供依据，规划是根据预测结果对实际工作所做的安排或采取的对策。可以说，任何规划的内容都离不开应急能力指标，规划功能是应急评价指标反作用于应急处置技术的关键功能。

2. 评价指标的类型

评价指标是质与量的结合与统一。按照不同的标准，交通运输突发事件应急处置评价指标可分为许多不同类型，按照社会经济指标的分类方法，可以分为5种：

（1）客观指标和主观指标。客观指标是指反映客观社会现象的指标，主要反映民情；主观指标是指反映人们对客观社会经济现象的主观感受、愿望、态度、评价等心理状态的指标，主要反映民意。

（2）经济指标和非经济指标。经济指标是指反映社会经济活动情况的指标；非经济指标是指反映经济领域之外的社会活动情况的指标。

（3）描述性指标和评价性指标。描述性指标是具体反映某种现象的状况，具有元素性和基础性。每个描述性指标都有不同的计量单位，因此不能简单地相加，以综合反映某一层次或某一方面的情况。评价性指标也称分析性指标或诊断性指标，它是指社会经济发展、社会效果在某些方面利弊得失的指标。

（4）正指标、逆指标与中性指标。正指标是反映社会经济进步或发展的社会经济现象的指标；逆指标是反映阻碍社会经济进步或发展的社会现象的指标；中性指标是指反映与社会进步或发展没有直接联系的社会经济现象的指标。

（5）投入指标、活动量指标和产出指标。投入指标是反映投向某一社会过程的人力、财力、物力等资源的指标，如在交通运输突发事件应急科研与开发上投入的经费、科研人数、仪器与设备，在应急事业上投入的资金、人员和设备；活动量指标指反映社会经济过程的工作量、活动频率、承担次数等状况的指标，如培训演练次数；产出指标是反映社会经济过程的结果的指标，如劳动生产率。

1.2.7.4 评价标准

1. 制定评价标准的原则

（1）动态性：对交通运输突发事件应急处置评价标准的确定，应该从现阶段的发展、变化状况及其对未来发展的长期规划入手，综合考虑。

（2）协调性：交通运输突发事件应急处置评价必须考虑经济、社会与资源、环境的协调发展，把近期与长期发展结合起来。

（3）可比性：交通运输突发事件应急处置评价是对某一突发事件应急处置情况进行的分析评价，这种分析需要一定的参照系，评价标准的选择必须考虑不同类型、等级突发事件的比较关系，要有可比性。

（4）差异性：不同类别、不同等级的交通运输突发事件应急处置的状况相应不同，要求"因地制宜"确定各指标的评价标准。

2. 确定评价标准的方法

（1）专家评判法：通过研究者将待研究问题制成事先拟好备选答案的标准问卷，向有关专家学者及地方政府决策者进行问卷发放与回收，在回收问卷答案的基础上，将答卷人的答案按照一定的规则转换成相应的定量，以此来确定交通运输突发事件应急处置评价的具体标准。

（2）标准法：利用现有的一些国外、国内标准来确定具体指标的标准。标准法是应用最为简便的一种方法，对标准的定量化工作可通过查询标准获得。

（3）参照系法：通过一定的比较和筛选，将现存的某些资料作为研究对象的参照标准。这一方法虽然简便，但得出来的结论较专家评判法和标准法的准确性要差。

1.2.7.5　应急处置评价方法

通过研究相关资料，应急处置基本评价方法大致可分为定性方法、半定量方法、定量方法3种，如图1－1所示。

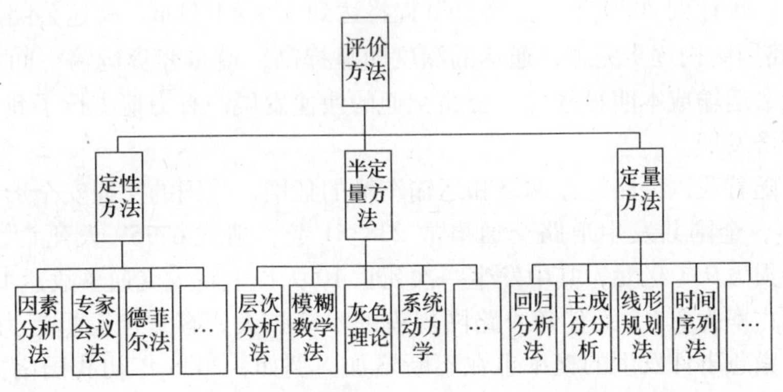

图1－1　交通运输应急处置基本评价方法

这些方法各有优缺点，对于交通运输突发事件应急处置基本评价，可以根据评价对象、评价目标选取合适的评价方法。

1.2.8　交通运输安全生产应急管理领域涉及法律法规列举

交通运输安全生产应急管理领域涉及法律主要有《中华人民共和国防洪法》、《中华人民共和国防震减灾法》、《中华人民共和国安全生产法》、《中华人民共和国消防法》、《中华人民共和国公路法》、《中华人民共和国铁路法》、《中华人民共和国道路交通安全法》、《中华人民共和国海上交通安全法》、《中华人民共和国突发事件应对法》、《中华人民共和国气象法》、《中华人民共和国民用航空法》、《中华人民共和国国境卫生检疫法》和《中华人民共和国港口法》。

交通运输安全生产应急管理领域涉及行政法规主要有《生产安全事故报告和调查处理条例》、《突发公共卫生事件应急条例》、《地质灾害防治条例》、《破坏性地震应急条例》、《中华人民共和国公路管理条例》、《中华人民共和国内河交通安全管理条例》、《中华人民共和国道路运输条例》、《中华人民共和国航道管理条例》、《中华人民共和国水路运输管理条例》、《中华人民共和国海上交通事故调查处理条例》、《中国民用航空安全检查规则》、《中国民用航空危险品运输管理规定》、《铁路运输安全保护条例》、《民用机场管理条例》、《农业机械安全监督管理条例》和《中华人民共和国渔业船舶检验条例》。

交通运输安全生产应急管理领域涉及部门规章主要有《铁路交通事故应急救援规则》、《铁路行车事故处理规则》、《民航总局重大飞行事故应急处理程序》、《高速客船安全管理规则》、《国务院关于特大安全事故行政责任追究的规定》、《突发公共卫生事件交通应急规定》、《港口道路交通管理办法》、《中华人民共和国航道管理条例》和《中华人民共和国公路管理条例实施细则》。

1.3 公路交通安全生产应急管理概述

我国国民经济快速增长，人民生活水平持续提高，对公路交通运输提出了更高的要求，也为其快速发展创造了有利条件。近年来我国公路基础设施建设取得了令世界瞩目的成就。截至2009年底，全国公路总里程达 373.02×10^4km，其中高速公路 6.5×10^4km，居世界第二位，预计到2020年，公路总里程将达到 420×10^4km，高速公路总里程将突破 10×10^4km。路网结构逐步完善，通达的深度明显提高，道路客货运输空间和时间的距离大幅缩短，社会运输成本明显降低。公路交通的快速发展，有力地支撑了我国的改革开放事业和社会经济发展。

近几年，随着我国公路运输网络和运输车辆的猛增，我国的交通安全形势也变得日益严峻。2009年，全国共发生道路交通事故238351起，造成67759人死亡、275125人受伤，直接财产损失9.1亿元，其中发生一次死亡10人以上特大交通事故达10起，道路交通事故万车死亡率为3.6。而伴随着路网规模的不断扩大、客货运运量运力进一步增长，各类突发重大紧急事件发生的概率也在不断增加。例如，2008年初我国南方雨雪冰冻灾害和5月份四川汶川大地震都给公路交通运输带来了极为严峻的挑战，同时也给社会经济造成了较为严重的影响，如何处理这些突发性紧急事件，对公路的应急管理水平提出了更高的要求。

当前公路交通发展正处于战略机遇期和增长转型期。“三个服务”更加注重以人为本、好中求快、全面协调和可持续发展，更加注重服务的质量和水平。因此，这就需要依据科研技术手段和配套项目建设，全面挖掘现有交通网络潜能，最大限度提高基础设施利用效率，以增强公路网管理和公路突发事件应急处置能力，并提升路网服务能力。

1.3.1 公路交通应急管理基本概念与特点

1.3.1.1 公路交通安全生产应急管理的基本概念

1. 公路交通安全生产应急管理的基本概念

公路交通运输是国民经济的重要支柱产业，担负着物资、人员大规模流动的重要任务，也是突发事件的多发领域。而且公路交通突发事件种类繁多、情况复杂、突发性强、覆盖面大，再加上应急工作本身会涉及从高层管理人员到基层人员的各个响应层次，并且涉及交通运输及管理机构和公安、医疗、环保、消防等其他非交通领域的部门，应急工作的开展十分复杂。

公路交通安全生产应急管理主要是指个人或组织针对发生或可能发生的危及公路交通安全生产或需要公路交通作为支撑保障的突发事件，通过预测预警、处置与救援、恢复、总结等措施，防范可能发生的公路交通突发事件，控制、减轻和消除公路交通突发事件引起的严重社会危害，及时维持和恢复公路交通正常运行，保障公路畅通、人民生命财产安全和经济社会正常运行。

2. 公路交通应急管理的原则

（1）以人为本。保障人民群众生命财产安全和社会稳定是应急工作的出发点和落脚点，通过采取各种措施，建立健全应对公路交通突发事件的有效机制，最大限度减少因事故造成的人员伤亡。

（2）以防为主。有效预防公路交通突发事件的发生是应急工作的首要任务，采取得力的防范措施，尽一切可能防止公路交通突发事件的发生；对无法防止或已经发生的公路交通突发事件，尽可能避免其造成恶劣影响和灾难性后果。

（3）依法处置。以相关法律、法规、规章为指导，与有关政策相衔接，确立统一领导、责任到人、决策科学、反应及时的处置方式。

（4）分级负责。按照分级管理、分级响应，条块结合、属地为主，基层先行、逐级抬升的公路交通突发事件处置模式，建立多层次的应急组织体系。

（5）反应迅速。健全信息报告体系，形成各级公路交通主管部门“上下结合、条块结合、纵向到底、横向到边”的网络，及时、迅速、有效收集和上报公路交通突发事件信息，切实做到早发现、早报告、早控制。

（6）平战结合。树立应急工作日常做的意识，平时做好应对公路交通突发事件的思想准备、预案准备和机制准备，做好预防和演练工作，确保事发时能够高效快速发挥作用，经常性的日常工作与事发时的应急工作结合进行，做到常备不懈，事发即来，来之能战。

3. 公路交通应急管理的过程

公路交通安全生产应急管理的过程主要包括监测预警、处置与救援、恢复与重建三个阶段。尽管在实际工作中，这些阶段往往存在重叠现象，但是每一个阶段都有单独的目标，并且成为下一阶段内容的一部分。由于突发事件是一种突然发生、具有破坏力的事件，有些突发事件事先没有可查的先兆，一旦触发，迅速发展蔓延，甚至失控，所以一定要以预测预警为应急工作的首要任务。由于突发事件的破坏作用及救援工作的开展，使得事发现场秩序失调，造成人员伤亡、设施物品等损坏，这些都需要补救和处理，所以在事发之后，还要做好善后处置工作。

1.3.1.2 公路交通安全生产应急管理的特点

公路交通安全生产应急管理受自然灾害、公共卫生事件和社会安全事件影响较大，公路交通安全生产应急管理是一项长期而艰巨的工作，具体表现在以下4个方面：

（1）公路交通安全生产应急管理本身是一个复杂的系统工程。公路交通安全生产应急管理在事前、事发、事中及事后4个过程都有明确的目标和内涵，贯穿于监测预警、处置与救援、恢复和重建的各个过程。

（2）公路交通安全生产应急管理必须确保应急救援的时效性。由于公路交通突发事件成因多样，事故发生频率高，并且连锁性强，不但会对司乘人员产生危害，对其附近的车辆、设施都会产生连锁性灾害，给公路安全生产应急管理带来极大阻碍。

（3）公路交通安全生产应急管理需要完整的应急处置预案和措施。交通突发事件影响面大，公路交通突发事件往往会导致交通中断，造成线路堵塞，甚至会影响全国公路网的正常运行，给国民经济和人民群众利益造成重大影响。

（4）公路交通安全生产应急管理必须保证不使旅客造成心理和生理机能的损伤，保证不改变货物的物理性质，提高公路交通在公众中的信誉和在运输市场上的竞争能力。

1.3.2 公路交通安全生产应急管理主要内容与任务

加强安全生产应急管理工作是政府部门的重要职责，加快完善公路安全与应急保障体系是实现公路交通更安全、更畅通、更和谐、更高效发展的基础，公路交通应急管理的主要内容与任务体现在完善公路交通预案体系、加强应急运行机制和能力建设、提高公路应急保障能力以及加强交通应急管理的宣传等几个方面。

1. 完善公路交通应急预案体系

各地交通主管部门应根据修编后的《公路交通突发事件应急预案》要求，完善地方公路交通应急预案，并结合地方实际，制定针对自然灾害、事故灾难、公共卫生事件、社会安全事件的专项处置预案，提高预案的针对性和可操作性。力争到2015年，初步形成“横向到边、纵向到底”的部、省、市、县四级公路交通应急预案体系。

2. 强化应急运行应急机制建设

（1）加强部际运行机制建设。进一步加强公路交通应急管理的多部门协作能力，研究公路交通应急管理中需要协调的重大问题，推动部际间沟通与交流，互通信息、相互配合、相互支持、形成合力，建立预警信息快速通报与联动响应和重大信息联合发布机制，提高信息发布的时效性、完整性、准确性和一致性。

（2）加强部省运行机制建设。以《交通部公路交通阻断信息报送制度（试行）》为基础，建立并完善公路交通应急信息报送机制，规范公路交通突发事件信息报送工作。定期召开部省应急管理部门工作会议，围绕建立更为有效开展部省应急协调机制开展交流，建立突发事件下区域路网协调与指挥机制，提高公路应急保障和区域路网协调能力。加强部省级应急演练活动，建设应急宣教、培训和演练基地，规范培训和演练内容，逐步形成覆盖公路各类突发事件的应急培训和演练体系。

（3）加强省际运行机制建设。建立省际公路会商与应急联动机制，明确各省信息沟通渠道，建立区域路网预警信息快速通报和统一协调机制，及时通报预警及突发事件情况，提供跨区域阻断信息和出行路况信息服务。同时建立相邻各省公路管理单位间的互助机制，充分利用并合理分布各单位的应急处置力量，避免在结合地区重复布置应急队伍及物资，根据就近原则，统筹协调应急力量支援。

（4）加强省内运行机制建设。加强省内公路系统及相关部门间信息共享沟通与联动机制建设，建立健全应急信息报告、通报和共享机制，建立应急值班、联络渠道、紧急会商、信息报告等制度；建立区域公路统一指挥调度机制，建立全省公路统一调度指挥体系，建立与公安交通管理部门的联合调度指挥机制；建立特殊条件下公路交通通行机制，避免采取简单封闭的交通管制措施，尽可能保证公路网畅通；建立公路应急管理培训与演练制度，提高队伍应急处置能力；建立省级应急能力建设评估机制，制订客观、科学的评价指标，促进高速公路应急管理能力的提高。

（5）建立健全应急补偿机制。建立健全国家公路救灾应急补偿机制，制订完善的补偿办法，对于应急救灾车辆的通行费和救援车辆机械的组织费用方面，能够给予经济补偿。对于跨省应急力量的使用，各运营单位间应当在协议框架下，给予适当资金补偿。使用国家储备中心物资的省份负责物资使用的补偿。

3. 加强应急保障能力建设

（1）加强公路应急队伍建设。将武警交通部队纳入公路应急抢险保通队伍，作为国家级公路应急抢险保通专业力量。负责具有重要意义的国（边）防公路的养护保通，重要的公路桥梁和隧道的守卫管护，以及重大应急突发事件的应急抢险保通工作。建立地方应急抢险保通队伍。省、市级公路应急管理机构负责应急抢通保障队伍的组建和日常管理。构建以公路养护管理部门、路政管理部门、养护工程企业为主体的公路应急抢通保障队伍。

（2）建立国家公路交通应急物资储备中心。国家公路交通应急物资储备体系由武警交通部队应急物资储备中心和地方公路交通应急物资储备中心构成。根据全国干线公路的分布情况，结合我国武警交通部队的基本部署和兵力分布情况，确保应急物资调运的时效性和覆盖区域的合理性。

4. 加强交通应急管理的领导和宣传工作

（1）加强对公路交通应急管理工作的领导。抓好应急管理工作，领导是关键。各级公路部门要把应急管理工作摆在更加重要的位置，主要领导亲自抓，分管领导具体抓，建立和完善公路突发事件应急处置工作责任制，要强化对企业安全生产责任的监管，加大执法力度和责任追究力度，做到监测和预报到位，组织和指挥到位，资金和物资到位，培训和演练到位。

（2）加强公路交通应急宣传教育。加强对公路各级应急预案和应急救助知识的宣传教育。深入宣传开展应急工作的重要意义，宣传本地区、本部门公路应急工作的成效，宣传应急预案的主要内容和应急处置的相关程序；宣传和普及预防、避险、自救、互救、减灾等知识，在公共和重要场所宣传交通避险的有关知识，提高公众应对公路突发事件的综合素质。通过编制预案简本、科普读本、影像资料、知识讲座、典型案例分析等形式，利用广播、电视、报刊、网络等媒体，开展宣传教育，形成全民动员、预防为主、全社会支持和参与的公路应急的良好局面。

1.3.3　公路交通安全生产应急救援体系概述

公路交通应急救援是落实科学发展观和构建和谐社会的重大战略问题，是关系国民经济持续快速发展和保障人民群众生命财产安全的重要方面，也是改变我国道路交通事故频发、死亡率居高不下的国际形象的实际步骤。党中央、国务院以及交通运输部、地方各级公路部门一直非常重视公路交通安全生产工作。随着我国经济的快速发展，公路交通必将获得更大的发展空间，公路交通应急救援将是交通管理部门的一项重要工作。

公路交通应急组织体系是应急救援体系的基础之一，公路交通应急救援按照统一领导、分级管理，条块结合、属地为主的原则进行有序的组织。公路交通应急救援组织体系主要由领导决策层、应急管理与协调指挥系统以及应急救援队伍组成。公路交通应急救援管理工作由各级政府和各领域部门共同管理，并协调相关部门进行支援。对于需要多个部门共同参与的紧急救援，则由主管部门牵头，相关部门与军队参加，组成跨部门、跨地区的协调机构。对于大规模的救援，则由国务院组成领导机构进行统一指挥。

公路交通应急救援工作机制应包括联席会议制度、统一指挥和协调机制、监督、检查和考核工作机制及交通事故救援应急预案等。公路交通应急运行机制始终贯穿于应急准备、初级反应、扩大应急和应急恢复等应急活动中，涉及应急救援的机制众多，但关键的、最主要的是统一指挥、分级响应和公众动员等机制。

公路交通应急救援的支撑保障系统主要包括通信信息系统、培训演练系统、技术支持系统、物资与装备保障系统。为保障公路交通应急救援体系的有效运行，在现有基础上，应逐渐完善公路交通突发事件应急救援的法律、法规保障体系，确保道路交通事故应急救援通信与信息系统传递信息的及时、准确，确保道路交通事故应急救援装备保障的到位，确保道路交通事故应急救援技术的普及。

1.3.4 公路交通安全生产应急管理现状与趋势

根据国务院的总体部署和要求，2005 年，交通部制定和发布了《公路交通突发公共事件应急预案》，各地交通部门根据应急预案的要求，也相继制定了地方公路交通应急预案。目前各省（区、市）均成立了由主管领导担任组长、公路管理部门以及运输管理部门负责人为成员的省级交通应急领导小组及办公室，公路交通应急机制建设逐步强化，交通与相关部门的沟通与配合也在加强。依托公路养护及道路运输企业，结合交通战备管理体系，各地已初步建立了专兼结合的应急抢险保通队伍，储备了一定数量的应急运力和物资，开展了一定规模的应急演练，在 2008 年的抗击雨雪冰冻灾害和抗震救灾中发挥了积极作用。

2006 年 10 月，交通部出台《关于全面加强应急管理工作的指导意见》（简称《指导意见》），要求加强应急管理规划和建设，做好各类突发公共事件的防范工作，加强应急装备和队伍建设。到“十一五”末，公路交通初步实现监视监测能力现代化，应急管理与决策科学化，突发公共事件预警预防与应急反应和处置快速化，应急装备和资源配置合理化，形成统一指挥、分级负责、反应灵敏、运转高效、保障有力的交通突发公共事件应急体系。要求建立各级应急管理机构以及制定本地区交通突发公共事件应急体系建设规划，重点加强交通应急管理体制和机制建设，充实交通应急管理机构，进一步明确应急管理的指挥机构、办事机构及职责。

2009 年 5 月，交通运输部重新修订《公路交通突发事件应急预案》，将其作为全国公路交通领域最高层次的总体应急预案，该预案的印发将影响各级交通部门有关公路应急预案的修订完善和今后应急管理工作思路。此次预案修改主要集中在 5 方面：一是明确了应急预案的定位，确立了本预案的纲领性、总体性及适用的条件；二是理清了应急预案体系，即体系分为国家和地方两级；三是确定了应急管理机构组成和职责，对应急处置机构明确化，即在部级层面的公路交通应急管理机构包括应急领导小组、应急工作组、日常管理机构、专家咨询组和现场工作组；四是丰富了应急运行机制，提高了预案的可操作性和执行力；五是强化了应急保障能力建设。由此，本方案在预警、应急启动、应急响应、物资储备和补偿机制以及应急信息发布等诸多环节具有更高的可操作性。

结合当前我国交通应急及运输保障体系的现状，今后公路交通安全生产应急管理的发展方向将主要集中在以下几个方面：

（1）组建和完善公路交通应急及运输保障的管理机构。我国对突发公共事件的危机管理过分依赖于地方政府的行政部门和政治动员，因此，尽快建立一套完整的公路交通应急危机管理组织机构体系，统一组织、协调和指挥公路交通及其运输保障行动，是当前我国有效应对公路交通突发公共事件的重要保障。

（2）建立有序高效的公路交通应急及运输保障运行机制。根据国外的成功经验及我国的实际，有序、高效的交通应急及运输保障运行机制应包括预警机制、快速反应机制、应急报告与信息发布机制、政府协调机制、全员动员机制、财政补偿机制、“绿色通道”机制以及事后评价机制。

（3）建设公路交通应急及运输保障的两大支持体系。公路交通应急及运输保障体系能否顺利运行，除要有完善的组织体制与运行机制外，还需要另外两大支持体系对其进行支撑，它们是公路交通应急及运输保障信息与通信系统和相关法律法规体系。

1.3.5 公路交通突发事件概述

1. 公路交通突发事件的定义

公路交通突发事件是指由自然灾害、公路交通运输生产事故、公共卫生事件、社会安全事件等突发事件引发的造成或者可能造成公路以及重要客运枢纽出现中断、阻塞、重大人员伤亡、大量人员需要疏散、重大财产损失、生态环境破坏和严重社会危害，以及由于社会经济异常波动造成重要物资、旅客运输紧张需要交通运输部门提供应急运输保障的紧急事件。

2. 公路交通突发事件的分类

依据我国公路交通部门的职责划分，在发生以下类型突发事件时，公路交通部门应启动应急救援预案，承担或参与应急救援工作。公路交通突发公共事件可以分为以下几类：

（1）由自然灾害引发的公路交通突发事件。主要包括水旱灾害、气象灾害、地震灾害、地质灾害、海洋灾害、生物灾害和森林草原火灾等引发的道路交通运输事故。如大江大河干流水位超过警戒水位，堤防出现重大险情或决口，水库出现重大险情或垮坝，暴雨引起重大山体滑坡，突降暴雪或长时间浓雾等恶劣天气，可能造成高速公路、国道主干线严重毁坏和中断。大中城市或人口密集地区发生地震，或者造成公路、桥梁、隧道中断，或有重大人员伤亡和巨大经济损失，需国家提供紧急物资运输资源。可能造成沿海区域人员伤亡和沿海公路毁坏的海洋灾害。

案例：2008 年 1 月 10 日开始，强烈的低温、雨雪、冰冻天气袭击了我国大部分地区，全国先后有 23 个省份的公路交通受到不同程度的影响，其中湖南、贵州、广东、安徽、江西、湖北、四川、河南、陕西、江苏、浙江、甘肃、新疆等 13 个省份受到严重影响，波及范围之广极为罕见。据统计，此次低温、雨雪、冰冻灾害期间，全国累计有 23×10^4km 的公路因冰雪多次受阻。“五纵七横”国道主干线中，有 9 条近 2×10^4km（京珠、京福、沪蓉、沪瑞、连霍、青银、二河）高速的多处路段曾经被迫封闭交通，约6000~7000km路段阻断，尤其是京珠、沪蓉、连霍“两横一纵”三条承担公路网主要交通流量的大动脉长时间堵塞，造成了大量的车辆、人员、物资的滞留和积压。

（2）公路交通运输生产突发事件。主要包括交通事故、公路工程建设事故、危险货物运输事故，如公路建设工程、道路运输、客货运场站发生严重威胁群众生命财产安全的事故。剧毒品运输泄露可能造成道路环境污染和生态破坏，使区域生态功能丧失，对相关地区正常生产、生活可能造成影响、人员伤亡和经济损失，或濒危物种生态环境遭到破坏。

（3）由公共卫生事件引发的公路交通突发事件。主要包括由传染病疫情、群体性不明原因疾病、食品安全和职业危害、动物疫情，以及其他严重影响公众健康和生命安全的事件引发的，急需公路交通部门负责组织实施紧急物资运输和确保疫情不在公路运输环节扩散等。

案例：2003年，××市为控制重大“非典”疫情，把好关口，切断“非典”通过交通工具和乘运人员输入当地的途径，根据当地防治非典型肺炎指挥部制定的预案，结合当地交通实际，采取了有效的措施。

（4）由重大社会活动和社会安全事件（简称社会事件）引发的公路交通突发事件。主要包括社会群体性重大活动、恐怖袭击事件、经济安全事件和涉外突发事件等急需交通部门负责组织实施的紧急物资、人员安全运输保障等。

案例：2008年，北京奥运会期间，全国公路系统、铁路系统都先后出台奥运运输保障方案，提前将有关应对措施出台，以确保奥运车辆、人员出行的需要，同时兼顾社会车辆、普通群众的出行以及特殊残障人士的出行保障等。如交通运输部在奥运期间出台了详细的保障方案，在涉奥城市周边设置奥运专用公路及社会车辆绕行线路，尽最大努力确保了奥运期间公路交通的基本畅通；北京市政府投入上亿元大力改善机场、地铁、公交等无障碍设施，为残疾朋友的出行提供可靠保障。

3. 公路交通突发事件的分级

依据《公路交通突发事件应急预案》，各类公路交通突发事件按照其性质、严重程度、可控性和影响范围等因素，一般分为四级：Ⅰ级（特别重大）、Ⅱ级（重大）、Ⅲ级（较大）和Ⅳ级（一般）。

1.4 铁路交通安全生产应急管理概述

从世界上第一条铁路正式运营到现在，已经有170多年的历史。1876年中国诞生了第一条铁路后，经过130余年来铁路的建设和发展，铁路已经成为大众化的交通工具，交通运输的主力军，国民经济的大动脉，国家重要的基础设施。作为现代化运输方式之一，铁路交通运输联接着城市、乡村、港口等，参与了社会物质财富的创造，服务社会经济的发展，提供人民群众生活的需求，在军事战略运输、抢险救灾、国家重点工程建设等方面担负着重任，是现代人类社会一种不能缺少的交通工具，在建设特色社会主义、发展国民经济和保障人民生活方面起着重要作用。

铁路交通运输是独立的物质生产企业，是铁路企业车务、客运、货运、机务、工务、电务、车辆、供电、通信等多部门、多工种紧密配合、协同动作的庞大联动机。铁路交通运输不生产有形的产品，以运送旅客所产生的人公里和运送货物所产生的吨公里为计量单位，以独特的列车运输方式改变运营对象（旅客、行李包裹和货物）的空间位置，使旅客和货物随着列车运行而共同移动，完成运输产品的位移。铁路交通具备运输成本低、舒适安全、全天候、低能耗、轻污染、占地少、投资省、效益高等特点，通常受气候条件的影响较小，可以一年四季全天候运营，还具有较高的旅客乘坐舒适性和安全稳定性及可靠性。

近年来，中国铁路建设快速发展，取得了令人瞩目的成绩，铁路运营里程不断延长，运输能力和客货运量快速增长，在科学发展观的指导下，正在由传统铁路向现代化铁路加速转变。2009 年底，路网规模达到 8.6×10^4km。到 2012 年，铁路营业里程达到 11×10^4km，其中，全国将有 1.3×10^4km 铁路客运专线建成投产，800 多座新客站投入运营。2020 年铁路营业里程将达到 12×10^4km 以上，复线率和电化率分别达到 50% 和 60% 以上，繁忙干线实现客货分线，基本形成布局合理、结构清晰、功能完善、衔接顺畅的铁路网络，运输能力满足国民经济和社会发展需要，主要技术装备达到或接近先进国家水平。形成铁路交通客运专线运输“四纵四横”大通道。

“四纵”客运专线：

（1）北京—上海客运专线，包括蚌埠—合肥、南京—杭州客运专线，贯通京津至长江三角洲东部沿海经济发达地区；

（2）北京—武汉—广州—深圳客运专线，连接华北和华南地区；

（3）北京—沈阳—哈尔滨（大连）客运专线，包括锦州—营口客运专线，连接东北和关内地区；

（4）上海—杭州—宁波—福州—深圳客运专线，连接长江、珠江三角洲和东南沿海地区。

“四横”客运专线：

（1）徐州—郑州—西安—兰州客运专线，连接西北和华东地区；

（2）杭州—南昌—长沙—贵阳—昆明客运专线，连接西南、华中和华东地区；

（3）青岛—石家庄—太原客运专线，连接华北和华东地区；

（4）南京—武汉—重庆—成都客运专线，连接西南和华东地区。

同时，正在建设南昌—九江、柳州—南宁、绵阳—成都—乐山、哈尔滨—齐齐哈尔、哈尔滨—牡丹江、长春—吉林、沈阳—丹东等客运专线，扩大客运专线的覆盖面。

中国铁路经历了数代铁路人的探索与研究、建设与发展，铁路运输安全管理、安全责任、安全环境、安全设施、安全培训、安全文化等方面的基础设施、员工素质、物质和设备条件得到了不断强化和完善。为适应铁路交通快速发展的新形势，不断消除运输安全生产过程中出现的新情况、新问题，最大限度地避免和减少铁路交通运输突发事件，必须牢固树立“以人为本、安全第一、预防为主”的指导思想，建立健全铁路交通运输应急管理体系，提高全员预防意识，增强应急管理水平，确保铁路运输生产畅通无阻、安全正点。

1.4.1　铁路交通运输应急管理基本概念与特点

1. 应急管理的基本概念

铁路交通运输应急管理的基本概念，就是针对发生或可能发生的危及铁路运输安全（包括旅客运输、行包运输、货物运输、行车安全、道口安全）等突发事件，事先制订的紧急应对处理方案、计划、措施等，包括对突发事件的分类、分级、处理主体、原则、程序、措施、应急技术手段、队伍组织、信息沟通等一系列管理标准及制度。

2. 应急管理的基本特点

铁路交通运输应急管理是一个复杂的系统工程。铁路运输的特征是轨道交通，一旦发生事故就可能会中断列车正常运行，造成线路堵塞，甚至会影响全国铁路运输网的正常运行，给国民经济和人民群众出行造成重大影响。

（1）铁路交通运输应急管理的基点是“以人为本”，在保证不使旅客造成心理和生理机能损伤的前提下，保障不改变货物运输的物理性质（如重量、件数不能短少、不能破损、变形或掺入其他杂质等），提高铁路交通运输在公众中的信誉和在运输市场上的竞争能力。

（2）铁路交通运输应急管理的落点是“预防为主”，它贯穿于应急管理的预防、准备、响应和恢复各环节，落实在铁路企业各车务、客运、货运、机务、供电、工务、电务、通信、车辆等单位运输生产的日常管理及标准化作业全过程。

（3）铁路交通运输应急管理的重点是增强全员应急意识，提高各部门、单位及广大职工的突发事件救援能力和应急协调水平，迅速应对及处理各类铁路交通运输突发事件，将损失降至最低点，最大限度地保障人民群众生命及国家财产安全。

1.4.2 铁路交通运输应急管理主要内容与任务

1. 应急管理的主要内容

铁路交通运输应急管理主要内容分为4类。

（1）自然灾害事件应急管理。指由于自然原因而导致的铁路交通运输突发事件，主要包括洪水灾害、地震灾害、山体滑坡或泥石流灾害、沙尘暴或特大暴风雨雪、冰霜冻等气候气象灾害。

（2）铁路运输生产事件应急管理。指铁路机车车辆在运行过程中发生冲突、脱轨、火灾、爆炸等影响铁路正常行车的事故，或者铁路机车车辆在运行过程中与行人、机动车、非机动车、牲畜及其他障碍物相撞的铁路交通事故等。

（3）社会安全事件应急管理。指人们主观意愿产生危及铁路交通安全的事件，主要包括恐怖袭击事件、盗窃铁路线路、信号、通信、机车、车辆设备配件事件、扒窃或掀盗铁路运输物资等。

（4）公共卫生事件应急管理。指由于病菌病毒引起的大面积的社会疾病流行等事件，主要包括传染病疫情、群体性不明原因疾病、食品安全和职业危害、动物疫情以及其他严重危害铁路运输安全、特别是旅客列车的公众安全和生命安全的事件。

2. 应急管理的具体要求

铁路交通运输安全生产应急管理分为铁道部、铁路局、站段3个层面，从组织机构上体现为一种金字塔结构。在国务院统一领导下，铁道部和国务院有关部门、事发地人民政府按照各自职责、分工、权限和预案规定，共同做好铁路交通运输突发事件的应急救援处置工作。铁路企业（铁路局、铁路公司）成立事故应急管理指挥部，指挥部下设应急管理办公室、应急救援指挥中心、事故现场指挥部、事故善后处理工作组，负责制定和完善事故应急救援方案,按照铁道部规定的权限和程序,组织、指挥、协调事故应急救援工作。

（1）明确突发事故报告制度。对有关单位和个人应当及时、准确报告事故情况提出原则性要求，对事故报告主体、对象，报告程序、时限和报告内容等作出了明确具体的规定，并建立了值班和举报制度。

（2）明确突发事件应急救援制度。明确规定了列车司机或运转车长的应急处置职责，铁路企业的抢修职责，启动事故应急预案和成立现场应急救援机构的程序以及现场应急救援机构的权限，并对有关单位和个人支持、配合事故应急救援工作提出了具体要求。

（3）明确突发事件调查制度。充分考虑铁路交通事故调查处理特点，明确了组织事故调查组的主体、参加部门及其调查权限，规范了事故调查程序、期限和事故责任认定形式，确立了事故处理情况的公布制度，强化了对事故防范和整改措施的监督。

（4）明确铁路交通事故损害赔偿的基本原则、免责条款、旅客损害赔偿责任限额标准及其他人员伤亡和财产损失赔偿的法律适用，同时还规定了相应的救济途径。

3. 应急管理的主要任务

（1）加强铁路交通运输应急管理建设。全面落实“高标准、讲科学、不懈怠”的基本要求，以消除铁路运输安全隐患、预防铁路突发事件为基点，夯实安全基础，强化现场安全控制，提升铁路运输安全管理水平。杜绝旅客列车较大及以上责任事故，杜绝货物列车重大及以上责任事故，杜绝从业人员较大及以上责任死亡事故，杜绝路外伤亡较大以上责任事故。大力减少道口和路外伤亡事故，实现高速铁路区段零死亡。

（2）加强自然灾害防控能力。建立铁路气象灾害预警机制，实现对铁路沿线灾害性天气的全方位、实时监测和预警。加强铁路基础设施防御能力建设，采取有效的工程手段，探索水害、冻害、沙害等区段的病害规律，加大整治力度，提高铁路基础设施抗灾能力。根据季节性特点和区域性灾情发生规律，有针对性地强化应急能力建设，完善各类应急预案，配齐配强应急装备和物资，开展应急培训和实战演练，强化应急指挥和处置能力。

（3）完善高速铁路安全管理，加强安全检查监测和应急救援体系建设，深化提速安全保障体系建设，大力推行集中修、专业修，提高“综合天窗修”的计划率、兑现率和利用率，完善养护维修手段，全面提升提速线路基础质量。同时，加强移动设备的检修和运用管理。

（4）深入开展安全专项整治。围绕应急管理工作，坚持开展营业线施工安全、调度基础工作、列车运行监控装置管理、机车乘务员管理、轨道电路分路不良、货物装载加固和危险化学品运输安全、牵引供电设备、轨道车运行等方面的专项整治，加大安全检查监督力度，强化检查监督，强化问题整改，强化事故和设备故障管理。

1.4.3 铁路交通运输应急管理与救援体系

1. 应急管理的内涵和原则

1）应急管理的内涵

国务院铁路主管部门、铁路企业、铁路单位，针对铁路机车车辆在运行过程可能发生或已经发生的冲突、脱轨、火灾、爆炸等影响铁路正常行车的突发事件，为避免、减少其发生几率，降低可能造成的后果和影响，所制定一系列的有计划、有组织的应急管理制度及措施，采用的紧急救援处置技术及手段。

2）应急管理的原则

“以人为本、逐级负责、应急有备、处置高效”。应急管理是一个动态的过程，由预防、准备、响应、恢复4个阶段组成，它涵盖于突发事件发生前、中、后的每一个过程，通过对突发事件的检测、预警、预控、预防、准备、响应、处理、评估、恢复等，构成了铁路交通运输突发事件应急关联的循环。

（1）预防。铁路应急管理预防有三层含义：一是突发事件的预防工作，即通过安全教育、安全管理、安全技术、安全投入等手段，尽可能地杜绝安全隐患，防止事件的发生，实现本质安全；二是通过对铁路交通突发事件规律的认知性，不断提高突发事件的控制和驾驭能力；三是通过预先采取的控制措施，利用一切先进装备和检测监控技术，强化应急预警和预测，加强铁路行车信息设备运用状况信息数据库建设，建立应急信息反馈处理、管理分析等制度，逐步形成科学完善的铁路应急管理预防体系。

（2）准备。应急准备是针对发生或可能发生的事件，铁道部、铁路局和铁路站段为迅速开展应急行动预先采取的各种准备，包括各级应急管理体系及网络的建立，铁道部各司局、铁路局各业务管理部门和铁路单位有关人员的职责落实，预案编制、应急队伍建设、应急设备、设施与物质准备和维护、预案演练、与社会外部应急力量衔接等，其目标是预防和减少铁路交通突发事件，提高重大铁路交通事件应急救援所需的准备能力。

（3）响应。应急响应是在铁路交通运输突发事件发生后立即采取的应急与救援行动，包括突发事件的接警、报警与通报，旅客列车人员的紧急疏散和急救与医疗、列车发生火灾或爆炸事件的抢险措施、事故信息收集与应急决策和社会外部求援等，其尽可能地抢救旅客伤员，保护人民群众财产安全，尽快开通铁路线路，压缩事故损失，消除事故隐患，杜绝次生事故发生。

（4）恢复。铁路交通运输较大以上突发事件（事故）的恢复工作应在发生后立即进行，按照国务院处置铁路行车事故应急预案和铁道部处置铁路交通事故应急预案，迅速动用铁路一切力量，同时，可借助社会力量，使事故影响区域恢复到相对安全的基本状态。要求立即进行的恢复工作包括受伤人员保险理赔和善后处置，事故损失评估，事故原因调查，恢复线路状态，开通铁路运输等。

2. 应急救援组织与体系

由于自然、人为或技术等原因，当隐患发展成事故或灾害不可能完全避免甚至发生的时候，建立高效的、科学的铁路运输安全生产应急救援体系，组织有效的应急救援行动，已成为抵御突发事件风险或控制事故灾害、降低危害后果的关键，甚至是唯一手段。

（1）按照国务院应急管理办公室和国家安全生产应急救援指挥中心设立模式，铁道部成立了应急管理办公室及应急救援指挥中心，完善工作职责和工作制度，配齐应急工作人员，明确应急值守、预案管理、信息处理和应急处置等工作职责。

（2）针对客运专线和动车组列车大量上线运行的新情况，铁路企业（铁路局、铁路公司）设立专门的应急管理机构，在大型客站设立应急小组，配备专门工作人员，随时应对动车组运行中的新情况、新问题；针对提速线路防护、施工安全、货运安全面临的新情况、新变化，分别设立了相应的应急管理机构和人员，明确具体的工作职责。

（3）各铁路企业全部配齐、配强应急管理力量，强化应急值守、信息处理、综合协调、应急处置等工作，并指导运输站段建立应急管理机构，明确工作职责，形成了铁道部、铁路局、运输站段三级应急管理网络，确保应急管理和应急救援指挥工作有人抓有人管，有具体的工作标准和要求。

（4）提高铁路应急管理信息化、网络化水平。针对铁路应急平台的建设原则、目标和内容，提出了铁路应急信息系统总体方案及铁路应急平台的体系结构、功能结构、实施方案等，为铁路应急平台的设计、开发、建设及管理提供了框架和建议，确定了铁路应急平台系统的建设模型。各铁路局普遍建立应急管理信息系统和应急信息数据库，重点录入各铁路运营线的现场影像资料和线路技术动态数据，依托应急管理平台，铁道部、铁路局和运输站段保持不间断的信息联系，进行实时动态分析，全面掌握提速安全和运输秩序情况，有针对性地采取对策措施。

（5）加强应急知识培训和应急预案演练，提高职工队伍的应急素质和能力。充分利用铁道部、铁路局、站段三级职工培训网络，加大对主要行车工种、关键岗位人员的适应性培训和现场教育，不断提高职工的技术业务素质和应急能力。

1.4.4 铁路交通运输应急管理现状与趋势

1. 应急管理预案基本完善

铁道部颁布了铁路防洪应急预案、铁路破坏性地震应急预案、铁路地质灾害应急预案、铁路危险化学品运输事故应急预案、铁路火灾事故应急预案、铁路网络与信息安全事故应急预案、铁路突发公共卫生事件应急预案、铁路处置群体性事件应急预案、铁路暴风雪雾恶劣天气应急预案和突发大客流及客车大面积晚点应急预案等规定。各铁路局、铁路专业运输公司及运输站段结合辖区地理、地貌、气候特点，完善了符合高速铁路、重载列车要求的安全生产应急预案，细化具体工作程序，明示到各行车岗位，形成了铁道部、铁路局、运输站段三级铁路运输应急管理体系。

2. 整合优化应急资源，提高应急救援能力

依据《铁路交通事故救援规则》，以救援半径200km为标准，铁道部在18个铁路局共设置了173列救援列车，200台救援用起重机，配备专职救援人员4300余名，专司铁路运输突发事件应急救援处置工作。各铁路局设立了应急物资储备料库，共储备石碴等路料2600余车，枕木11万余根，各类桥梁950余孔。各铁路单位与地方企事业单位签订应急协助协议，可借调用救援专用机械980余台（辆），为铁路交通运输突发事件应急救援处置提供了充足的物资和设备保障。

3. 全面提高行车设备质量

一是针对主要干线达列车时速200~250km列车的标准和条件，制定了《铁路200~250km/h动车组突发事件应急预案（试行）》，明确了时速200~250km/h动车组突发事件应急处置的原则和要求，以及各个专业的工作程序和标准。二是对线路基础设施进行全面改造。时速200km/h及以上提速区段全部铺设了重型钢轨、轨枕和高强度耐磨一级道砟，正线全部采用超长无缝线路，新建桥梁全部采用新型梁，并运用先进技术对牵引供电设备进行全面改造。三是采用先进的通信信号技术和设备，建成了新一代调度集中系统、铁路数字移动通信系统，自主研发了适合我国铁路运输特点、具有世界先进水平的列车控制系统。

4. 着力构建预警预测体系

针对时速200~350km/h运行条件下设备状态变化快的特点，采用科学、先进的监

测、监控设备，加强对行车设备的动态监测。

（1）加强对行车固定设备的检测监控。铁道部综合检测列车，每10天一个周期，对京哈、京沪、京广、沪昆、陇海、胶济、广深等繁忙干线的线桥隧涵、牵引供电、通信信号等行车设备实施动态检测；铁路局采用设备检测、添乘检查等，实施不间断的定位精测和动态整治，及时发现和解决影响铁路干线安全的隐患和问题。

（2）加强对行车移动设备的检查监测。采用智能化、网络化和信息化技术，在六大繁忙干线建成红外轴温探测系统、货车运行状态地面安全监测系统、货车滚动轴承早期故障轨边声学诊断系统、货车运行故障动态图像检测系统和客车运行安全监控系统，对运行中车辆发生的故障和安全隐患实现实时动态监测监控。

（3）装备车载检测监控系统。在动车组列车、大功率机车上全部安装自动保护系统和列车监控装置，当出现地面信息异常、列车超速等情况时，立即导向安全，自动减速或停车。同时，加强行车设备运行状况信息数据库建设，建立信息反馈处理、管理分析等制度，逐步形成科学完善的提速安全检查监控体系。

1.4.5 铁路交通运输突发事件概述

1. 铁路交通运输突发事件的概念

铁路交通运输突发事件是指铁路大联动机的某一隐患因素，由量变到质变且达到一定的临界点而最终导致事件发生的过程规律。统指铁路机车车辆在运行过程中突然发生的冲突、脱轨、火灾、爆炸等影响铁路正常行车的事故，包括影响铁路正常行车的相关作业过程中发生的事故；或者铁路机车车辆在运行过程中与行人、机动车、非机动车、牲畜及其他障碍物相撞的事故，造成或可能造成人员重大伤亡、财产严重损失、中断铁路运输、生态环境破坏和严重社会危害，危及铁路运输安全的紧急事件，包括自然灾害、社会安全、公共卫生安全等其他严重危害铁路运输安全、特别是旅客列车的公众安全和生命安全的事件。

2. 铁路交通运输突发事件分类

《铁路交通事故应急救援和调查处理条例》（中华人民共和国国务院令［2007］第501号）（以下简称《条例》）第八条规定：根据事故造成的人员伤亡、直接经济损失、列车脱轨辆数、中断铁路行车时间等情况，铁路交通事故等级分为特别重大事故、重大事故、较大事故和一般事故。

1）铁路交通事故等级划分标准

鉴于铁路交通运输的特殊性，铁路交通事故的等级划分主要根据以下条件：

（1）人员伤亡。铁路机车车辆运行和调车作业中撞轧行人或其他道路车辆碰撞造成的人员伤亡，包括发生事故造成的铁路作业人员的伤亡，持有乘车凭证的人员的伤亡，急性工业中毒及其他事故造成的人员伤亡。

（2）直接经济损失。直接经济损失主要包括机车、车辆、线路、桥隧、通信、信号、供电、信息、安全给水等技术设备损失费用及事故救援、伤亡人员处理费用及中断铁路行车的损失。

（3）中断铁路行车时间。是指铁路区间或站内发生事故，造成铁路单线、双线区间或双线区间之一线不能行车的情况。中断行车的时间由事故发生时间（列车火灾或爆炸由停车时间算起）至实际恢复连续通行客货列车行车条件的时间。

（4）列车脱轨辆数。是指列车中机车和每个车辆或动车组、自轮运转设备（包括拖车)，只要有1个车轮脱轨，即按1辆计算。

2) 铁路交通事故等级划分的具体标准

(1) 有下列情形之一的，为特别重大事故：

①造成30人以上死亡；

②造成100人以上重伤（包括急性工业中毒，下同）；

③造成1亿元以上直接经济损失；

④繁忙干线客运列车脱轨18辆以上并中断铁路行车48小时以上；

⑤繁忙干线货运列车脱轨60辆以上并中断铁路行车48小时以上。

(2) 有下列情形之一的，为重大事故：

①造成10人以上30人以下死亡；

②造成50人以上100人以下重伤；

③造成5000万元以上1亿元以下直接经济损失；

④客运列车脱轨18辆以上；

⑤货运列车脱轨60辆以上；

⑥客运列车脱轨2辆以上18辆以下，并中断繁忙干线铁路行车24小时以上或者中断其他线路铁路行车48小时以上；

⑦货运列车脱轨6辆以上60辆以下，并中断繁忙干线铁路行车24小时以上或者中断其他线路铁路行车48小时以上。

(3) 有下列情形之一的，为较大事故：

①造成3人以上10人以下死亡；

②造成10人以上50人以下重伤；

③造成1000万元以上5000万元以下直接经济损失；

④客运列车脱轨2辆以上18辆以下；

⑤货运列车脱轨6辆以上60辆以下；

⑥中断繁忙干线铁路行车6小时以上；

⑦中断其他线路铁路行车10小时以上。

(4) 一般事故分为一般A类事故、一般B类事故、一般C类事故和一般D类事故。

由于一般铁路交通事故发生的概率大于其他事故，并且构成事故的条件也十分复杂，为了便于确定，《条例》第十二条规定了“国务院铁路主管部门可以对一般事故的其他情形作出补充规定”。

1.5 农业机械安全生产应急管理概述

农业机械安全生产应急管理是指政府及其他有关部门在突发事件的事前预防、事发应对、事中处置和善后管理过程中，通过建立必要的应对机制，采取一系列必要措施，保障公众生命财产安全，促进社会和谐健康发展的有关活动。

1.5.1 农业机械应急管理基本概念与特点

农业机械的应急管理是指针对农业机械各类公共突发事件和农业机械重特大事故应急救援中，通常采取的一系列的基本应急行动和应急任务的基本管理，包括指挥和控制、警报、通讯、人群疏散与安置、急救与医疗、现场管制、调查取证、恢复工作等。因此，应急管理应针对潜在重特大农业机械事故的特点综合分析进行应急准备，制定应急预案，并在应急处置时，将其分配给相关部门，并对每一项应急功能都应明确其针对的目标、负责机构和支持机构、应急对策、任务要求和操作程序等。应急预案中包含的应急功能内容，主要取决于所针对的潜在重特大事故危险的类型，以及应急的组织方式和运行机制等具体情况。

农业机械事故应急工作涉及农业机械事故、自然灾害、公共交通和人为突发事件等多个公共安全领域，构成一个复杂的系统，具有以下特点。

1. 农业机械事故的不确定性和突发性

农业机械事故的发生具有不确定性和突发性。事件发生的时间、形态和后果往往无规则，无法准确预测；事件的发生突如其来，甚至没有预兆。因此，应急预案的制定，必须有值班接警的要求，并接收、处理预警信息，及时向应急指挥部提出启动应急响应行动的建议。

2. 应急活动的复杂性

农业机械事故的构成涉及人、农业机械、道路和环境等诸多因素的影响，高速运转的机械，在瞬间发生事故，成因复杂，损害后果各异，事故的应急处理要针对不同的情况进行现场处置。农业机械事故的应急处置过程中，现场调查是分析事故原因，认定事故责任十分重要的环节。由于事故的各种物体、痕迹不仅完全暴露在露天，而且所有事故都会造成一定数量的群众围观，现场原貌极易受到人为的和自然（如风、雨、阳光照射）的破坏，事故现场很难保持原始状态。更由于农业机械事故的发生，常常在偏远的乡村，有时交通和通信十分不便，随着时间的延续，事故目击者或知情者也可能离去，影响事故调查。因此，及时赶赴现场，对农业机械事故的处理尤为重要。它是迅速展开紧急救援，减少事故的危害，进行事故原因调查，尽可能多地获得现场证据的重要保证。

3. 后果影响易猝变、激化和放大

随着道路交通的不断发展，机动车的不断增加，农业机械从事运输活动的范围相对变小，一般在乡村周围从事短途运输作业较多。发生事故后，常常有熟悉的人员在现场，造成的损害后果，容易引起情绪激动，后果极易放大甚至猝变，甚至有可能使矛盾激化。因此，调查人员在现场调查中，往往会遇到当事有关方面对现场情况持不同观点的现象，在此情况下，现场调查人员要耐心倾听他们的意见，但不要受其干扰，果断处理问题，防止调查工作出现混乱，延长调查时间。

1.5.2 农业机械应急管理主要内容与任务

农业机械应急管理是对农业机械突发事件的全过程管理，根据突发事件的预防、预警、发生和善后四个发展阶段，应急管理可分为预防与应急准备、监测与预警、应急处置与救援、事后恢复与重建4个过程。应急管理是一个动态管理，包括预防、预警、响应和恢复4个阶段。应急管理是个完整的系统工程，其主要内容和任务如下：

1. 应急管理的主要内容

（1）应急管理规划和制度建设。编制和实施突发公共事件应急体系建设规划、应急管理规章建设、应急预案体系建设、应急管理体制和机制建设；

（2）农业机械突发事件的防范工作；

(3) 应对突发事件的能力建设；

(4) 制定和完善全面加强应急管理的政策措施；

(5) 加强领导和协调配合，努力形成全民参与的合力。

2. 应急管理的任务

(1) 建立和健全农业机械安全生产应急管理规章和标准体系；

(2) 完善农业机械事故应急预案体系；

(3) 健全和完善应急管理体系和机制；

(4) 加强应急队伍建设和应急能力建设；

(5) 坚持预防为主，做好事故防范工作；

(6) 做好农业机械事故救援工作；

(7) 加强应急管理培训和宣传教育工作；

(8) 加强应急管理支撑保障体系建设。

1.5.3 农业机械应急管理与救援体系概述

重特大农业机械事故的现场情况往往十分复杂，且汇集了各方面的应急力量与大量的资源，应急救援行动的组织、指挥和管理成为重特大农业机械事故应急工作所面临的一个严峻挑战。

应急过程中存在的主要问题有：一是太多的人员向事故指挥官汇报；二是应急响应的组织结构各异，机构间缺乏协调机制，且术语不同；三是缺乏可靠的事故相关信息和决策机制，应急救援的整体目标不清或不明；四是通信不兼容或不畅；五是授权不清或机构对自身的任务、目标不清。

对事故势态的管理方式决定了整个应急行动的效率。为保证现场应急救援工作的有效实施，必须对事故现场的所有应急救援工作实施统一的指挥和管理，即建立事故指挥系统，形成清晰的指挥链，以便及时地获取事故信息、分析和评估势态，确定救援的优先目标，决定如何实施快速、有效的救援行动和保护生命的安全措施，指挥和协调各方应急力量的行动，高效地利用可获取的资源，确保应急决策的正确性和应急行动的整体性和有效性。

现场应急救援指挥系统的结构应当在紧急事件发生前就已建立，预先对指挥结构达成一致意见，将有助于保证应急各方明确各自的职责，并在应急救援过程中更好地履行职责。

全国农业机械事故应急救援组织体系由农业部和省、地（市）、县各级人民政府农业机械化主管部门组成。

特别重大农业机械事故应急机构由农业部应急组织救援指挥机构、现场应急救援指挥部、相关机构组成。农业部设立特别重大农业机械事故应急救援指挥机构，由分管副部长兼任总指挥，农业机械化管理司司长、农机监理总站站长兼任副总指挥，成员由农业部办公厅、政策法规司、财务司、监察局、农业机械化管理司、农机监理总站等相关单位负责人组成。应急救援指挥机构下设办公室，负责农业机械事故日常应急管理工作。农业部应急救援指挥机构办公室设在农业部农机监理总站。

省、地（市）、县人民政府农业机械化主管部门，根据农业机械事故分级管理的要求和各地的实际情况建立农业机械事故应急机构，明确相关职责。

现场应急救援指挥部的设立，本着属地为主的原则，强调“第一反应”的思想和以现场应急、现场指挥为主的原则，事故发生地人民政府根据事故级别、涉及范围和应急救援行动的需要，设立现场应急指挥部，农业机械化主管部门等相关部门为其成员单位。现场指挥系统模块化的结构由指挥、行动、策划、后勤以及资金/行政5个核心应急响应职能组成。

1.5.4 农业机械应急管理现状与趋势

农业机械行业的应急管理主要是针对田间场院的农业机械安全作业事故。目前已从农业部到地方各级人民政府农业机械化主管部门都先后制订了农业机械事故的应急预案，农业部农机监理总站和地方各级农机安全监理机构，都加强了对农业机械行业应急管理的24小时接警值班制度，有效地应对了农业机械突发事件的发生。

农业机械的运输作业，主要是拖拉机从事的田间场院运输作业和农副产品的运输，以及农闲时的各种社会运输作业。拖拉机在道路上发生的事故，根据《中华人民共和国道路交通安全法》及其实施条例第五章交通事故处理的有关规定，应由公安机关交通管理部门负责处理。因此，农业机械化主管部门对农业机械在道路交通上的应急管理，主要侧重是根据公安机关交通管理部门或者其他有关部门的需要，参加应急协作。但由于我国幅员辽阔，经济社会发展不平衡，许多偏远的地区，农业机械在田间场院的运输作业事故，以及在非主要道路上发生的作业转移事故或者运输作业事故，当事人或周围群众常常报告农业机械化主管部门，由农业机械化主管部门启动应急响应，组织应急救援。

从历年发生的造成多人死伤的农业机械事故分析，大多是由于拖拉机违法载客或客货混装造成。随着近年来机动车数量的不断增加，道路交通运输装备设施的不断提高，以及农业机械驾驶人安全意识和遵纪守法观念的提高，拖拉机作为载客运输工具的现象将会逐步减少，造成多人死伤的农业机械事故将会逐年减少，特别重大、重大农业机械事故的发生概率将会大幅的降低。因此，随着时间的推移，农业机械事故的应急管理重点主要在地、县两级。

1.5.5 农业机械突发事件概述

农业机械突发事件，广义上涉及农业机械从事各种作业发生的突发事件以及农机行业公共管理事务纠纷中发生的各种突发事件。这里所提的农业机械突发事件，我们仅将其狭义地规范为农业机械运输作业事故的突发事件。

1. 农业机械突发事件的概念

有关农业机械事故的概念，2009年9月17日国务院令第563号发布的《农业机械安全监督管理条例》第四章第二十五条第二款规定，农业机械事故“是指农业机械在作业或者转移等过程中造成人身伤亡、财产损失的事件”。

根据该规定，构成农业机械事故应当同时具备以下3个要素：一是农业机械事故当事人各方中至少有一方必须是使用农业机械。农业机械种类繁多，机型复杂，其应用范围涉及农业的各个方面，包括农牧渔业生产及农产品产后处理等各个领域14大类的机械、设备。二是农业机械是在作业或者转移时发生的事故。由于自然灾害，如地震、台风、山洪、雷击等造成的事故，不属于农业机械事故。三是农业机械事故必须要有损害后果，即事故必须造成人身伤亡或财产损失，既无人身伤亡，又无财产损失，就构不成农业机械事故。以上3项是构成农业机械事故的基本要素，只有同时具备上述3项要素，才构成农业机械事故。

农业机械运输作业事故的突发事件是指移动式机组在运输作业或作业转移时发生的事

故。农业机械移动式机组包括拖拉机拖挂农用挂车或悬挂农具的机组，以及联合收割机、机动插秧机、铡草机等移动式机组等。在农业机械移动式机组中，尤以拖拉机拖挂挂车从事运输，或者悬挂农具作业转移和联合收割机跨区作业转移居多。由于拖拉机作业种类多，作业范围广，作业条件复杂，相对速度较快，发生事故也较多。因此，农业机械运输作业事故的突发事件，主要是由拖拉机在行驶或作业转移时发生的事故。

2. 农业机械突发事件的分类

农业机械事故应急管理的分级分类按照其人员伤亡情况和直接经济损失程度，一般分为Ⅰ级（特别重大）、Ⅱ级（重大）、Ⅲ级（较大）和Ⅳ级（一般）四级。

（1）特别重大农业机械事故（Ⅰ级）：指造成30人以上死亡，或者100人以上受伤，或者直接经济损失1亿元以上的事故；

（2）重大农业机械事故（Ⅱ级）：指造成10人以上30人以下死亡，或者50人以上100人以下受伤，或者直接经济损失5000万元以上1亿元以下的事故；

（3）较大农业机械事故（Ⅲ级）：指造成3人以上10人以下死亡，或者10人以上50人以下受伤，或者直接经济损失1000万元以上5000万元以下的事故；

（4）一般农业机械事故（Ⅳ级）：指造成3人以下死亡，或者10人以下受伤，或者直接经济损失1000万元以下的事故。

3. 农业机械突发事件的机理特征

农业机械运输突发事件的机理特征主要分为主观原因和客观原因两大因素。

主观原因是指当事人本身内在的因素，即主观过失过错，包括违反法律法规、疏忽大意、操作技术等方面的过错行为。

（1）违反法律法规：是指当事人不按交通安全法律法规规定行驶，致使正常的交通秩序紊乱，发生事故。如无驾驶证驾驶拖拉机或联合收割机、酒后驾驶、超速行驶、违法装载、违法载客、争道抢行等原因造成的事故。其中因拖拉机的违法载客，常造成群死群伤事故。例如：

2008年3月23日，××省发生一起因拖拉机违法载人而造成的重大道路交通事故，导致13人死亡，4人重伤，其余人员不同程度受伤，车辆严重损坏。

2009年6月18日，××省发生一起因拖拉机违法载人而造成的较大道路交通事故，导致5人死亡，5人受伤。

（2）疏忽大意：是指行为人应当预见自己的行为可能发生危害社会的结果，因为疏忽大意而没有预见，或者已经预见而轻信能够避免，以致发生农业机械事故的。包括当事人由于心理或生理方面的原因，没有正确观察和判断外界事物而造成的失误，如心理烦恼、情绪急躁、身体疲劳都可能造成精力分散，反应迟钝，表现出瞭望不周、措施不及或措施不当。也有的当事人凭主观想象判断事物，或过高地估计自己的技术，过分自信，引起行为不当而造成事故。例如：

2008年5月15日，××省发生一起因采取措施不当而造成的拖拉机道路交通事故，导致29人死亡。

2008年6月29日，××省发生一起变型拖拉机重大道路交通事故，导致11人死亡，1人重伤。

2009年3月28日，××省发生一起因疏忽大意而造成的拖拉机较大道路交通事故，导致3人当场死亡。

（3）操作不当：是指驾驶人员技术生疏，经验不足，对农业机械或者道路情况不熟悉，遇有突然情况惊慌失措，发生错误操作。例如：

2008年9月19日，××省发生一起因操作不当而造成较大道路交通事故，导致7人死亡，15人不同程度受伤（其中2人伤势较重）。

2009年6月27日，××省发生一起因操作不当而造成的拖拉机较大道路交通事故，导致3人当场死亡。

客观原因是指由于道路条件（包括气候、水文、环境等）不利因素导致的农业机械事故。这类事故虽然没有因驾驶人主观原因发生的事故所占比例高，但在某种情况下，它却常常是产生事故的诱因。

1.6 渔业船舶水上安全生产应急管理概述

渔业是我国国民经济中的重要行业，是农村经济的优势产业，同时也是高风险行业，特别是海洋捕捞渔业是世界上公认的高风险行业之一。联合国粮农组织2009年3月发布的一份关于世界捕渔业现状的报告中指出，目前全世界约有1500万人全职从事海洋捕捞工作，每年估计有2.4万人因捕鱼死亡，死亡率比其他被认为是世界上最危险的采石业、伐木业和采矿业等工作的平均死亡率还要高。由于我国捕捞渔业作业水域分散，个体生产经营单位众多，受自然环境因素影响大，基础设施和技术装备相对落后等，特别是受水上生产运输活动日益活跃以及极端天气事件多发等因素影响，各类渔业船舶水上安全事故时有发生，渔业安全生产形势十分严峻。目前，渔业船舶水上生产安全事故和自然灾害事故每年造成的死亡人数达1000多人，渔业安全生产问题成为制约我国渔业经济发展和影响渔区社会稳定的重要因素，已被列入全国安全生产规划中的重点行业和领域。

1.6.1 渔业船舶安全生产应急管理的基本概念与特点

1.6.1.1 渔业船舶水上安全生产应急管理的基本概念

渔业船舶是以获取水生经济动植物而进行渔业捕捞、水产养殖等生产活动的工具。渔业船舶安全生产是指渔业船舶在锚泊、航行、生产作业活动过程中，为防止安全事故发生，确保渔业生产从业人员、渔业生产设施设备以及水域环境安全而采取的一系列措施。简而言之，渔业船舶安全生产就是在渔业船舶航行生产作业的整个过程中，尽可能减少发生渔业船舶水上安全事故。

渔业船舶水上安全生产需要保障的是人和物的安全。首先，渔业船舶水上安全生产所保障的人的安全主要是渔业生产者的安全，一般不涉及其他人。尽管在现实中存在消费者因食用了受到污染或体内残留有毒有害物质的水产品而受到伤害的情况，但这不作为渔业船舶水上安全事故，而属于水产品质量安全的范畴。其次，渔业船舶水上安全生产所要保障的物的安全，包括渔业船舶及船上设备、渔具、养殖设施等渔业生产设施设备的安全，以及在船渔获物的安全。再次，渔业船舶水上安全生产所要保障的水域环境的安全，也就是确保水域环境不受到污染损害。

渔业船舶水上安全生产主要是从预防事故发生的角度来确保渔业生产的正常进行，根据目前国内外渔业船舶安全生产实践，人们所关注的主要是渔业船舶生产活动中的劳动者的人身安全、设施设备安全和水域环境安全。因此，渔业船舶水上安全生产往往是与渔业船舶水上安全事故相联系的，即预测事故、采取措施防止事故和在事故发生后的应急处置与救援，其核心是防止事故造成劳动者人员死亡、人身伤害，重要设施设备的损害和水域环境污染。

渔业船舶水上安全生产应急管理主要是各级政府渔业行政主管部门及其渔政渔港监督管理机构、渔业船舶所有人（或经营人）、渔业船舶船长，在渔业船舶水上安全突发事件的事前预防、事发应对、事中处置和善后管理过程中，通过建立必要的应对机制，采取一系列必要措施，保障渔民群众生命财产安全，促进渔区社会和谐健康发展的有关活动。

1.6.1.2　渔业船舶水上安全事故概述

渔业船舶水上安全生产应急管理的对象主要是渔业船舶水上安全事故，根据渔业船舶生产的特点，渔业船舶水上安全事故主要分为自然灾害事故和生产安全事故两大类。

1. 自然灾害事故

渔业船舶水上安全生产应急管理中所述自然灾害事故，主要指热带气旋、风暴潮、龙卷风、海啸、雷击等所引起的灾害事故，其范围的界定如下：

（1）准许航行作业区为沿海航区（Ⅲ类）的渔业船舶遭遇8级以上风力袭击造成的渔业船舶损坏、沉没或人员伤亡；

（2）准许航行作业区为近海航区（Ⅱ类）的渔业船舶遭遇10级以上风力袭击造成的渔业船舶损坏、沉没或人员伤亡；

（3）准许航行作业区为远海航区（Ⅰ类）的渔业船舶遭遇12级以上风力袭击造成的渔业船舶损坏、沉没或人员伤亡；

（4）因龙卷风、海啸（海啸Ⅱ级预警标准以上）、海冰（海冰预警标准以上）造成的渔业船舶损坏、沉没或人员伤亡；

（5）因雷击引起的渔业船舶火灾、爆炸或人员伤亡；

（6）渔业船舶在港口、锚地遇到超过港口规定避风等级的风力、风暴潮Ⅱ级以上警报、海浪Ⅱ级以上警报，造成的渔业船舶损坏、沉没或人员伤亡；

（7）气象机构或海洋气象机构证明或有关主管机关认定的其他自然灾害事故。

2. 生产安全事故

渔业船舶生产安全事故是指渔业船舶在水上航行、作业过程中所发生的除自然灾害事故外的各类事故，即船舶从离开码头至作业返港（包括停泊期间）的整个活动过程中，所发生的一切事故，均为渔业船舶生产安全事故，如渔业船舶在航行、作业、锚泊及停靠等过程中因火灾、碰撞、触损、机械损伤等所造成的船舶损害或者人员伤亡事故。船舶、设施在渔港水域内发生的生产安全事故也属于渔业船舶生产安全事故范畴。另外，在能够预见自然灾害发生或能够防范自然灾害不良后果的情况下，因渔业船舶船长或船员防范应对措施不落实，造成人员伤亡或财产损害的事故，经调查核实后，不能认定为渔业船舶自然灾害事故，应认定为生产安全事故。

根据行政职责分工，海上抢劫、走私、偷渡、斗殴等违法行为所引发的事件由公安边防、海关等机构负责处理，故不纳入渔业船舶生产安全事故。

根据《渔业船舶水上生产安全事故报告和调查处理规则》，渔业船舶生产安全事故分为以下类型：

（1）碰撞：指船舶与船舶（包括排筏、水上浮动装置）相互间碰撞造成船舶损坏或沉没，造成人员伤亡，以及船舶航行产生的浪涌冲击他船致他船受损或人员伤亡；

（2）风损：指船舶遭受大风袭击造成船舶损坏或沉没以及人员伤亡；

（3）触损：指船舶触碰岸壁、码头、航标、桥墩、钻井平台等水上固定物或沉船、木桩、渔栅、潜堤等水下障碍物，以及触礁、搁浅等，造成船舶损坏或沉没以及人员伤亡；

（4）自沉：指船舶因超载、装载不当、船体漏水等原因或不明原因，造成船舶沉没以及人员伤亡；

（5）火灾：指船舶因非自然因素失火或爆炸，造成船舶损坏或沉没以及人员伤亡；

（6）机械伤害：在航行中发生影响适航性能的机件或重要属具的损坏或灭失以及操作和使用机械或网具等生产设备时造成的人员伤亡；

（7）触电：指不慎接触电流导致人员伤亡；

（8）急性工业中毒：指船上人员身体因接触生产中所使用或产生的有毒物质，使人体在短时间内发生病变，导致人员立即中断工作；

（9）溺水：指因不慎落入水中导致人员伤亡；

（10）其他引起财产损失或人身伤亡的渔业水上生产安全事故。

3. 渔业船舶水上安全事故等级划分

根据《渔业船舶水上生产安全事故统计规定》，渔业船舶事故分为特别重大事故、重大事故、较大事故和一般事故四个等级。

（1）特别重大事故，指造成30人以上死亡（或失踪），或100人以上重伤（包括急性工业中毒，下同），或1亿元以上直接经济损失的事故；

（2）重大事故，指造成10人以上30人以下死亡（或失踪），或50人以上100人以下重伤，或5000万元以上1亿元以下直接经济损失的事故；

（3）较大事故，指造成3人以上10人以下死亡（或失踪），或10人以上50人以下重伤，或1000万元以上5000万元以下直接经济损失的事故；

（4）一般事故，指造成3人以下死亡（或失踪），或10人以下重伤，或1000万元以下直接经济损失的事故。

1.6.1.3 渔业船舶水上安全事故应急管理特点

渔业船舶生产作业的场所为海洋和内陆水域，是以渔业船舶和渔具为生产工具的资源采捕性生产活动。渔业捕捞生产活动自身的特殊性，决定了渔业船舶安全生产与其他行业生产活动的安全应急管理存在差异，渔业船舶水上安全事故应急管理具有如下特点：

1. 事故发生的季节性和区域性较强

冬季的寒潮、夏季的热带气旋、春秋季的大雾，都是容易引发渔业船舶水上安全事故的因素。夏季6~9月为伏季休渔期，渔船大多数停港，因此，冬季和春季是渔业船舶水上事故高发期。另外，在水上交通繁忙的航道，由于船舶通航密度大，是极容易发生渔业船舶水上安全事故的水域。

2. 救助时效性要求高

在茫茫的大海或湖泊水域发生事故，遇险人员极易产生恐惧心理，加之水温较人体温度要低，特别是在冬季或恶劣天气情况下，人的耐力、心理素质等方面都将受到极限的挑战。如果不能及时获得有效的救助，人的意志很容易被摧垮，有的船员可能会放弃求生的念头。陆地突发事件的应急救助，一个电话几分钟、最多几十分钟，救援工作就可能有效地开展；而水上救助除自救外，救援力量至少需要几小时甚至几十小时后才能到达事故水域。因此，水上突发事件应急救援工作是一项生命与时间赛跑的工作。

3. 事故救助的难度大、成本高

受自然条件影响，水上救援的难度与危险远大于陆地救援工作。特别是在渔业船舶遇险信息不明、天气条件恶劣、水域环境复杂的情况下，有的还是在漆黑的夜间，在这种情况下所实施的水上应急救援工作，不仅时间长，动用救助资源消耗多，付出的成本高，而且参与救助的船舶自身也面临着一定的危险。

4. 涉及的单位、部门多

渔业船舶水上安全事故应急救援工作需要相关单位与部门的通力合作，如指挥协调部门、专业救助部门、交通海事部门、气象部门、通信保障部门、医疗救助部门、渔业部门、民政部门等，任何一个环节出现问题都可能导致最佳救助时机的丧失。

1.6.2 渔业船舶水上安全事故应急管理的内容

渔业船舶水上安全事故应急管理是对渔业船舶水上安全事故全过程的管理，它贯穿于事故发生前、中、后的各个过程，充分体现了“预防为主，常备不懈”的应急宗旨。渔业船舶水上安全事故应急管理包括预防、准备、响应和恢复4个阶段。尽管在实际应急过程中，这些阶段往往是交叉的，但每一阶段都有自己明确的目标，而且每一阶段又是构筑在前一阶段的基础之上。预防、准备、响应和恢复的相互关联，构成了渔业船舶水上安全事故应急管理的循环过程。

1. 事故预防

渔业船舶水上安全事故应急管理中的预防有两层含义：一是事前的预防工作，即通过安全管理和安全技术等手段，尽可能地防止事故的发生，实现本质安全；二是在假设事故必然发生的前提下，通过采取预防措施，来降低或减缓事故的影响或后果严重的程度，如渔业船舶安全设备的选型与配备、职务船员的配备标准、渔港选址的安全规划等。从渔业船舶水上安全事故应急管理的本质看，低成本、高效率的预防措施，是减少事故损失的关键所在。

预防作为应急管理的第一阶段，它是为预防、控制和消除事故对人身、财产和环境可能产生的危害所采取的行动。包括制定渔业船舶水上航行作业安全法律法规，强化安全管理措施、安全技术标准和规范，对船员、管理者及渔区群众进行应急宣传与教育等。

2. 应急准备

应急准备是应急管理过程中一个关键阶段，它是针对可能发生的渔业船舶水上安全事故，为迅速有效地开展应急行动而预先所做的各种准备，包括应急体系的建立、有关部门和人员职责的落实、预案的编制、应急队伍的建设、应急设备（施）物资的准备和维护、预案的演练以及与外部应急力量的衔接等，其目标是应对事故发生而提高应急行动能力与推进有效响应工作。它把目标集中在发展应急操作计划及系统上，如应急预案、应急培训与演练、应急通告与报警系统、应急资源、互助救援协议、实施应急预案等。

3. 应急响应

应急响应是在渔业船舶水上安全事故发生后所采取的应急与救援行动。包括事故的报警与通报、急救与医疗、消防措施、信息收集与应急决策和外部救援等，其目标是尽可能地抢救受害人员，尽可能控制并消除事故，保护渔民生命财产和环境，使事故损害降低到最低程度。如启动应急报警系统、启动应急救援方案、报告有关政府机构、应急救援工作的指导等。

应急响应一般分为初级响应和扩大响应。初级响应是在事故初期，应用自己的救援力量，使事故得到有效控制。但如果事故的规模和性质超出自身的应急能力，则应及时报告请求应急救援，以便最终控制事故。

4. 应急恢复

应急恢复是在渔业船舶水上安全事故的影响减弱或结束之后，对原有一些状态的恢复，对事故涉及到的相关部门及其人员的奖励和责任追究。另外还要对发生的事故及时形成案例，总结经验教训，然后逐步恢复到正常状态。应急恢复工作包括事故损失评估、事故原因调查、事故责任分析等，在短期恢复中应注意的是避免出现新的紧急情况，长期恢复中应吸取事故和应急救援的经验教训，开展进一步的预防工作。

预防和预备阶段可能持续几年、几十年，甚至更长时间；然而，应急响应启动之后，随着恢复阶段的结束，新的应急管理又从预防工作重新开始。

1.6.3 渔业船舶水上安全事故应急管理的现状

随着《中华人民共和国突发事件应对法》的颁布实施，渔业船舶水上安全事故应急管理工作，越来越受到各级政府及其渔业行政主管部门的高度重视，纷纷加强了渔业船舶安全事故应急管理工作。体现在以下 4 个方面：

1. 渔业船舶水上安全事故应急管理意识增强

随着“以人为本”的执政理念不断深入人心，渔业船舶水上安全事故应急管理工作的重要性和必要性，在广大渔业工作者的心目中得到了进一步强化。逐渐形成了将渔业船舶水上安全事故应急管理工作放在先于其他日常工作的地位，特别是在人员、经费和物资等方面予以充分保障。

2. 渔业船舶水上安全事故应急管理预案初步建立

农业部 2005 年下发《渔业船舶水上安全突发事件应急预案》以来，地方政府及其渔业行政主管部门，以及基层渔业组织都纷纷响应，相继制定了渔业船舶水上安全事故应急预案，并在实践中不断充实完善。

3. 渔业船舶水上安全事故应急管理组织体系基本完备

各级政府及其渔业行政主管部门在渔业船舶水上安全事故应急管理工作中，设立专门的应急管理组织，并将组织成员单位、人员及其职责都以成文的规范加以明确，基本做到应急管理体系完备，应急有序。

4. 渔业船舶水上安全事故应急管理保障有力

地方各级人民政府高度重视渔业船舶水上安全事故的应急管理工作，从经费、物资和人员等各个方面确保渔业船舶水上安全事故应急管理工作的顺利开展，并加大了对渔业船舶公共安全设施建设的投入力度，以满足渔业船舶水上安全事故应急管理的需要。

2 公路交通安全生产应急管理

做好公路交通安全生产应急管理工作，需要建立完善的公路交通应急管理体系及完整的公路交通应急预案与救援体系，同时针对各类型突发事件对公路交通应急处置技术与方案进行深入研究。本章将从公路交通应急管理体系、公路交通应急预案与救援体系、公路交通应急处置技术与方案等方面具体阐述。

2.1 公路交通应急管理体系

2.1.1 公路交通应急管理组织体系

2.1.1.1 公路交通应急管理组织体系的整体结构

公路交通应急管理组织体系按照行政管理层级进行划分，由国家级（国务院、交通运输部）、省级（省级交通运输主管部门）、市级（市级交通运输主管部门）和县级（县级交通运输主管部门）四级应急管理机构组成。

国家级公路交通应急管理机构是国家层面公路交通应急管理体系的主要组成部分。作为面向全国范围统筹各省（区、市）域、各区域间的公路交通应急管理机构，将对公路交通突发事件的应急处置和救援起到非常有效的指导作用。

省级公路交通应急管理机构为属地管理，是省级层面的公路交通应急管理体系的主要组成部分，由省级交通运输主管部门根据国家公路交通应急管理机构的要求，结合各地的实际来组建。省级公路交通应急管理部门是公路交通安全生产应急管理属地管理的核心层，是公路交通行业应急管理的主体，更是日常应急管理的重点与应对公路交通突发事件应急处置的重要执行层。所以，省级应急管理体系建设是否完善，是公路交通应急管理能否有效落实的关键。

市级公路交通应急管理机构为属地管理，是省级公路交通应急管理体系的重要组成部分和重要支撑，负责执行市级的公路交通应急管理工作，同时指导所辖县级的公路交通应急管理工作。作为市级公路交通日常应急行政主管部门，对公路交通行业应急管理工作起着十分重要的作用。

县级公路交通应急管理机构为属地管理，是省级和市级公路交通应急管理体系的重要组成部分和重要支撑。作为基层公路交通日常应急行政主管部门，对公路交通行业应急管理起到不可或缺的基石作用。

2.1.1.2 各级公路交通应急管理组织机构的构成

公路交通应急管理组织机构通常包括应急领导小组、应急工作组、日常管理机构、专家咨询组、现场工作组及相关协作单位等。本节主要对国家级（部级）公路交通应急管理机构进行详细介绍，省级、市级、县级交通运输主管部门可参照该组成体系，根据各地的实际情况成立应急管理机构，明确相关职责。特别是省级交通运输主管部门，由于是公路交通突发事件属地管理的核心层，公路交通应急管理的主体，是日常应急管理的重点与应对公路交通突发事件应急处置的重要执行层，更应该考虑地方公路交通应急管理的实际情况，建立完备的组织体系。

国家级公路交通应急管理机构包括应急领导小组、应急工作组、日常管理机构、专家咨询组、现场工作组等，应急组织体系如图2－1所示。

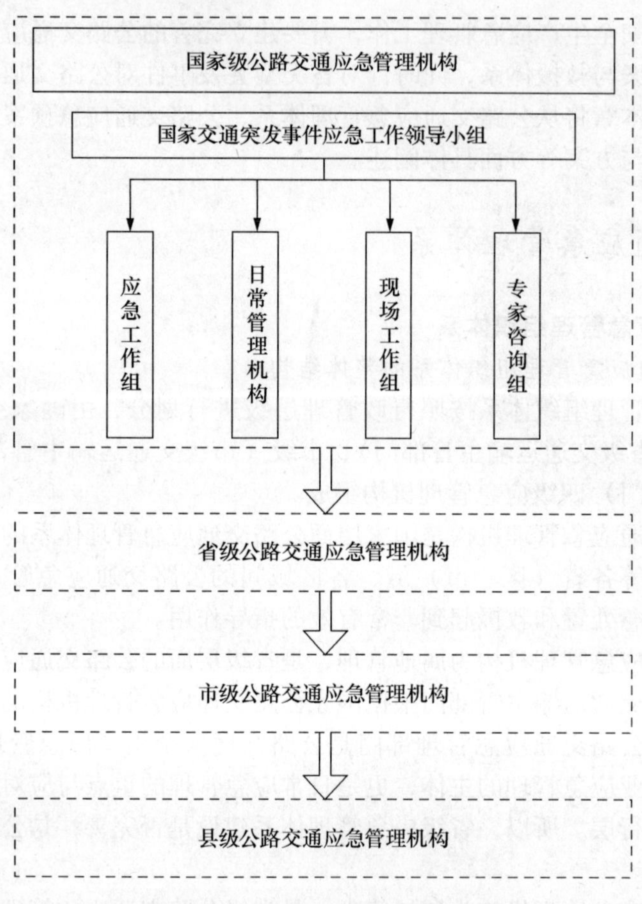

图2－1 公路交通应急组织体系图

1. 应急工作领导小组（简称：应急领导小组）

公路交通突发事件应急工作领导小组是Ⅰ级公路交通突发事件的指挥机构，由交通运输部内相关工作人员组成。

日常状态下的职责如下：

（1）审定相关公路交通应急预案及其政策、规划；

（2）审定应急经费预算；

（3）其他相关重大事项。

应急状态下的职责如下：

（1）决定启动和终止Ⅰ级公路交通突发事件预警状态和应急响应行动；

(2) 负责统一领导Ⅰ级公路交通突发事件的应急处置工作，发布指挥调度命令，并督促检查执行情况；

(3) 根据国务院要求，或根据应急处置需要，指定成立现场工作组，并派往突发事件现场开展应急处置工作；

(4) 根据需要，会同国务院有关部门，制定应对突发事件的联合行动方案，并监督实施；

(5) 当突发事件由国务院统一指挥时，应急领导小组按照国务院的指令，执行相应的应急行动；

(6) 其他相关重大事项。

2. 应急工作组

应急工作组在应急领导小组决定启动Ⅰ级公路交通突发事件预警状态和应急响应行动时自动成立，由交通运输部内相关司局组建，在应急领导小组统一领导下具体承担应急处置工作。应急工作组分为八个应急工作小组。

(1) 综合协调小组：由办公厅、公路局、安全监督司相关处室人员组成。负责起草重要报告、综合类文件；根据应急领导小组和其他应急工作组的要求，统一向党中央、国务院和相关部门报送应急工作文件；承办应急领导小组交办的其他工作。

(2) 公路抢通小组：由公路局相关处室人员组成。负责组织公路抢修及保通工作，根据需要组织、协调跨省应急队伍调度和应急机械及物资调配；拟定跨省公路绕行方案并组织实施；负责协调社会力量参与公路抢通工作；拟定抢险救灾资金补助方案；承办应急领导小组交办的其他工作。

(3) 运输保障小组：由道路运输司相关处室人员组成。负责组织、协调人员、物资的应急运输保障工作；负责协调与其他运输方式的联运工作；拟定应急运输征用补偿资金补助方案；承办应急领导小组交办的其他工作。

(4) 通信保障小组：由科技司、办公厅、通信中心相关处室人员组成。负责信息系统通信保障工作；负责电视电话会议通信保障工作；保障交通运输部向地方公路交通应急管理机构下发应急工作文件的传真和告知工作；承办应急领导小组交办的其他工作。

(5) 新闻宣传小组：由政策法规司相关处室人员及新闻办联络员组成。负责收集、处理相关新闻报道，及时消除不实报道带来的负面影响；按照应急领导小组要求，筹备召开新闻发布会，向社会通报突发事件影响及应急处置工作进展情况；负责组织有关新闻媒体，宣传报道应急处置工作中涌现出的先进事迹与典型；指导地方应急管理机构新闻发布工作；承办应急领导小组交办的其他工作。

(6) 后勤保障小组：由机关服务中心相关部门人员组成。负责应急状态期间24小时后勤服务保障工作；承办应急领导小组交办的其他工作。

(7) 恢复重建小组：由综合规划司、公路局、财务司、质监总站相关处室人员组成。负责公路受灾情况统计，组织灾后调研工作；拟定公路灾后恢复重建方案并组织实施；承办应急领导小组交办的其他工作。

(8) 总结评估小组：由公路局、专家咨询组、交通运输部直属科研单位等有关人员组成。负责编写应急处置工作大事记；对突发事件情况、应急处置措施、取得的主要成绩、存在的主要问题等进行总结和评估，提出下一步工作建议，并向应急领导小组提交总结评估报告；承办应急领导小组交办的其他工作。

综合协调小组、公路抢通小组、运输保障小组、通信保障小组、后勤保障小组在应急领导小组决定终止Ⅰ级公路交通突发事件预警状态和应急响应行动时自动解散；新闻宣传小组、恢复重建小组、总结评估小组在相关工作完成后，由应急领导小组宣布解散。

3. 日常管理机构

交通运输部设立公路网管理与应急处置中心（简称“路网中心”），作为国家级公路交通应急日常管理机构，在应急领导小组领导下开展工作。

日常状态下的职责如下：

(1) 负责国家高速公路网、普通国道干线公路、重要客运枢纽的运行监测及有关信息的收集和处理，向社会发布公路出行信息；

(2) 负责与国务院相关应急管理机构和地方交通运输应急管理机构的联络、信息上传与下达等日常工作；

(3) 拟定、修订与公路交通运输相关的各类突发事件应急预案及有关规章制度；

(4) 指导地方公路交通应急预案的编制和实施；

(5) 组织公路交通应急培训和演练；

(6) 组织有关应急科学技术的研究和开发，参加有关的国际合作；

(7) 提出年度应急工作经费预算建议；

(8) 参与公路交通应急规划的编制；

(9) 根据地方公路交通应急管理机构的请求，进行应急指导或协调行动；

(10) 负责督导国家公路交通应急物资储备点建设与管理；

(11) 承办应急领导小组交办的其他工作。

应急状态下的职责如下：

(1) 负责24小时值班接警工作；

(2) 负责接收、处理应急协作部门预测预警信息，跟踪了解与公路交通运输相关的突发事件，及时向应急领导小组提出启动Ⅰ级预警状态和应急响应行动建议；

(3) 负责收集、汇总突发事件信息及应急工作组开展应急处置工作的相关信息，编写应急工作日报；

(4) 根据应急领导小组和应急工作组的要求，负责应急处置的具体日常工作，统一向地方公路交通应急管理机构下发应急工作文件；

(5) 承办应急领导小组交办的其他工作。

4. 专家咨询组

专家咨询组是由公路交通运输及其他相关行业的工程技术、科研、管理、法律等方面专家组成的应急咨询机构。专家咨询组具体职责如下：

(1) 参与拟定、修订与公路交通运输相关的各类突发事件应急预案及有关规章制度；

(2) 负责对应急准备以及应急行动方案提供专业咨询和建议；

(3) 负责对应急响应终止和后期分析评估提出咨询意见；

(4) 承办应急领导小组或路网中心委托的其他事项。

5. 现场工作组

现场工作组是由应急领导小组按照国务院要求，或发布公路交通运输Ⅰ级预警和响应时，或根据地方交通运输主管部门请求，指定成立并派往事发地的临时机构。当现场工作组由国务院统一组建时，交通运输部派出部级领导参加现场工作组；当现场工作组由国务院其他部门统一组建时，交通运输部派出司局级领导参加现场工作组。现场工作组具体职责如下：

(1) 按照国务院的统一部署，参与地方人民政府组织开展的突发事件应急处置工作，并及时向应急领导小组报告现场有关情况；

(2) 负责跨省公路交通应急队伍的现场指挥和调度，并保障作业安全；

(3) 提供公路交通运输方面的技术支持；

(4) 协助有关部门开展公路建设工程、道路运输、客货运站安全事故的应急处置工作；

(5) 承办应急领导小组交办的其他工作。

6. 应急协作部门职责

公路交通突发事件预警和处置，需要有关部门积极配合和共同实施。在突发事件应急响应中，应急管理机构根据突发事件的级别和类型，在国务院应急管理机构的统一领导下，协调相关部门参加应急协作，各协作部门的应急任务分工据其职责而定。

武警交通部队纳入国家应急救援力量体系，作为国家公路交通突发事件专业应急队伍。国家公路交通突发事件应急专业队伍参与公路交通突发事件应急处置工作按国家有关规定执行。

2.1.2　公路交通应急管理机制

公路交通应急管理机制是组织管理体系的重要补充，机制建设始终是应急管理的重中之重。公路交通行业应急管理机制主要包括预防与预警机制、应急决策与处置机制、协调联动与保障机制、信息传递与发布机制、社会动员与培训机制、善后处置机制。

2.1.2.1　预防与预警机制

公路交通应急管理中的预防，主要是建立完善的公路交通应急预案，并加强预案的培训演练。公路交通应急预案是在辨识和评估潜在的重大危险、事件类型、发生的可能性及发生过程、事件后果及影响严重程度的基础上，根据有关的法律法规要求，对各级公路交通应急机构与职责、人员、技术、装备、设施（备）、物资、救援行动及其指挥与协调等方面预先做出的具体安排，明确在公路交通突发事件发生之前、发生过程中以及刚刚结束之后，谁负责做什么，何时做，以及相应的策略和资源准备等。作为预先制定的公路交通突发事件处置方案，是公路交通突发事件应急救援活动的行动指南。一旦发生公路交通突发事件，由这些预案规定的流程和处置措施便是第一处置行动的主要依据。

公路交通应急管理中的预警，是根据有关公路交通突发事件的预测信息和风险评估结果，依据公路交通突发事件可能造成的危害程度、紧急程度和发展态势，确定相应预警级别，标示预警颜色，并向社会发布相关信息的机制。预警机制是在突发事件实际发生之前对事件的预报、预测及提供预先处理操作的重要机制。

根据突发事件发生时对公路交通的影响和需要的运输能力分为四级预警，分别为特别严重预警、严重预警、较重预警、一般预警，分别用红色、橙色、黄色和蓝色来表示。交通运输部负责特别严重预警的启动和发布，省、市、县交通运输主管部门负责严重预警、较重预警和一般预警的启动和发布。在公路交通应急管理工作中，应该建立完善的预警启动程序，在预警过程中，如发现事态扩大，超过本级预警条件或本级交通运输主管部门处置能力，应及时上报上一级交通运输主管部门，建议提高预警等级。此外，还应该建立完善的预警终止程序。

2.1.2.2 应急决策与处置机制

公路交通突发事件发生后，必须根据预警信息尽快决策，及时采取措施进行有效处置，最大限度地减少损害，防止事态扩大和次生、衍生事件的滋生。因此，各级公路交通运输应急管理部门应当针对其性质、特点和危害程度，立即组织公路交通应急管理有关部门、下级部门和其他有关单位，调动应急救援队伍和社会力量，根据实际情况与需要采取各类应急措施。

公路交通突发事件的处置，要建立完善的应急响应启动和终止程序，应该根据公路交通突发事件的可控性、严重程度和影响范围来进行事件分级，按照不同级别突发事件启动相应级别的应急响应。对于公路交通突发事件的应急处置，在接到预警信息后，应急管理机构应该根据突发事件的等级，在规定的时间内启动应急响应，并将启动信息向上一级报送。在应急响应宣布后，应急领导小组根据需要指定成立现场工作组，赶赴现场指挥公路交通应急处置工作。在现场指挥中，现场工作组应该及时收集、掌握相关信息，根据应急物资的特性及其分布、受灾地点、区域路网结构及其损坏程度、天气条件等，优化措施，研究备选方案，及时上报最新事态和运输保障情况。此外，各级公路交通应急管理机构还应该结合本地特点建立完善的公路交通应急响应终止程序。

公路交通突发事件按照其可控性、严重程度和影响范围分为：特别重大事件、重大事件、较大事件和一般事件四个等级。交通运输部负责特别重大事件应急响应的启动和实施，省级交通运输主管部门负责重大事件应急响应的启动和实施，市级交通运输主管部门负责较大事件应急响应的启动和实施，县级交通运输主管部门负责一般事件应急响应的启动和实施。

2.1.2.3 协调联动与保障机制

做好公路交通应急管理工作，应该加强各级公路交通应急管理机构以及同级机构内不同部门间的协调联动。建立交通运输部与相关省份省级交通运输主管部门之间的定期视频应急会商机制。国家级公路交通应急管理机构协调各省级公路交通应急管理机构，科学实施跨区域公路网绕行分流措施，同时及时发布路况信息。当发生特别重大公路交通突发事件时，交通运输部与公安部等部门建立协调机制，按照职责分工，加强协作，共同开展应急处置工作。同时，指导地方公路交通应急管理机构建立与公安交通管理部门的联合调度指挥机制，实现路警“联合指挥、联合巡逻、联合执法、联合施救”。

公路交通应急管理工作中，应该在交通运输部协调下，建立省际应急资源互助机制，合理充分利用各省级应急物资储备和应急处置力量，以就近原则，统筹协调各地方应急力量支援行动。对于跨省应急力量的使用，各受援地方应当给予征用补偿。

做好公路交通应急管理的物资保障，建立实物储备与商业储备相结合、生产能力储备与技术储备相结合、政府采购与政府补贴相结合的应急物资储备方式，强化应急物资储备能力。国家公路交通应急物资储备实行应急物资代储管理制度，由交通运输部负责监管，物资的调度和使用须经交通运输部同意。担负国家公路交通应急物资储备任务的省级交通运输主管部门为代储单位，负责具体建设与管理工作。地方公路交通运输主管部门应建立完善的各项应急物资管理规章制度，制定采购、储存、更新、调拨、回收各个工作环节的程序和规范，加强物资储备过程中的监管，防止储备物资设备被盗用、挪用、流失和失效，对各类物资及时予以补充和更新。

加强公路交通应急管理的队伍保障，各级交通运输主管部门按照“平急结合、因地制宜，分类建设、分级负责，统一指挥、协调运转”的原则建立公路交通突发事件应急队伍。公路交通突发事件应急队伍包括公路交通应急抢险保通队伍和公路交通应急运输保障队伍。武警交通部队纳入国家应急救援力量体系，作为国家公路交通应急抢险保通队伍，兵力调动使用按照有关规定执行。省、市级公路交通应急管理机构负责应急抢通保障队伍的组建和日常管理。构建以高速公路及普通国省干线公路养护管理部门、路政管理部门、公路经营管理单位、公路养护工程企业为主体的公路交通应急抢通保障队伍。地方交通运输主管部门负责所辖区域内的应急运输保障队伍建设工作。

2.1.2.4 信息传递与发布机制

为实现资源共享和及时有效的监督管理，国家级公路交通应急管理机构建立了全国公路交通应急管理信息共享机制和渠道，统一信息标准和数据平台，负责全国公路交通突发事件信息的汇总和处理，及时向可能受影响的省（区、市）发布，并提供跨区域出行路况信息服务。地方交通运输主管部门和单位及时提供各类事件的信息报告和必要的基础数据，以规范的信息格式、内容、时间、渠道进行信息传递，内容包括事件的类型、发生时间、地点、影响范围和程度、已采取的应急处置措施和成效。

应急救援队伍的有关应急救援资源信息（人员、装备、预案、危险源监控情况以及地理信息等）要及时上报所属公路交通应急管理机构，发生变化时要及时更新；下级公路交通应急管理机构掌握的有关应急救援信息要报上一级公路交通应急管理机构；国家级公路交通应急管理机构和地方各级公路交通应急管理机构之间必须保证信息畅通，并保证上一级能够掌握下一级所掌握的应急救援队伍、装备、物资、预案、专家、技术等信息，为公路交通应急救援、监督检查和科学决策创造条件。

对于公路交通应急管理的信息发布，特别重大公路交通突发事件信息发布由国家公路交通应急管理机构负责，其他公路交通突发事件发布由各级公路交通应急管理机构负责。发布渠道包括内部业务系统、交通运输部网站和公路交通应急管理的服务网站以及经交通运输部授权的各媒体。公路交通突发事件相关信息发布应当加强同新闻宣传小组的协调和沟通，及时提供各类相关信息。

2.1.2.5 社会动员与培训机制

各级公路交通应急管理机构应根据属地的实际情况和突发事件特点，制订社会动员方案，明确动员的范围、组织程序、决策程序。在公路交通自有应急力量不能满足应急处置需求时，向同级人民政府提出请求，请求动员社会力量，协调人民解放军、武警部队参与应急处置工作。

各级交通运输主管部门应将应急宣传教育培训工作纳入日常管理工作并作为年度考核指标，定期开展应急培训工作。原则上，应急保障相关人员每两年应至少接受一次相关知识的培训，并依据培训记录和考试成绩实施应急人员的动态管理，提高公路交通应急保障人员的素质和专业技能。

各级公路交通应急管理机构平时有计划地组织所属应急救援队伍在所负责的区域进行

预防性检查和针对性的训练，保证应急救援队伍熟悉所负责的区域的公路交通安全生产环境和条件，为公路交通突发事件发生时开展救援做好准备，提高应急救援队伍的战斗力，保证应急救援顺利有效进行。加强对公路相关企业的兼职救援队伍的培训，平时从事生产活动，在紧急状态下能够及时有效地施救，做到平战结合。

2.1.2.6 善后处置机制

公路交通应急管理的善后处置机制是指公路交通突发事件的威胁和危害基本得到控制或者消除后，及时组织开展事后恢复与重建工作，减轻突发事件造成的损失和影响，尽快恢复生产、生活、工作和社会秩序，妥善解决处置突发事件过程中引发的矛盾和纠纷，并且及时对应急管理工作进行总结的机制。

公路交通应急管理的善后工作主要是制订实施救助、补偿、抚慰、抚恤、安置等安抚计划，妥善解决因处置突发事件引发的矛盾和纠纷。事发地各级公路交通运输主管部门配合属地人民政府，对参加应急处置的有关人员按照有关规定，给予补助；对因参与应急处理工作致病、致残、死亡的人员，按照国家有关规定，给予相应的补助和抚恤，并提供相关心理和司法援助。其次，事发地各级公路交通运输主管部门配合民政部门及时组织救灾物资、生活必需品和社会捐赠物品的运送，保障群众基本生活。此外，对参加突发事件应急处置过程中作出贡献的先进集体和个人进行表彰和奖励，对应急储备物资进行补偿。

公路交通突发事件应急处置工作结束后，要及时制定恢复重建计划以及修复公用设施，便于快速恢复正常的生产、生活、工作和社会秩序。国家公路交通应急管理部门负责组织特别重大事件响应的恢复重建工作，省级公路交通运输主管部门负责具体实施。其他等级事件需要交通运输部援助的，由省级公路交通运输主管部门向交通运输部提出请求，国家公路交通管理机构的日常管理机构根据调查评估报告提出建议和意见，报经应急领导小组批准后组织援助，必要时组织专家组进行现场指导。

科学合理的评估公路交通突发事件的应急处置工作，可以为公路交通应急管理提供丰富的经验教训，它既检验了已经采用的应急处置预案和措施的执行效果，也为日后公路交通突发事件的预防与处置提出了改善的空间。国家公路交通应急管理机构总结评估小组具体负责特别重大事件响应的应急工作总结。省级公路交通应急管理机构应按照国家公路交通应急管理机构的要求上报总结评估材料，包括突发事件情况、采取的应急处置措施、取得的成效、存在的主要问题、建议等。

2.1.3 公路交通应急管理流程与风险控制

2.1.3.1 公路交通应急管理流程

公路交通行业应急管理的流程一般可以分成三个阶段：公路交通突发事件的监测预警、处置与救援、事后恢复与重建。

1. 公路交通突发事件的监测预警

公路交通突发事件的监测与预警是指对公路交通突发事件隐患及其发展趋势进行监测、诊断与控制的一种管理活动，其目的在于防止和消除公路交通突发事件的发生。做好监测与预警，需要尽可能地完善监测预警机制，建立完善的监测预警流程，明确监测预警的重要性。只有这样，才可以做到公路交通突发事件的早发现、早报告、早预警，才能够及时做好应急准备，有效处置各种公路交通突发事件，减少人员伤亡和财产损失。

公路交通突发事件的监测与预警，主要是建立面向公路交通行业的自然灾害、事故灾难、公共卫生事件、重大社会活动等突发事件影响的监测、预警支持系统。建立各级预警联系人常备通讯录及信息库，建立公路交通突发事件风险源数据库，建立公路交通突发事件影响的监测评估系统。同时，应该加强宣传教育，树立忧患意识。应该联合相关应急协作部门，建立长效监测、预警机制。

国家公路交通应急管理机构负责交通运输部监测预警支持系统的建设，省级交通运输主管部门在国家公路交通应急管理机构指导下建设本省各级监测、预警支持系统。

监测与预警的信息主要包括：气象监测、预测、预警信息，强地震（烈度5.0以上）监测信息，突发地质灾害监测、预测信息，洪水、堤防决口与库区垮坝信息，海啸灾害监测预警信息，重大突发公共卫生事件信息，环境污染事件影响信息，重大恶性交通事故影响信息，因市场商品短缺及物价大幅波动引发的紧急物资运输信息，公路损毁、中断、阻塞信息和重要客运枢纽旅客滞留信息。

2. 公路交通突发事件的处置与救援

公路交通突发事件的处置与救援，是指公路交通应急管理者针对突发事件采取有效措施，做出妥善处置，以最大限度地保证人民生命的安全，减少财产损失。公路交通突发事件发生后，必须第一时间组织各方面力量，依法采取及时有力措施控制事态发展，开展应急救援工作，避免其发展为特别严重的事件。

在公路交通突发事件的处置中，要根据监测预测到的信息和不同的预警级别，启动不同级别的应急救援响应。交通运输部和地方公路交通应急部门负责不同级别应急响应的启动和实施。交通运输部和地方公路交通应急部门应该根据各自情况建立和完善应急响应启动程序，地方公路交通应急部门需要有关应急力量支援时，及时向上一级公路交通应急管理机构提出请求。

在公路交通突发事件的处置与救援中，要加强信息的沟通与管理，建立信息快速通报与响应机制，明确各相关部门的应急日常管理机构名称和联络方式，确定预警与应急信息的通报部门，建立信息快速沟通渠道，规定各类信息的通报与反馈时限，形成较为完善的突发事件信息快速沟通机制。

在公路交通突发事件的处置与救援中，需要针对不同的公路交通突发事件，采取不同的处置手段和救援措施，分清主次，有重点地采取行动。

根据公路交通恢复正常运行的情况和公路交通突发事件平息情况，各级公路交通应急管理部门应建立完善的应急响应终止程序。

3. 公路交通突发事件的事后恢复与重建

公路交通突发事件的威胁和危害基本得到控制或者消除后，应当及时组织开展事后恢复与重建工作，减轻突发事件造成的影响，妥善解决处置突发事件过程中引起的矛盾和纠纷。

公路交通突发事件处置结束后，各级公路交通应急管理部门应该根据情况提供资金、物资和技术指导，对应急物资进行补偿。同时，要做好善后处置，根据情况，可以给予抚恤和补助、救援救助、奖励等。此外，要及时制定恢复重建计划以及修复公用设施，便于快速恢复正常的生产、生活、工作和社会秩序。

公路交通突发事件处置结束后，下级公路交通应急管理机构应按照上级公路交通应急管理机构的要求上报总结评估材料，包括突发事件情况、采取的应急处置措施、取得的成效、存在的主要问题、建议等。总结相关经验教训，制定改进措施，为今后的公路交通行业应急管理提供经验借鉴。

2.1.3.2 公路交通应急管理风险控制

公路交通应急管理的风险控制，要贯彻到整个应急管理过程中，渗透到公路交通应急管理的每一个环节。完善公路交通行业应急管理机制，健全应急管理体系，责任落实到位，重视应急保障的作用，才能从整体上做到应急管理风险控制。比较重要的是对公路交通突发事件的风险控制和应急处置措施的风险控制。

1. 公路交通突发事件的风险控制

各级公路交通应急管理部门需要对本行政区域内所存在的危险源、危险区域及性质、特点，以及可能引发的公路交通突发事件的种类、造成的社会危害及其性质和特点进行全面的调查、登记和风险评估分析，准确掌握危险源及危险区域的相关信息。对于发现的问题要及时处理，责令有关单位采取安全防范措施。而且要采取全天候的监控措施，监控这些危险源和危险区域的变化，加强监测预警。及时公布登记的危险源、危险区域，以防影响人民群众的生产和生活，以便消除引发公路交通突发事件的各种隐患，以免公路交通突发事件的发生。即使不可避免的公路交通突发事件，也可以提前采取应对措施，减少损失，确保安全。

2. 公路交通突发事件应急处置措施的风险控制

合理的应急处置措施在应对公路交通突发事件发生后的及时控制和减少损失中起着重要的作用，但是不合理的应急处置措施也许会引起次生、衍生事件的发生，加重事件的严重程度，延误救援时间。在采取应急处置措施时，要全面考虑公路交通突发事件状况，分析各种应急处置措施可能解决的问题和带来的后果，要积极吸收以往的应急处置和救援的经验教训。

2.1.4 公路交通应急管理法规体系

国务院和交通运输部十分重视公路交通应急管理法规体系的建设，国务院发布了《中华人民共和国道路运输条例》（国务院令第406号），《危险化学品安全管理条例》（国务院令第344号），《国内交通卫生检疫条例》（国务院令第254号）。交通运输部按照国家有关安全生产应急管理法律法规，加快公路交通运输突发事件的法制建设，制定了《道路危险货物运输管理规定》（交通部令2005年第9号），制定了《突发公共卫生事件交通应急规定》（卫生部、交通部令2004第2号）。修订了《中华人民共和国公路管理条例实施细则》（交通运输部令2009年第8号）。

交通运输部针对公路交通突发事件的应急管理，还特别制定了《公路交通突发事件应急预案》（交公路发［2009］226号）。该预案是交通运输部应对特别重大公路交通突发事件的规范性文件，同时是全国公路交通突发事件应急预案体系的总纲及总体预案。

这些法规及方案对加强公路交通突发事件应急管理工作，减少生命伤亡和财产损失，恢复公路交通运输秩序发挥了重要作用。

下面具体列举一些涉及公路应急处置相关法律法规所规定的内容。

（1）《国内交通卫生检疫条例》（国务院令第254号）规定："实施交通卫生检疫期间，疫区交通行政主管部门与县级以上地方人民政府卫生行政部门共同组织，根据临时交通卫生检疫指挥组织的决定，设置临时交通卫生检疫站、留验站，实施临时交通卫生检疫”。“卫生检疫人员对出入检疫传染病疫区的车辆及其乘运的人员、行包、物资进行查验，凭检疫合格证明放行。”

(2)《中华人民共和国道路运输条例》(国务院令第406号) 规定:“托运危险货物的，应当向货物经营者说明危险货物的品名、性质、应急处置方法等情况，并严格按照国家有关规定包装，设置明显标志”。“客运经营者、货物运营者应当制定有关交通事故、自然灾害以及其他突发事件的道路运输应急预案。应急预案应当包括报告程序、应急指挥、应急车辆和设备的储备以及处置措施等内容。”

(3)《危险化学品安全管理条例》(国务院令第344号) 规定:“交通部门负责危险化学品公路、水路运输单位及其运输工具的安全管理，对危险化学品水路运输安全实施监督，负责危险化学品公路、水路运输单位、驾驶人员、船员、装卸人员和押运人员的资质认定，并负责前述事项的监督检查。”

(4)《道路运输从业人员管理规定》(交通运输部令2006年第9号) 规定:“道路危险货物运输从业人员包括道路危险货物运输驾驶员、装卸管理人员和押运人员”。“道路危险货物运输从业人员从业资格考试由设区的市级人民政府交通主管部门组织实施，每季度组织一次考试。”

(5)《汽车运输危险货物规则》(JT617)、《汽车运输、装卸危险货物作业规程》(JT618) 明确了汽车运输危险货物、装卸危险货物的基本要求和安全作业要求。

(6)《道路危险货物运输管理规定》(交通部令2005年第9号) 规定:“在危险货物运输过程中发生燃烧、爆炸、污染、中毒或者被盗、丢失、流散、泄露等事故，驾驶人员、押运人员应当立即向当地公安部门和本运输企业或者单位报告，说明事故情况、危险货物品名、危害和应急措施，并在现场采取一切可能的警示措施，并积极配合有关部门进行处置。运输企业或者单位应当立即启动应急预案。”

(7)《突发公共卫生事件交通应急规定》(卫生部、交通部令2004第2号) 规定:“为了有效预防、及时控制和消除突发公共卫生事件的危害，防止重大传染病疫情通过车辆、船舶及其乘运人员、货物传播流行，保障旅客身体健康与生命安全，保证突发公共卫生事件应急物资及时运输，维护正常的社会秩序，根据《中华人民共和国传染病防治法》、《中华人民共和国传染病防治法实施办法》、《突发公共卫生事件应急条例》、《国内交通卫生检疫条例》的有关规定，制定本规定。”

(8)《中华人民共和国公路管理条例实施细则》(交通运输部令2009年第8号) 规定:“公路遇有大量雪阻、塌方、水毁、泥石流、沙埋、地震等自然灾害致使交通受阻时，公路主管部门可及时报请当地政府动员附近驻军、机关、学校、企事业单位和城乡居民进行紧急抢救，尽快恢复通车。当国道中断交通两天以上时，应将阻、通情况及时报告交通运输部和省、直辖市、自治区人民政府。省道、县道、乡道中断交通的报告程序由省级公路主管部门规定。”

2.2 公路交通应急预案与救援体系

由于公路交通安全生产应急管理体系的特点是属地管理为主，省级公路交通应急管理部门是公路交通突发事件管理的核心层，是公路交通行业应急管理的主体，更是日常应急管理的重点与应对公路交通突发事件应急处置的重要执行层，但由于各省情况不同，应急预案的制定标准和实施也不尽相同。本章从全国公路网运行的整体角度出发，主要以国家级预案体系为主体来介绍公路交通应急预案体系。

为切实加强公路交通突发事件的应急管理工作，建立完善应急管理体制和机制，提高突发事件预防和应对能力，控制、减轻和消除公路交通突发事件引起的严重社会危害，及时恢复公路交通正常运行，保障公路畅通，并指导地方建立应急预案体系和组织体系，增强应急保障能力，满足有效应对公路交通突发事件的需要，保障经济社会正常运行，依据《中华人民共和国突发事件应对法》（中华人民共和国主席令第69号）、《中华人民共和国公路法》、《中华人民共和国道路运输条例》等法律法规，《国家突发公共事件总体应急预案》及国家相关专项预案和部门预案制定了《公路交通突发事件应急预案》。

《公路交通突发事件应急预案》适用于涉及跨省级行政区划的，或超出事发地省级交通运输主管部门处置能力的，或由国务院责成的、需要由交通运输部负责处置的特别重大（Ⅰ级）公路交通突发事件的应对工作，以及需要由交通运输部提供公路交通运输保障的其他紧急事件。

2.2.1 预案体系

2.2.1.1 预案结构

1. 国家级公路交通突发事件应急预案

国家级公路交通突发事件应急预案是全国公路交通突发事件应急预案体系的总纲及总体预案，是交通运输部应对特别重大公路交通突发事件的规范性文件，由交通运输部制定并公布实施，报国务院备案。

2. 公路交通突发事件应急专项预案

交通突发事件应急专项预案是交通运输部为应对某一类型或某几种类型公路交通突发事件而制定的专项应急预案，由交通运输部制定并公布实施。主要涉及公路气象灾害、水灾与地质灾害、地震灾害、重点物资运输、危险货物运输、重点交通枢纽的人员疏散、施工安全、特大桥梁安全事故、特长隧道安全事故、公共卫生事件、社会安全事件等方面。

3. 地方公路交通突发事件应急预案

地方公路交通突发事件应急预案是由省级、地市级、县级交通运输主管部门按照交通运输部制定的公路交通突发事件应急预案的要求，在上级交通运输主管部门的指导下，为及时应对辖区内发生的公路交通突发事件而制定的应急预案（包括专项预案）。由地方交通运输主管部门制定并公布实施，报上级交通运输主管部门备案。

4. 公路交通运输企业突发事件预案

由各公路交通运输企业根据国家及地方的公路交通突发事件应急预案的要求，结合自身实际，为及时应对企业范围内可能发生的各类突发事件而制定的应急预案，由各公路交通运输企业组织制定并实施。

2.2.1.2 预警的分类、分级体系

各类公路交通突发事件按照其性质、严重程度、可控性和影响范围等因素，一般分为四级：Ⅰ级（特别重大）、Ⅱ级（重大）、Ⅲ级（较大）和Ⅳ级（一般）。

根据突发事件发生时对公路交通的影响和需要的运输能力分为四级预警，分别为Ⅰ级预警（特别严重预警）、Ⅱ级预警（严重预警）、Ⅲ级预警（较重预警）、Ⅳ级预警（一

般预警），分别用红色、橙色、黄色和蓝色来表示（表2－1）。

交通运输部负责Ⅰ级预警的启动和发布，省、市、县交通运输主管部门负责Ⅱ级、Ⅲ级和Ⅳ级预警的启动和发布。

表2－1 公路交通突发事件预警级别

预警级别	级别描述	颜色标示	事件情形
Ⅰ级	特别严重	红色	因突发事件可能导致国家干线公路交通毁坏、中断、阻塞或者大量车辆积压、人员滞留，通行能力影响周边省份，抢修、处置时间预计在24小时以上时； 因突发事件可能导致重要客运枢纽运行中断，造成大量旅客滞留，恢复运行及人员疏散预计在48小时以上时； 发生因重要物资缺乏、价格大幅波动可能严重影响全国或者大片区经济整体运行和人民正常生活，超出省级交通运输主管部门运输组织能力时； 其他可能需要由交通运输部提供应急保障时
Ⅱ级	严重	橙色	因突发事件可能导致国家干线公路交通毁坏、中断、阻塞或者大量车辆积压、人员滞留，抢修、处置时间预计在12小时以上时； 因突发事件可能导致重要客运枢纽运行中断，造成大量旅客滞留，恢复运行及人员疏散预计在24小时以上时； 发生因重要物资缺乏、价格大幅波动可能严重影响省域内经济整体运行和人民正常生活时； 其他可能需要由省级交通运输主管部门提供应急保障时
Ⅲ级	较重	黄色	Ⅲ级预警分级条件由省级交通运输主管部门负责参照Ⅰ级和Ⅱ级预警等级，结合地方特点确定
Ⅳ级	一般	蓝色	Ⅳ级预警分级条件由省级交通运输主管部门负责参照Ⅰ级、Ⅱ级和Ⅲ级预警等级，结合地方特点确定

2.2.1.3 预案的工作原则

1. 以人为本、平急结合、科学应对、预防为主

切实履行政府的社会管理和公共服务职能，把保障人民群众生命财产安全作为首要任务，高度重视公路交通突发事件应急处置工作，提高应急科技水平，增强预警预防和应急处置能力，坚持预防与应急相结合，常态与非常态相结合，提高防范意识，做好预案演练、宣传和培训工作，做好有效应对公路交通突发事件的各项保障工作。

2. 统一领导、分级负责、属地管理、联动协调

公路交通突发事件应急工作在人民政府的统一领导下，由交通运输主管部门具体负责，分级响应、条块结合、属地管理、上下联动，充分发挥各级公路交通应急管理机构的作用。

3. 职责明确、规范有序、部门协作、资源共享

明确应急管理机构职责，建立统一指挥、分工明确、反应灵敏、协调有序、运转高效的应急工作机制和响应程序，实现应急管理工作的制度化、规范化。加强与其他部门密切协作，形成优势互补、资源共享的公路交通突发事件联动处置机制。

2.2.1.4 预案组织与管理

公路交通应急预案的组织与管理按照其结构架构，由国家、地方、企业和负责专项预案的单位负责组织与管理工作。其中，国家级预案《公路交通突发事件应急预案》由交通运输部负责组织与管理。

交通运输部《公路交通突发事件应急预案》发布后，明确了公路网管理与应急处置中心（简称路网中心）作为国家级公路交通应急日常管理机构，在应急领导小组领导下开展全国公路网日常管理与应急处置工作，负责全国公路交通阻断信息报送与发布工作、公路交通气象预报预警工作和公路突发事件应急处置会商工作等。同时，由路网中心作为国家级公路应急预案的组织与管理单位，应会同有关部门定期对相关应急预案的执行情况进行检查，发现问题和提出改进意见，并根据实际情况的变化及时修订，上报国务院备案并抄报有关部门。

此外，地方交通运输主管部门及交通运输企业分别负责地方公路交通应急预案和企业公路交通应急预案的组织与管理工作，同时接受上级主管部门的领导。

2.2.2 预案运行机制与流程

公路交通行业应急机制是提高公路交通安全生产应急管理能力的关键。本节主要以部级公路交通突发事件应急预案为例介绍应急预测与预警、应急处置、恢复与重建、信息发布与宣传等方面的机制与流程，确保在突发事件发生时能够根据公路交通预警等级确定对应的启动和终止程序，从而实现预案的完整运行，做到早发现、早报告、早处置。

2.2.2.1 预测与预警

1. 预警信息

涉及公路交通突发事件的预警及相关信息包括：

1）气象监测、预测、预警信息

每日24小时全国降水实况图及图示最严重区域降水、温度、湿度等监测天气要素平均值和最大值。

72小时内短时天气预报（含图示），重大交通事件（包括黄金周、大型活动等常规及各类突发交通事件）天气中期趋势预报（含图示），气象灾害集中时期（汛期、冬季等）天气长期态势预报。

各类气象灾害周期预警信息专报（包括主要气象灾害周期的天气类型、预计发生时间、预计持续时间、影响范围、预计强度等）和气象主管部门已发布的台风、暴雨、雪灾、大雾、道路积冰、沙尘暴预警信息。

2）强地震（烈度5.0以上）监测信息

地震强度、震中位置、预计持续时间、已经和预计影响范围（含图示）、预计受灾人口与直接经济损失数量、预计紧急救援物资运输途经公路线路和需交通运输主管部门配合的运力需求。

3）突发地质灾害监测、预测信息

突发地质灾害监测信息包括突发地质灾害发生时间、发生地点、强度、预计持续时间、受影响道路名称与位置、受灾人口数量、疏散（转移）出发地、目的地、途经公路路线和需交通运输主管部门配合的运力需求。

突发地质灾害预测信息包括突发地质灾害预报的等级、发生时间、发生地点、预计持续时间、预计影响范围。

4）洪水、堤防决口与库区垮坝信息

洪水的等级、发生流域、发生时间、洪峰高度和当前位置、泄洪区位置、已经和预计影响区域（含图示）、预计受灾人口与直接经济损失数量、需疏散（转移）的人口数量、出发地、目的地、途经路线、需交通运输主管部门配合的运力需求。

堤防决口与库区垮坝的发生时间、发生地点、已经和预计影响区域（含图示）、预计受灾人口与直接经济损失数量、需疏散（转移）的人口数量、出发地、目的地、途经路线、需交通运输主管部门配合的运力需求。

5）海啸灾害预测预警信息

风暴潮、海啸灾害预计发生时间、预计影响区域（含图示）、预计受灾人口与直接经济损失、预计紧急救援物资、人口疏散运输的运力要求和途经公路线路。

6）重大突发公共卫生事件信息

突发疾病的名称，发现事件，发现地点，传播渠道，当前死亡和感染人数，预计受影响人数，需隔离、疏散（转移）的人口数量，该疾病对公路交通运输的特殊处理要求，紧急卫生和救援物资运输途经公路线路、需交通运输主管部门配合的公路干线、枢纽交通管理手段和运力需求。

7）环境污染事件影响信息

危险化学品（含剧毒品）运输泄漏事件的危险品类型、泄漏原因、扩散形式、发生时间、发生地点、所在路段名称和位置、影响范围、影响人口数量和经济损失、预计清理恢复时间、应急救援车辆途经公路路线。

因环境事件需疏散（转移）群众事件的原因、疏散（转移）人口数量、疏散（转移）时间、出发地、目的地、途经路线、需交通运输主管部门配合的运力需求。

8）重大恶性交通事故影响信息

重大恶性交通事故的原因、发生时间、发生地点、已造成道路中断、阻塞情况、已造成道路设施直接损失情况，预计处理恢复时间。

9）因市场商品短缺及物价大幅波动引发的紧急物资运输信息

运输物资的种类、数量、来源地和目的地、途经路线、运载条件要求、运输时间要求等。

10）公路损毁、中断、阻塞信息和重要客运枢纽旅客滞留信息

公路损毁、中断、阻塞的原因、发生时间、起止位置和桩号、预计恢复时间、已造成道路基础设施直接损失、已滞留和积压的车辆数量和排队长度、已采取的应急管理措施、绕行路线等。

重要客运枢纽车辆积压、旅客滞留的原因、发生时间、当前滞留人数和积压车辆数及其变化趋势、站内运力情况、应急运力储备与使用情况、已采取的应急管理措施等。

11）其他

其他需要交通运输部门提供应急保障的紧急事件信息。

2. 预测、预警支持系统

建立面向交通行业的气象灾害、地震、地质灾害等突发事件影响的预测、预警支持系统。建立各级预警联系人常备通讯录及信息库，建立公路交通突发事件风险源数据库，建

立公路交通突发事件影响的预测评估系统。

联合相关应急协作部门，建立长效预测、预警机制。

路网中心负责交通运输部预测预警支持系统的建设，省级交通运输主管部门在路网中心指导下建设本省各级预测、预警支持系统。

3. 预警分级

根据突发事件发生时对公路交通的影响和需要的运输能力将预警分为四级，分别为Ⅰ级预警（特别严重预警）、Ⅱ级预警（严重预警）、Ⅲ级预警（较重预警）、Ⅳ级预警（一般预警），分别用红色、橙色、黄色和蓝色来表示。交通运输部负责Ⅰ级预警的启动和发布，省、市、县交通运输主管部门负责Ⅱ级、Ⅲ级和Ⅳ级预警的启动和发布。具体参考表2-1。

4. 预警启动程序

公路交通突发事件Ⅰ级预警时，交通运输部按如下程序启动预警（图2-2）：

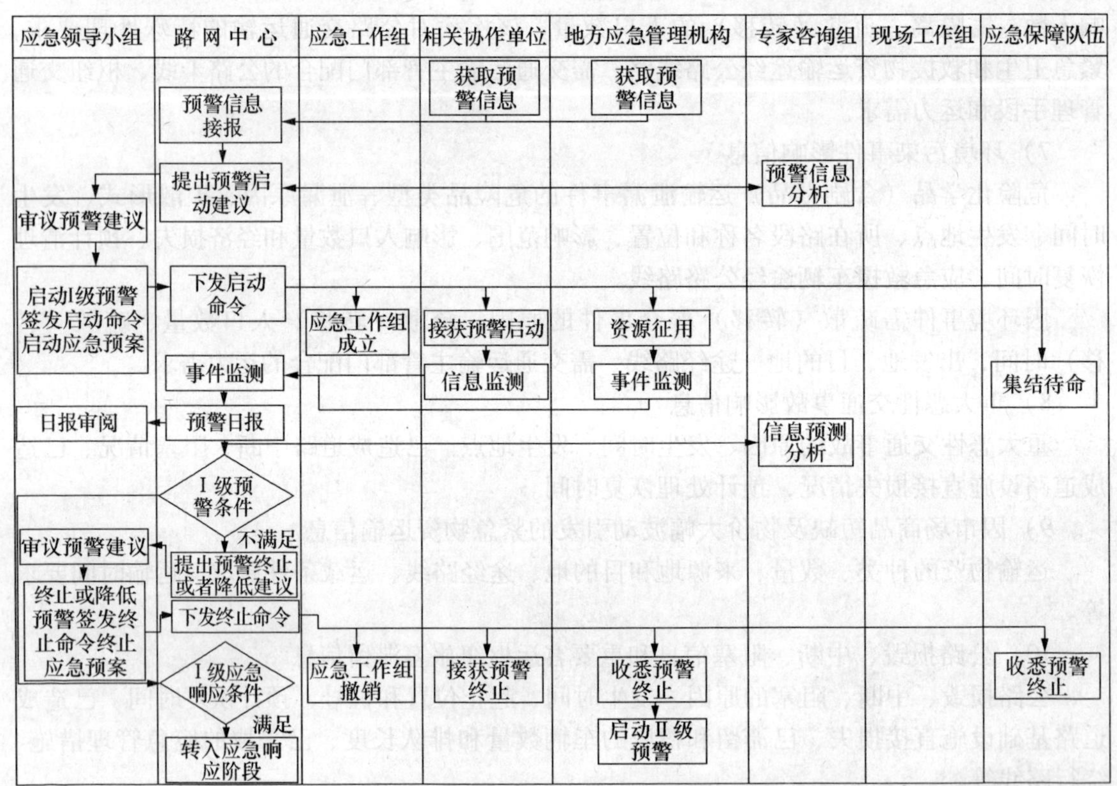

图2-2 公路交通突发事件预警启动和终止流程图

（1）交通运输部公路网管理与应急处置中心（以下简称路网中心）提出公路交通突发事件Ⅰ级预警状态启动建议；

（2）应急领导小组在2小时内决定是否启动Ⅰ级公路交通突发事件预警，如同意启动，则正式签发Ⅰ级预警启动文件，并向国务院应急管理部门报告，交通运输部各应急工作组进入待命状态；

（3）Ⅰ级预警启动文件签发后1小时内，由路网中心负责向相关省级公路交通应急管理机构下发，并电话确认接收；

（4）根据情况需要，由应急领导小组决定此次Ⅰ级预警是否需面向社会发布，如需要，在12小时内联系此次预警相关应急协作部门联合签发；

（5）已经联合签发的Ⅰ级预警文件由新闻宣传小组联系新闻媒体，面向社会公布；

（6）路网中心立即开展应急监测和预警信息专项报送工作，随时掌握并报告事态进展情况，形成突发事件动态日报制度，并根据应急领导小组要求增加预警报告频率；

（7）交通运输部各应急工作组开展应急筹备工作，公路抢通组和运输保障组开展应急物资的征用准备。

Ⅱ、Ⅲ、Ⅳ级预警启动程序由各级地方交通运输主管部门参考Ⅰ级预警启动程序，结合当地特点，自行编制；在预警过程中，如发现事态扩大，超过本级预警条件或本级交通运输主管部门处置能力，应及时上报上一级交通运输主管部门，建议提高预警等级。

5. 预警终止程序

Ⅰ级预警降级或撤销情况下，交通运输部采取如下预警终止程序：

（1）路网中心根据预警监测追踪信息，确认预警涉及的公路交通突发事件已不满足Ⅰ级预警启动标准，需降级转化或撤销时，向应急领导小组提出Ⅰ级预警状态终止建议；

（2）应急领导小组在同意终止后，正式签发Ⅰ级预警终止文件，明确提出预警后续处理意见,并在24小时内向国务院上报预警终止文件,交通运输部各应急工作组自行撤销；

（3）如预警降级为Ⅱ级，路网中心负责在1小时内通知Ⅱ预警涉及的省级交通运输主管部门，省级交通运输主管部门在12小时内启动预警程序，并向路网中心报送已正式签发的Ⅱ预警启动文件；

（4）如预警降级为Ⅲ或Ⅳ级，路网中心负责通知预警涉及的省级交通运输主管部门，由省级交通运输主管部门组织涉及的市或县启动预警；

（5）如预警直接撤销，路网中心负责在24小时内向预警启动文件中所列部门和单位发送预警终止文件；

（6）Ⅱ、Ⅲ、Ⅳ级预警终止程序由各级地方交通运输主管部门参考Ⅰ级预警终止程序，结合当地特点，自行编制。

Ⅰ级预警在所对应的应急响应启动后，预警终止时间与应急响应终止时间一致，不再单独启动预警终止程序。

6. 应急资源征用

公路抢通小组和运输保障小组应根据预警事件的特征和影响程度与范围，提出公路交通应急保障资源征用方案，经应急领导小组同意后下发。

在交通运输部征用通知下发后24小时内，相关省级交通运输主管部门应按照通知的要求，负责组织和征用相关应急保障资源，签署公路交通应急保障资源征用通知书并下发相关单位，征调相关公路抢险保通和运输保障的人员、车辆、装备和物资，并到指定地点集结待命。

2.2.2.2 应急处置

1. 分级响应

1）响应级别

公路交通突发事件按照其可控性、严重程度和影响范围分为Ⅰ级（特别重大事件）、Ⅱ级（重大事件）、Ⅲ级（较大事件）和Ⅳ级（一般事件）四个等级。

交通运输部负责Ⅰ级应急响应的启动和实施，省级交通运输主管部门负责Ⅱ级应急响应的启动和实施，市级交通运输主管部门负责Ⅲ级应急响应的启动和实施，县级交通运输主管部门负责Ⅳ级应急响应的启动和实施。

Ⅰ级（特别重大事件）：对符合本预案公路交通Ⅰ级预警条件的公路交通突发事件或由国务院下达的紧急物资运输等事件，由应急领导小组予以确认，启动并实施本级公路交通应急响应，同时报送国务院备案。

Ⅱ级（重大事件）：对符合本预案公路交通Ⅱ级预警条件的公路交通突发事件或由交通运输部下达的紧急物资运输等事件，由省级交通运输主管部门在省级人民政府的领导下予以确认，启动并实施本级公路交通应急响应，同时报送交通运输部备案。

Ⅲ级（较大事件）：符合由省级交通运输主管部门确定的公路交通运输Ⅲ级预警条件的公路交通突发事件，由市级交通运输主管部门在市级人民政府的领导下，启动并实施本级公路交通应急响应，同时报送省级交通运输主管部门备案。

Ⅳ级（一般事件）：符合由省级交通运输主管部门确定的公路交通运输Ⅳ级预警条件的公路交通突发事件，由县级交通运输主管部门在县级人民政府的领导下，启动并实施本级公路交通应急响应，同时报送市级交通运输主管部门备案。

2）交通运输部负责的其他突发事件

除Ⅰ级预警或应急响应外，交通运输部根据突发事件的严重性、紧急程度、可控性、敏感程度、影响范围等，还负责处置如下突发事件：

（1）根据路网中心的日常监测或对已启动的Ⅱ级应急响应事件的重点跟踪，已经发展为特别严重事件（Ⅰ级）或已引起国务院和公众特别关注的、交通运输部认为需要在不启动Ⅰ级应急响应的情况下予以协调处置的突发事件；

（2）根据省级应急管理机构请求，需要交通运输部协调处置的突发事件；

（3）按照国务院部署由交通运输部负责协助处置的突发事件。

2. 应急响应启动程序

Ⅰ级响应时，交通运输部按下列程序和内容启动响应：

（1）路网中心提出公路交通突发事件Ⅰ级应急响应启动建议；

（2）应急领导小组在2小时内决定是否启动Ⅰ级应急响应。如同意启动，则正式签发Ⅰ级应急响应启动文件，报送国务院，并于24小时内召集面向国务院各相关部门、相关地方交通运输主管部门的电话或视频会议，由应急领导小组组长正式宣布启动Ⅰ级应急响应，并由新闻宣传小组负责向社会公布Ⅰ级应急响应文件；

（3）Ⅰ级应急响应宣布后，应急领导小组根据需要指定成立现场工作组，赶赴现场指挥公路交通应急处置工作；

（4）Ⅰ级应急响应宣布后，路网中心和各应急工作组立即启动24小时值班制，根据本预案规定开展应急工作。

各地应急管理机构可以参照Ⅰ级响应程序，结合本地区实际，自行确定Ⅱ、Ⅲ、Ⅳ级公路交通突发事件应急响应程序。需要有关应急力量支援时，及时向上一级公路交通应急管理机构提出请求。

3. 信息报送与处理

建立部际信息快速通报与联动响应机制，明确各相关部门的应急日常管理机构名称和联络方式，确定不同类别预警与应急信息的通报部门，建立信息快速沟通渠道，规定各类信息的通报与反馈时限，形成较为完善的突发事件信息快速沟通机制。

建立完善部省公路交通应急信息报送与联动机制。路网中心汇总上报的公路交通突发事件信息，应及时向可能受影响的省（区、市）发布，并提供跨区域出行路况信息服务。

严重以上预警信息发布和应急响应启动后，事件所涉及的省级公路交通应急管理机构应当将进展情况及时上报路网中心，并按照“零报告”制度，形成每日情况简报。路网中心及时将进展信息汇总形成每日公路交通突发事件情况简报，上报应急领导小组，并通报各应急工作组。

信息报告内容包括：事件的类型、发生时间、地点、影响范围和程度、已采取的应急处置措施和成效。

公路交通运输管理有关单位在发现或接到社会公众报告的公路交通突发事件后，经核实后，应依据职责分工，立即组织调集力量开展应急处置工作，全力控制事态发展，并在2小时内向交通运输主管部门报告。

4. 指挥与协调

1）部省路网协调与指挥机制

当发生Ⅱ级以上公路交通突发事件时，路网中心和事发地公路交通应急管理机构均进入24小时应急值班状态，确保部省两级日常应急管理机构的信息畅通。

建立交通运输部与相关省份省级交通运输主管部门之间的定期视频应急会商机制。

路网中心协调各省级公路交通应急管理机构，科学实施跨区域公路网绕行分流措施，同时及时发布路况信息。

2）部门间协调机制

当发生Ⅰ级公路交通突发事件时，交通运输部与公安部等部门建立协调机制，按照职责分工，加强协作，共同开展应急处置工作。同时，指导地方公路交通应急管理机构建立与公安交通管理部门的联合调度指挥机制，实现路警“联合指挥、联合巡逻、联合执法、联合施救”。

3）现场指挥协调机制

现场工作组负责指导、协调Ⅰ级公路交通突发事件现场的应急处置工作，并及时收集、掌握相关信息，根据应急物资的特性及其分布、受灾地点、区域路网结构及其损坏程度、天气条件等，优化措施，研究备选方案，及时上报最新事态和运输保障情况。

5. 国家应急物资调用

当省级应急物资储备在数量、种类及时间、地理条件等受限制的情况下，需要调用国家公路交通应急物资储备时，由使用地省级公路交通应急管理机构提出申请，经应急领导小组同意，由路网中心下达国家公路交通应急物资调用指令，应急物资储备管理单位接到路网中心调拨通知后，应在48小时内完成储备物资发运工作。

6. 跨省支援

在交通运输部协调下，建立省际应急资源互助机制，合理充分利用各省级应急物资储备和应急处置力量，以就近原则，统筹协调各地方应急力量支援行动。对于跨省应急力量的使用，各受援地方应当给予征用补偿。

7. 应急响应终止程序

Ⅰ级应急响应终止时，交通运输部采取如下终止程序（图2－3）：

（1）路网中心根据掌握的事件信息，确认公路交通恢复正常运行，公路交通突发事件平息，向应急领导小组提出Ⅰ级应急响应状态终止建议；

（2）应急领导小组决定是否终止Ⅰ级应急响应状态，如同意终止，签发Ⅰ级应急响应终止文件，提出应急响应终止后续处理意见，并在24小时内向国务院及相关部门报送；

（3）新闻宣传小组负责向社会宣布Ⅰ级应急响应结束，说明已经采取的措施和效果以及应急响应终止后将采取的各项措施。

Ⅱ、Ⅲ、Ⅳ级应急响应终止程序由各级应急管理机构参照Ⅰ级应急响应终止程序，结合本地区特点，自行编制。

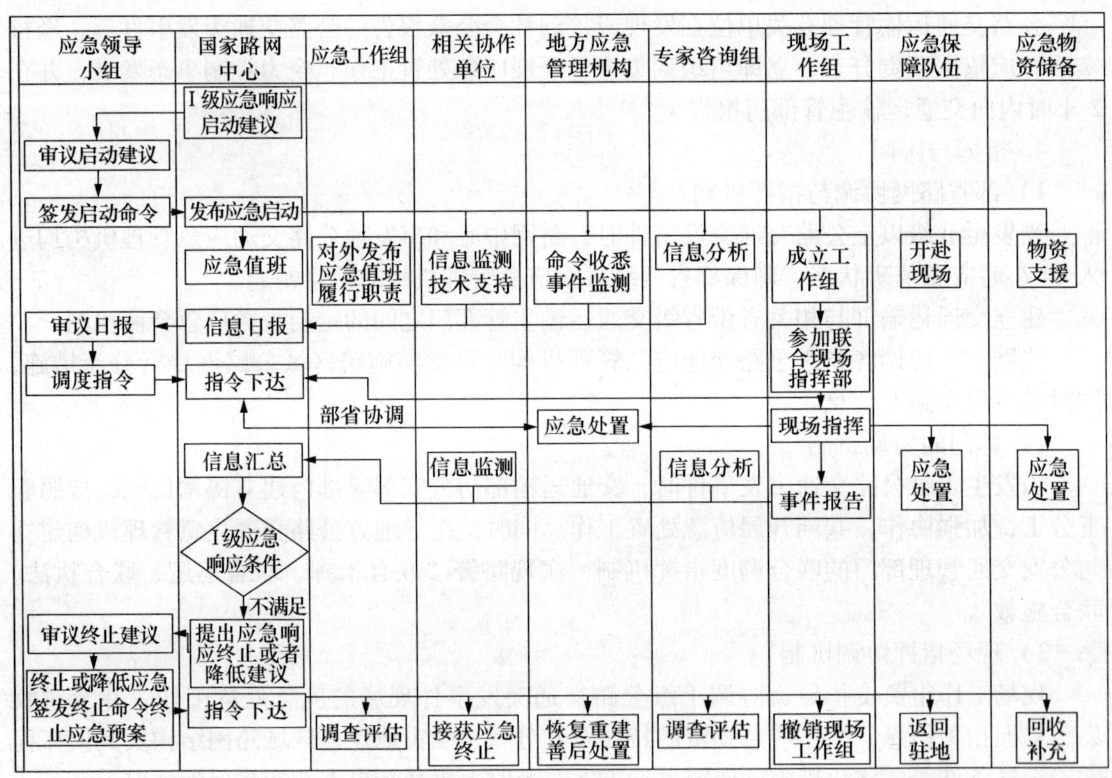

图2－3 公路突发事件应急响应启动和终止流程图

2.2.2.3 恢复与重建

1. 善后处置

1）抚恤和补助

事发地各级公路交通运输主管部门配合属地人民政府，对参加应急处置的有关人员按照有关规定，给予补助；对因参与应急处理工作致病、致残、死亡的人员，按照国家有关规定，给予相应的补助和抚恤，并提供相关心理和司法援助。

2）救援救助

事发地各级公路交通运输主管部门配合民政部门及时组织救灾物资、生活必需品和社会捐赠物品的运送，保障群众基本生活。

3）奖励

应急响应终止后，各级公路交通运输主管部门应对参加突发事件应急处置过程中作出贡献的先进集体和个人进行表彰和奖励。

2. 调查与评估

总结评估小组具体负责Ⅰ级响应的调查与评估工作。

省级公路交通应急管理机构应按照国家公路交通应急管理机构的要求上报总结评估材料，包括突发事件情况、采取的应急处置措施、取得的成效、存在的主要问题、建议等。

3. 补偿

1）国家公路交通应急物资储备的补偿

在由交通运输部负责处置的Ⅰ级突发事件中使用国家公路交通应急物资储备，采取“无偿使用”原则，对可回收重复使用的应急储备物资由使用地交通运输主管部门负责回收、清洗、消毒和整理，由代储单位清点后入库。损耗、损毁的物资由交通运输部负责补充。其他等级突发事件中经交通运输部同意使用国家公路交通应急物资储备的，按照“谁使用，谁补偿”的原则，根据有关规定进行补偿。

2）征用补偿

各级交通运输主管部门负责相应级别的公路交通应急保障资源的征用补偿工作，并上报上级交通运输主管部门。

公路交通应急保障行动结束后，由被征用单位（人）向交通运输主管部门递交应急征用补偿申请书。交通运输主管部门接到补偿申请后，按规定发出行政补偿受理通知书，并结合有关征用记录和事后调查评估的情况，对补偿申请予以审核，审核通过后，发出应急征用补偿通知单，并按有关规定予以补偿。

行政征用补偿形式包括：现金补偿、财政税费减免、实物补偿和其他形式的行政性补偿等。

4. 恢复重建

恢复重建小组负责组织Ⅰ级响应的恢复重建工作，省级公路交通运输主管部门负责具体实施。

其他等级事件需要交通运输部援助的，由省级公路交通运输主管部门向交通运输部提出请求，路网中心根据调查评估报告提出建议和意见，报经应急领导小组批准后组织援助，必要时组织专家组进行现场指导。

2.2.2.4 信息发布与宣传

1. 信息共享

（1）由路网中心负责建立信息共享机制与渠道，负责全国公路交通突发事件信息的汇总和处理。

（2）国务院相关部门按照国家应急管理要求和部门职责及时提供相关突发事件信息；地方交通运输主管部门和单位及时提供各类事件的信息报告和必要的基础数据。

（3）路网中心将信息及时通报应急工作组，应急工作组经复核确认后上报应急领导小组。

2. 信息发布

（1）特别重大公路交通突发事件信息发布由路网中心负责。其他公路交通突发事件发布由各级公路交通应急管理机构负责。

（2）发布渠道包括内部业务系统、交通运输部网站和路网中心管理的服务网站以及经交通运输部授权的各媒体。

（3）公路交通突发事件相关信息发布应当加强同新闻宣传小组的协调和沟通，及时提供各类相关信息。

3. 新闻发布与宣传

（1）Ⅰ级公路交通突发事件的新闻发布与宣传工作由新闻宣传小组负责，承担新闻发布的具体工作。其他级别事件分别由地方公路交通应急管理机构负责组织发布，并按要求及时上报上级公路交通应急管理机构备案。

（2）新闻宣传小组负责组织发布公路交通突发事件新闻通稿、预案启动公告、预警启动与应急响应启动公告、预警终止与应急响应终止公告，传递事态进展的最新信息，解释说明与突发事件有关的问题、澄清和回应与突发事件有关的错误报道，宣传公路交通应急管理工作动态，组织召开突发事件相关各单位、部门参加的联席新闻发布会。

（3）新闻发布主要媒体形式包括电视、报纸、广播、网站等，新闻发布主要方式包括新闻发布会、新闻通气会、记者招待会、接受多家媒体的共同采访或独家媒体专访、发布新闻通稿。

（4）Ⅰ级公路交通突发事件相关新闻发布材料包括新闻发布词、新闻通稿、答问参考和其他发布材料，由其他应急工作小组及时提供相关材料，新闻宣传小组汇总审核，其中Ⅰ级公路交通突发事件相关新闻发布材料须经应急领导小组审定。

（5）涉外突发事件由交通运输部商外交部，统一组织宣传和报道。

（6）同相关部门建立多部门重大信息联合发布机制，并以会议纪要或者其他规范性文件的形式予以规定。

2.2.3 预案保障与监督体系

2.2.3.1 预案应急保障

1. 应急队伍保障

1）组建原则

各级交通运输主管部门按照“平急结合、因地制宜，分类建设、分级负责，统一指挥、协调运转”的原则建立公路交通突发事件应急队伍。

2）专业应急队伍的组建——公路交通应急抢险保通队伍

（1）国家公路交通应急抢险保通队伍。武警交通部队纳入国家应急救援力量体系，作为国家公路交通应急抢险保通队伍，兵力调动使用按照有关规定执行。

（2）地方公路交通应急抢险保通队伍。省、市级公路交通应急管理机构负责应急抢险保通队伍的组建和日常管理。构建以高速公路及普通国省干线公路养护管理部门、路政管理部门、公路经营管理单位、公路养护工程企业为主体的公路交通应急抢通保障队伍，按照路网规模、结构、地域分布特点，采取全社会范围内的公开招投标的方式择优选择公路养护工程企业，并与之签订合作合同，明确技术管理要求、应急征用的条件和程序、征用补偿的标准和程序以及违约责任等，规范公路交通应急抢通保障行为，保障参与公路交通应急抢通保障企业的利益。

省、市公路交通应急管理机构统一调度本级应急救援物资储备点的各类应急物资、机械设备，由本级应急抢通保障队伍用于公路的应急抢险。在发生Ⅰ级公路突发事件时，由公路抢通小组统一调度各类储备物资和设备，组织实施跨省的应急抢险、救援工作。

3）专业应急队伍的组建——公路交通应急运输保障队伍

（1）应急运输保障队伍的建立。地方交通运输主管部门负责所辖区域内的应急运输保障队伍建设工作，按照“平急结合、分级储备、择优选择、统一指挥”的原则在本辖区内建立应急运力储备，选择达到一定标准的道路客货运输企业，通过协商签订突发事件运力调用协议，明确纳入应急运力储备的车辆及其吨（座）位数、类型、技术状况，以及对运输人员和车辆管理的要求、应急征用的条件和程序、征用补偿的标准和程序以及违约责任等，通过协议规范应急运输保障行为，并保障参与应急运输保障企业的利益。

在发生特别重大公路突发事件（Ⅰ级）时，由运输保障小组负责协调运力调配，保障各类重点物资、抢险救灾物资的运输和人员的疏散。

（2）运输装备及技术状况。应急运输保障车辆的技术等级要求达到二级以上技术标准，车辆使用年限不超过5年，或行驶里程不超过15×10^4km。建立应急运输车辆技术档案制度，及时了解和掌握车辆的技术状况。应急运输车辆所属单位负责保持应急运输储备车辆处于良好的技术状况，并强化应急运输车辆的日常养护与保养工作。

地方交通运输主管部门应结合所辖区域内突发事件的特征确定相应的应急运输装备，以满足不同种类的应急运输需求。

（3）应急运输人员。公路交通应急管理机构和执行应急运输保障单位按照相关标准确定从事应急运输的人员，包括现场管理人员、驾驶员、押运员和装卸员。应急运输人员年龄原则上控制在20～55岁之间，要求身体健康、政治素质高、熟悉有关政策法规。

应急运输人员在执行应急运输任务时，由公路交通应急管理机构统一配发证件和必要的用品。

（4）应急运力的备案管理。建立相应的应急运力储备档案，包括运力单位、车辆及其吨（座）位数、类型及人员数量等，并上报上级公路交通应急管理机构备案。每年针对储备运力的技术状况、单位及人员变动情况进行审查，对运力储备及时进行调整、补充，及时上报上级应急管理机构更新备案。

4）社会力量动员与参与

各级应急管理机构应根据属地的实际情况和突发事件特点，制订社会动员方案，明确动员的范围、组织程序、决策程序。在公路交通自有应急力量不能满足应急处置需求时，向同级人民政府提出请求，请求动员社会力量，协调人民解放军、武警部队参与应急处置工作。

5）应急人员安全防护

应急管理机构应协调有关部门提供不同类型公共突发事件应急人员的安全防护装备并发放使用说明，采取必要的安全防护措施。

应急管理机构应为应急处置过程中有安全风险的工作人员投保人身意外险。

2. 物资设备保障

1）应急物资设备种类

建立实物储备与商业储备相结合、生产能力储备与技术储备相结合、政府采购与政府补贴相结合的应急物资储备方式，强化应急物资储备能力。

应急物资包括公路抢通物资和救援物资两类。公路抢通物资主要包括沥青、碎石、砂石、水泥、钢桥、钢板、木材、编织袋、融雪剂、防滑料、吸油材料等；救援物资包括方便食品、饮水、防护衣物及装备、医药、照明、帐篷、燃料、安全标志、车辆防护器材及常用维修工具、应急救援车辆等。

地方交通运输主管部门应采取社会租赁和购置相结合的方式，储备一定数量的机械，如挖掘机、装载机、平地机、撒布机、汽车起重机、清雪车、平板拖车、运油车、发电机和大功率移动式水泵等。

2）应急物资设备储备体系

（1）国家公路交通应急物资储备。根据全国高速公路的分布情况，确保应急物资调运的时效性和覆盖区域的合理性，以“因地制宜、规模适当、合理分布、有效利用”为原则，结合各地区的气候与地质条件，建立若干国家公路交通应急物资储备点。

（2）地方公路交通应急物资储备。省、市交通运输主管部门应根据辖区内公路交通突发事件发生的种类和特点，结合公路抢通和应急运输保障队伍的分布，依托行业内养护施工企业和道路运输企业的各类设施资源，合理布局、统筹规划建设本地区公路交通应急物资储备点。

3）应急物资管理制度

国家公路交通应急物资储备实行应急物资代储管理制度，由交通运输部负责监管，物资的调度和使用须经交通运输部同意。担负国家公路交通应急物资储备任务的省级交通运输主管部门为代储单位，负责具体建设与管理工作。

代储单位应对储备物资实行封闭式管理，专库存储，专人负责。要建立健全各项储备管理制度，包括物资台账和管理经费会计账等。储备物资入库、保管、出库等要有完备的凭证手续。代储单位应按照交通运输部要求，对新购置入库物资进行数量和质量验收，并在验收工作完成后5个工作日内将验收入库的情况上报路网中心。

地方公路交通运输主管部门应建立完善的各项应急物资管理规章制度，制定采购、储存、更新、调拨、回收各个工作环节的程序和规范，加强物资储备过程中的监管，防止储备物资设备被盗用、挪用、流失和失效，对各类物资及时予以补充和更新。

3. 通信与信息保障

在充分整合现有交通通信信息资源的基础上，加快建立和完善“统一管理、多网联动、快速响应、处理有效”的公路交通应急平台体系。

公路交通应急平台体系包括交通运输部、省、市三级公路交通应急平台，以及依托中心城市辐射覆盖到城乡基层的面向公众的紧急信息接报平台和面向公众的信息发布平台。

各级公路交通应急平台根据公路交通领域突发公共事件信息的接报处理、跟踪反馈和应急处置等应急管理需要，实现与上下级公路交通应急平台的互联互通，具有风险隐患监测、综合预测预警、信息接报与发布、综合研判、辅助决策、指挥调度、异地会商、应急保障、应急评估、模拟演练和综合业务管理等功能，并能够及时向上级公路交通应急平台提供数据、图像、资料等。

公路交通应急平台的基本构成包括：应急指挥场所、移动应急平台、基础支撑系统、数据库系统、综合应用系统、信息接报与发布系统、安全保障体系和标准规范体系。

4. 技术支撑保障

1）科技支撑

依托科研机构，加强应对公路交通突发事件的技术支撑体系研究，建立突发事件管理技术的开发体系和储备机制；制订研发计划，借鉴国际先进经验，重点加强智能化的应急指挥通信技术装备、辅助决策技术装备、特种应急抢险技术装备的研制工作；开展预警、分析、评估模型研究，提高防范和处置重大公路交通突发事件的决策水平。

2）应急数据库

建立包括专家咨询、知识储备、应急预案、应急资源等内容的数据库。

5. 资金保障

公路交通应急保障所需的各项经费，应按照现行事权、财权划分原则，分级负担，并按规定程序列入各级交通运输主管部门年度财政预算中。

国家和地方公路交通专业应急队伍建设以及应急物资储备点的物资采购、运输、储存的相关费用，纳入各级财政预算。

路网中心要根据每年开展宣传、教育、培训、演练等日常工作所需经费编列年度预算，报应急领导小组审批，并统一负责该项工作经费的管理与使用。

对受突发事件影响较大和财政困难的地区，应省级交通运输主管部门的请求，交通运输部根据实际情况给予适当支持。

鼓励自然人、法人或者其他组织按照有关法律、法规的规定进行捐赠和援助。

各级交通运输主管部门应建立有效的监管和评估体系，对公路交通突发事件应急保障资金的使用和效果进行监管和评估。

2.2.3.2 预案监督体系

1. 预案的评估、演练与宣贯

1）预案应急能力评估

各级公路交通应急管理机构应定期开展公路交通突发事件应急能力评估工作，建立规范化的评估机制，综合路网规模、组织体系、重大危险源分布、通信保障、应急队伍数量、规模、分布等因素，制定客观、科学的评价指标，提出评估方法和程序。

2）预案演练

路网中心负责协同有关部门制订应急演练计划并组织部省联合应急演练活动。

地方公路应急管理机构要结合所辖区域实际，有计划、有重点地组织预案演练。

3）预案宣贯

路网中心会同有关部门组织编写统一的公路交通突发事件应急处置培训大纲和教材，编印各类通俗读本，做到图文并茂、通俗易懂、携带方便、查询快速，提高宣传与培训效果，并通过广播、电视、网络、报刊、图书等多种渠道，加强公路交通应急保障的宣传工作。

各级交通运输主管部门应将应急宣传教育培训工作纳入日常管理工作并作为年度考核指标，定期开展应急培训工作。原则上，应急保障相关人员每两年应至少接受一次相关知识的培训，并依据培训记录和考试成绩实施应急人员的动态管理，提高公路交通应急保障人员的素质和专业技能。

2. 预案管理修订与更新

路网中心会同有关部门定期对相关应急预案的执行情况进行检查，发现问题和提出改进意见，并根据实际情况的变化，及时修订本预案，上报国务院备案，并抄报有关部门。

出现下列情况，本预案应进行更新：

（1）本预案所依据的法律法规做出调整或修改，或国家出台新的应急管理相关法律法规；

（2）原则上每两年组织修订、完善应急预案；

（3）根据日常应急演练和特别重大公路交通突发事件应急行动结束后取得的经验，需对预案做出修改；

（4）因机构改革需要对应急管理机构进行调整；

（5）其他。公路交通应急抢险保通和应急运输保障队伍及物资的数据资料应每年更新一次。地方交通运输主管部门应根据形势变化和实际需要，及时修订和更新相关应急预案。

本预案由交通运输部制定，由路网中心负责解释与组织实施。交通运输部有关部门和省级交通运输主管部门按照本预案的规定履行职责，并制定相应的应急预案。

3. 责任与奖惩

公路交通突发事件应急处置工作实行行政领导负责制和责任追究制。

对应急管理工作中作出突出贡献的先进集体和个人要及时地给予宣传、表彰和奖励。

对迟报、谎报、瞒报和漏报重要信息或者应急管理工作有其他失职、渎职行为的，依法对有关责任人给予行政处分。构成犯罪的，依法追究刑事责任。

2.2.4 突发事件现场救援体系

统一指挥、分级响应、属地为主、公众动员是应急救援工作的基本原则。坚持以上四个基本原则对于形成统一指挥、反应灵敏、协调有序、运转高效的应急救援工作有重要促进作用。

1. 报警与接警

重大突发事件发生后，按照分级响应的原则上报地方政府，立即组织当地应急救援队伍开展事故救援工作，并立即向省级政府部门报告，省级政府部门接到特大事故的报告后，立即组织救援并上报国务院相关部门以及国家级专业应急救援指挥中心，国家级应急中心根据事故的性质、地点和规模，按照相关预案，通知相关国家级专业应急救援指挥中心、相关专家、区域救援机构进入应急待命状态，开通信息网络系统，随时响应省级应急中心发出的支援请求，建立并开通与事故现场的通信联络与图像实时传送。在报警与接警过程中，各级政府部门与各级应急救援指挥中心之间要及时进行沟通联系，共同参与事故应急救援活动，确保能够快速、高效、有序地控制事态，减少事故损失。事故险情和支援请求的报告原则上按照分级响应的原则逐级上报，必要时在逐级上报的同时可以越级上报。

2. 应急响应

严重以上预警信息发布和应急响应启动后，事件所涉及的省级公路交通应急管理机构应当将事故进展情况及时上报路网中心，形成每日情况简报。路网中心及时将事故进展信息汇总形成每日公路交通突发事件情况简报，上报应急领导小组，并通报各应急工作组。信息报告内容包括：事件的类型、发生时间、地点、影响范围和程度、已采取的应急处置措施和成效。

公路交通运输管理有关单位在发现或接到社会公众报告的公路交通突发事件后，经核实后，应依据职责分工，立即组织调集力量开展应急处置工作，全力控制事态发展，并在2小时内向交通运输主管部门报告。

3. 现场救助

应急救援指挥坚持条块结合、属地为主的原则，由地方政府负责，根据事故灾难的可控性、严重程度、影响范围按照预案由相应的地方政府组成现场应急救援指挥部，由地方政府负责人担任总指挥，统一指挥应急救援行动。

现场工作组要按照国务院的统一部署，参与地方人民政府组织开展的突发事件应急处置工作，并及时向应急领导小组报告现场有关情况；负责跨省公路交通应急队伍的现场指挥和调度，并保障作业安全；提供公路交通运输方面的技术支持；协助有关部门开展公路建设工程、道路运输、客货运站安全事故的应急处置工作。

现场救助需要专业技术人员以及医疗救护人员。在紧急情况发生时，现场救助非常重要，救助程序需要通过救助计划获得外界组织帮助，首要的应急行动是确定现场对策及应急行动方案，包括以下几个步骤：现场初始评估、确定行动的优先原则和建立现场工作区域。

4. 运输保障

突发公共事件发生后，所属公务用车、工程车、路政用车、医疗器械等机具设备，由当地领导小组统一调度指挥，车辆和各类机具必须有专人驾驶和管理，经常保持车辆和机具处于良好运行状态，随时待命；为保证通信联络，应急指挥人员和工作人员应保持通信设备完好，保证24小时处于开机状态。

5. 外部援助

在交通运输部协调下，建立省际应急资源互助机制，合理充分利用各省级应急物资储备和应急处置力量，以就近原则，统筹协调各地方应急力量支援行动。对于跨省应急力量的使用，各受援地方应当给予征用补偿。

6. 信息发布

相关工作人员应该与新闻媒体接触，适时召开新闻发布会，准备新闻媒体所提出来的典型的问题的答案和背景资料，另外通过媒体可以集中各方援助，使救援工作得到最大限度的各方帮助。

2.3　公路交通应急处置技术与方案

2.3.1　自然灾害引发的公路突发事件应急处置技术与方案

我国地域辽阔，山川纵横，气候多变，自然地质条件复杂，公路设施因洪水、强地表降水或持续降雨诱发的水毁问题也日渐突出。公路水毁不仅是对交通基础设施的严重破坏，而且直接影响到交通运输的安全与畅通。

恶劣气象的影响，包括自然灾害（强降雨、大雾、暴雪、路面结冰）、地质灾害（泥石流、山体滑坡、塌方）、台风以及地震等突发事件往往给交通运输造成灾害性破坏。

从影响公路交通安全畅通的诱因看，自然灾害，包括恶劣天气的自然灾害，以及由自然灾害引发的地质灾害，如强降雨引发泥石流、边坡失稳、塌方、路基变形等，台风带来强降雨造成的水毁以及地震灾害，都给公路交通造成不同程度的影响。

而各种不同的影响因素，给公路交通造成的影响结果也不尽相同。例如，恶劣天气中，大雾天气条件下，能见度差，驾驶员视线受阻，不利于对前方道路状况和交通环境的正确观察、掌握和判断，车辆在行驶中容易发生交通事故。为了安全起见，现在国内高速公路一般采取临时交通封闭的措施，这会造成局部路段交通中断，其损失除收费高速公路的经济损失外，还有因物资运输的时间延误造成的间接的经济损失，如延误费等。又如，汛期强降雨造成的公路水毁，不仅造成了公路交通中断，而且带来了巨大的经济损失，包括路基、路面、桥梁、涵洞等基础设施的损毁。

因此，从自然灾害引发的公路交通突发事件的结果来分类，一方面是对造成公路本身及基础设施受损的应急处置（如强降雨、台风、地震，以及山体滑坡、泥石流、塌方等地质灾害），其应急处置技术与方案侧重于公路水毁防治工程；另一方面是因自然灾害造成公路交通阻断（如雾、雪、路面结冰造成的封闭、拥堵等），其应急处置技术与方案侧重于公路应急保通。但现实情况往往是许多重大突发事件会同时诱发二次事件，例如山体滑坡造成公路交通中断，同时也造成了公路基础设施的损毁等；大雾引发交通事故，造成交通中断，同时事故车辆也撞坏了护栏等基础设施等。这类事件的应急处置仍需综合考虑。

2.3.1.1 公路基础设施受损的应急处置技术与方案

1. 水毁

1）水毁的定义及特征

（1）水毁定义。由强降水类自然灾害引发的公路基础设施受损，包括汛期的强降雨，以及由此引发的山体滑坡、泥石流等地质灾害，往往给公路及其基础设施造成重创，不仅造成公路交通中断，而且沿线基础设施被破坏，公路损失严重。

（2）灾害特征。水毁，主要是汛期的强降雨（暴雨）引发的洪水，与暴雨时空关系密切，以重复发生、夜间多发为特征。其危害的方式以冲刷、侵蚀、冲击、淤积、淹没、漫流改道为主，具有突发、集中、历程短、成灾快的特点。

（3）水毁的形式。水毁的形式包括路基淹没和淤埋、路基冲刷和冲蚀、桥涵淤塞、桥涵基础冲刷、桥涵被毁等。

2）水毁的预防与应急处置方案

（1）各地应密切关注当地天气的变化，主动与气象部门联系，及时掌握当地发生暴雨等强对流天气的预测、预报信息，针对可能出现的险情，按照应急预案加强应急演练，提前部署，加强交通管理，确保在发生因天气等原因导致公路塌方、水毁、泥石流等影响道路交通安全时能信息畅通、反应及时，应对得当。

（2）各地公路管理部门及时部署，协调路政、养护、高管局等部门，共同关注暴雨天气下的公路路况。一旦发生塌方、水毁、泥石流等阻断、损毁公路，影响道路交通安全的情况，在立即采取封闭道路、组织绕行等必要交通管制措施的同时，立即报告当地党委、政府并及时组织进行排险抢修，及时恢复道路的畅通。

(3) 各地在当地党委、政府的领导下，主动协调公安交通管理部门、卫生、民政、消防等部门，加强应对恶劣气候条件下发生险情的应急救援演练。一旦发生因天气等原因导致公路塌方、水毁、泥石流造成车辆、人员被埋、被困等险情，立即按照应急预案的要求组织开展救援，最大限度地抢救遇险群众，确保人民群众的生命财产安全。

(4) 各地建立预警机制，使信息发布渠道畅通。各级公路管理部门及其公路管理机构加强对本地区天气情况的信息采集和公路上可能发生塌方、水毁、泥石流路段的巡查监管。对可能发生险情的路段要通报交通养护部门除险加固。对已经发生的因天气等原因导致公路塌方、水毁、泥石流等中断交通的，通过广播、电视、报刊、互联网、手机短信等各种方式向广大交通参与者发布相关信息，提醒社会公众合理选择出行时间、路线。同时，采取措施在堵塞路段组织车辆分流绕行。

(5) 各地加强信息上报工作。对本地发生因天气导致的塌方、水毁、泥石流等阻断、毁损公路中断交通的，在采取措施妥善处置的同时，立即将中断交通的地点、发生险情的类型、预计恢复交通需要的时间、绕行的线路等基本信息逐级上报，汇总全省情况后及时向交通运输部路网中心上报，并向社会公众发布。

3) 水毁的工程防治技术

加强日常养护管理，清疏各类排水系统、修复加固各类构造物、及时检修防洪设施，是预防水毁的有效措施。

(1) 路基。

①完善排水设施。在养护大中修工程、水毁工程、专项养护工程中，要有计划地增加投入，逐步改造、完善、提高公路排水设施，确保公路排水畅通、路面完好、行车安全，为本地区的经济发展提供稳定、畅通的公路运输环境。

②增强薄弱路段的植物防护。对于高填方边坡，结合公路绿化，加强植被防护，通过种植根系发达的低矮灌木丛，以达到防固边坡，减少坡面冲刷，既稳定了边坡，又美化了环境。

③处于山坡的路基可根据边坡岩土性质，分别采用植物防护、捶面，以及灌浆与勾缝、抹面、喷浆，锚杆铁丝网喷浆与喷射混凝土、浆（干）砌护坡等，防止边坡发生冲沟、剥落、坍塌等破坏、变形，减少风化岩石碎屑堵塞边沟，水毁路面。

④处于泥石流地区的路基，最好采用生物防治（植树、种草等）与工程措施相结合治理方案。增加地表植物覆盖以减少水土流失，减少山洪中的泥砂含量，同时可缓解山洪流速，减小对结构物的冲击。

⑤沿溪线的路基防护工程技术有植物防护、干（浆）片石护坡、混凝土护坡、抛石、石笼和护岸墙等。

(2) 路面。

①泥石流或边坡塌方、土石方堆积路面时，调集人员、机械及时清理堆积的土石方，在清理完毕后加强道路路面的修复或改建工程。

②对路面出现的病害及时处理，以防止路表水进一步渗入结构层。如用树脂修补裂缝、剥落及板边碎裂，用刻槽或沥青混凝土罩面等方法恢复路面抗滑性能。

③对路面原有的排水体系，要加强纵、横向疏通，不能满足实际要求的，就应修改完

善，以及时有效地排除路面结构层的积水。

④当公路被淹没或洪水冲蚀，提高公路高程或扩大过流断面、完善排水设施；当提高公路高程有困难时，要硬化路肩或修建防水墙。

⑤修复受损公路路面时，要提前发布信息，制定绕行路线，封闭路段两端、设置警示标志和绕行提示信息。

⑥建立混凝土路面的日常养护制度，研究和制定修理各种病害的方法、工艺和配置相应的养护设备，严格进行规范化养护。路面的养护应以预防性养护为主，修补性养护为辅，要在路面尚未出现病害或严重病害之前进行养护。

（3）桥涵。

①桥梁水毁。对于桥梁灾害，应按“预防为主、防治结合、保证安全”的方针，积极防治，做到治早、治小、治轻以至根除隐患。应通过社会效益、技术经济的综合比较来确定治理措施。

重要的大中桥梁及易遭受灾害的桥梁，宜事先储备必要的材料和设备，制定应急预案。一旦发生灾害，及时组织抢修，抢修时应以尽快恢复交通为第一位，确保安全通行。确定抢修方案时，要考虑其在后期恢复工程中能够被充分利用。

a）每年汛期前应按照《公路桥涵养护规范（JTG H11—2004）》要求，对公路桥梁进行一次预防水毁的技术检查，并在雨季和洪水来临前进行水毁预防工作，如清淤、加固、抢险物资和设备的准备等。

b）洪水冲刷危及构造物安全时，应采取抛石、沙袋或柴排等紧急措施进行抢护；特大洪水时，若遇采用抢险措施仍不能保障安全的重要桥梁，在紧急情况下，经上级主管部门批准，可用炸药炸开桥头引道宣泄洪水，以保护主桥安全度汛。

c）公路桥梁一旦被洪水冲毁而中断交通时，应安排车辆绕行，并组织抢修便桥、便道，尽快恢复交通。便道、便桥应就地取材、施工方便，有利于快速建成。

d）漫水便道、便桥应设置鲜明的警示水位标志、限速限载标志、行车道宽度标志。

e）便道、便桥附近应备有应急的抢修物资，以随时修复便道、便桥的损毁，保证交通。

f）当桥梁位于经常发生粘性泥石流的河段及规模较大的稀性泥石流河段时，可考虑改线绕避，无法绕避时须与有关部门协商，进行工程和生物防治与水土保持相结合的综合治理。

②涵洞水毁。

a）涵洞水毁应按照《公路桥涵养护规范（JTG H11—2004）》要求，做好经常检查和定期检查，日常养护、维修、加固和改建。

b）特别是在洪水前后及行洪期间加强经常检查，在接到涵洞较大损坏情况的报告后增加定期检查。

c）保持涵洞洞口的清洁，发现杂物堆积物应及时清除，保持涵洞内排水畅通，发现淤塞及时疏通。

d）涵洞冲毁或堵塞，及由此引起路基冲断时，要处理好涵洞的位置、进出口与相关排水设施的关系，清除淤积堵塞、加固涵洞或扩大过流净空。

e）涵底铺砌、洞口上下游路基护坡、引水沟、汇水槽、沉砂井发生变形时，应及时修理；涵底铺砌出现冲刷损坏、下沉、缺口应及时修复。路基填土出现渗水、缺口应及时封塞填平。

f）涵洞进、出水口处如已严重冲刷，视情况，在入口处采取防护措施，或用浆砌块石铺底，用水泥浆勾缝，或在出水口加设消力槛、消力池等。

g）当涵洞位置不当，过水能力不足时应改建。改建施工宜分段进行，并做好接缝的防水处理。

此外，加强日常养护管理，清疏各类排水系统、修复加固各类构造物、及时检修防洪设施，是预防水毁的有效措施。

4）举例：浙江汛期公路抢险

受强降雨影响，浙江××市公路发生多处塌方，多条省道发生塌方，挡墙、路基损毁，部分路基被冲毁，造成交通中断。

全市公路部门立即落实抢险人员、装载机、挖掘机、运输车辆以及草包、麻袋等救灾物资紧急备战。市公路部门密切注意台风动向，公路路政队员、养护职工加强了公路巡查，排查公路通行隐患，重点加强对高边坡、高挡墙路段和桥梁、隧道等结构物的监控，并防止发生滑坡、泥石流等次生灾害。各路段监控中心和各县市区公路段（处）落实24小时值班人员；市公路应急中心和各县市区公路应急分中心，人员、设备、物质也都做好准备，随时待命，经交通系统人员全力抢修，及时确保了公路畅通。

2. 地质灾害

1）地质灾害的种类及特征

（1）泥石流。

①灾害特征。泥石流暴发突然，速度快，历时短，破坏力大，能将大量固体物质冲出山外，对路基、桥涵、隧道及其附属构造物堵塞、淤埋、冲刷、撞出，造成直接破坏；也可淤塞河道，迫使水流改道，冲毁公路。泥石流活动以突发性、周期性、群发性和差异性为特征。

②对公路的危害形式。其危害方式以淤积掩埋、冲击冲毁、阻塞水流淹没、进而溃决冲刷等为主，具有数量多、分布广、频繁发生、重复成灾、类型多、差别大等特点。

（2）边坡失稳。

①灾害类型。边坡失稳破坏的主要类型包括崩塌、坍塌和滑坡。边坡坡面病害主要是坡面侵蚀、剥落和滚石。除了上边坡失稳之外，路基失稳变形有三种类型：路基随地基变形、路基滑移、路基滑坍。

由于他们的变形破坏机理不同，防治的对策和方法也有所区别。

②灾害特点。崩塌：以陡坡上部岩土体的拉张破坏为主，表现为倾倒和倒塌变形。滑坡：沿着滑动面的剪切破坏，表现为整体的滑动。剪出口高悬于半坡时会解体，容易与坍塌混淆。坍塌：因自重应力超过岩土体强度而产生张剪性破坏。由坡顶向远处逐渐产生破裂面。

2）地质灾害应急处置方案

（1）滑坡、泥石流处置。

①报告。立即报告相关单位，请有关部门管理人员、科技人员核实现象，组织有关专家论证灾害发生的可能性及其灾情程度。

②建立观测站，动态监测。组成有政府、单位、专家及当地群众参加的联络网及警报网。

③拟定并实施应急措施。密切关注灾情的变化趋势，加强滑坡路段的管养和护坡加固，必要时实施有效的交通管制措施，保障行车安全。

④紧急抢修。对滑坡造成公路阻断的，要按照应急预案要求，全力组织人员、机械进行抢修作业，尽快恢复交通。

⑤救援组织。对滑坡造成车毁人伤的，迅速组织人员抢救，确保人民生命财产安全。

（2）塌方处置。

①报警。当发现道路出现沉陷迹象，或已经出现塌方，视情况及时报告政府有关部门。

②建立警戒区。在道路坍塌点四周设置警戒线，在醒目的位置设置安全指示牌，如“前方塌方、禁止通行”等，晚间挂警示灯，根据交通法规在距离事故发生点一定距离的地方设置警示标志。

③交通疏导。对因交通中断造成大量车辆滞留的，要组织人员协助公安交通管理部门现场进行交通疏导，并通过相关渠道，如媒体或网站，发布绕行路线。

④制定方案。组织相关专家针对塌方路段进行勘察，提出具体的抢修方案。

⑤紧急抢修。调集公路管段养护人员进行抢修作业，尽快恢复交通。

⑥救援组织。调集救助队、协助医疗队、警察、武警等现场待命。

⑦建立动态监测，及时预报。对水毁塌方路段建立道路监测数据库，通过历史和即时资料分析，绘制易发水毁路段图，做好监测、预防预报。

3）地质灾害应急处置技术

（1）泥石流防治工程。

泥石流的防治，一般分为防止泥石流发生、控制泥石流流动、防止泥石流危害三种类型。防止泥石流发生一般通过进行流域综合治理方能见效，一般的措施包括种植林草、水土保持等途径。泥石流防治工程，一般包括修建导流工程、桥涵和渡槽工程、停淤工程、拦挡工程和沟道整治工程。

（2）边坡坡面病害的治理措施。

坡面侵蚀的治理措施：设置坡顶和坡面截水沟，或挂网结合植物防护，特别严重时全封闭。

滚石的治理措施：清除危石，嵌补坡面，或者挂网锚喷、锚固。

崩塌的治理措施：清除危岩或锚固。

滑坡的治理措施：有条件时进行减重，否则采取支挡加固或截排水工程。不可盲目削坡。

坍塌的治理措施：放缓边坡，或采取柱挡加固措施，截排水工程是必要的。

（3）路基变形破坏。

路基变形破坏防治只有根据不同的成因采取针对性措施方可见效。路基随滑坡变形的情况，只要能够稳定滑坡，路基也就能够稳定；路基沿地面滑动和路基本身的破坏，多数通过设置疏水沟和加固路基也可得到解决；地表径流造成的路基滑塌要通过调制水流的办法来解决。

3. 地震

1）地震对公路交通的影响

（1）影响范围。在强烈的地震作用下，山体内部断裂结构面强烈增生、贯通，斜坡表面的松散岩土体孔隙比显著增大，自稳能力急剧降低，必然加剧桥涵及路基松散岩土体动力液化、山体崩塌、滚石、滑坡、隧道坍塌等地质灾害发育进程。这些岩土与地质灾害在自然条件下的调整过程一般需要三至五年。

（2）严重程度。在地震灾害区，由于地震期间强烈的山崩、落石、滑坡等灾害地质作用，大量微尘粉尘进入空气中，大气中的降雨凝结核可增加40%以上，暴雨出现频率将显著提高，地表松散土体在降雨作用下稳定性将进一步弱化，可诱发泥石流灾害。强烈的大气降雨和可能出现的堰塞湖溃决，将在沟谷溪流内出现显著的破坏性水力环境，造成沿河公路路基、路面毁损。

一方面，由于地震强度大，部分公路路基、路面、桥涵、挡防设施、排水设施及交通安全设施受损严重，已抢通公路不少路段只能单车道通行，部分路段是临时抢通的便道，通行能力严重不足，抗灾能力十分脆弱；另一方面，震区公路大多位于高原、山区，进入主汛期后，降雨频繁，原本松散破碎的山体发生泥石流、滑坡、岩崩等地质灾害的频率和范围将大大增加，随时有断道阻车的可能，保通任务也异常艰巨。同时，由于大部分路段仅仅抢通了便道，山体滑坡、崩塌、泥石流等次生灾害频繁，要形成一定的通行能力，必须进一步采取工程措施。

2）地震灾害应急处置方案

（1）物资保障。

设置专用战备物资仓库，存储一定数量的贝雷钢桥等战备物资、抢险救灾物资、公路抗震防毁物资，由专门仓库人员管理。抗震救险办公室应随时掌握战备和抢险物资的储备数量并保持完好状况，同时根据需要增加储备数量和各类物资的保管、更新。

（2）运输保障。

集结应急运输保障队伍，全力保障道路交通安全畅通，特别是应急救援物资的运输通道。

（3）通讯保障。

利用现有的电话、手机、计算机互联网和其他公用通讯设施保障应急救援的信息传输，确保紧急状态下的公路抢险信息的上传下达。

（4）组织实施

①公路抗震抢险保障组平时应处于战备和待命状态，加强对公路线上重要部位（主要线路、大桥、隧道等）的维修养护和日常值班巡查，及时将重要部位的当前状况信息报送抗震抢险办公室，以便能及时、准确做好预测和决策，遇突发情况能果断实施有效的应急抢险措施。

②地震发生后，各省（市）公路局要迅速了解公路震情、灾情，确定应急抢险工作规模，并即向上级抗震抢险指挥部报告，并宣布灾区进入震后应急期。同时按照《公路交通突发事件应急预案》及时落实组织、物资、人员、车辆等工作的调度，负责部署、指挥、协调所辖区域公路的抗震应急抢险工作，并随时向上级报告组织落实情况。

③抗震抢险保障队伍一旦接到上级下达的抢险救灾命令，应立即组织赶赴震区现场，

全力以赴投入应急抢险救灾工作。震区现场抢险指挥由现场最高级别党政领导担任，现场指挥根据地震级别、破坏程度采取架设贝雷钢桥、迂回、绕道行驶、抢修恢复等应急方案组织实施。

④现场成立公路抢险组、物资供应组、伤员救护组、现场警戒组、后勤保障组、生产恢复组等相应的工作机构，按照国道、重点省道、重点县道的优先次序，采取先干线后支线的原则，确保抗震抢险工作有序进行，尽快修复被毁公路、桥梁、隧道、涵洞，恢复公路畅通。

⑤必要时还必须在主要路口设置醒目的指示标志或派专人值勤、疏导交通，尽力将地震破坏的损失降到最低程度。

4. 台风

1）台风的影响特征

台风登陆后深入内陆，受到地面摩擦力的影响，风速逐渐减小，强度大大削弱。但这时往往会暴雨倾注，造成山洪暴发、冲毁水库、淹没田地等严重的洪水灾害。同时，其飓风级的风力足以损坏以至摧毁陆地上的建筑、桥梁、车辆等。

2）台风引发公路水毁的应急处置方案

（1）及时发布防台风预警，全面做好动员和部署。及时关注台风动向，通过短信、网站信息、交通灾害信息系统等进行全面预警和部署，根据情况随时启动相应级别的防台风应急预案，提前做好防台风应急准备工作。

（2）加强对沿海地市的公路、桥梁、港口、码头、运输企业、车站等防台一线的巡查力度。

（3）对施工材料、机械设备进行保护和转移，对塔吊、支架、悬挂物等高空作业设施加固或拆除，对低洼地带的物资、设备和人员进行转移，加强公路运输客货运车辆特别是客运车辆的安全管理，重点加强道路巡查，路政部门加强加固各种基础设施。

（4）加强防台风救灾设备、器材、人员（尤其是重型救灾机械设备）的准备，组织抢险应急突击队，调集抢险机械、设备随时待命。对重要工程和水毁多发路段，就近预先储备一定数量的抢毁材料和机械设备。

（5）加强值班和信息报送机制。各单位、各部门启动24小时值班机制，值班人员全部到岗，坚守防台风一线。提高防抗台风信息报送速度，及时收集汇总有关水毁和抢毁信息，统计水毁损失，为交通部门做出正确决策指挥抢险提供有效依据。

（6）及时组织抢修水毁路段，尽快恢复道路正常通行。各级交通公路部门及时按照“先干线后支线，先抢通后修复”的抢险救灾原则，迅速对水毁灾情路段开展抢修，确保救灾人员、物资等及时运送。重点加强对国道、省道的溜塌方、路基缺口以及桥涵隧道进行抢修，保证干线公路畅通。

（7）加强日常巡查，特别注意加强对公路沿线地质灾害、危桥等隐患点的监控，防止桥毁、滑坡造成重大险情，并在受毁和阻车路段及时设立临时交通安全标志或指路标志，引导过往车辆安全通行或绕道通行。

3）举例：福建公路交通系统全力抗击台风“圣帕”

××年×月×日，受台风“圣帕”影响，福建省×市专养公路毁情不断扩大，发生坍塌197处，全市专养公路40余处阻车。当地公路部门1000多名职工全面动员，新购10

部装载机，配合100多部其他机车严阵以待，领导和工程技术人员分头驻点组织抗台风。

路政人员和道班工人24小时不停巡查公路，全面加强交通疏导和清沟导水工作，把损失降到了最低限度。

为及时抢通公路恢复道路畅通，当地公路管理部门立即启动紧急抢险救灾预案。领导分别带领一支突击队赶往现场进行抢通。突击队员冒着大暴雨一边指挥铲车清理路面土方，一边清理边沟积水，并及时向上级汇报有关情况。当地公路管理部门领导全体职工投入抢险，指令在监测站待命的装载机就近投入抢险，全力以赴清除各处溜塌方，努力做好灾后自救工作，确保公路全线畅通。

2.3.1.2 公路通行受阻的应急处置技术与方案

1. 冰雪

1）气象特征

降雪天气时，由于积雪经常会出现冰冻现象，使路面湿滑或坚硬，车辆行驶时车轮与路面间的摩擦系数减小，车轮与路面的附着力随之减小，刹车制动能力降低，机动车在行驶中遇转弯或紧急情况时，容易直接引起车辆侧翻、追尾相撞甚至连环相撞事故。当车辆起步时，容易发生打滑，使起步困难，如在上坡路段起步，由于打滑有时还会使车辆向后滑溜，造成翻车事故。大雪天气还会使路面原有的凹坑、坑洼路段等危险点或障碍物不易被发现，影响行车安全。

车辆在低温条件下行驶时，除因道路积雪、结冰影响行车安全外，往往还会由于驾驶室内外温差过大，室内的空气凝固于汽车挡风玻璃上形成一层薄雾气体，使挡风玻璃透明度降低，驾驶员视线不清，影响对前方道路状况和人、车、物的正确判断。同时，低温天气行车时，驾驶员因寒冷容易分散注意力，手脚僵硬麻木，反应迟钝，动作灵活性降低。另外，低温时，如车辆停放时间过长，发动机冷却系统内的冷却水容易结冰膨胀，撑坏系统管路；润滑系统阻力增大，启动困难，行驶途中熄火后难以启动，等等，机动车辆自身的技术性能故障容易发生。

2）冰雪天气公路交通应急处置方案

（1）分级管制标准。

遇有冰雪天气，根据影响情况划分分级管制的标准。例如，按照尽量“不封路、少封路”的原则，采取执法车辆带路的方法，控制车辆保持适当的安全行驶速度，依次排队通过；采取临时交通管制、就近分流的方式；采取重点路段利用巡逻车鸣警报或喊话提醒过往车辆注意安全的方式等。

根据路面积雪结冰情况实行分级管制。具体管制方式如下：

三级管制：正在下雪但路段（桥面）尚未积雪、结冰，实行三级管制。管制路段不限制通行车种，通行车辆必须开启危险报警闪光灯，并保持安全车间距。能见度在100m以上200m以下时，临时限速60km/h；能见度在50m以上100m以下时，临时限速40km/h；能见度不足50m时，临时限速20km/h。

二级管制：路段（桥面）积雪尚未结冰，实行二级管制。管制路段禁止危险品运输车辆通行，通行车辆必须开启危险报警闪光灯，临时限速60km/h，保持车间距不小于80m。

一级管制：高速公路部分路段（桥面）结冰，实行一级管制。管制路段禁止大型客车、危险品运输车辆通行，临时限速40km/h、禁止超车。通行车辆必须开启危险报警闪光灯，保持车间距不小于50m。

当高速公路路段全线结冰时，各公路管理机构应调集足够的公路抢通机械、人员和物资，布撒防滑料和融雪剂，全力开展积雪清扫工作，同时配合采取执法车辆带行、限速、限量、间断放行等积极措施，确保公路不间断运行。对于路面积雪严重难以清除及车辆积压严重的地方，交通运输主管部门和公路管理机构要提前制订并及时组织实施车辆分流措施和绕行方案，并广泛宣传，向社会公布。

（2）准备工作。

①加强与气象部门的联系，及时掌握恶劣雨雪天气动态，分析对公路交通带来的影响，结合本地实际，及时发布预警信息，提醒受影响区域的交通部门做好应对准备工作。

②完善应急预案，加强防范。尽快补充和完善冰雪灾害应急预案，提高预案的可操作性。当灾害发生后，及时启动应急预案，以最快的速度清除冰雪，恢复交通。

③根据恶劣雨雪天气情况，加大对沿线交通安全设施的巡查和保护，建立完善的冬季公路养护巡查制度和路政执法人员上路巡查制度，设置专门的路段巡视员，负责排查管辖区域路段内可能造成交通事故的安全隐患，对重要线路、桥梁、隧道、涵洞、弯道路段进行严密监控。

④加强应急队伍建设和物资储备。组建冰雪灾害应急抢险专业队伍；高速公路（桥）管理机构应当在桥梁、匝道、陡坡段特别是跨江大桥等易结冰路段储备足够的融雪剂、草包等抗冻防滑物资。

（3）信息收集与发布。

①高速公路（桥）管理机构要加强与气象部门的协作配合，加大气象监测设备的投入使用，与公安、交通等部门建立道路交通和气象信息资源共享机制，及时通报气象分析信息和恶劣天气交通管理情况。

②在接到气象部门的恶劣天气信息预报后，路政机构要加强重点时段、路段的路面巡查，高速公路（桥）监控中心要加强对路面恶劣天气影响程度等异常信息监测，及时发现和通报恶劣天气等对路面车辆安全通行的影响情况。

③加强预警和信息报送工作。积极与当地气象部门联系，建立长效机制，做好日常气象预报和重大公路气象灾情预警工作；实行路况信息报送制度，明确信息报送责任人，上报信息快速、准确、翔实。

④当出现严重路面积雪结冰或重大交通堵塞时，在采取应对措施的同时，还要立即向交通运输部报告。同时，还要组织各有关方面力量，发挥部、省公路管理与应急处置平台的作用，充分利用网站、电视、广播、移动通信等媒体和公路沿线可变情报板，及时发布公路气象以及路况信息，引导社会公众及时调整出行计划和行驶路线。

（4）组织实施。

①发生冰冻雨雪天气，造成路面湿滑，存在安全隐患的，及时组织人员机械清扫道路积雪；对造成交通中断，无法正常通行的，及时做好交通疏导和分流工作。

②在冰雪灾害抢险路段设立安全标志和安全设施，应急抢险车辆及撒防滑料车辆应加装防滑链，路政人员必须在作业路段指挥过往车辆，重点路段实行专人负责。

③受雨雪影响严重的路段，公路管理机构要调集足够的公路抢通机械、人员和物资，

布撒防滑料和融雪剂，全力开展积雪清扫工作，防止出现路面严重积雪和结冰，满足车辆通行需要。如不能满足当前应急需要的，报请交通运输部跨省调集，予以支援。

④当高速公路因路面积雪无法正常通行、实行临时交通管制时，高速公路管理机构应当在管制路段的两端选择通行能力大的匝道出口设置分流点，引导主线车辆驶离高速公路。当车流量大造成主线分流车辆排队积压严重时，可沿主线在排队车辆后方选择具备分流条件的匝道出口，视情增设第二、第三级主线分流点，采取多点分流。

⑤当夜间温度较低，湿滑路面可能结冰给交通带来影响时，可以采取间断放行或由执法车辆带队行驶的措施。

⑥因路面积雪、结冰关闭高速公路的，高速公路运营管理单位应对高速公路及时采取融雪除冰措施，尽快使高速公路恢复通行条件。经过融雪除冰，在单车道恢复通行的条件下，各收费站可每数分钟放行一辆车。

(5) 服务措施。

①因交通管制造成车辆大量排队积压时，路政机构和高速公路（桥）经营管理单位要尽快通过交通广播电台、信息情报板显示、扩音设备语音提示、摆放临时交通标志、发放提示卡等方法设法告知驾乘人员原因、预计持续时间、相邻路段通行情况及绕行路线，减轻等候人员的焦躁情绪。

②遇有大量车辆和行人因雨雪滞留等情况，各级交通主管部门的领导要及时赶赴现场，组织开展疏导和救援工作。对滞留的车辆要及时护送、引导至绕行路线，或安置在就近服务区等候。

③因恶劣天气造成车辆长时间排队积压的，路政机构和高速公路（桥）经营管理单位要组织附近服务区和单位尽可能提供食品、开水等服务。

3）冰雪天气公路交通应急处置技术

（1）发布警示信息。养护部门在冰雪路段设置警示牌，收费站在进入高速公路车道口设置警示牌，监控分中心在路上的电子情报板、广播电台和高速信息网站发布警示信息。

（2）交通控制与诱导。严格控制危险品运输车辆，“超宽、超长、超高”车辆，灯光不符合安全要求的车辆进入高速公路；采取临时交通管制，间段放行；采取管制所有小车进入高速公路、放行大型车辆进入高速公路、严禁超车的方式，不仅能控制车流量、车速保安全畅通，而且能利用大型车辆的车轮挤排冰雪，利用车辆排出的高温尾气融化冰雪，实践效果好。

（3）养护除冰雪分为路面新雪处理、压实雪处理和路面结冰的处理。除新雪尽可能采用机械除雪，在机械除雪不能操作的地方可辅之以人工；路面压实雪和结冰的处理，可采用在积雪结冰路面上满幅铺设50m以上普通麻袋，既快捷、经济，又能警示过往驾驶员，并为车辆制动、转向提供所需的附着力；养护除冰雪还有一种方法就是物理化学除雪，使用盐及其他融雪剂，使路面上的积雪或冰的结冰点降低，这种方法根据当地的气候条件和雨雪影响程度来定，能少采用就尽量少采用，因为撒盐或其他融雪剂会造成如农田盐碱化、水源污染等生态问题和造成对桥梁、道路严重的破坏。

（4）根据不同雪量、时间和气温确定处置方法，明确规定相应量级的融雪剂，以“环保、高效、经济”为原则，规范融雪剂、除雪机械的配备策略、使用技术、使用范围、作业细则、管理方法等，达到既经济，又方便、快捷的除冰除雪效果。

（5）根据除冰雪技术的特点和适用范围，依据道路所处地理位置、降雪量、气温及经济条件等，科学地优化组合现有除冰雪技术和设备，对除雪过程中的机械配合进行明确要求，如保证前后除雪机械铲迹的搭接长度、机械间的安全车距、机械作业车速的控制等。

（6）注重研究新型、优质、高效、低成本的道路除冰雪技术，例如低价且环保的融雪剂、防"盐害"技术措施、物理除冰雪技术，将各种筑路、养护机械改装为冬季除冰除雪机械等。

（7）建立除冰雪应急处理系统运行机制，实现区域路网内除冰雪资源的协调配合和优化调动。

从区域路网联合协调和综合控制角度，建立针对不同灾害等级的道路交通管理控制策略，尤其是加强出行者信息系统的建设，预防或减轻不同冰雪灾害等级下的道路交通拥堵现象。

4）举例：新疆冬季除冰除雪常用处置技术措施

以交通厅冬季除冰除雪常用处置技术措施为例，各级公路交通部门可根据当地实际情况，研究更主动、快捷、有效的应对方法和措施，以便更好地防范和控制冬季低温雨雪冰冻灾害对公路造成的影响。

（1）根据不同雪量确定基本方法。

①在降雪量小于2cm以下，可以安排撒融雪剂（或盐）车在全线进行一次大范围、小剂量的彻底撒布工作，撒融雪剂（或盐）剂量可控制在30g/m^2。依靠车轮滚动与路面摩擦产生的热量、汽车尾气排放的热量和融雪剂或盐的联合作用，可实现雪降即融，并形成具有一定浓度的盐水，在降雪与路面间形成隔离层，同时起到防冻作用。

②当降雪厚度在2~5cm，降雪达至2cm时开始撒盐，待降雪结束后或厚度达5cm，出动机械设备彻底除雪。除雪应及时，避免行车碾压后难以清除积雪。在除雪机械刮除积雪后，路面积雪留有未刮除的不超过1.5cm薄层雪时，撒盐车需进行补撒盐，撒盐剂量应控制在20g/m^2，桥面处及路面背阳处应加倍，使用平地机或轮推彻底清除。如气温较高可采取自然融化的除雪办法。

③对在降雪5~20cm的情况下，雪达至2cm时开始撒盐，待降雪结束后或厚度达5cm，出动机械设备，采用平地机（或轮推）清除路面积雪。除雪抢险工作可采用多台机械流水作业，先清除一条车道的路面积雪，然后再清除路面全部积雪；及时清除桥面的积冰雪，并同时采取安全防范措施，在陡坡、急弯路段加撒防滑材料（煤渣、炉渣）或融雪剂（或盐）等材料进行处理；并采取相应的交通安全控制措施，在公路的一侧设置导流、导向标志，对行驶车速进行限速，以保障安全行驶。

④当出现连续降雪时，应24小时连续进行除雪作业。以平地机（或轮推）为主，积雪严重路段可使用装载机。除雪抢险工作可采用多台机械流水作业，先清除一条车道的路面积雪，待雪停后清除路面全部积雪；及时清除桥面的积冰雪，并同时采取安全防范措施，在陡坡、急弯路段加撒防滑材料（煤渣、炉渣）或融雪剂（或盐）等材料进行处理；并采取相应的交通安全控制措施，在公路的一侧设置导流、导向标志，对行驶车速进行限速，以保障安全行驶。

⑤当路面大面积结冰时，在路面结冰处撒融雪剂（或盐）40g/m^2，待融化时，一般撒盐后2小时左右（和气温有关）使用平地机和轮式推土机除冰；如局部结冰且较严重时，局部加融雪剂（或盐）(30~40)g/m^2，一般采用平地机和轮式推土机除冰较理想。

当出现④、⑤以上两种情况需反复作业。

(2) 除雪过程中机械的配合。

①保证前后除雪机械铲迹的搭接长度。在除雪过程中，机械手应协调一致，后车与前车的铲迹搭接以30~80cm为宜，铲刀角度为30°时除雪效果较好，保证把前车推出的积雪全部推到本车的铲雪铲中，并与本车道的雪一起推给下一辆车。

②保证前后除雪机械间的安全车距，一般情况下，相邻除雪机械前后间距控制在100~150m为宜。如果车距过短，前车遇到情况紧急制动时，会因后车制动距离不足而造成交通事故，影响除雪工作的顺利进行。如果车距过长，通行的其他车辆可能会伺机超车，形成不安全的因素，影响除雪效果。

③除雪机械作业车速的控制。平地机的速度在15km/h左右时作业效果较好，轮式推土机除雪时，作业速度最好掌握在10km/h左右。撒盐车的车速则应根据用盐量和每车作业手的数量确定，以免造成盐的浪费。在多种机械联合作业时，应注意各种机械作业速度的相互协调，以取得最佳的工作效率。

④可将平地机刀片略加改装后安装在装载机上用于除雪作业。

2. 雾

1) 雾的定义及特征

从气象学上讲，悬浮于近地面层中的大量水滴或冰晶，使水平能见距离在1000m以下的现象，就称为雾。

大雾使行车能见度差，驾驶员视野不清，视线受阻，不利于对前方道路状况和交通环境的正确观察、掌握和判断，车辆在行驶中容易发生追尾碰撞或正面碰撞事故。特别是在车速较高的高速公路上行驶时，容易引发车辆连环相撞。

2) 大雾天气公路交通应急处置方案

(1) 分级管制标准。

一般来讲，当能见度低于500m以下时，就对高速公路车辆行驶开始产生影响了，高速公路会采取提示信息或限速等措施；当能见度低于200m时，高速公路一般会采取间断放行的措施；当能见度低于100m时，通常根据雾的局地性特点和“雾天尽量不封闭高速公路”的原则，一般采取部分路段封闭的措施；当能见度低于50m时，高速公路公安交通管理部门考虑到安全问题，一般会采取封闭高速公路的措施，禁止车辆上高速公路行驶。因此，在遇有大雾等影响能见度的天气时，公路管理部门应配合公安交通管理部门，在“尽量不封闭高速公路、少封闭高速公路”的原则下，根据能见度情况实行分级管制。

具体分级管制如下。

三级交通管制（能见度在100m以上200m以下）。实施三级管制的路段应采取的主要措施：加强路面巡逻管控，间断放行、限速放行，暂停施工等。

二级交通管制（能见度在50m以上100m以下）。实施二级管制的路段应采取的主要措施：加强路面巡逻管控，间断放行、限速放行、限车型放行，暂停施工等。

一级交通管制（能见度在30m以上50m以下）。实施一级管制的路段应采取的主要措施：禁止车辆进入管制路段（执行警卫、救援等特殊任务的车辆除外），关闭管制路段沿线所有收费站，在关闭路段两端具备分流条件的收费站下道口实施主线分流，暂停施工等。

（2）雾天应急保通措施。

①成立相应的组织机构并落实人员，负责雾天应急安全管理工作。

②各运营公司加强巡逻，随时掌握路况，及时公布路况信息。

③制定雾天车辆安全通行的保障措施；若因大雾车辆无法通行需封道，营运单位管护队员、收费站相关人员要做好车辆疏导和驾乘人员的解释工作，为滞留人员设置引导标志，维护好收费站及广场的秩序，利用可变情报板发布最新路况信息，并将具体路况信息在10分钟内报监控中心，汇总后通过短信、交通网站等方式及时向社会发布。

④当大雾能见度低，影响车辆安全通行时，各高速公路管养单位路政人员应配合公安交通管理部门采取间断放行、主线分流、限车型通行等措施，并设置限速、禁超、禁停、保持安全间距等警告标志和提示标志提醒司机安全驾驶。

⑤如高速公路因大雾能见度极低，公安交通管理部门不得不封闭交通，造成局部路段滞留车辆过多，或遇有大型运输保障任务时，高速路政和高速公安交通管理部门应联合采取执法车辆带道、间断、限速或限车型等方式，让部分车辆通过管制路段。

⑥作好雾天特殊通行应急工作措施，确保重要车队和执行特殊任务的车队临时通行安全工作。

⑦当公安交通管理部门封闭高速公路后，高速公路运营管理单位要及时通过媒体、网站、收费站入口及沿线可变信息板等发布信息，告知高速公路关闭后滞留在高速公路上的车辆从最近的出口尽快驶离高速公路，或到服务区停车。

⑧当因大雾能见度低发生交通事故，凡交通事故处理预计超过2小时或堵车3km以上的，路政部门要立即打开中央护栏，协助公安交通管理部门实行单幅双向通行或单幅间断放行等措施疏通车流，防止长时间堵塞。

3）大雾天气公路交通应急处置技术

由于雾的随机性和突发性很强，当高速公路上突发大雾，且路政和公安交管部门没有及时采取措施时，高速公路上很容易发生交通事故。因此，大雾天气条件下，重点要做好大雾的监测，以及预报预警和信息的发布。

（1）遇有大雾影响车辆正常安全行驶时，在多雾路段设置安全防护设备，并在收费公路入口进行限速、警示提示，或者利用公路沿线可变信息板等设施予以公告，在收费站入口处及高速公路上设置电子信息牌及时发布交通管制信息和公路气象信息及路况信息。

（2）健全路面电子监控手段，做到对路面全方位、全天候的电子监控，使监控信息及时得到相关部门的反馈，增加监控信息的利用效率。特别是要加强严重影响公众出行的低能见度和不良路面状况的监测，把握监测网络的功能定位，合理布设监测站点和配置监测要素。

（3）利用已有的高速公路气象自动监测站，得到公路实况气象资料；加强和气象部门进行气象观测、雷达图像和卫星图像等信息共享，得到详细的公路天气实况信息，进而开发公路气象预报预警系统软件，提供公路气象监测信息、预报信息以及公路安全指数预报预警等，为交通安全和建设养护部门提供科学依据。

（4）加强沟通，努力提高邻省、相邻路段管理单位的协作配合能力。采取分流、封路等交通管制措施时，要及时通知邻省以采取管制或分流措施。

（5）加强宣传教育力度，努力提高驾驶员雾天安全防范意识。通过宣传，增强交通参与者对恶劣天气情况下安全驾驶的高度重视。进一步加大对超员、超速、超载等严重交通违法行为的治理力度，减少路面交通违法现象，避免加重恶劣天气引发的交通事故后果。

4）举例：某市公路管理部门应对大雾措施

××年×月×日，×市迎来入秋以来第一场长时间、大范围、高浓度大雾笼罩。为迎战大雾等恶劣天气，最大限度预防和减少道路交通事故和大面积交通拥堵，公路管理部门提前做了最充分的人力和物力准备，通过加强与公安交通管理部门、气象等部门的沟通协调，配合公安交通管理部门加大路面及时疏通引导，加快现场处置，真正做到恶劣天气“早发现、早报告、早处置”。

当日晚，部分路段开始起雾的时候，路段管理公司迅速启动恶劣天气道路交通管理预案，配合公安交通管理部门加大巡查力度，提醒驾驶员注意减慢车速、保持车距，并打开雾灯等灯光引导过往车辆。随着雾情不断加大，高速公路能见度也由200m逐步降低为100m、50m、30m。次日凌晨，因能见度不足30m，道路管制级别也由三级管制最终升格为特级管制，除执行紧急公务、紧急抢险救护等特殊车辆通行外，禁止其他各类车辆进入高速公路。为督促已进入高速公路的车辆进入服务区休息或驶离高速公路，除了公安交通管理部门车辆上路引导车辆外，还通过高速公路可变情报板和移动信息板向驾车人发布管制信息。驾车人在路政人员车辆的指挥下或进入服务区或由收费站出口驶离高速公路。近11个小时以后，浓雾逐步散去，高速公路取消特级管制措施，其他路段高速公路也相继取消限速或管制措施，恢复正常通行。

由于管控得力，五条高速公路全部因大雾采取限速或分流管制措施，均未发生重特大道路交通事故，未发生交通堵塞，高速公路交通管理部门经受住了入秋以来的第一次考验。

3. 其他（高温、大风）

1）高温

（1）高温对公路交通的影响。

在夏季高温天气里，烈日曝晒会使沥青路面软化发粘，减少路面附着系数，使车辆制动距离延长；沥青路面含有较多石蜡，热稳定性差，易出现泛油、涌包、推移等现象，车辆碾压后，路面路基往往会发生形变，造成大面积损坏；水泥混凝土路面也会因受热而膨胀隆起；同时高温还影响驾驶员的视线，引起疲劳，导致交通事故增多。

此外，夏季公路路面温度常常在70℃以上，长时间在炎热夏天行驶的汽车，有损伤或存在薄弱处的轮胎很容易因胎压过高导致爆胎。

（2）高温条件下应急处置技术。

①驾驶员车辆保养。

a）受气温影响，轮胎内气体会自动膨胀，轮胎气压会由2.3kg升到3kg以上，建议夏天填充气压应减少10%。

b）在长时间高速行车时，应行驶一段路程后在阴凉处冷却一下轮胎。午间酷热行车时，应适当降低车速。此外，注意轮胎的承载能力，千万别超载。

c）做好日常养护，要经常剔除胎面花纹沟槽中的石子或异物，以免轮胎胎冠变形；检查轮胎胎侧有无剐、刺伤，是否露出帘线，若有应及时更换。

②道路养护部门道路监测。

建立路面温度自动监测设备，有效地监测路面的温度变化趋势，为进行准确的道路气象预报提供科学依据。同时还可以根据不同群体的需求，制作不同路面的温度预报，如提供裸露空气温度，水泥、沥青路面温度等预报，从而根据预报预测结果进行针对性的道路洒水降温作业，以降低高温对公路路面路基的损坏程度。

2）大风

（1）大风对公路交通的影响。

大风尤其是台风不仅会对桥梁等交通设施造成冲击，对交通安全也有相当大的影响，特别是高速行驶的车辆受到较强横风作用时，会使车辆偏离行车路线而诱发交通事故，并且这种横风作用随着车速的提高而加强。

一般情况下，风力为4级或以下时对城市交通和车辆正常行驶基本上没有影响，风力为5~6级时有一定影响，风力在7级及以上时，可产生比较明显的影响。大风天气对高速行驶的高架货车和大型客车的影响更为显著。当车辆迎风行驶时，车身易发生摆动；当风从车辆侧面刮来时，转弯时方向盘不易控制，高速行驶的高架货车和大型客车车身容易发生倾斜，严重时甚至发生车辆颠覆事件。

（2）大风条件下应急处置技术

①根据地域情况建立不同类型短时风速预测模式，收集公路沿线气象监测站点风向、风速等影响行车安全的要素，结合公路沿线气象站历史资料，分析各监测站点风速资料演变规律，经过气象模式算法计算出瞬时风速、预测风速与倾覆翻车临近风速，做出公路沿线大风天气条件下的风速预测预警。

②重点关注易受横风影响的路段，如特大桥梁、垭口、峡谷、山区的风口路段，做好监测预报预警，必要时联合公安交通管理部门对该段采取临时交通管制，防止大风造成车辆侧翻，发生交通事故。

2.3.2 交通事故引发的公路突发事件应急处置技术与方案

2.3.2.1 基本情况

1. 应急处置的整体要求

公路交通事故发生后，随着时间的延长，不仅伤亡率越来越高，而且对交通秩序乃至社会的影响亦将愈加严重，甚至可能引发新的连发灾害。因此，对车祸的抢救，必须争取时间，快速反应，力求最大限度地减少损失和伤亡。

1）迅速就近调集力量到场

各级公路交通应急管理机构接到报警或听到车祸消息后，通过确认，应立即就近调集抢险救援力量，迅速前往车祸现场。抢险救援力量在行进途中，应及时掌握事故现场的发展变化情况，要注意行进的公路是否畅通，特别是高速公路事故，要注意取得高速公路公安交通管理部门的配合和帮助，选择合适的入口和行进方向进入。

2）携带所需的器材装备

公路交通事故救援的器材装备，应以多功能抢险救援车为主，尽可能多地携带具有破拆、切割、剪切、扩张、顶撑、拖拉、牵引、吊升等功能的器材。同时尽可能保证同一种器材数量要多，以便在现场抢险救援中采取组合式操作。

此外还要准备必要的消防器材，包括消防车、灭火器、手抬泵以及脸盆、水桶等。抢救人员或动物时需要的器材，包括医疗器具、担架、麻袋片、食品袋，冬天要准备棉被、棉衣等。此外，还要尽可能多地准备一些躯体和肢体固定气囊。

3）快速展开抢险救援作业

第一出动力量到达事故现场后，指挥员应立即简单侦察，根据事故情况进行大致编组和概略分工，采取组合式操作，迅速组织部队展开抢险救援作业。为了使现场的抢险救援行动规范有序进行，在有可能的情况下最好把力量分成若干个小组。具体分几个小组应视情况而定，可以组成的小组有：

救援组：可以是若干个，每个小组至少需要3~5人，通常需要剪、扩、撑、切、锯、吊、拉等组合式操作，所以对人员、器材需求很大。

警戒组：主要负责维护现场秩序，照看被疏散的人员和物资，并控制现场。

隐患排除组：主要任务是对可能发生的爆炸、有毒、倾翻等潜在的灾害隐患进行清除；对已经发生的燃料泄漏、运输车上的物质泄漏进行控制、回收、输转、堵漏，已经着火的迅速扑灭火灾。

遗物收置组：主要任务是收集遗物，搞好登记统计和移交。

部队展开抢救时，应对车祸地域进行简易划分和标示，以免救护行动交叉而产生忙乱。一般可划分为人员看管区、伤员救治区、遇难者尸体停放区和遗物堆放区等。

2. 应急处置的实施程序和方法

1）控制事故现场

第一出动到场后，应迅速会同当地警力和有关人员对车祸现场进行有效控制。一是划定警戒区，设立警戒标志，疏导围观人员。二是强化交通管制，维护交通秩序。三是严格看管人员和物资，防止发生哄抢和混乱。

2）清除连锁隐患

第一出动力量到场后，应立即派出隐患排除组迅速对车体内的发动机、储气箱、储油箱、油路、随车危险物等一切可能爆炸和引发火灾的隐患进行消除，以免发生次生灾害，并对周围的地形进行勘察。对可能因车祸造成的山体滑坡、地质下陷、隧道倒塌、桥梁断裂等情况，应及时采取防范措施或进行防范标示。当车体处在悬崖、斜坡或其他不稳定的位置时，应对车体进行固定，防止车体滑落翻倒。固定方法有三种：一是用就便器材顶住，如木棍、三角木、砖块等顶住车体支架和轮胎；二是用钢丝车体与大型固定物体连接；三是用重型消防车或抢险救援消防车将车体拉住。

3）救护受伤人员

救护伤员是车祸抢险的主要任务。救护时，应按照先急后缓的原则，对危重伤员，应先抬离车体，再进行救治；对于被车体或其他器具挤压的人员，应使用相应的抢险救援器材采取锯、割、撬、扩、搬、拉、吊等方法，先破拆排除障碍，再将其救出；对于躯体、肢体损伤严重的伤员应尽可能利用躯体或肢体固定气囊进行固定，以防发生救助性伤害；如车体着火时，应边灭火边救人，并迅速对着火的车厢进行水幕隔离和防护；如因爆炸引起隧道倒塌并压住车体时，更应集中力量抢救受伤人员。

4）清理事故现场

当人员、物资全部救出以后，应及时清理现场，尽快恢复交通秩序。

(1) 搞好登记统计，核查人数，查明死者身份，列出遗物清单。交通事故造成的人员伤亡，往往是非常悲惨的，有的甚至是身体支离破碎。

(2) 清除因车祸引起的路障，抢修遭破坏的路段，指挥疏导滞留车辆通行。

(3) 向当地警方或地方有关部门移交遗物，并协同地方组织遗物和死者遗体后送。

(4) 如果需要可以积极协同交通部门对车祸现场进行勘察，查明事发原因。

(5) 有条件时及时通知卫生防疫部门对车祸地域进行卫生防疫，并进行洗消和清理。

2.3.2.2 导致人员伤亡交通事故的应急处置措施

发生此类事故时，如果是公路交通管理部门的巡逻车或者其他公路交通管理人员发现此类事故，应首先关闭事故车辆引擎，确认是否有人员受伤，迅速拨打急救电话，协助医疗急救部门对受伤人员实施紧急救助，及时报警，向事故主管部门报案，并保护事故现场。处置要求如下：

1. 救助人员时需要注意的事项

公路交通应急管理部门要积极协助急救医护人员救助受伤人员。

救护伤员是车祸抢险的主要任务。通常，受伤人员应在 20 分钟内得到救治，力争在 1 小时内将伤者送到医院，超过 1 小时伤者的危险性就大大增加。在破除和解救被困人员的时候，救援人员应同时进行稳定伤势的紧急医疗处理，包括必要的包扎和骨折的固定。

救人脱险后，如果受伤者处于昏迷状态、停止呼吸和脉搏时，必须及时地进行现场心肺复苏。心肺复苏的主要内容有开放气道、口对口（鼻）人工呼吸和胸外按压。这是对呼吸和循环进行有效的人工支持，保证对脑、心、肾等重要脏器的供氧，可明显地提高心跳、呼吸骤停后的抢救存活率。

在救人过程中需要特别注意：

(1) 人员被挤夹在车内时，若车型不大时，可多人合力用手将车门搬开；使用撬棍等工具将门撬开；使用救助气垫和液压式救助器具将车门打开。

(2) 人员被夹在坐席内时，使用坐席调整杆移动坐席；取下可拆卸的坐席；用液压式救助器具将坐席和其他相连部位分开；在紧靠被夹待救者旁边的部位进行切割作业。

(3) 人员被夹在事故车之间且为小型车时，队员之间要相互配合，将车的前部或后部稍微移动（向车道方向）；放掉被夹人员相反方向轮胎的气压，以扩大间隙；在适当的部门设定支撑点，使用液压式救助器具制造间隙。

(4) 人员被压在事故车下面时，拉上手制动器，特别是在倾斜路面上，前胎或后胎应用器具撑垫，严防车移动；使用千斤顶将车的前部或后部顶起，制造间隙；使用液压式救助器具，将车体或车轮分开。

2. 配合公安交通管理部门做好事故的现场侦查与处理

结合事故情况，在车流量较大的公路救援现场时，必要时应建议交通管理部门紧急关闭交通道路，特别是高速公路，防止其他车辆拥入相撞或严重堵塞交通。

公安交通管理部门处理事故时，需要携带特殊装备器材，如液压扩张器、液压剪、无齿锯、躯体固定气囊、肢体固定气囊、易燃可燃气体专用测爆仪、担架等救护设备。根据事故情况，必要时调集牵引、起重等车到场。

公安交通管理部门侦察应查清的情况包括：被困、伤亡人员数量、位置、程度；车辆油箱燃烧爆炸的可能性，是否需要喷雾水枪冷却或采取其他保护措施；救人需要破拆车辆的部位、途径、方法等；现场可利用的救援条件。

施救方案制定应考虑的事项：准确选定并正确使用救助器材、救援方法；采用撬砸、扩张、夹合、拉拽等是否有效；交通事故处理人员是否判明事故发生的原因和性质；现场作业时，发生二次伤害的可能性；周围地形是否下陷，车体滑落或滚翻的可能性；是否需要调集大型牵引设备、起重车到场协助。

1）事故侦查需要注意的事项

（1）在现场周围设置警戒线，在距现场来车方向30～150m外设置发光或者反光的交通标志，如插旗、警戒标志杆、锥形事故标志柱、防爆灯光警戒绳、闪光警示牌、隔离警示牌等器材，设置警戒线，实行交通管制，引导车辆、行人绕行；允许车辆通行的，应派交通警察专门负责现场警戒、疏导交通，指挥其他车辆减速慢行通过；若遇大雾天气，救援车都应打开应急灯、警灯，防范后续驶来的车辆冲撞，造成新的伤亡。

（2）指挥驾驶人、乘客等人员在路边安全地带等候；引导勘查、指挥等车辆依次停放在警戒线内来车方向的道路右侧，车辆应当开启警灯，夜间还应当开启危险报警闪光灯和示廓灯；抢险作业前，可以对事故现场进行简易划分和标示，以免救援行动交叉忙乱。一般可划分为作业准备区（放置装备器材、仅允许救援人员进出）、伤员救治区、遇难者停放区和遗物堆放区等，区域设置不得影响后续救援车辆和救护车进出。

（3）救援消防车应尽量避开地势低洼处停放，防止燃油箱破裂或爆炸后燃料流向低洼处，造成人员被火烧伤或车被焚毁。破拆车体时，应用雾状水冷却掩护，防止金属碰撞产生火星，引起油蒸汽爆炸。事故车油箱渗漏时，用泡沫或干砂覆盖地面流淌的燃油。

（4）当车体处在悬崖、斜坡或其他不稳固的位置时，应对车体进行固定。其方法有：用木棒、三角木、砖块等顶住车体支架和轮胎；用钢绳将车体与大型固定物体连接；用大型机械将悬空车体拉住。

2）救援行动要求

（1）在遇险人员没有完全解救出来前，不得使用吊车、推土机等提位、牵引事故车；扑救猛烈燃烧的车时，注意防止油箱、轮胎爆破伤人。

（2）处理高架路（桥）交通事故时，同一消防站出动的车不能同向驶往事故现场，应从不同的入口登上高架路（桥），防止途中交通堵塞。

（3）救援车一时无法接近事故现场时，救援人员应携带轻便的侦检、破拆、救生、起重等装备，迅速赶到事发现场投入救援。

（4）事故处理完毕后，彻底清理现场或视情况对现场和车辆器材、人员进行清洗消毒。

（5）清点器材，做好现场或遗物交接，解除警戒，安全撤离。

2.3.2.3 导致交通基础设施破坏的交通事故的应急处置措施

1. 桥梁破坏事故的应急处理措施

桥梁破坏事故发生后，首先根据现场情况紧急救援遇难受伤人员，疏散人群。疏散人群后，交通部门需要在最短的时间内对破坏的桥梁加以抢修，或者另外架设便桥、便道、轮渡，并及时会同交通部门制定交通分流方案、设置相应警示标志，及时通过电台、报纸等媒体向社会公布，尽快恢复车辆的继续通行或绕道通行。桥梁的破坏现象很复杂，在抢修时要根据桥梁的实际破坏程度、抢修力量、现有材料等，采取不同的简捷的抢修技术方案，力争尽快恢复通车。

桥梁抢通可以通过修筑临时性墩台、架设组合钢架吊桥、架设公路钢桥、修筑临时便道便桥、修建临时渡口和浮桥等方式。

(1) 桥梁墩台破坏后，修筑临时性墩台使用较多的结构形式有竹木笼、铅丝石笼；预制钢筋混凝土临时抢修多采用钢管桩，有条件时亦采用预应力钢管桩。

(2) 如果河水很深或水流湍急，不便于在河中修筑临时性桥墩，可以利用公路钢桥桁架在两岸架设搭架，并组合钢架吊桥的方式修建跨越河流的较大路径吊桥，以适应紧急抢修通车的需要。

(3) 桥梁多孔倒塌或深水桥梁破坏后，在原桥位修理较为困难，为及时恢复交通，可在原桥位的上下游适当位置，修筑临时便道通车。如果河流不通航，且河床宽阔水浅，也可修建便道通车；或者以便道为主，结合修筑几孔排水用的便桥，使修筑工程量小，很快能修筑完成通车。

(4) 便道便桥的位置，不宜离原桥过远，应选在河床宽阔、水流平稳的位置，水浅的河便桥则应选在河床比较狭窄、水流平稳、不易冲刷的地段，且都必须在地基土质较好、修筑工程简易、施工比较方便的地方，使抢修工程能在最短的时间内完成。

(5) 大桥破坏后，由于河宽水深，一时无法修复，又不便在原桥附近上下游修建便道便桥通车。在这种情况下，可以考虑修建临时渡口和浮桥，以维持交通。

2. 隧道破坏事故的应急处置措施

1) 洞口坍塌的应急处理措施

(1) 对于小型坍塌，应将坍塌体自上而下全部清除，根据坍塌清除后的坡面情况，决定是否采用爆破卸载的方法，或同时对仰坡面自上而下进行喷锚网加固。

(2) 对于大型或特大型坍塌，不一定全部清除坍体，可采取挖台阶的形式清除一部分，并根据实际情况进行喷锚网加固，在仰坡上的适当位置设置支挡结构进行防护。

(3) 当坍塌是由于洞口附近的山体滑动引起，且坍塌发生后，滑动体尚未稳定时，必须先加固滑动体，然后再处理坍塌。

2) 洞内岩石类坍塌的应急处理措施

岩石类坍塌的围岩岩体以未风化或弱风化的岩层为主，节理较发育，坍体呈破碎的石块状，其中黏土及砂的含量相对较少。坍塌的规模一般为中、小型，个别为大型坍塌。

(1) 对于中、小型坍塌，从坍塌口可观察到坍壁稳定的情况下，是否采用清渣的方法，应根据坍腔的矢跨比，采取合适的处理措施。

(2) 对于大型坍塌，一般不能采取清渣的方法，因为清渣数量太大，时间太长，且处理费用过大。通常采取Z法，即“注浆+管棚”的整体加固处理方法。

(3) 当岩石类坍塌已坍至隧道上方地表，即“冒顶”时，应先处理地表坍口，后处理洞内坍塌。

3) 洞内土质类坍塌的应急处理措施

土质类坍塌的围岩一般为砂、土质或强风化的岩石为主，坍塌呈土状，含有大量的砂、黏土以及少量的石屑和圆弧石。坍塌范围以外的未坍塌部分呈相对不稳定状态，较容易发生大型和特大型坍塌。

对于土质类坍塌的处理，不能采用清渣的方法，而必须采取 Z 法进行，其主要内容与岩石类坍塌中 Z 法的内容基本相同。

当土质类坍塌至地表时，应先对地表坍口进行处理，其处理的内容与步骤同岩石类坍塌的处理基本相同。

4）坍塌洞内有人的应急处理措施

采取从侧洞或较为安全的坍塌部位，或其他有条件的部位钻孔、打入钢管等方法，及时注入空气、送水和食物等，以改善被埋人员的生存环境，延长被埋人员的生存期，同时争取尽快救援。

5）洞内坍塌处理后的开挖及支护

（1）如果坍体已经被全部清除，开挖和支护是在未坍塌的围岩中进行的，因此应根据现场的地址情况、围岩级别以及地下水活动情况等因素综合考虑。

（2）在坍塌影响的范围内，一般是坍塌段的前后 10 ~ 30m，仍应该遵守“短进尺、弱爆破、强支护”的原则组织施工。

（3）对于采用 Z 法处理的坍塌，其开挖和支护是在已注浆加固的坍体中进行的，施工时应根据注浆效果合理选择开挖、支护方法。除了在碎石类坍塌且注浆效果十分理想的情况下选择全断面一次开挖外，其他情况均应采取台阶法或分部开挖法，其开挖进尺一般为 1 ~ 2m。开挖后应及时支护，支护以喷锚支护为主，宜采用药包锚杆或自进式锚杆等尽早受力的锚杆，并根据现场注浆效果及管棚支护效果，决定是否设置钢架、钢筋网以及采用钢纤维喷射混凝土等。

2.3.3 危险货物运输事故引发的公路突发事件应急处置技术与方案

危险化学品是一种动态危险源，发生事故涉及面广，危害严重，对人民生命财产、社会公共安全构成威胁。由于危险化学品引发的灾难存在于多个环节，就其公路运输过程而言，是需要公路交通行业主管部门负责的重要安全生产管理内容。

2.3.3.1 应急处置特点

处置运输过程危险化学品事故，与处理运输的危险化学品事故的基本原则和基本处置方法相同，但由于危险化学品运输事故具有流动性、差异性、耦合性、施救困难等特点，需要迅速控制危险源，拯救受害人员，组织交通警察进行道路封锁控制，组织事故现场群众进行防护撤离疏散。因此事故处置过程又有其特殊性，需要采取不同的救援方法。危险化学品运输事故应急处置特点包括：

（1）突发性强，难以预防。运输过程危险化学品事故一般都是由交通肇事造成。交通事故的发生是一种不可预测的随机现象，无论何时何地都有可能发生。所以，运输过程危险化学品事故区别于其他类型危险化学品的根本标志就是由流动毒源或危害源造成危害，在人们意想不到的时间、地点发生，在短时间内可发生大量有毒有害物质外泄，引起燃烧、爆炸和中毒。有毒物质可对居民安全产生威胁，也可对农作物产生破坏，引起社会不安。有毒气体通过呼吸道、眼睛和皮肤等多种途径引起中毒，对无防护的广大居民来说，救援、防护起来都十分困难。又由于运输过程危险化学品事故会造成不同的流动毒源，其防护措施、救治方法各异，故其应急处置相当困难。

（2）扩散迅速，受害范围广。突发性的运输过程危险化学品事故中的有毒有害化学品可严重污染空气、地面道路。毒云可随风向扩散，在几分钟或十几分钟内扩散至几百或几千米远，危害范围可达数平方米至数平方公里，引起对事故源区周围毫无防护人员的伤害，而有毒液体或散落的固体可污染路旁的溪流、水塘、江河，造成饮水、食品污染。事故处理起来影响面大，涉及范围广，必须进行综合治理和救治。

（3）地形复杂，救援难度高。运输过程危险化学品事故发生地点可能在城市人口密集地区，也可能在山路、河谷、水沟等交通险要地段。事故现场地形非常复杂、险要，而且此类事故一旦发生，大多数肇事司机都逃离现场，这给救援工作增加了难度，使本来立即就可以知道的危险品种类、性质和数量都成了未知数。再加上救援部门在思想上、组织上和技术上准备不足，常造成工作不能顺利开展，混乱局面可能要延续很长时间，极有可能失去最佳救援时机，造成许多本来可以避免的损失和伤亡。

（4）持续时间长，洗消困难。运输过程危险化学品事故污染区一旦形成，持续时间长，有毒气体滞留在复杂地形区域不易扩散，而有毒液体持续时间更长，可达几小时甚至几十小时，洗消困难，在交通干线上必须实行隔离封闭，进行交通管制。需动员广大社会力量和专业救援队伍及军队防化部门使用特殊手段进行抢险救灾，以消除事故影响和后果。

（5）牵涉部门多，协调困难。由于道路交通化学事故具有突发性、流动性、持续时间长、受害范围广、急救和洗消困难等特点，为此影响到居民生活、正常的交通秩序等，消除和控制事故产生的影响和危害，势必涉及社会的方方面面，例如地方政府、消防、公安、医疗卫生、交通警察、环保、化工、驻军、事故单位或个人以及救援分队等，因此协调起来非常难。

2.3.3.2 处置技术与方案

1. 事故控制及处置程序

（1）查明事故性质（爆炸、燃烧、泄露）、危险化学品的种类、人员伤亡情况、事故发展趋势，防止火灾、爆炸和继续泄露，全力阻止事故进一步扩大。封锁事故现场，对危险区域进行隔离，严格交通管制。禁区范围大小要根据泄漏物的性质、规模、危险程度、气象等情况来确定，确保安全。

（2）抢救伤员和中毒者，疏散毒区内人员，转移现场的危险物品。要集中力量抢救中毒人员，并转移到上风安全地点就地或送医院进行急救治疗。转移现场危险品时，要根据操作规程操作，防止忙中出错。对包装破损或正在泄露的危险品要采取工程措施科学收集和止漏处置。要仔细检查汽车发动机是否熄火，正在泄露的危险品容器、槽罐等要进行接地，以防火灾发生增加新的危险因素，导致事故进一步扩大。

（3）寻找肇事司机，联络事故货主单位。为救援的针对性争取宝贵时间，以便开展有效技术救援。

2. 组织机构及指挥程序

在政府部门的统一领导下对事故危害区域进行应急救援。运输过程危险化学品事故一般采取单独方式完成救援任务。指挥的基本程序是由地方政府领导牵头，救援分队负责具体实施，必要时由公安、卫生、环保、化工和驻军首长组成救援机构，技术专家组在现场监测的基础上提出处置建议。

3. 险情排除措施

排除险情时，特勤人员要根据泄漏物的特性佩戴符合要求的防毒面具和其他防护器材才能进入现场，禁止在情况不明或无任何防护的情况下盲目进入现场。在排险堵漏过程中要有监护人，并视情况采取下列措施：

1）爆炸品运输事故类事件应急处置

（1）爆炸品的危险特征

爆炸品系指在外界作用下（如受热、撞击等）能发生剧烈的化学反应，瞬时产生大量气体和热量，导致周围压力急剧上升、发生爆炸，从而对周围环境造成破坏的物品。也包括无整体爆炸危险，但具有燃烧、抛射及较小爆炸危险，或仅产生热、光、音响或烟雾等一种或几种作用的烟火制品。

爆炸品实际上是炸药和爆炸性药品及其制品的总称。只要充分了解爆炸物质的危险特性，就可以基本掌握爆炸品的危险特性。其危险特性有：爆炸性、敏感易爆性、自燃危险性、遇热（火焰）易爆性、静电危险性、爆炸破坏性、着火危险性、具有不稳定性、能够殉爆、毒害性等。

（2）爆炸品运输事故类事件处置

爆炸品由于内部结构特性，爆炸性强，敏感度高，受摩擦、撞击、震动、高温等外界因素诱发易发生爆炸，遇明火则更危险。其特点是反应速度快，瞬间即完成猛烈的化学反应，同时放出大量的热量，产生大量的气体，且火焰温度相当高。

撒漏的爆炸物品应及时用水润湿，撒以锯末或棉絮等松软物质轻轻收集后，由公安消防部门集中处理。有火灾危险时，应尽可能将爆炸品转移或隔离，不能转移隔离时，应组织人员疏散。扑救时，禁用沙土等物压盖，不得使用酸碱灭火剂。

2）压缩气体和液化气体运输事故类事件应急处置

（1）压缩气体和液化气体的危险特征

压缩气体和液化气体按危险特征可分为：易燃气体、不燃气体和有毒气体。

易燃气体：该类气体极易燃，能与空气形成爆炸性混合物，大多数气体较空气重，能扩散相当远，遇火源会燃烧并把火焰沿气流相反方向引回。当受热、撞击或强烈震动时会增大容器的内压力，使容器破裂爆炸或使气瓶阀门松动漏气导致火灾。有些易燃气体有毒，吸入后会中毒。

不燃气体：该类气体不燃、无毒，包括助燃气体。当受热、撞击或强烈震动时会增大容器的内压力，使容器破裂爆炸。有些气体有助燃作用。

有毒气体：该类气体有毒，毒性指标与有毒品毒性指标相同。有些有毒气体易燃，有些有毒气体还具有腐蚀性和刺激性。当受热、撞击或强烈震动时会增大容器的内压力，使容器破裂爆炸或使气瓶阀门松动漏气导致中毒和火灾事故。

（2）压缩气体和液化气体运输事故类事件处置

为了便于使用和储运，通常将气体用降温加压法压缩或液化后储存在钢瓶或储罐等容器中。在容器中处在气体状态的称为压缩气体，处在液体状态的称为液化气体。另外，还有加压溶解的气体。常见压缩、液化或加压溶解的气体有氧气、氯气、液化石油气、液化天然气、乙炔等。储存在容器中的压缩气体压力较高，储存在容器中的液化气体当温度升高时液体汽化、膨胀导致容器内压力升高。因此，储存压缩气体和液化气体的容器受热或受火焰熏烤容易发生爆裂。

压缩气体和液化气体另一种输送形式是通过管道（比较常见的是煤气、天然气等）。它比移动方便的钢瓶容器稳定性强，但同样具有易燃易爆的危险特点。压缩气体和液化气体泄露后，遇着火源已引起稳定燃烧时，其发生爆炸或再次爆炸的危险性与可燃气体泄露未燃时相比要小得多。

遇到压缩气体或液化气体火灾时，一般应采取以下处置方法：

压缩气体和液化气体泄露，应先检查阀门并拧紧，如无法拧紧时应设法堵漏。在确保万无一失的情况下，迅速将车辆转移到空旷安全处，并带上防毒面具在上风处抢险操作。易燃、助燃气体泄露时，严禁火种靠近。气瓶卷入火场时，应向气瓶大量浇水，使其冷却并移出危险区域。漏气钢瓶未经冷却前，因高压气流急剧外逸，摩擦生热，可能产生较高的温度或者爆炸。因此，拧紧开关时要防止发生意外。若不能迅速制止泄露，应根据气体的性质立即将钢瓶浸入水中或相应的溶液中，如氯气、一氧化碳、二氧化碳、硫化氢、氟化氢等酸性气体，可浸入过量的石灰乳等碱性溶液中；氨等碱性气体，可浸入稀盐酸等酸性溶液中；光气若发生微量漏逸且无防毒面具时，可向空中喷洒水雾，以降低光气浓度，大量泄露时，可用液氨喷雾解毒。

3）易燃液体运输事故类事件应急处置

（1）易燃液体的危险特征

易燃液体是指闭杯闪点不大于61℃，能够放出易燃蒸气的液体、液体混合物或含有处于悬浮状态的固体混合物的液体，但不包括由于存在其他危险性已列入其他类项管理的液体。

闭环闪点指在标准规定的试验条件下，在闭环中试样的蒸气与空气的混合气接触火焰时，能产生闪燃的最低温度。

易燃液体具有以下危险特征：高度易燃、蒸气易爆、受热膨胀、易流动性、摩擦带电性、毒害性、易氧化性等。

（2）易燃液体运输事故类事件处置

易燃液体通常也是贮存在容器内或用管道输送的。与气体不同的是，液体容器有的密闭，有的敞开，一般都是常压，只有反应锅（炉、釜）及输送管道内的液体压力较高。液体不管是否着火，如果发生泄露或溢出，都将顺着地面流淌或水面漂散，而且，易燃液体还有比重和水溶性等涉及能否用水和普通泡沫扑救以及危险性很大的沸溢和喷溅等问题。

对于易燃液体，容器有渗漏现象时，应及时将渗漏部位朝上并移至安全通风处，进行修补或更换包装，撒漏物用砂石覆盖后扫净。灭火时一般不宜用水，但比重大于水或溶解于水的易燃液体，可用雾状水或水；如毒性较大的液体着火时，要根据气象情况和泄露程度，禁火区的半径至少应为100m以上，方圆800m实行隔离，并检查汽车发动机是否熄火，槽罐要做好接地准备工作，以防燃烧爆炸。

对处在火场中的槽罐车，应从侧面洒水使之冷却，并用带支架的自动水龙头或喷水机进行灭火。这些做不到时，人员撤离，尽量让它燃烧。发现安全阀发出声音或槽罐变色，立即避难。泄露时，危险区域禁止明火和穿着产生静电的工作服。不要触摸泄漏物，若无危险，应进行止漏。为了减少有害蒸气的产生，应进行洒水。对少量泄露物，用大量水冲洗有泄露物的地方，但切忌往容器里放水。对大量泄漏物，先筑堤将泄漏物围住，待日后进行销毁处理。

4）易燃固体、自燃和遇湿易燃物品运输事故类事件应急处置

（1）易燃固体、自燃和遇湿易燃物品的危险特征

易燃固体是指燃点低，对热、撞击、摩擦敏感，易被外部火源点燃，燃烧迅速，并可能散发出有毒烟雾或有毒气体的固体。但不包括已列入爆炸品的物质。易燃固体具有燃点低、易点燃、遇酸或氧化剂易燃易爆、毒性和腐蚀性、遇湿易燃性、自燃危险性等危险特征。

自燃物品是指自燃点低（自燃点低于200℃），在空气中易发生氧化反应，放出热量而自行燃烧的物品。自燃物品具有遇空气自燃、遇湿易燃、积热自燃等危险特征。

遇湿易燃物品是指遇水或受潮时发生剧烈化学反应，放出大量易燃气体和热量的物品。当热量达到可燃气体的自燃点或接触外来火源时，会立即着火或燃炸。其特点是：遇水、酸、碱、潮湿发生剧烈的化学反应，放出可燃气体和热量。

（2）易燃固体、自燃和遇湿易燃物品运输事故类事件处置

易燃固体、自燃物品一般都可用水和泡沫扑救，相对其他种类的危险化学品而言是比较容易扑救的，只要控制住燃烧范围，逐步扑灭即可。但也有少数易燃固体、自燃物质的扑救方法比较特殊。

对于易燃固体、自燃物品和遇湿易燃物品发生泄露时，不得随意遗弃，应根据不同特性妥善收集，并转移到安全区域，更换或整理包装。有撒漏物处，不得在上面堆放物品或行走。这类货物中的一些金属粉末、金属有机化合物、氨基化合物及遇湿燃烧物着火时，禁止用水和泡沫灭火，也不能用二氧化碳和酸碱灭火剂。

综上所述，遇湿易燃物品必须盛装于气密或液密容器中，或浸没于稳定剂中，置于干燥通风处，与性质相互抵触的物品隔离储存，注意防水、防潮、防雨雪、防酸，严禁火种接近等，切实保证储存、运输和销售的安全。

5）氧化剂和有机过氧化物运输事故类事件应急处置

（1）氧化剂和有机过氧化物的危险特征

氧化剂和有机过氧化物都具有强烈的氧化性，在不同条件下，遇酸、碱、受热、受潮或接触有机物、还原剂即能分解放出氧，发生氧化还原反应，引起燃烧。有机过氧化物更具有易燃甚至爆炸的危险性，储运时须加入适量的抑制剂或稳定剂，有些会在环境温度下自行加速分解，因此必须控温储运。有些氧化剂还具有毒性或腐蚀性。

氧化剂危险特性包括：与可燃物作用发生着火和爆炸；受热、撞击分解爆炸；自身分解燃烧；与可燃液体作用自燃；与酸作用分解爆炸；与水作用的分解性；强氧化剂与弱氧化剂作用分解燃爆；腐蚀毒害性。

有机过氧化物危险特性包括：分解爆炸性；易燃性；伤害性。

（2）氧化剂和有机过氧化物运输事故类事件处置

从灭火角度讲，氧化剂和有机过氧化物既有固体、液体，又有气体，既不像遇湿易燃物品一概不能用水和泡沫扑救，也不像易燃固体几乎都可用水和泡沫扑救。有些氧化剂本身虽然不会燃烧，但遇可燃、易燃物品或酸碱却能着火和爆炸。有机过氧化物本身就能着火、爆炸，危险性特别大，施救时要注意人员的防护措施。对于不同的氧化剂和有机过氧化物火灾，有的可用水（最好是雾状水）和泡沫扑救，有的不能用水和泡沫扑救，还有

的不能用二氧化碳扑救。如有机过氧化物类、氯酸盐类、硝酸盐类、高锰酸盐类、亚硝酸盐类、重铬酸盐类等氧化剂遇酸会发生反应，产生热量，同时游离出更不稳定的氧化性酸，在火场上极易分解爆炸。因这类氧化剂在燃烧中自动放出氧，故二氧化碳的窒息作用也难以奏效。因卤代烷在高温时游离出的卤素离子与这类氧化剂中的钾、钠等金属离子结合成盐，同时放出热量，故卤代烷灭火剂的效果也较差，但有机过氧化物使用卤代烷仍有效。金属过氧化物类遇水分解，放出大量热量和氧，反而助长火势；遇酸强烈分解，反应比遇水更为剧烈，产生热量更多，并放出氧，往往发生爆炸；卤代烷灭火剂遇高温分解，游离处卤素离子，极易与金属过氧化物中的活泼金属元素结合成金属卤化物，同时产生热量和放出氧，使燃烧更加剧烈。因此金属过氧化物禁用水、卤代烷灭火剂和酸碱、泡沫灭火剂，二氧化碳灭火剂的效果也不佳。

对于氧化剂和有机过氧化物撒漏时，先用砂土覆盖，打扫干净后，收集的撒落物不得倒入原包装内。万一着火，严禁用水扑救。有机过氧化物应用砂土覆盖，再用干粉或雾状水扑救。其他氧化剂用水灭火时，防止水溶液流至其他易燃、易爆物品处。禁止用高压水柱直接射向火源。消防人员应佩戴防毒面具，站在上风方向处进行抢救。

6）毒性物质运输事故类事件应急处置

（1）毒性物质的危险特征

毒性物质是具有非常剧烈毒性危害、食入致死的化学品，其主要危险性是毒害性，主要表现为对人体及其他动物的伤害。毒性物质可分为剧毒品和毒害品两类。毒性物质的火灾危险性包括遇湿易燃性、氧化性、易燃性和易爆性。

（2）毒性物质运输事故类事件处置

毒性物质对人体有严重的危害。毒性物质主要是经口、吸入蒸气或通过皮肤接触引起人体中毒的，如无机毒品有氰化钠、三氧化二砷（砒霜）；有机毒品有硫酸二甲酯、四乙基铅等。有些毒性物质本身能着火，还有发生爆炸的危险；有的本身并不能着火，但与其他可燃、易燃物品接触后能着火。这类物品发生火灾时通常扑救不是很困难，但着火后或与其他可燃、易燃物品接触着火后，甚至爆炸后，会产生毒害气体。因此，特别需要注意人体的防护措施。

毒性物质和感染性物品撒漏时，固体物品应及时谨慎收集，液体物品应用砂土覆盖后再收集妥善处理。撒漏物不准投向河、井或溪沟里，被毒物污染的车辆、机器、防护用品应单独清洗消毒。救援场地的车辆进出口应设洗消站，防止发生二次污染。毒性物质发生火灾时，应采取有效的灭火措施，对散发有毒气体的火灾，施救人员应全身防护，站在上风处进行扑救。对遇水能发生反应，生成易燃或有毒气体的物体（如锑粉、磷化锌、磷化铝、氟化汞、三氯化磷等等）不得用水灭火；对无机氰化物（如氰化钠、氰化钾、氢化亚铜等）不得用酸碱泡沫灭火，以免生成氰化氢剧毒气体造成中毒。

2.3.4 公共卫生事件引发的公路突发事件应急处置技术与方案

2.3.4.1 应急处置的特点

国家对突发公共事件实行预防为主的方针。预防为主既可以有效地保护人们的健康，又可以节约大量的卫生资源，是最经济、最有效的做法。在公共卫生事件中，交通运输部门主要是从组织、宣传、防控等方面建立应急处理保障体系，协助确保突发公共卫生事件的有效防控。

2.3.4.2 应急处置技术与方案

1. 建立应急处置组织机构

(1) 县级及县级以上人民政府交通行政管理部门应设立突发事件应急指挥部，由主要领导人担任总指挥。地方应急指挥部是突发公共卫生事件应急处理工作的领导中心，负责对突发事件应急处理工作的领导和指挥工作；履行突发事件交通部门应急职责，与同级人民政府卫生行政主管部门密切配合，协调行动。

(2) 突发公共卫生事件发生后，应急指挥部办公室应及时传达指挥部领导人的有关指示、会议决定、文件精神等事项，并督促检察贯彻落实情况；承办交通运输部有关文件起草、审核和印发工作，负责有关方面报告文件的承办工作；负责防治工作信息的收集、综合整理，供指挥部负责人参阅使用，并将卫生部门提供的有关传染病防控技术资料及时下发至有关单位；负责中央派出的病疫防治工作督导组的组织与联络工作。

(3) 县级以上地方人民政府交通行政主管部门的工作人员依法协助或者实施交通卫生检疫，应当携带证件，佩戴标志，热情服务，秉公执法，任何单位和个人应当予以配合，不得阻挠。

(4) 参加重大传染病疫情交通应急处理的工作人员，应当按照有关突发事件交通应急预案的要求，采取卫生防护措施，并在专业卫生人员的指导下进行工作。

2. 做好宣传教育

(1) 县级以上人民政府交通行政主管部门应当立即开展突发公共卫生事件交通应急指示的宣传教育，增强道路运输从业人员和旅客对突发事件的防范意识和应对能力。

(2) 道路运输经营者应当在场、站以及其他经营场所的显著位置张贴有关传染病预防和控制的宣传材料，并提醒旅客不得乘坐未取得交通卫生检疫合格证和道路旅客运输经营资格的车辆，不得携带或者托运染疫的行李和货物。

3. 启动运输排查措施

(1) 旅客乘车时，应当接受交通卫生检疫，如被初检为检疫传染病病人或者疑似检疫传染病病人、可能感染检疫传染病病人以及国务院卫生行政主管部门规定需要采取应急控制措施的传染病病人、疑似传染病病人及其密切接触者，还应当接受留验站或者卫生行政主管部门疾病预防控制机构对其实施临时隔离、医学检查或者其他应急医学措施。

(2) 旅客购买车票，应当事先填写交通部门会同有关部门同意制定的旅客健康申报卡。旅客填写确实有困难的，由车、站工作人员帮助填写。客运站出售客票时，应当对旅客健康申报卡所有事项进行核实。没有按规定填写旅客健康申报卡的旅客，客运站不得售票，并拒绝其乘客车，说明理由。途中需要上下旅客的，客车应当进入中转客运站，从始发客运站乘车的旅客，不得再次被要求填写旅客健康申报卡。

4. 车、站上发现有关重大传染病病人的应急处理措施

车上发现检疫传染病病人或者疑似检疫传染病病人、可能感染检疫传染病病人以及国务院卫生行政主管部门规定的需要采取应急控制措施的传染病病人、疑似传染病病人及其密切接触者时，驾驶员应当组织有关人员依法采取下列临时措施：

(1) 以最快的方式通知前方停靠点，并通知车上所有人，或者向经营人和始发客运站报告。

(2) 对检疫传染病病人、疑似检疫传染病病人、可能感染检疫传染病病人以及国务

院卫生行政主管部门确定的其他重大传染病病人、疑似重大传染病病人、可能感染重大传染病病人的密切接触者实施紧急卫生处理和临时隔离。

（3）封闭已被污染或者可能被污染的区域，禁止向外排放污染物。

（4）将车迅速驶向指定的停靠点，并将旅客健康申报卡、乘运人员名单移交当地县级以上地方人民政府交通行政主管部门。

（5）对承运过检疫传染病病人、疑似检疫传染病病人、可能感染传染病病人以及国务院卫生行政主管部门确定的其他重大传染病病人、疑似重大传染病病人、可能感染重大传染病病人及其密切接触者的车辆和可能被污染的停靠所实施卫生处理。

（6）由交通部门负责，将确诊病人送就近医院治疗。

车的前方停靠点、车的所有人或者经营人以及始发客运站接到有关报告后，应当立即向当地县级以上地方人民政府交通行政主管部门、卫生行政主管部门报告。县级以上地方人民政府卫生行政主管部门组织有关人员赶到现场，采取相应的交通卫生检疫措施。

5. 有关污染车辆、场站和污染物的应急处理措施

（1）县级以上人民政府交通行政主管部门应当按照省级人民政府依法确定的检疫传染病疫区以及对出入检疫传染病疫的交通工具及其乘运人员、物资实施交通应急处理的决定，和同级人民政府卫生行政主管部门在客运站、路口等设立交通卫生检疫站或者留验站，依法实施交通卫生检疫。

（2）道路运输经营者对车辆、场站、货物应当按规定进行消毒或者进行其他必要的卫生处理，并经县级以上地方人民政府卫生行政主管部门疾病预防控制机构检疫合格，领取交通卫生检疫合格证后，方可投入营运或者运输。

客车应当在经批准并符合要求的客运站上下旅客。

（3）在非检疫传染病疫区运行的车上发现检疫传染病病人、疑似检疫传染病病人、可能感染检疫传染病病人以及国务院卫生行政主管部门规定需要采取应急控制措施的传染病病人、疑似传染病病人及其密切接触者，由县级以上任命政府交通行政主管部门协助同级人民政府卫生行政主管部门依法决定该车及乘运人员、货物实行卫生检疫。

（4）客运站应按车次或者航班将旅客健康申报卡交给旅客所乘坐车辆的驾驶员或者乘务员。到达终点客运站后，驾驶员或者乘务员应当将旅客健康申报卡交终点客运站，由终点客运站保存。在中转客运站下车的旅客，由该车的驾驶员或者乘务员将下车旅客的旅客健康申报卡交中转客运站保存。

（5）对拒绝交通卫生检疫，可能传播检疫传染病的车辆、场站和其他停靠场所、乘运人员、运输货物，县级以上地方人民政府交通行政主管部门协助卫生行政主管部门，依法采取强制消毒或者其他必要的交通卫生检疫措施。

（6）县级以上人民政府交通行政主管部门发现车辆近期曾经载运过检疫传染病病人或者疑似检疫传染病病人、可能感染检疫传染病病人以及国务院卫生行政主管部门规定需要采取应急控制措施的传染病病人、疑似传染病病人及其密切接触者，应当立即将有关旅客健康申报卡送交卫生行政主管部门或者指定的疾病预防控制机构。

6. 有关人员及紧急物资的运输

（1）县级以上人民政府交通行政主管部门应当保证突发事件交通应急运力和有关物资储备。应当采取措施保证突发事件应急处理所需的防疫人员、医护人员等人员群体，以

及突发事件应急处理所需的救治消毒药品、医疗救护设备器械等经济物资及时运输。

(2) 县级以上人民政府交通行政主管应当协助紧急调用有关人员、车辆以及相关设施、设备。被调用的单位和个人必须确保完成有关人员和紧急物资运输任务，不得延误和拒绝。

(3) 县级以上人民政府交通行政主管部门应当加强对车辆、场站、道路的维护、检修，保证其经常处于良好的技术状态。

除因阻断检疫传染病传播途径的需要或者其他法定事由，并依照法定程序可以中断交通外，任何单位和个人不得以任何方式中断交通。县级以上人民政府交通行政主管部门发现交通中断或者紧急运输受阻，应当迅速报告上一级人民政府交通行政主管部门和当地人民政府，并采取措施恢复交通。如难以迅速恢复交通，应当提请当地人民政府予以解决，或者提请上一级人民政府交通行政主管部门协助解决。

(4) 应加强应急交通保障，以提供快速、高效、顺畅的道路设施、设备、运行秩序等交通保障条件；交通安全管理部门要及时对事故现场实行道路交通管制，根据需要和可能组织开设应急救援“绿色通道”。道路设施受损时，道路交通部门要迅速组织有关部门和专业队伍进行抢修，尽快恢复畅通状态。加强交通战备建设，确保在应急工作中能紧急调集交通工具，输送疏散人员和物资。必要时可紧急动员和征用其他部门及社会交通设施装备。

(5) 负责处理突发公共卫生事件的防疫人员、医护人员凭县级以上人民政府卫生行政主管部门出具的有关证明以及本人有效身份证件，依法可优先购买车票；道路经营者应当保证其购得最近一次通往目的地的客票。

(6) 承担突发事件应急处理所需紧急运输的车辆，应当使用“紧急运输通行证”。其中，跨省运送紧急物资的，应当使用交通运输部统一印制的“紧急运输通行证”。使用“紧急运输通行证”的车辆，按照国家有关规定免交车辆通行费，并优先通行。“紧急运输通行证”应当按照交通运输部的有关规定印制、发放和使用。

7. 交通应急信息的报告

(1) 县级以上人民政府交通行政主管部门应当建立突发事件应急值班制度、应急报告制度和应急举报制度，公布统一的突发事件报告、举报电话，保证突发事件交通应急信息畅通。

(2) 突发事件发生地的县级以上人民政府交通行政主管部门应当按有关规定向上级人民政府交通行政主管部门报告下列有关突发事件的情况：

①突发事件的实际发生情况。

②预防、控制和处理突发事件的情况。

③运输突发事件紧急物资的情况。

④保障交通畅通情况。

⑤突发事件应急的其他有关情况。

道路运输经营者应当按有关规定向所在地县级人民政府交通行政主管部门和卫生行政主管部门报告有关突发事件的预防、控制、处理和紧急物资运输的有关情况。

(3) 县级以上人民政府交通行政管理部门接到有关突发事件报告后，应当在接到报告后 1 小时内向上级人民政府交通行政主管部门和同级人民政府卫生行政主管部门报告，根据卫生行政主管部门的要求，立即采取有关预防和控制措施，并协助同级人民政府卫生行政主管部门组织有关人员对报告事项调查核实，采取必要的控制措施。

突发事件发生地的县级以上人民交通行政主管部门应当在首次初步调查结束2小时内，向上一级人民政府交通行政主管部门报告突发事件的有关调查情况。

(4) 突发事件发生地县级以上地方人民政府交通行政主管部门，应当及时向毗邻的其他有关县级以上人民交通行政主管部门通报突发事件的有关情况。

(5) 任何单位和个人不得隐瞒、缓报、谎报或者授意他人隐瞒、缓报、谎报有关突发事件和突发事件交通应急的情况。

8. 检查与监督工作

(1) 县级以上人民政府交通行政主管部门应当加强对本行政区内突发事件交通应急工作的指导和督察；上级人民政府交通行政主管部门对突发事件交通应急处理工作进行指导和督察时，下级人民政府交通行政主管部门应当予以配合。

(2) 交通部门应监督道路运输经营者是否按照国家有关规定，使客车、客运站保持良好的卫生状况，消除车辆、场站的病媒昆虫和鼠类以及其他染疫动物的危害。

(3) 县级以上人民政府交通行政主管部门应当加强对交通卫生检疫合格证、旅客健康申报卡使用情况的监督检查；对已按规定使用交通卫生检疫合格证、旅客健康申报卡的车辆，应当立即放行。

(4) 任何单位和个人有权对县级以上人民政府交通行政主管部门不履行突发事件应急处理职责，或者不按规定履行职责的行为向其上级人民政府交通行政主管部门举报。

对报告在车辆、场站发生的突发事件或者举报突发事件交通应急渎职行为有功的单位和个人，县级以上人民政府交通行政主管部门应当予以奖励。

2.3.5 社会事件引发的公路突发事件的应急处置技术与方案

2.3.5.1 基本情况

重大社会活动类突发事件，是指由于举办大型社会活动，如重要体育赛事（如2008年北京奥运会）、重要仪式、庆典等给公路交通运输带来巨大压力或中断的突发事件。

社会群体事件类突发事件，是指由某些社会矛盾引发，特定人群或不特定人群多数人聚合临时形成的耦合群体，以人民内部矛盾的形式，通过没有合法依据的规模性聚集，对正常的交通运输、对社会造成负面影响的群体活动，对社会秩序和社会稳定造成重大负面影响的各种事件。

交通运输受重大社会活动与社会群体类事件的影响较多，特别是在公路运输、铁路运输领域，由于运输通道、场站、服务设施等受到管制或封闭，势必造成部分出行者出现滞留、阻塞或聚集的现象，甚至对公路交通运输基础设施造成损害，给群众出行生活带来诸多不便。所以，加强对重大社会活动与社会群体类事件的预防与处置十分必要。

2.3.5.2 重大社会活动事件的处置技术与措施

重大社会活动事件对于交通运输的影响主要有：

(1) 造成公路交通中断或管制，如封闭公路、场站等；

(2) 影响普通公众正常出行，如长途客车停驶、人员聚集在场站或车辆拥堵等；

(3) 加大活动所涉及车辆及人员的运输保障难度。

重大社会活动事件往往不是突发性事件，可以做到提前准备，提前预期。但预期的重大社会活动事件对交通运输也可能带来新的、不可预期的突发公共事件，特别是会给部分出行者的正常出行带来不便，如何利用此类事件的预期性做好不可预期突发事件的预防与应急处置工作是关键。主要的处置措施及技术如下。

（1）做好运输组织方案，提前做好突发事件处置预案。鉴于大部分重大社会活动事件是可预知的，务必要事前做好运输组织方案，注重公路与铁路、水运、航空等多种运输方式的协调与配合，统筹形成重大社会活动交通运输组织保障方案，特别是对可能发生的出行车辆、人员拥堵、聚集的现象进行预判，提前规划绕行线路、疏散方案及备用运力以缓解可能发生的次生突发事件带来的不利影响，尽可能降低重大社会活动事件对交通运输的影响程度。

例如，2008 年北京奥运会期间，全国公路系统、铁路系统都先后出台了奥运运输保障方案，提前将有关应对措施出台，以确保奥运车辆、人员出行的需要，同时兼顾社会车辆、普通群众的出行以及特殊残障人士的出行。如交通运输部在奥运期间出台了详细的保障方案，在涉奥城市周边设置奥运专用公路及社会车辆绕行线路，尽最大努力确保了奥运期间公路交通的基本畅通；北京市政府投入上亿元大力改善机场、地铁、公交等无障碍设施，为残疾朋友的出行提供了可靠保障。

（2）提出更多人性化服务措施。在重大社会活动事件到来时，应积极组织周密安排，切实注重保障受到影响的出行群众的正常生活，重点解决人民群众在场站、交通工具方面的困难，并为特殊残障人士提供必要的无障碍设施等。

（3）利用仿真、模拟的现代科技，预测事件发生后对主要公路交通枢纽、场站、通道、服务设施的影响，预测出行人群规律与特征，为应对潜在突发事件做好预判。交通仿真、出行模拟等技术已成功应用到交通运输的各个方面，通过建立信息化系统及数据平台，实现事件发生的模拟与还原，为掌控事件的进一步发展，积累真实事件运行规律，服务今后重大社会活动事件交通运输保障与应急处置都具有十分重要的意义。

（4）加强信息服务与宣传力度。通过各种信息渠道与媒体，利用现代通讯方式与设备将重大社会活动事件可能对交通运输造成的各方面影响及事件进行中的即时情况告知广大出行者，确保相关出行者及时、准确获取事件进展情况，便于其选择出行方式、出行时间并做好下一步出行准备。特别是对已经受到重大社会活动事件影响的交通出行者，能够在第一时间了解到事态进展与交通恢复预期情况，对广大受困的出行者心理是极大的鼓励与安慰，亦是十分必要的心理疏导。

（5）注重各级公路交通运输各部门、地方各级政府在重大社会活动期间应急处置的协调与统一，通过建立信息平台与指挥系统将事件对交通运输影响的整体态势，事件进展及其他突发事件情况及时传达给相关部门，针对需要跨部门、跨地区统一协调的重大问题，统一决策、统一处置，必要时应组成统一协调机构下达指令，实现重大社会活动事件公路交通运输应急处置的顺利实施与协调统一。

2.3.5.3 社会群体类事件的突发事件的处置技术与措施

公路交通运输是容易受到社会群体类事件影响的领域，由于公路交通运输通道、场站、服务设施等分布广泛，点多线广，特别是公路交通枢纽、公路收费站点、公路沿线设施容易成为社会群体类事件发生的场所，主要表现在以下一些具体形式：

（1）车辆聚集，为脱逃通行费而作出集体闯关等违法行为；

（2）由于客观因素造成公路交通枢纽地区人员聚集，引发社会矛盾及突发事件；

（3）由于各种社会矛盾引发故意阻断公路等群体类事件；

（4）由于执法纠纷、经济纠纷引发的人员聚集等群体类事件；

（5）其他针对公路交通运输的群体类及违法犯罪类事件。

针对公路交通运输的社会群体类事件具有很强的不确定性，无法进行预判或预知，但是事件的种类与形式是可以掌握的，因此只要加强公路交通系统日常对此类事件的了解与把握，掌握相关应急处置措施与技术，是可以在尽可能短的时间内完成事件的处理工作的。具体的应急处置措施与技术如下：

（1）加强信息报告与预警工作。针对经常发生或存在潜在发生社会群体类事件的地方，如收费站、服务区等，提出针对性的预警措施，在发生事件的第一时间进行上报，通过利用现代化信息传输手段，确保信息及时、准确、真实地汇总到上级部门。

（2）加强协作，信息联动，多部门共同完成社会群体类事件的应急处置与善后工作。公路交通运输部门往往是社会群体类事件的受害部门或受影响部门，需要与负责应急处置工作的地方政府及公安部门建立密切的日常沟通与协作机制，共同应对社会群体类事件。

（3）利用现代化监控与传输技术，确保公路部门及时掌握事态的最新进展与处置情况，为决策单位了解现场第一手材料提供技术支持与信息保障。

（4）加强公路各级管理部门的干部处置社会群体类事件的能力，特别是对于由于社会矛盾、经济纠纷引发并发生在公路通道、场站、服务设施周边的突发事件要善于化解矛盾，首先确保公众人员生命财产安全，并尽快恢复正常的公路交通秩序，防止次生突发事件的发生以及事态的扩大化。

加强信息服务与宣传力度，通过各种信息渠道与媒体，利用现代通讯方式与设备将有关突发事件信息客观、真实、及时地向社会发布，正确引导舆论方向，避免不明真相的群众加入到社会群体类事件当中。

3 铁路交通安全生产应急管理

3.1 铁路交通安全生产应急管理体系

3.1.1 铁路交通运输应急管理组织体系

3.1.1.1 组织体系

按照国务院《铁路交通事故应急救援和调查处理条例》（中华人民共和国国务院令第501号），国务院铁路主管部门、铁路监督管理机构、事发地县级以上地方人民政府、铁路运输企业是启动相应应急预案的主体。

在发生铁路Ⅰ级应急响应的突发事件时，根据需要，铁道部报请国务院领导组织、指导、协调应急救援工作，由国务院或国务院授权铁道部成立非常设的国家处置铁路行车事故应急救援领导小组，成员单位根据铁路行车事故的严重程度、影响范围和应急处置的需要确定。

铁道部成立铁路突发事件应急指挥小组，下设应急协调办公室，负责处理有关事故灾难、信息收集和协调指挥等工作。

国家处置铁路突发事件应急救援领导小组根据铁道部建议以及相关部门和单位意见，作出应急支援决定。国务院各有关部门和地方人民政府依据分工，分头组织实施应急支援行动。

事发地省级人民政府成立现场救援指挥部，具体负责事故现场群众疏散安置、社会救援力量支援等方面的现场指挥和后勤保障工作；负责组织处置地方铁路和非国家铁路控股的合资铁路发生的突发事件。

3.1.1.2 协调指挥系统

（1）国家处置铁路交通突发事件应急指挥部根据铁道部建议以及相关部门和单位意见，作出应急救援决定。国务院各有关部门和地方人民政府分工、分头组织实施应急支援行动。各铁路安全监督管理办公室负责指导、督促铁路运输企业落实事故应急救援的各项规定，依法组织、指挥、协调本辖区内的事故应急救援工作。

（2）铁路运输企业相应成立突发事件应急救援领导小组并设工作机构，建立健全工作制度，制定和完善事故应急救援预案，加强救援队、救援列车的建设，负责事故应急救援的人员培训、装备配置、物资储备、预案演练等基础工作，积极开展事故应急救援。

（3）事发铁路企业突发事件应急救援指挥部由铁路局长任指挥长，分管副局长任副指挥长，成员为铁路局各处室、部门负责人。指挥部下设应急管理办公室、应急救援指挥中心、事故现场指挥部、事故善后处理工作组，负责制定和完善事故应急救援方案，按照铁道部、铁路局规定的权限和程序，组织、指挥、协调事故应急救援工作。

3.1.1.3 应急管理职责

1. 国务院铁路主管部门应急领导小组的主要职责

统一领导铁路交通突发事件应急救援工作；引发其他事件灾难时，决定启动相关应急预案；协调有关铁路运输企业与地方政府应急救援工作；需国务院其他部门支持时，负责商请相关部门支持；决定向国家应急领导机构报告和请求协调支持；对有关重大、紧急事项进行决策。

2. 国务院有关部门铁路交通突发事件应急管理职责

（1）卫生部负责协调事故伤员的医疗救护和事故现场的有关防疫工作。

（2）新闻办负责协调铁路交通事件灾难及国家应急处置情况的信息发布工作。

（3）公安部负责维护事件发生地社会治安秩序，依法打击盗窃铁路物质，破坏铁路设施的违法犯罪活动；协助组织群众从危险地区安全撤离；依法对事发地区道路交通实施交通管制；负责组织、协调、指挥火灾事故灭火救援工作；负责消防力量、资源的统一调配。

（4）外交部负责协助处理旅客列车造成外籍人员伤亡的铁路交通事故以及国际联运列车在境外发生的铁路交通事故。

（5）港澳办负责协助处理旅客列车造成港澳人员伤亡的铁路交通事故以及内地和香港铁路间开行的旅客列车在香港发生的铁路交通事故。

（6）台办负责协助处理旅客列车造成台湾同胞伤亡的铁路交通事故。

（7）国家安全监管总局参与指挥、指导、协助有关应急救援工作。

（8）武警总部负责组织武警部队参与应急救援工作，协助事发地公安部门维护社会治安和转移群众等工作。

（9）事发地省级人民政府成立现场救援指挥部，具体负责事故现场群众疏散安置、社会救援力量支持等方面的现场指挥和后勤保障工作；负责组织处置地方铁路和非国家铁路控股的合资铁路发生的事故。

3. 铁路企业（铁路局、铁路公司）突发事件应急管理职责

（1）运输处负责指导、协调行车组织指挥，事故灾害应急救援及相关设备故障应急处置工作，指导站段制定行车组织指挥和应急救援方案。

（2）机务处负责制定救援列车出动预案、动车组故障应急方案、机车故障应急预案、接触网故障应急预案、事故救援起复方案。及时提供救援列车、救援基地的各种设施、装备资料，为事故救援提供参考。

（3）工务处负责制定工务设备故障应急预案，负责组织工务、工程部门抢修线路和通车后的复旧工作。

（4）电务处负责制定应急通信信号预案，确保应急通信信号保障能力和反应能力；负责组织制定动车组有关的 CTCS 列控、车载设备及列控中心、应答器、TDCS/CTC 等地面设备损坏时的应急处置方案。

（5）车辆处负责制定动车组故障应急处置方案、客车车辆故障应急预案、货车车辆故障应急预案，参与事故救援起复方案的制定。

（6）客运处负责制定客运系统应急预案，提供事故旅客列车运输旅客人数等有关运营资料，为事故救援提供参考，指挥站段疏散旅客、救护伤员，并负责旅客伤亡事故善后

处理等工作。

(7) 货运处负责制定超限超重货物运输、危险化学品运输应急预案，提供事故车辆货物品名、装载情况及发到站信息，组织事故车辆货物卸车和后期处置工作。

(8) 劳卫处负责制定突发公共卫生事件应急预案，协调地方卫生行政部门和医疗机构，组织铁路卫生防疫单位对伤亡人员进行抢救、运送、安置等工作；建立医疗救护和卫生防疫联系网点，保证应急时迅速联系，开展紧急医疗救护和现场卫生防疫处置，协助客运部门妥善处理人员伤亡事宜。

(9) 调度所掌握救援列车出动预案，负责事故应急救援的组织、协调和指挥工作。同时制定旅客列车迂回、折返、停运等临时调整方案，确保铁路干线畅通。

(10) 信息技术处负责制定有关运输管理信息系统及计算机网络故障应急预案，确保辖区的信息网络畅通。

(11) 公安局负责制定铁路交通事故治安处置预案，负责事故现场治安保卫、人员疏散、伤员救护和案件侦破工作。

4. 成立事故应急救援领导小组

各单位应成立相应的事故应急救援领导小组，由站（段）长任组长，主管安全的副职为副组长，站（段）安全科长（主任）和站区有关单位领导为成员。领导小组负责制定和完善事故应急救援预案，加强救援队伍人员培训，做好装备配置、物资储备、预案演练等管理工作。遇有事故发生时，根据实际按上级有关规定和要求，积极开展事故应急救援。接到有关事故通报、需要应急处理或到现场救援时，有关干部应根据岗位职责等，尽快赶到单位、车站或事故现场开展工作。发生事故需要医疗救护、消防施救时，车站可直接电话通知 120、119 等部门；需要地方人民政府、当地驻军、武装警察部队参与事故救援支持时，由铁路局应急办协调联系。

3.1.2 铁路交通运输应急管理机制

3.1.2.1 应急管理机制

(1) 行政统一管理。国务院铁路主管部门在国务院安委会及国务院安委会办公室的领导下，负责国家处置铁路交通事故应急预案建设和铁路交通行业应急管理工作，地方政府、各安全监督管理办公室负责发生地铁路交通突发事件的应急救援工作，铁路企业（铁路局、铁路公司）做好应急准备、预案制定、培训和演练等工作，接受上级应急管理与地方协调机构的监督检查和指导。

(2) 网络信息管理。国务院铁路主管部门设立铁路交通行业突发事件信息化领导小组，建立铁路交通运输安全应急救援通信、信息网络、统一信息标准和数据管理平台。铁路信息化领导小组、铁路信息化系统主管部门、铁路企业（铁路局、铁路公司）、铁路运输站段要以统一规范的信息格式、内容、时间、渠道进行信息传递。应急救援队伍的有关应急救援资源信息要及时报告上级应急管理机构及部门，发生变化时，及时更新。铁道部应急救援指挥中心和地方各级安全生产应急管理与协调指挥机构之间必须保证信息畅通，要实现信息共享，为应急救援、监督检查和科学决策创造条件。

(3) 预案编制管理。铁路企业（铁路局、铁路公司）组织各铁路基层站段应当结合实际制定本区域、本单位的突发事故应急预案，上报铁道部安全应急管理中心及当地人民政府安全生产应急管理与协调指挥机构备案。铁道部应急管理中心、铁道部特派员办事处、安全监督管理办公室对备案的铁路交通运输突发事件预案进行审查，对预案的可操作性、可行性、可实施性以及维护、更新等情况进行监督检查，建立应急预案数据库。

（4）队伍培训管理。铁路企业（铁路局、铁路公司）、铁路单位必须加强救援列车、救援队、救援点的组织建设，建立各级安全救援组织及救援队伍管理标准，配置应急救援工具及备品。铁路安全监督管理办公室有计划地组织所属应急救援队伍进行预防性和针对性的培训及演练，及时更新知识，掌握实战技能，提高协调配合能力，增强应急救援队伍的战斗力，保证应急救援工作高效、顺利进行。

3.1.2.2 应急响应机制

铁路交通运输突发事件的应急响应机制是在国务院领导下，由事件发生地的铁路运输企业、铁道部、事发地人民政府和国务院有关部门按照各自职责开展的救援行动。

铁路交通运输突发事件涉及以下情况时，根据需要启动相应的应急响应预案。如：涉及列车重大火灾的突发事件，启动《铁路火灾事故应急预案》；涉及危险化学品运输的突发事件，启动《铁路危险化学品运输事故应急预案》；涉及恐怖袭击、重大破坏案件的突发事件，启动社会危害类事件应急处置方案。

当地震、地质和洪涝等自然灾害引发的事件达到预案应急响应条件时，在启动自然灾害类应急响应预案的同时，启动各关联预案。

地方铁路和非国家铁路控股的合资铁路进行Ⅰ级应急响应时，事发地人民政府进行应急响应，全力以赴组织施救，并及时向国务院和铁道部报告救援工作进展情况。

3.1.2.3 应急协调机制

1. 国务院铁路主管部门（铁道部）应急指挥协调工作事宜

（1）进入应急状态，铁道部应急指挥小组代表铁道部全权负责铁路交通事故应急协调指挥工作。铁道部有关司局根据职责分工负责协调相关工作。

（2）铁道部应急指挥小组根据铁路交通事故情况，提出事件现场控制行动原则和要求，调集相邻铁路运输企业救援队伍，商请地方政府有关部门派出专业救援人员；各应急机构接到事故信息和支援命令后，要立即派出有关人员和队伍赶赴现场。现场救援指挥部根据铁道部应急指挥小组的授权，统一指挥事故现场救援。各应急救援力量要按照批准的方案，相互配合，密切协作，共同实现救援起复和紧急处置行动。

（3）现场救援指挥部成立前，由事发地铁路运输企业应急领导小组指定人员（车站站长）任组长并组织有关单位组成事故现场临时调查处理小组，按《铁路交通事故调查处理规则》的规定，开展事故现场人员救护、事故救援、机车、车辆起复和事故调查等工作，全力控制事件态势，防止事件扩大。

（4）铁路交通事件发生后，铁路行车指挥部门要立即封锁事件影响的区间（站场），全面做好防护工作，防止次生、衍生事故的发生和人员伤亡、财产损失的扩大。

（5）铁道部应急指挥小组统一指挥协调全路应急资源，实施紧急处置行动。应急状态时，铁道部有关司局、专家要及时、主动向铁路交通事故灾难应急协调办公室提供应急救援有关基础资料以及事件发生前铁路设备技术状态和相关情况，并迅速对灾难信息进行分析、评估，提出应急处置方案和建议，供铁道部应急指挥小组领导决策参考。

2. 事发地人民政府指挥协调工作

地方人民政府应急指挥机构根据铁路交通事件情况，对铁路沿线群众进行安全防护和疏散，负责事故造成的伤亡人员救护和安置，对事故现场的治安秩序以及有关救援力量的增援，提出具体行动原则和要求，并迅速组织救援力量实施救援行动。

3. 紧急处置

现场处置主要依靠事发地铁路运输企业应急处置力量。事件发生后，当地铁路单位和列车工作人员应立即组织开展自救、互救，并根据《铁路交通事故调查处理规则》迅速上报。

3.1.3 铁路交通运输应急管理目标与原则

3.1.3.1 应急管理目标

铁路交通运输安全生产应急管理的目标是快速、高效地处置各类突发铁路交通事件，减少铁路交通事故造成的人员伤亡、财产损失和对社会秩序及公共卫生的影响，尽快恢复铁路运输生产正常秩序。

（1）减少人员伤亡和财产损失。铁路交通突发事件发生后，人员和财产损失难以避免，但最大限度地减少伤亡和损失是事故应急救援的第一任务。一是事故发生后，列车司机或运转车长应当立即停车，采取紧急处置措施；对无法处置的应当立即报告临近铁路车站、列车调度员进行处置。二是对事故造成铁路中断行车，铁路运输企业必须立即组织抢修，或者调整运输路径，尽快恢复通车，减少事故影响。三是迅速启动应急管理预案，开展救援及恢复，尽可能减少伤亡和损失。

（2）迅速开展应急救援处理工作。铁路的网络特性以及在国民经济中的特殊地位和作用，决定了铁路交通事故一旦发生，很有可能波及整个运输网络，给国民经济的正常运行带来不利影响，必须迅速聚集铁路及社会各种力量尽快组织抢通和恢复。

（3）保障铁路运输安全和畅通。铁路运输价值的最终体现是完成旅客和货物安全有序的位移，满足日益发展的社会经济和人民群众生活需求。铁路运输只有在有序可控、畅通无阻的安全状态下，才能实现上述目标。

3.1.3.2 应急管理原则

铁路交通运输应急管理的基本原则是：以人为本、预防为主、快速反应、统一指挥、科技领先、依法规范。

（1）以人为本。以保障人民群众生命和国家财产安全为出发点和落脚点，最大限度地减少铁路交通事故造成的人员伤亡和财产损失。

（2）预防为主。高度重视铁路运输安全，加强铁路交通突发事件应急管理工作，增强忧患意识，坚持预防与应急相结合，常态与非常态相结合，做好应对各类铁路突发事件的准备及处置工作。

（3）快速反应。加强应急队伍建设，形成反应灵敏、功能齐全、协调有序、运作高效的应急队伍，动员一切力量，分秒必争，抢救伤员，抢通线路，恢复通车和运输秩序。

（4）统一指挥。在国务院统一领导下，铁道部和国务院有关部门、事故发生地人民政府按照各自职责、分工、权限和预案规定，事发各铁路企业单位、有关人员，共同做好铁路交通事故应急救援处置工作。

（5）科技领先。积极采取科学技术先进的预测、预防、预警、应急处理设备及设施，提高处置水平，完善铁路应急救援体系、应急救援基地建设，配置性能良好的救援机具，提高铁路救援技术水平和应急救援能力。

(6) 依法规范。依据国家有关法律和行政法规，加强应急管理，维护铁路运输安全秩序，保护广大旅客和货主的合法权益，使铁路交通突发事件应急管理工作规范化、制度化、法制化。

3.1.4 铁路交通运输应急管理流程、方式与方法

3.1.4.1 应急响应流程

1. 应急管理组织流程

应急响应全过程组织与行动如图 3-1 所示。

2. 应急响应流程

铁道部、铁路安全监管办和铁路运输企业应当明确报告程序、方式和时限，公布接受报告的各级事故应急救援部门及电话。

事故发生后，现场铁路工作人员或者其他有关人员应当立即向邻近铁路车站、列车调度员、公安机关或者相关单位负责人报告。接到报告的单位、部门应当根据需要立即通知救援队和救援列车。

遇有人员伤亡或者发生火灾、爆炸、危险货物泄漏等事故时，接到报告的单位、部门应当根据需要采取防护措施，并立即通知当地急救、医疗卫生部门或者公安消防、环境保护等部门。

铁路运输企业列车调度员接到事故报告后，应当立即按规定程序报告本企业负责人，并向本区域的安全监管办和铁道部列车调度员报告。

铁道部列车调度员接到事故报告后，应当立即按规定程序上报。

发生特别重大事故时，铁道部应当立即向国务院报告。

3. 应急报告内容

应急报告内容包括：

(1) 事故发生的时间、地点（站名）、区间（线名、公里、米）、线路条件、事故相关单位和人员。

(2) 发生事故的列车种类、车次、机车型号、部位、牵引辆数、吨数、计长及运行速度。

(3) 旅客人数，伤亡人数、性别、年龄以及救助情况，是否涉及境外人员伤亡。

(4) 货物品名、装载情况，易燃、易爆等危险货物情况。

(5) 机车脱轨数量及型号、线路设备损坏程度等情况。

(6) 对铁路行车的影响情况。

(7) 事故原因的初步判断，事故发生后采取的措施及事故控制情况。

(8) 需要应急救援的其他事项。

事故应急救援过程中，人员伤亡、脱轨辆数、设备损坏等情况发生变化时，应及时补报。

3.1.4.2 紧急处置

事故发生后，列车司机或者运转车长等现场铁路工作人员应当立即采取停车措施，并按规定对列车进行安全防护。遇有人员伤亡时，应当向邻近车站或者列车调度员请求施救，并将伤亡人员移出线路、做好标记，有能力的应当对伤员进行紧急施救。

为保障铁路旅客安全或者因特殊运输需要不宜停车的，可以不停车。但是，列车司机

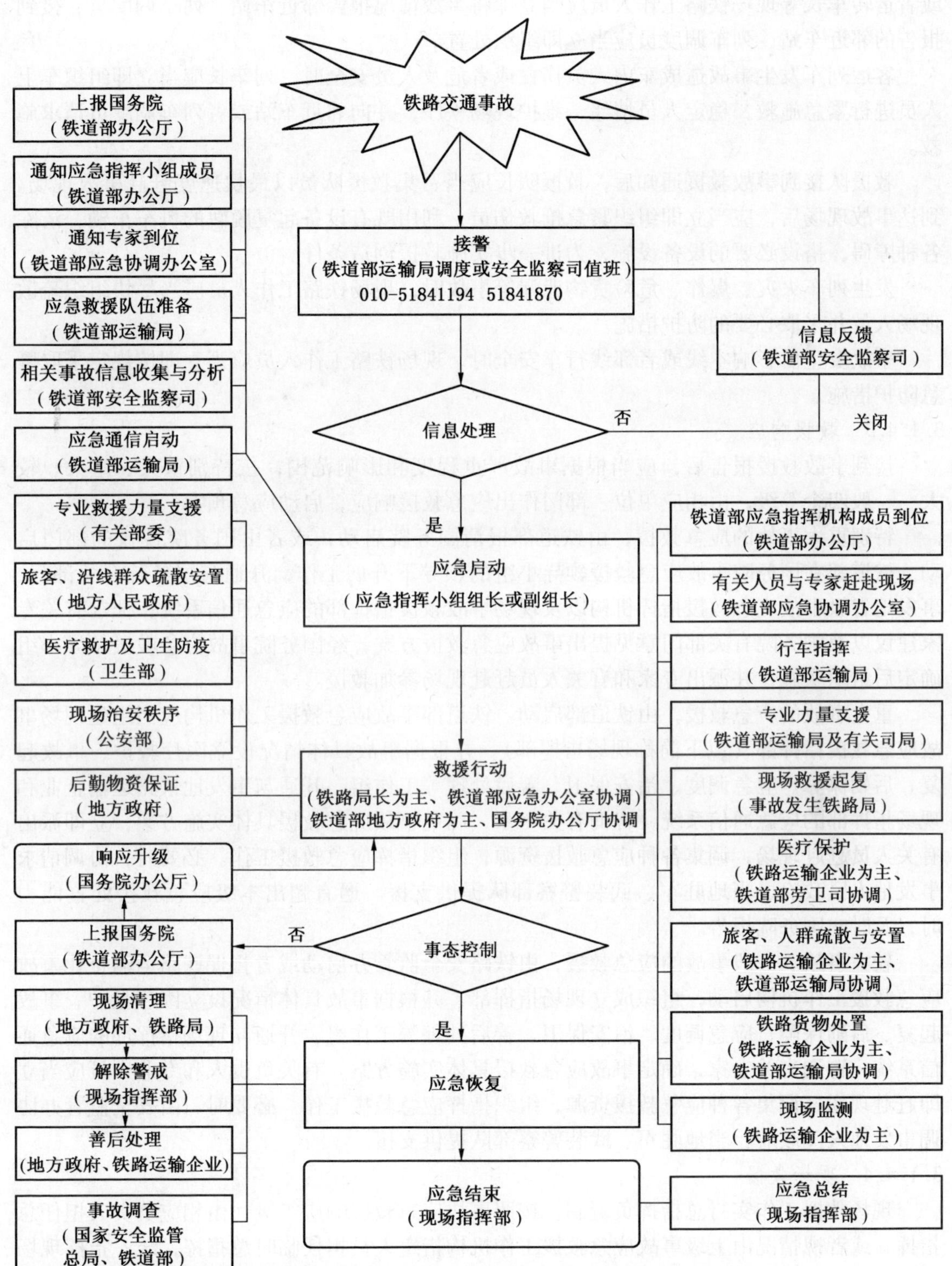

图3-1 应急全过程组织与行动图

或者运转车长等现场铁路工作人员应当立即将事故情况报告邻近车站、列车调度员，接到报告的邻近车站、列车调度员应当立即组织处置。

客运列车发生事故造成车内人员伤亡或者危及人员安全时，列车长应当立即组织车上人员进行紧急施救，稳定人员情绪，维护现场秩序，并向邻近车站或者列车调度员请求施救。

救援队接到事故救援通知后，救援队长应当召集救援队员以最快速度赶赴事故现场。到达事故现场后，应当立即组织紧急抢救伤员，利用既有设备起复脱轨的机车车辆，清除各种障碍，搭设必要的设备设施，为进一步实施救援创造条件。

发生列车火灾、爆炸、危险货物泄漏等事故时，现场铁路工作人员应当尽快组织疏散现场人员并采取必要的防护措施。

事故发生后影响本线或者邻线行车安全时，现场铁路工作人员应当立即按规定采取紧急防护措施。

3.1.4.3 救援响应

接到事故救援报告后，应当根据事故严重程度和影响范围，按特别重大、重大、较大、一般四个等级，由相应单位、部门作出应急救援响应，启动应急预案。

特别重大事故的应急救援，由铁道部报请国务院启动，或者由国务院授权的部门启动。铁道部在国务院事故应急救援领导小组的领导下开展工作，开通与国务院有关部门、事发地省级事故应急救援指挥机构以及现场事故救援指挥部的应急通信系统，征求有关专家建议以及国务院有关部门意见提出事故应急救援方案，经国务院事故应急救援领导小组确定后组织实施，并派出专家和有关人员赶赴现场参加救援。

重大事故的应急救援，由铁道部启动。铁道部事故应急救援工作机构应当组建现场事故应急救援指挥部（以下简称现场指挥部），并根据事故具体情况设立医疗救护、事故起复、后勤保障、应急调度、治安保卫、善后处理等工作组，开通与事发地铁路运输企业和现场指挥部的应急通信系统，咨询有关专家，确定事故应急救援具体实施方案，立即派出有关人员赶赴现场，调集各种应急救援资源，组织指挥应急救援工作。必要时，协调请求事发地人民政府、当地驻军、武装警察部队提供支援。遇有超出本级应急救援处置能力时，及时向国务院报告。

较大事故、一般事故的应急救援，由铁路安全监管办启动或者督促铁路运输企业事故应急救援工作机构启动，组织成立现场指挥部，并根据事故具体情况设立医疗救护、事故起复、后勤保障、应急调度、治安保卫、善后处理等工作组，开通与现场指挥部的应急通信系统，咨询有关专家，确定事故应急救援具体实施方案。有关负责人和专业人员应当立即赶赴现场，调集各种应急救援资源，组织指挥应急救援工作。必要时，由安全监管办协调事发地人民政府、当地驻军、武装警察部队提供支援。

3.1.4.4 现场救援

现场救援工作实行总指挥负责制，按照事故应急救援响应等级，由相应负责人担任总指挥，或者视情况由上级事故应急救援工作机构指定人员担任临时总指挥，统一指挥现场救援工作。各工作组及参加事故应急救援的单位、部门应当确定负责人。救援列车进行起复作业时，由救援列车负责人或者指定人员单一指挥。

现场总指挥以及参加事故应急救援的各工作组负责人、各单位和部门负责人、作业人员应当区别佩戴明显标志。

现场指挥部在全面了解人员伤亡以及机车车辆、线路、接触网、通信信号等行车设备损坏及地形环境等情况后，确定人员施救、现场保护、调查配合、货物处置、救援保障、起复救援、设备抢修等应急救援方案，并迅速组织实施。

在实施救援过程中，各单位、部门必须严格执行作业规范和标准，防止衍生事故。

事故发生后，运输调度部门应当根据需要及时发布各项救援调度命令。重点安排救援列车出动和救援物资运输。需要其他铁路运输企业出动救援列车时，由铁道部发布调度命令。

造成列车大量晚点时，应当尽快采取措施恢复行车秩序。预计不能在短时间内恢复行车时，尽量将客运列车安排停靠在较大车站，并组织向站车滞留旅客提供必要的食品、饮用水等服务。

事故造成人员伤亡时，现场指挥部立即组织协调对现场伤员进行救治，紧急调集有关药品器械，迅速将伤员转移至安全地带或者转移救治，并采取必要的卫生防疫措施。

遇有重大人员伤亡或者需要大规模紧急转移、安置铁路旅客和沿线居民的，及时通知事发地人民政府组织开展救治和转移、安置工作，必要时可以由铁道部或者安全监管办进行协调。

现场指挥部应当根据需要迅速调集装备设施、物资材料、交通工具、食宿用品、药品器械等救援物资。铁路运输企业各单位、部门必须无条件支持配合，不得以各种理由推诿拒绝，延误救援工作。

物资调用超出铁路运输企业自身能力时，可以向有关单位、部门或者个人借用。

事故涉及货运列车时，货运部门应当迅速了解事故货车及相关货车的货物装载情况，组织调集装卸人员和机具清理事故货车及相关货车装载的货物，处置事故列车挂运的危险、鲜活易腐等货物，并编制货运记录。

事故应急救援需要通信保障时，通信部门应当在接到通知后根据需要立即启用“117”应急通信人工话务台，组织开通应急通信系统。事故发生在站内，应在30分钟内开通电话、1小时内开通图像传输设备。事故发生在区间，应在1小时内开通电话、2小时内开通图像传输设备。并指定专人值守，保证事故现场音频、视频和数据信息的实时传输，任何人不得干扰、阻碍事故信息采集和传输。

事故造成铁路设备设施损坏时，有关专业部门应当立即组织抢修，根据实际情况及时切断事故现场电源，拆除、拨移和恢复接触网，及时架设所需照明，调集足够的救援队伍、材料和机具，积极组织抢修损坏的线路、通信信号等行车设备设施，协助事故机车车辆的起复。对可以运行的受损机车车辆进行检查确认，符合挂运条件的方准移动，必要时派人护送。起复作业完毕后，应当迅速做好开通线路的各项准备。

事故遇有装载危险货物车辆时，现场指挥部必须采取确保人身安全和作业安全措施后，方可开展救援。危险货物车辆需卸车、移动或者起复时应在专业人员指导下作业，及时清除有害残留物或将其控制在安全范围内。必要时，由安全监管办协调环保监测部门及时检测有害物质的危害程度，采取防控措施。

公安机关应当组织解救和疏散遇险人员，设置现场警戒区域，阻止未经批准人员进入现场，指定专人进行现场勘查取证，必要时实施现场交通管制，负责事故现场旅客、货物及沿线滞留列车的安全保卫工作。

事故应急救援过程中，有关单位和个人应当妥善保护事故现场以及相关证据，并及时移交事故调查组。因应急救援需要改变事故现场时，应当作出标记、绘制现场示意图、制作现场视听资料，并作出书面记录。任何单位和个人不得破坏事故现场，不得伪造、隐匿或者毁灭相关证据。

事故救援完毕后，现场指挥部应当组织救援人员对现场进行全面检查清理，进一步确认无伤亡人员遗留，拆除、回收、移送救援设备设施，清除障碍物，确认具备开通条件后，立即通知有关人员按规定办理手续，由列车调度员发布调度命令开通线路，尽快恢复正常行车。

3.1.4.5 善后处理

事故善后处理工作组应当依法进行事故的善后处理，组织妥善做好现场遇险滞留人员食宿、转移和旅客改签、退票等服务工作，以及伤亡人员亲属的通知、接待以及抚恤丧葬、经济补偿等处置工作。负责收取伤亡人员医疗档案资料，核定救治费用。

对事故造成的伤亡人员，现场指挥部在积极组织施救的同时，负责协调落实伤亡人员的救治、丧葬等临时费用，待事故责任认定后，由事故责任方承担。

事故造成人员死亡的，由急救、医疗卫生部门或者法医出具死亡证明，尸体由其家属或者铁路运输企业存放于殡葬服务单位，或者存放于有条件的急救、医疗卫生部门。尸体检验完成后，由事故善后处理工作组通知死者家属在10日内办理丧葬事宜。对未知名尸体，由法医检验后填写《未知名尸体信息登记表》，经核查无法确认死者身份的，经事故善后处理工作组负责人批准，刊登认尸启事，刊登后10日无人认领的，由县级或者相当于县级以上的公安机关批准处理尸体。

事故造成境外来华人员死亡的，事故善后处理工作组应当通知死者亲属或者所属国家驻华使（领）馆，尸体处置事宜按照我国有关规定办理。

对事故现场遗留的财物，事故善后处理工作组或者公安部门应当进行清点、登记并妥善保管。

对事故造成的人员伤亡、财产损失以及事故应急救援费用等应当进行统计。借用有关单位和个人的设备设施和其他物资，使用完毕后要及时归还并适当支付费用，丢失或者损坏的应当合理赔偿。

对事故造成的人员伤亡和财产损失，按照国家有关法律、法规和《铁路交通事故应急救援和调查处理条例》有关规定给予赔偿。

事故应急救援工作结束后，现场指挥部应当对事故应急救援工作进行总结，于5日内形成书面报告，并附事故应急救援有关证据材料，按事故等级报铁道部事故应急救援领导小组或者安全监管办备案。由铁道部事故应急救援领导小组或者安全监管办组织进行全面总结分析，对事故应急救援的组织工作进行评价认定，总结经验教训，制定整改措施，修改完善应急预案及有关制度办法。

3.1.5 铁路交通运输应急管理法规体系

根据《中华人民共和国铁路法》、国务院《铁路运输安全保护条例》、《铁路交通事故应急救援和调查处理条例》（中华人民共和国国务院令第501号）、《国家处置铁路行车事故应急预案》、《铁路交通事故调查处理规则》（中华人民共和国铁道部令第30号）、《铁路交通事故应急救援规则》（中华人民共和国铁道部令第32号）等法律法规，铁道部制定了《铁路防洪应急预案》、《铁路破坏性地震应急预案》、《铁路地质灾害应急预案》、《铁路危险化学品运输事故应急预案》、《铁路火灾事故应急预案》、《铁路网络与信息安全事故应急预案》、《铁路突发公共卫生事件应急预案》、《铁路处置群体性事件应急预案》、《铁路暴风雪雾等恶劣天气应急预案》、《突发大客流及客车大面积晚点应急预案》、《铁路200～250km/h动车组突发事件应急预案（试行）》等。

国家颁布实施的有关铁路交通运输安全法律法规，对于铁路企业加强铁路交通运输突发事件管理的各种规章、制度及措施，对加强铁路交通运输突发事件控制，避免或减少因突发事件造成的人民生命伤亡和财产损失，保障铁路运输生产正常秩序发挥了重要作用。

3.2 铁路交通运输应急管理预案与救援体系

3.2.1 应急预案基本结构

铁路交通运输应急管理预案由基本预案加上应急功能设置、应急风险管理、应急标准程序、应急支持附件等构成。

（1）应急基本预案。指国家处置铁路行车事故应急预案，主要阐述了应急管理的工作原则、组织指挥体系、应急救援领导小组职责、应急管理的预防预警、应急响应、信息共享、通信联系、指挥和协调、紧急处置、应急防护和医疗损失评估、善后处置等规定。

（2）应急功能设置。铁路企业（铁路局、铁路公司）按照铁道部应急预案中的预警、接警、响应、指挥、协调、处置、防护等功能设计，制定了分应急预案，将具体功能分劈到铁路企业各有关处室及部门，同时对每一个专业、每一项应急功能，明确了负责部门、任务要求、应急准备、救援组织、救援程序等。基层站段按照铁道部、铁路企业总体应急功能设定，分解了具体应急措施，制定了基本应急处置预案。

（3）特殊应急管理。对地震、地质和洪涝、暴风雨雪等自然灾害事件，在应急功能方面作出针对性的特殊风险要求，明确这些功能的各责任部门、支持部门、辅助部门的职责及任务，并就其专项预案提出特殊要求和指导。

（4）应急标准程序。铁道部、铁路企业（铁路局、铁路公司）各应急功能的主要责任部门必须组织制定明细的标准操作程序，包括部门及个人履行应急预案的规定职责和任务。

（5）应急支持附件。支持附件包括铁路交通运输突发事件各有关支持保障体系的描述及相关的附图表，预防衍生性事故分析附件、信息通信联系附件、法律法规附件、教育培训附件、救援演练附件及其他附件。

3.2.2 应急预案主要内容

（1）总则。编制预案的目的、工作原则、编制依据、适用范围等。

（2）组织指挥体系及职责。预案必须明确各应急组织指挥机构的职责、权利和义务。明确主体部门与协作部门在突发事件中报警、响应、恢复、结束、善后处置等环节的具体职责。

（3）预警和预防机制。包括信息监测与报告、预警预防行动、预警支持系统、预警级别及发布。

（4）应急响应。包括分级响应程序（原则上按一般、较大、重大、特别重大四级启动相应预案），信息共享和处理，通信，指挥和协调，紧急处置，应急人员的安全防护，群众的安全防护，社会力量动员与参与，事故调查分析、检测与后果评估，新闻报道，应急结束等要素。

（5）后期处置。包括善后处置、社会救助、保险、事故调查报告和经验教训总结及改进建议。

（6）保障措施。包括通信与信息保障，应急支援与装备保障，技术储备与保障，宣传、培训和演习，监督检查等。

（7）附则。包括有关术语、定义，预案管理与更新，国际沟通与协作，奖励与责任，制定与解释部门，预案实施或生效时间等。

（8）内容管理及更新。随着应急管理法律法规的制定和完善、部门职责的变化以及应急过程中存在的新问题、新情况，铁道部应及时修订完善应急预案内容，报国务院批准后实施。

3.2.3 预案运行机制

3.2.3.1 现场救援

现场救援详见3.1.4.4。

3.2.3.2 应急管理职责

应急管理职责详见3.1.1.3。

3.2.4 预案流程

3.2.4.1 报告流程

（1）铁路交通事故信息报告与管理制定。铁道部负责预案规定处理权限的铁路交通事故信息的收集、调查、处理、统计、分析、总结和报告，同时预测事故发生趋势，发布安全预警信息，制定相应预防措施。由铁路运输企业定期向所在省、市、自治区人民政府汇报铁路交通事故有关情况。

铁路交通事故信息按《铁路交通事故调查处理规则》的规定进行报告。当铁路交通事故发生后，有关人员应立即逐级上报铁道部运输局调度值班处长和铁道部安全监察司值班监察，最迟不得超过事故发生后2小时；运输局调度值班处长和安全值班监察接到报告后，应立即报告铁道部铁路交通事故灾难应急协调办公室及本部门负责人，由铁路交通事故灾难应急协调办公室报告总调度长、主管副部长和部长；并按有关规定上报国务院，最迟不得超过接报后2小时；并及时通知铁道部应急指挥小组成员。

对需要地方人民政府协助救援、协调伤员救治、现场群众疏散等工作以及可能产生较大社会影响的铁路交通事故，事发铁路运输企业，按地方人民政府和铁路交通事故应急预案规定程序，立即向事发地人民政府应急管理机构通报，地方人民政府应按有关程序进行应急处置。

地方铁路和非国家铁路控股的合资铁路发生Ⅰ、Ⅱ级应急响应的事故时，由事发地省级人民政府在事故发生后2小时内报铁道部交通事故灾难应急协调办公室，铁道部交通事故灾难应急协调办公室接到事故通报后，立即按上述有关规定程序办理。

（2）铁路交通事故预防预警系统。根据铁路交通事故特点和规律，适应提高科技保障安全能力的需要，铁路部门应进一步加大投入，研制开发和引进先进的安全技术装备；

依托现代网络技术和移动通信技术，构建完整的铁路行车安全监控信息网络，实现各类安全监测信息的自动收集与集成；逐步建立防止各类铁路交通事故的安全监控系统、事故救援指挥系统和铁路交通安全信息综合管理系统。在此基础上，逐步建成集监测、控制、管理和救援于一体的高度信息化的铁路交通安全预防预警体系。对铁路交通事故多发地区，地方人民政府和铁路运输企业要按有关法规规定作出警示，加大对铁路交通安全的宣传和治理力度，消除铁路交通安全隐患。

3.2.4.2 应急响应流程

1. 应急响应及行动

《国家处置铁路行车事故应急预案》，按铁路交通运输突发事件的严重程度和影响范围，将应急响应级别及应急行动原则上分为Ⅰ、Ⅱ、Ⅲ、Ⅳ级。

1）Ⅰ级应急响应

（1）出现下列情况之一者，为Ⅰ级应急响应：

①造成30人以上死亡，或危及30人以上生命安全，或100人以上重伤（包括急性工业中毒）的铁路交通事故。

②直接经济损失超过1亿元的铁路交通事故。

③需要紧急转移10万以上铁路沿线群众的铁路交通事故。

④铁路繁忙干线运输设备遭受破坏，造成行车中断，经抢修在48小时内无法恢复通车。

⑤国务院决定需要启动Ⅰ级应急响应的其他铁路交通事故。

（2）Ⅰ级响应行动：

①Ⅰ级应急响应由铁道部报请国务院启动，或由国务院授权铁道部启动。

②铁道部接到事故报告后，立即报告国务院，同时根据事故情况。通知国务院应急救援领导小组有关成员，组成国家处置铁路交通事故急救援领导小组。

③铁道部开通与国务院有关部门、事发地省级应急救援指挥机构以及现场救援指挥部的通信联系通道，随时掌握事故进展情况。

④通知有关专家对应急救援方案提供咨询。

⑤铁道部根据专家的建议以及国务院其他部门的意见提出建议，国务院应急救援领导小组确定事故救援的支持和协调方案。

⑥派出有关人员和专家赶赴现场参加、指导现场应急救援。

⑦协调事故现场救援指挥部提出的其他救援要求。

2）Ⅱ级应急响应

（1）符合下列情况之一者，为Ⅱ级应急响应：

①造成10人以上30人以下死亡，或危及10人以上30人以下生命安全，或50人以上100人以下重伤（包括急性工业中毒）的铁路交通事故。

②直接经济损失5000万元以上1亿元以下的铁路交通事故。

③需要紧急转移5万以上10万以下铁路沿线群众的铁路交通事故。

④铁路繁忙干线遭受破坏，造成行车中断，抢修24小时内无法恢复通车。

⑤铁道部决定需要启动Ⅱ级应急响应的其他铁路交通事故。

（2）Ⅱ级响应行动：

①Ⅱ级应急响应由铁道部负责启动。

②铁道部应急管理领导小组办公室立即通知铁道部应急指挥小组有关成员前往指挥地点，并根据事故具体情况通知有关专家参加，应急指挥地点设在运输局。

③应急指挥小组根据事故情况设立行车指挥、事故救援、事故调查、医疗救护、后勤保障、善后处理、现场报道、治安保卫等应急协调组和现场救援指挥部，分别由铁道部办公厅、安全监察司、运输局、公安局、劳动和卫生司、宣传部和其他相关司局及发生地铁路运输企业的有关人员组成。

④开通与事发地铁路运输企业应急指挥机构、事故现场救援指挥部、各应急协调组的通信联系通道，随时掌握事故进展情况。

⑤根据专家和各应急协调组的建议，应急指挥小组确定事故救援的支援和协调方案。

⑥派出有关人员和专家赶赴现场，指导现场应急救援工作。

⑦协调事故现场救援指挥部提出的支援请求。

⑧向国务院报告有关事故情况。

⑨超出本级应急救援处置能力时，及时报告国务院。

（3）Ⅲ级应急响应以下的铁路交通事故，由铁路运输企业按其制定的应急预案启动。

2. 信息报送处理

（1）铁道部通过现代网络技术，构建铁路交通安全信息管理体系，实现铁路交通安全信息集中管理，资源共享。

（2）国际联运列车在境外发生铁路交通事件时，铁道部及时与有关部门联系，了解事故情况。

（3）发生Ⅰ、Ⅱ级应急响应的铁路交通事故时，发生地铁路运输企业报告铁道部的同时，应按有关规定抄报事发地省级人民政府。

（4）铁道部负责组织协调建立通信联系，保障事故现场信息和国务院各应急协调指挥机构的通信，必须时承担开设现场应急指挥机动通信枢纽的任务。

（5）铁路系统内部以行车调度电话为主要通信方式，各级值班电话为辅助通信方式。铁路电话“117”人工台为应急通信电话，按“立接制”通话级别办理。

（6）铁路交通事件发生后，根据事件应急处理需要，设置应急处理现场指挥电话和图像传输设备，确定现场联系方式，确保应急指挥联络的畅通。

（7）铁道部负责建立并维护国务院办公厅、国务院有关部门及铁道部有关司局、有关专家、铁路运输企业、上级应急机构的通信数据库，包括手机、办公电话、家庭电话、传真等多种联系方式。

（8）铁道部或授权的铁路运输企业负责铁路交通事件的信息发布工作。如发生较大铁路交通事故，要及时发布准确、权威的信息，正确引导社会舆论。指定专人负责信息舆论工作，拟订信息发布方案，确定发布内容，采用适当方式发布信息，并组织好相关报道。发生可能产生重大社会影响或国际影响的事故，按规定程序，及时上报新闻办和有关部门，请求协调有关信息发布工作。

（9）当事故现场伤员和旅客、群众已得到医疗救护和安置，列车恢复正常运输后，经现场指挥部批准，现场应急救援工作结束。应急救援队伍撤离现场，按“谁启动、谁结束”的原则，宣布应急结束。

事故救援后期处置结束工作后，现场指挥部要对整体应急救援情况进行总结，并写出报告报送铁道部事故灾难应急协调办公室。

(10) 事故发生地铁路运输企业负责按国家及铁路客货运输管理规章规定，及时对受害旅客、货主、群众及其家属进行补偿或赔偿；负责清除事故现场有害残留物，或将其控制在安全允许的范围内。铁道部和地方人民政府应急指挥机构共同协调处理好有关工作。

(11) 按照《铁路交通事故调查处理规则》规定，根据现场救援指挥部提交的铁路交通事故调查报告和应急救援总结报告，铁道部事故灾难应急协调办公室组织总结分析应急经验教训，提出改进应急救援工作的意见和建议，报送铁道部应急指挥小组。

3.2.5 预案演练与评估

3.2.5.1 预案演练

(1) 铁道部应急办负责指导全国铁路交通突发事件应急预案培训演练工作，铁道部运输局负责各专业系统的专业救援技能具体培训活动，保证各级应急救援队伍、行车一线职工及时更新救援知识、掌握实战技能、不断提高独立作战和工种协调配合能力。铁路局、铁路基层站段要有计划地按应急救援要求，每年进行一次铁路交通事故应急救援实作演练，提高铁路基层单位和全体职工应急处置实战能力。

(2) 加强救援列车标准化、军事化建设，完善配套规章标准，针对救援列车专业队伍建设、应急平台建设、应急预案编制管理、救援协调指挥等方面存在的不足问题，研究制定相关救援作业规章、标准程序，提高救援队伍素质和装备水平。加大专业救援基地、救援列车、救援队、救援点的先进救援机具、工具的投入，切实提高应急救援作战能力。

(3) 加强一线职工应急管理宣传教育和培训工作。组织开展多种形式的安全生产应急管理宣传教育活动，大力宣传普及应急知识，及时宣传报道重大事故应急救援情况和应急管理重要活动，进一步规范和加强安全生产应急培训工作。

3.2.5.2 演练评价

(1) 建立评价机制。铁路企业（铁路局、铁路企业）必须建立健全应急演练综合评价机制，对应急演练体系运行的效果进行总体测评，促进应急救援演练工作持续改进、有效运行、自我发现、自我完善。

(2) 组织评价交流。国务院铁路主管部门有计划地组织应急救援演习和演练的评价活动，根据需要可开展国内外先进应急演练的交流，提高铁路交通运输行业应急救援处置实战能力。

(3) 评价结果整改。依据应急演练的评价报告，将整体演练过程中出现的不足项、整改项和改进项等问题，及时在应急演练方案中进行补充或完善。

3.2.6 应急保障与监督体系

(1) 通信与信息保障。铁道部负责组织建立统一的国家铁路和国家铁路控股的合资铁路交通事故灾难应急指挥系统，逐步整合行车设备状态信息、地理信息、沿线视频信息，并结合铁路交通事故现场动态图像信息和救援预案，建立铁路运输安全综合信息库，保证应急救援通信畅通，为抢险救援提供决策支持。

(2) 设备及队伍保障。铁道部有关部门将铁路应急救援建设规划纳入重要日程，促进铁路应急救援基地建设。铁路企业要强化以救援列车、救援队、救援班为主题的救援抢险网络，合理配置救援资源，采用先进的救援装备和安全防护器材，制定各类救援起复专业技术方案；积极开展技能培训和演练，提高快速反应和救援起复能力。

（3）交通运输保障。启动预案期间，事发地人民政府和铁路运输企业按管理权限调动管辖范围内的交通工具，任何单位和个人不得拒绝。根据现场需要，由地方人民政府协调地方公安交通管理部门实行必要的交通管制，维持应急处置期间的交通运输秩序。

（4）医疗卫生保障。地方卫生行政部门应制定相应的医疗卫生保障应急预案，明确铁路沿线可用于应急救援的医疗救治资源和卫生防疫机构能力与分布情况，提出可调用方案，检查监督行政区域内医疗卫生防疫单位的应急准备保障措施。

各铁路运输企业在制定应急预案时，应按照地方卫生行政部门确定的承担铁路交通事故医疗卫生防疫机构名录，明确不同地区、不同线路发生事故时医疗卫生机构地址、联系方式，并制定应急处置行动方案，确保应急处置及时有效。

（5）治安保障。各级应急处置预案中，要明确事故现场负责治安保障的公安机关负责人，安排足够的警力做好应急期间各阶段、各场所的治安保障工作。如铁路公安机关警力不足，应及时请求地方公安机关增援。

（6）物资保障。铁路运输企业要按规定备足必需的应急抢险路料及备用器材、设施，专人负责，定期检查。

（7）资金保障。铁路运输企业财会部门要采取得力措施，确保铁路交通事应急处置的资金需求。铁路行车事故的应急救援费用、善后处理费用和损失赔偿费用由事故责任单位承担，事故责任单位无力承担的，由地方人民政府和铁道部按管理权限协调解决。

（8）技术储备与保障。铁道部应急管理领导小组办公室负责专家库、技术资料等的建立、完善和更新。

（9）宣传教育。地方各级人民政府要积极利用电视、广播、报刊等新闻媒体，广泛宣传铁路交通和应急法律法规，以及发生铁路交通事故后公众避险、自救、互救知识，提高公众自我保护能力和守法意识。铁道部要结合铁路行业实际，全面开展宣传教育工作，提高全体职工和公众的安全意识。

（10）应急培训。按照分级管理的原则，铁道部、国务院有关部门和地方人民政府要组织各级应急管理机构以及专业救援队伍的人员进行上岗前培训，定期进行救援知识的专业培训，提高救援技能。

（11）各级安监部门按照规定的权限和程序，参与、组织、协调辖区内的铁路交通事故应急救援和调查处理工作。

3.2.7 应急救援体系

（1）铁道部成立铁路交通事故应急管理小组，下设事故灾难应急协调办公室，负责协助处理有关事故灾难、信息收集和协调指挥等工作。

（2）国家处置铁路交通事故应急救援领导小组根据铁道部建议以及相关部门和单位意见，作出应急支援决定。国务院各有关部门和地方人民政府依据分工，分头组织实施应急支援行动。

（3）事发地省级人民政府成立现场救援指挥部，具体负责事故现场群众疏散安置、社会救援力量支援等方面的现场指挥和后勤保障工作；负责组织处置地方铁路和非国家铁路控股的合资铁路发生的行车事故。

（4）各铁路企业（铁路局）、铁路单位制定详细的应急预案，成立应急救援组织，完善铁路站区应急救援体系；建立健全铁路救援列车、救援队的应急救援管理制度；建立应急救援重要应急物资储备、调拨和紧急配送体系。同时，建立健全铁路应急通信保障体系，确保突发事件救援处置工作的通信畅通。

3.3 铁路交通运输应急处置方案与技术

3.3.1 自然灾害引发的铁路交通运输突发事件应急处置方案

铁路交通运输自然灾害突发事件应急处置方案由铁路防洪应急预案、铁路地质灾害应急预案、铁路破坏性地震应急预案和铁路暴风雨雪雾等恶劣天气应急预案等部分组成。

中国地域辽阔，自然地理情况复杂，特别是西南地区，多山川河流，铁路桥隧相连，每到雨季，洪水肆虐，滑坡、泥石流、塌方落石等山地灾害频繁；西北地区多风沙，自然灾害事件对铁路交通运输影响极大。据统计，1993 年至 2002 年间，铁路发生自然灾害（暴风雨雪、山洪暴发）、地质灾害（山体崩塌、滑坡、泥石流）、破坏性地震等重大事故 27 件，占发生重大事故件数的 83.7%。

3.3.1.1 铁路防洪应急预案

1. 编制目的

确保铁路交通运输有效预防、抵御暴雨和洪水等自然灾害的应急反应能力，减轻灾害对运输秩序的影响和对运输设备造成的损害。

2. 指导思想

建重于防、防重于抢，全力抢修、先通后固，团结协作、服从大局，依靠科技、提高效率。

3. 应急机构及其职责

铁道部成立防洪应急管理领导组织，负责铁路防洪应急管理工作。铁路企业、铁路单位成立相应组织，负责辖区及单位的具体工作。

4. 有关业务部门职责

(1) 工务部门负责检查和掌握线桥设备状态，对桥隧和路基的病害进行检测；按期完成防洪及预抢工程，及时制定管内“汛期危险地段一览表”，报上一级防洪应急指挥部。并对汛期线桥设备分段负责、冒雨检查，对危及行车安全的地点派人看守，负责防洪抢险及情况通报等工作。

(2) 调度部门负责制定和掌握列车疏解方案。一旦发生水害断道，列车疏解的原则是以旅客列车和抢险救灾物资运送列车为主。

(3) 建设项目管理单位及其主管部门负责既有线施工的防洪安全，对施工可能影响既有线安全的工程进行防护，并随时做好参加水害抢修的准备。

(4) 运输部门负责防洪抢险及复旧工程的人员、机具、材料物资的运输工作，调拨抢险备用车辆，沟通运输、灾情情况等信息。

(5) 机车乘务人员应熟知“汛期重点危险地点一览表”和调度命令，突发汛情时必须加强瞭望，按规定速度运行，并及时与工务看守人员联系。

(6) 电务信号设备水害故障发生后要尽快抢修，确保技术状态良好，同时，协调和督促有关通信部门启动应急通信系统，并在病害看守点配备专用电话，保证水害现场优先通话，及时传递情报。

(7) 其他铁路有关部门按照应急预案做好各项应急管理及处置工作。

5. 预防预警

(1) 防洪检查。每年汛前要进行防洪大检查，具体检查内容包括：

①工务部门应对既有线路排水设备、路基、桥涵病害处所及其防护、导流设备以及水害地多发区段等进行全面检查，对查出的问题提出预抢方案，对可能发生水害的地点进行分析，提出“汛期危险地点一览表”，制定预防对策；对暂时无法整治的汛期隐患处所，要采取临时加固，安装报警装置或派人监视看守等措施；汛期看守点必须配备与车站、列车同频率的对讲机等使用可靠的通信工具。

②建设项目单位及其主管部门应检查所承担的既有线增建或改造工程施工，对影响既有线路基稳定、桥涵排洪不畅的问题应立即处理，凡是影响路堤、路堑稳定的工程，不宜在雨季施工。如果确系急需工程，应严格审查施工方案，合理优化施工组织计划、细化安全措施，并经铁路防洪指挥部批准后方可施工。

③水电、电务部门应对沿线水围电杆、信号设备、电缆沟槽、供电线路和供水设备进行汛前检查，发现问题及时处理。

④各级铁路防洪办事机构应积极会同地方有关部门，共同对铁路沿线可能影响铁路安全度汛的水库、河道、江河堤坝、塘坝、贮木场及农田水利设施进行检查，发现问题，按照《中华人民共和国防汛条例》的规定，协商解决，对难以解决的安全隐患问题，要及时向上级防洪指挥部报告。

(2) 防洪预抢。防洪指挥部对各部门检查发现的问题，进行重点复查和认真处理，对山坡、堑坡、隧道仰坡、危石、危土、路基裂缝、溜坍、桥涵淤塞、椎体下沉、基础冲刷及排水设施破坏等汛期可能危及行车安全的处所，经防洪指挥部审定，及时安排防洪预抢工程进行处理。

(3) 防洪预警。各级防洪指挥部应根据当地的汛情规律，合理确定防洪值班起止日期。汛期内各级防洪办事机构应日夜值班，遇灾害性天气，防洪指挥部领导要亲自值班。

①各级防洪办事机构要加强与当地防汛、气象及水利部门的联系，及时准确地发布雨情、水情和风暴潮预报预警。

②工务巡守人员和机车、列车乘务人员一旦发现水害险情，必须果断采取有效措施，并及时报告车站或调度所。行车调度人员，接到车站值班员、机车乘务员或工务人员的报告后，应根据天气和线路情况，及时发布调度命令，指示列车停运或限速运行。各车站接到机车乘务员或工务人员危及行车安全的报告后，不得盲目放行列车，应立即报告行车调度员，封锁区间，并通知工务领工员或工长迅速赶赴现场检查处理，经确认符合放行列车条件方可开通区间。

③防洪值班人员一旦接到水害报告，要立即向有关领导汇报，及时启动防洪应急响应程序。因水害引起铁路交通事故，同时按照铁路交通事故等级启动相应的应急预案。

6. 应急响应

1) 应急响应标准。

根据灾害死亡人数、中断行车时间等将铁路防洪应急响应分为Ⅰ、Ⅱ、Ⅲ、Ⅳ四级。

各级应急响应的判别条件及其启动单位见表 3－1。

表3-1 铁路交通各级应急响应的判别条件及其启动单位

响应等级	判别条件（符合所列条件之一）	启动单位
Ⅰ	①死亡30人以上，或者100人以上重伤； ②中断繁忙干线铁路行车48小时以上； ③国务院决定需要启动Ⅰ级紧急响应的其他水害	国务院或授权铁道部
Ⅱ	①死亡10人及以上30人以下，或者50人以上及100人以下重伤； ②中断繁忙干线铁路行车24小时以上，或者中断其他铁路行车48小时以上； ③铁道部决定需要启动Ⅱ级紧急响应的其他水害	铁道部
Ⅲ	①死亡3人及以上10人以下，或者10人以上及50人以下重伤； ②中断繁忙干线铁路行车6小时以上，或者中断其他铁路行车10小时以上； ③铁路局决定需要启动Ⅲ级紧急响应的其他水害	铁路局
Ⅳ	①死亡3人以下，或者10人以下重伤； ②中断繁忙干线铁路行车3小时以上，或者繁忙干线限速8小时以上，中断其他铁路行车6小时以上； ③站段决定需要启动Ⅳ级紧急响应的其他水害	站段

2）应急响应行动。

（1）Ⅰ级应急响应。Ⅰ级应急响应由铁道部报请国务院，由国务院或国务院授权铁道部启动。此前，铁道部及以下各级单位启动相应级别的应急响应。

①铁道部接到水害报告后，立即报告国务院，同时根据水害情况，通知有关部门和单位。必要时，由国务院领导指导应急救援，协调相关部门的行动。

②铁道部开通与国务院有关部门应急救援指挥机构以及现场救援指挥部的联系通道，随时掌握水害进展情况。

③必要时通知有关专家对应急救援方案进行咨询。

④根据专家的建议以及国务院其他部门的意见，铁道部确定水害救援的支援和协调方案。

⑤派出有关人员和专家赶赴现场参加、指导现场应急救援。

（2）Ⅱ级应急响应。Ⅱ级应急响应由铁道部负责启动。铁道部接到水害报告后，认为达到Ⅱ级应急响应标准的，启动本级响应。此前，铁路局及以下单位启动相应级别的应急响应。

①铁道部应急响应：

（a）铁道部防洪指挥部领导立即赴现场组织指挥开展救援、控制灾情及工程抢险。

（b）组织有关铁路局保护好铁路职工及旅客人身安全，尽快疏散滞留旅客，尽量减少财产损失；调整列车运行图，优先保证国家重点运输和抢险救灾物资的运送；全力组织抢险、抢救，尽快开通线路。

（c）对于抢修技术复杂、施工困难、工期较长的，由铁道部派员组织指挥有关铁路局、工程局、设计院、相关专业专家联合抢修，协调跨局抢修物资和抢险队伍的调运，组织迂回运输。

（d）可根据需要，及时向国家防汛抗旱总指挥部汇报，请当地政府或厂矿企业支援防洪抢险。必要时，协调动用铁路战备器材，请求中国人民解放军或武装警察部队支援防洪抢险。

②铁路局应急响应：

发生Ⅱ级应急响应标准的水害，各单位按照信息报送的要求，立即逐级或越级向铁道部防洪指挥部报告，涉及地方的同时通告相关人民政府防汛抗旱指挥部。由发生水害地点的基层站段进行紧急处置，铁路局防洪指挥部领导带领工务、运输、调度、机务、车辆、电务、水电、劳卫、公安等各专业部门负责人以最快速度赶赴现场，成立防洪抢险指挥部，调查评估灾情，研究抢修方案，调运抢险队伍、机具、物资，组织工程抢修，提供通信、水电、后勤、医疗卫生和治安保障，记录抢险全过程，上报动态抢险信息。

(3) 应急响应启动：

①Ⅰ、Ⅱ级应急响应由铁道部防洪指挥部以《铁道部关于启动防洪应急预案X级应急响应的命令》的形式宣布，命令内容应包括水害基本情况，响应级别、响应单位及职责等内容。

②Ⅲ级应急响应由铁路局负责启动。

③Ⅵ级应急响应由站段负责启动。

(4) 应急结束。铁路水害应急结束遵循“谁启动，谁结束”的原则，由相应的组织负责宣布应急结束。

①Ⅰ、Ⅱ级应急响由铁道部防洪指挥部以《铁道部关于结束防洪应急预案X级应急响应的通知》的形式宣布。

②Ⅲ级应急响应结束通知由铁路局负责。

③Ⅵ级应急响应结束通知由站段负责。

(5) 宣布应急响应启动的命令和结束的通知应抄送上级应急管理办公室、应急救援指挥中心及防洪指挥部成员单位。

7. 信息报送

(1) 水害发生的时间、地点、雨情、水情、灾情、处置情况、预计抢通时间、水害现场图片（像）等。灾情包括线路、桥隧、涵渠、接触网、附属设施等受灾体的受灾范围、损害程度、水害直接损失、影响列车车次、人员受灾情况等。

(2) 信息报送时限：

①正线在2小时以内；其中京广、京沪、京九、京哈、陇海、浙赣等繁忙干线1小时以内报送水害发生信息。

②站线4小时以内报送水害发生信息。

③水害现场抢险情况每4小时向铁道部防洪指挥部汇报1次。

④水害发生后4小时内，启用应急通信系统，将现场图片（像）发送到铁道部防洪指挥部办公室。

⑤上报信息内容力求准确。如上报内容有误，经核实准确后立即上报。要充分利用防洪信息管理系统，送报水害有关信息。

⑥信息报送程序。防洪值班人员在收到灾情报告信息后，立即向相应防洪指挥机构值班成员报告，同时向上一级防洪值班人员报告。灾害信息原则上按照站段、铁路局、铁道部三级逐级上报，并根据有关规定及时通告相关人民政府防汛抗旱指挥部或上报国务院。

京广、京沪、京九、京哈、陇海、浙赣线发生中断行车的水害，以及由于通信故障或其他紧急情况，可以越级报告。

8. 事件评估

应急响应结束后，铁路局防洪指挥部应及时组织有关人员对水害事件处置过程进行总结，10 日内将事件评估报告报铁道部防洪指挥部。主要内容包括：

（1）水害基本情况。按照信息报送内容编写，对预防预警、设备状态、铁路周边环境、降雨情况等因素进行分析，找出水害发生的主要原因。

（2）主要抢险过程。包括抢险组织、抢险工作量，参加部门、单位，采用的方案，所使用人力、机具、材料，抢险时间、费用，调动社会资源、舆论控制、处置效果等，按照水害抢险写实记录编写。

（3）进一步复旧方案意见，抢险过程中存在的问题，应汲取的经验教训，改进意见等。

9. 保障措施

（1）物资保障。每年汛前，根据历年经验及预计可能发生水害的处所，各单位应在铁路沿线准备紧急加固和抢修的料具。具体要求如下：

①相关单位材料厂、采石场和水害易发地段要储备足够的抢险料具，防洪料具均应在雨季前备齐，本着分散与集中相结合的原则，分别存放在便于装卸的地点，以便发生水害时迅速进行抢运。未经有关防洪组织批准，不得挪用。

②有关单位要对备用的推土机、装载机、拆装梁、工字梁、钢塔架等抢险设备进行状态检查，确保抢险使用。水害多发区段要配备挖掘机、装载机、推土机等大型机械。

③各铁路局在适当地点设置水害抢险备用车，按规定向铁道部申请拨给，作为铁路路用车掌握使用。遇有特别紧急雨情、水情预报，铁路局长可按铁路路用车管理办法的有关规定，临时安排抢险备用车。

④防洪备用物资应随用随补充，直至汛期结束后，方可纳入分配计划。

（2）队伍保障。各级防洪指挥部每年汛前应对干部、职工进行防洪教育和培训，内容包括：防洪法规，铁路防洪规章制度，防洪技术手册，有关防洪抢险应急处置技能知识及典型案例等。工务机械大修段及有关施工段（队）组建防洪抢险队。各级抢险队伍组成后，每年汛前，防洪指挥部要组织进行防洪技术演练，熟练掌握铺设便线、架设便桥、组装拼装梁以及搭枕木垛、架设排架等实用技能。

（3）制度保障。汛期，工务段应严格执行对线桥设备及线路周边环境的检查、监视制度，在降大雨、暴雨时，工区、领工区应执行分段负责、冒雨检查制度。各工区应有一定的人员留宿，以便夜间冒雨检查和参加抢险。工务段应为留宿人员设置必要的备品并应按规定支付夜餐费。汛期工务段及有关单位应有轨道车及汽车司机在单位值宿。

（4）技术和通信信息保障：

①积极研发和推广使用灾害性天气预报预警、降雨量自动采集监测报警、桥梁水位和基础冲刷监测报警等防灾、减灾系统和设备。

②防洪办事机构应配备较先进的通信、数据处理、气象信息接收等设备，以便快速、准确传递防洪及灾害信息；配备较先进的计算机、打印机、摄影（像）等办公设备，满足日常工作需要，提高办公质量和效率；应配备专门的交通工具用于防洪抢险工作。

③加强水害发生规律研究。推广使用防洪信息管理系统、防洪地理信息系统，提高排

查险情和灾情监测管理水平。

④建立防洪抢险相关专业专家数据库，必要时请专家提供咨询意见和建议。

3.3.1.2 铁路防止地质灾害应急处理预案

1. 总则

1）编制目的

防止、减轻由自然因素和人为活动引发的山体崩塌、滑坡、岩溶陷穴、落石等地质灾害对铁路交通安全、运输秩序的影响，对铁路运输设备造成的损害，提高地质灾害发生后的应急反应能力。

2）工作原则

统一领导、分级负责，全力抢修、先通后固，团结协作、服从大局，依靠科技、提高效率。

（1）统一领导，分级负责。地质灾害应急处理实行铁道部、铁路局、站段逐级负责制，根据灾害程度和影响范围的不同，由相应责任部门组织协调辖区范围内的地质灾害应急工作。

（2）全力抢修，先通后固。灾害抢险要以最快的速度抢救人员，全力以赴恢复通车。在抢修通车后应立即进行加固，尽快恢复正常运输。

（3）团结协作，服从大局。国家重大抗灾救灾活动，铁路要优先安排运力，提供运输保障。在国务院国土资源主管部门指导下，铁路各单位应配合地方各级人民政府国土资源主管部门协调相关的地质灾害防治和应急工作，实行同沿线有关单位和地方政府国土资源主管部门联防，争取地方群众积极支持。应根据有关情况，请求地方政府协助做好伤员和灾民的救治与安置、维护铁路灾区治安秩序、提供必要的救灾物资等工作，帮助铁路抗灾、救灾，尽快恢复铁路运输。

（4）依靠科技，提高效率。铁路地质灾害应急管理要依靠现代科学技术，积极运用先进的科技手段和装备，不断提高地质灾害防治效率和应急管理工作水平。

2. 应急机构及其职责

（1）铁道部成立地质灾害应急防治指挥机构，地质灾害应急领导小组为铁道部主管副部长，副组长为铁道部总调度长，成员为各有关司局及部门负责人。铁道部地质灾害应急处理领导小组办公室设在运输局基础部。

（2）铁路局设立地质灾害应急领导小组，负责领导辖区的地质灾害防治和应急反应工作。办事机构设在工务部门，成员配备应适应地质灾害防治和应急工作需要。

（3）各级地质灾害应急领导小组认真部署地质灾害防治工作，检查地质灾害危险处所，研究预防措施，组织领导地质灾害发生后的应急抢险救灾工作及善后处理，及时做好工作总结。

（4）各有关业务部门职责：

①工务部门负责检查和掌握铁路沿线地质灾害危险处所，对危险及行车安全的地点派人看守，发生地震灾害时负责抢修等工作。

②调度部门负责和掌握地质灾害中断行车后的车流疏解方案。

③建设项目管理单位及其主管部门负责施工地点的地质灾害防治工作，并随时做好参加救灾抢修的准备，发生地质灾害时负责抢险工作。

④运输相关部门负责抢险、复旧工程的人员、机具、材料物资的运输，按指挥部的要求及时抢险用料运到指定地点，组织灾害工地的运输工作，调拨抢险备用车辆，沟通运输、灾情等信息。

⑤列车乘务人员根据“重点危险地点一览表”和调度命令，加强瞭望，并与工务看守人员加强联系。

⑥电务部门地质灾害发生后要尽快抢修、恢复信号及通信设备，协调和督促有关通信运营商启动应急通信系统，并在病害看守点配备专用电话，保证灾害现场优先通话，及时传递情报。

⑦供电部门负责对接触网和供电线路进行整修加固，发生灾害及时抢修，并提供事故现场应急照明。

⑧供水部门负责水源及供水设施的防护，制定应急措施，保证饮水卫生。

⑨计划、财务部门负责地质灾害防治项目审批和落实款源，按规定分别在基建、更新改造、大修及其他有关经费项下列支。

⑩生活、卫生部门负责抢修现场的生活物资供应、医疗救护和卫生防疫工作。

⑪公安部门负责治安管理和安全保卫工作。

⑫宣传部门负责新闻发布工作。

3. 预警预防

（1）铁路设备管理部门应联合地方政府，坚决制止在铁路沿线乱挖滥弃、乱耕滥种等破坏铁路周边地质环境的各类活动。

（2）各部门必须对地质灾害隐患进行专项检查，确定“地质灾害重点危险地段”，制定预防对策，对严重危险地段采取工程整治措施；对暂时无法整治的病害处所，采取安装实用可靠的报警装置或派人监视看守等措施。病害看守处所必须配备与车站、列车同频率的对讲机，遇有险情及时与车站联系预警，重大险情时可采取拦停列车措施。

（3）工务巡守人员和机车、列车乘务人员一旦发现地质灾害险情，必须果断采取有效措施，确保行车安全，并及时报告车站或调度所。行车调度人员，接到车站值班员，机车、列车乘务员或工务人员的报告后，应根据情况，及时发布调度命令，指示列车停运或限速运行。各车站，接到机车、列车乘务员或工务人员危及行车安全的报告后，不得盲目放行列车，应立即报告行车调度员，封锁区间，并通知工务领工员或工长迅速赶赴现场检查处理，经确认符合放行列车条件方可开通区间。

（4）各单位一旦接到地质灾害报告，立即启动地质灾害应急预案。因地质灾害引起行车事故，同时按行车事故等级启动相应预案。

4. 应急响应

1）应急响应标准

根据灾害死亡人数、直接经济损失（包括抢修费、复旧费及运营收入损失）以及中断行车时间等将铁路地质灾害应急响应分为Ⅰ、Ⅱ、Ⅲ、Ⅳ四级。各级应急响应的判别条件及其启动单位见表3－2。

2）应急响应行动

（1）Ⅰ级应急响应由铁道部报请国务院，由国务院或国务院授权铁道部启动。铁道部以下各级单位启动相应级别的应急预案。

表3-2 铁路各级应急响应的判别条件及其启动单位

响应等级	判别条件				启动单位
	因灾害死亡或重伤人数	直接经济失/万元	中断行车时间	其他	
Ⅰ	死亡30人以上，或者100人以上重伤	≥10000	中断繁忙干线铁路行车48小时以上	国务院决定需要启动Ⅰ级紧急响应的其他地质灾害	国务院或授权铁道部
Ⅱ	死亡10人及以上30人以下，或者50人以上及100人以下重伤	5000~10000	中断繁忙干线铁路行车24小时以上，或者中断其他铁路行车48小时以上	铁道部决定需要启动Ⅱ级紧急响应的其他地质灾害	铁道部
Ⅲ	死亡3人及以上10人以下，或者10人以上及50人以下重伤	1000~5000	中断繁忙干线铁路行车6小时以上，或者中断其他铁路行车10小时以上	铁路局决定需要启动Ⅲ级紧急响应的其他地质灾害	铁路局
Ⅳ	死亡3人以下，或者10人以下重伤	≤1000	中断繁忙干线铁路行车3小时以上，或者繁忙干线限速8小时以上，中断其他铁路行车6小时以上	站段决定需要启动Ⅳ级紧急响应的其他地质灾害	站段

注：符合表3-2中四个条件之一，即构成相应等级的地质灾害。

①铁道部应急响应：

（a）铁道部接到地质灾害报告后，立即报告国务院，同时根据地质灾害情况，通知有关部门和单位。必要时，由国务院领导指导应急救援。

（b）铁道部开通与国务院有关部门应急救援指挥机构以及现场救援指挥部的通信联系通道，协调相关部门的行动。

（c）必要时，通知有关专家对应急救援方案进行咨询。

（d）根据专家的建议以及国务院其他部门的意见，铁道部确定地质灾害救援的支持和协调方案。

（e）派出有关人员和专家赶赴现场参加、指导现场应急救援。

（f）协调地质灾害现场救援指挥部提出的其他支援请求。

（g）铁道部除做好已述工作外，同时按铁道部Ⅱ级应急响应内容开展有关工作。

②铁路局应急响应。发生Ⅰ级标准的地质灾害后，受灾地区铁路局的应急响应在铁道部领导下，按本级处理Ⅰ级标准的地质灾害应急预案执行。

（2）Ⅱ级应急响应。Ⅱ级应急响应由铁道部负责启动。铁道部接到地质灾害报告后，认为达到Ⅱ级应急响应标准的，启动本级响应。铁路局及以下单位启动相应级别的应急响应。

①铁道部应急响应：

（a）铁道部接到地质灾害报告后，部地质灾害应急领导小组领导立即赶现场组织指挥抢修。

（b）组织有关铁路局保护好铁路职工和旅客人身安全，尽快疏散滞留旅客，尽量减少财产损失；调整列车运行图，优先保证国家重点运输和抢险物资的运送；全力组织抢险、抢修，尽快开通线路。

（c）对于抢修技术复杂、施工困难、工期较长的，在现场设立临时指挥部，组织指挥有关铁路局、工程局、设计院、相关专业专家联合抢修，协调跨局的抢修物资和抢险队伍的调运，组织迂回运输。

（d）铁道部应急指挥部可根据需要，请当地政府或厂矿企业支援地质灾害抢险。必要时，协调动用铁路战备器材，请求中国人民解放军武装警察部队支援。

②铁路局应急响应。发生Ⅱ级应急响应标准的地质灾害，铁路局在第一时间向铁道部地质灾害应急领导处理小组报告。同时，铁路局地质灾害应急领导小组领导带领工务、调度、运输、机务、车辆、电务、水电、劳卫、公安等各专业部门负责人以最快速度赶赴现场，成立地质灾害抢险救灾指挥分部，负责调查、评估灾情，研究抢修方案，调运抢险队伍、机具、物资和组织工程抢修，提供通信、水电、后勤、医疗卫生、治安保障。

5. 应急启动

（1）Ⅰ、Ⅱ级应急响应的启动以《铁道部关于启动地质灾害应急预案X级应急响应的命令》形式宣布，命令内容包括地质灾害基本情况、响应级别、响应单位及各自应急职责等。Ⅲ、Ⅳ级应急响应由铁路局负责启动。应急响应程序和内容在铁路局应急预案中具体规定。

（2）铁路地质灾害应急响应结束遵循“谁启动，谁结束”的原则，由相应的铁路组织宣布应急结束。

（3）Ⅰ、Ⅱ级应急响应以《铁道部关于结束地质灾害应急预案X级应急响应的通知》的形式宣布。

（4）Ⅲ级应急响应结束由铁路局负责宣布结束，Ⅳ级应急响应结束由铁路单位负责。

（5）宣布应急响应启动的命令和结束的通知应抄送应急管理办公室、应急救援指挥中心及防洪指挥部成员单位。

6. 事件评估

应急响应结束后，铁路局地质灾害应急管理办公室应及时组织有关人员对地质灾害事件处置过程进行详细的事件评估总结，于10日内将评估报告报铁道部地质灾害应急管理办公室及铁道部有关管理部门。

7. 后期处置

（1）地质灾害抢险完毕后，地质灾害发生单位对抢险剩余材料应及时清理，点收入账，冲减支出，做到工完料净。地质灾害备用物资的分配，应优先用于复旧加固工程，亦可移作基建、大修、维修使用。

（2）抢通线路后，地质灾害复旧工程要按照彻底消除地质灾害根源、不留后患的原则，立即开展复旧工程施工，力争当年完成。

（3）各级财务部门应对灾害造成的固定资产损坏、抢险和工程复旧费等进行统计，经核实后报上级主管单位和有关部门。

（4）相关铁路局做好地质灾害应急工作总结，吸取教训、总结经验，并书面上报铁道部地质灾害领导小组。

（5）因地质灾害发生铁路交通事故，由安监部门牵头，运输、公安、劳卫等部门配合，在最短时间内查明原因，确定责任，及时采取防范措施，奖功罚过，并向铁道部地质灾害领导小组汇报，向全国通报事故原因和处理结果。

（6）因地质灾害引发铁路交通事故造成人员伤亡时，按铁道部有关规定进行处理。其他人员伤亡，按国家和铁道部规定进行处理。

8. 保障措施

（1）物资保障。对于铁路沿线地质灾害集中、易发区段的山区铁路，在采取工程措施之前，应做好以下抢险救灾准备：

①抢险料具放在便于装卸的地点，以便迅速抢运。未经有关防洪组织批准，不得挪用。各铁路局防洪储备料具的数量、地点在汛前要列表报铁道部备案。

②要有一定数量的石料、木枕、编织袋等物资储备，配备推土机、装载机、拆装梁、工字梁、钢塔架等抢险设备。抢险备用物资和设备的数量、地点等列表报铁道部备案。

③备用抢险设备要定期进行状态检查，确保抢险使用。

④各铁路局在适当地点设置抢险备用车，按规定向铁道部申请拨给，作为铁路用车掌握使用。遇有特别紧急灾情，铁路局长可按路用车管理办法的有关规定，临时安排抢险备用车。

⑤抢修物和设备要根据情况变化，及时调整或补充。

⑥有关施工段（队）应“平战结合”，一旦发生灾害能迅速组成防灾抢险队。各级抢险队伍组成后，要结合防洪准备进行技术演练，提高对突发地质灾害的应急抢险能力。

（2）制度保障。汛期，工务段应严格执行对线、桥设备及周边环境的检查、监视制度，确保铁路主要干线安全。在降大雨、暴雨时，工区、领工区应执行分段负责、冒雨检查制度。各工区应有一定的人员留宿，以便夜间冒雨检查和参加抢险。

（3）通信保障。地质灾害办事机构应配备先进的通信、数据处理等设备，以便快速、准确传递地质灾害信息，提高办公效率。通信设备必须服从地质灾害工作需要，优先为地质灾害抢险服务。

（4）信息保障。地质灾害日常管理单位应加强研究地质灾害发生规律，全面推广使用地质灾害信息管理系统、地质灾害地理信息系统，努力实现查除险情和灾情监测手段现代化。

3.3.1.3 铁路破坏性地震应急处理预案

1. 工作原则

铁道部的地震应急工作在国务院的领导下进行；铁路局的地震应急工作在所在地省（自治区、直辖市）人民政府和铁道部的领导下进行。

铁道部应急管理的具体工作原则：

（1）分级负责。铁路地震应急工作实行铁道部、铁路局、站段逐级负责制。根据地震破坏程度和范围的不同，由相应责任单位组织协调辖区各单位的地震应急工作。

（2）紧急处置。各级铁路运输单位在地震应急期有权采取紧急处置措施，以保障抢险和运输，减少地震灾害损失。

2. 应急机构及其主要职责

遭受特大破坏性地震灾害时，由铁道部铁路抗震救灾应急领导小组（抗震救灾指挥部）在国务院抗震救灾指挥部的领导下直接指挥和协调铁路的地震应急工作。

遭受一般及严重破坏性地震灾害时，由铁路局抗震救灾应急领导小组（抗震救灾指挥部）在所在地（自治区、直辖市）人民政府抗震救灾指挥部的领导下开展应急工作，铁道部负责协调跨局的地震应急工作。

铁道部抗震救灾应急领导小组（抗震救灾指挥部）组成：组长为铁道部主管副部长，副组长为铁道部总调度长，成员为各司局及部门负责人。

铁道部抗震救灾应急领导小组下设办公室，作为具体办事机构，设在运输局基础部。铁道部抗震救灾应急领导小组办公室主要职责：

(1) 地震灾害发生后，迅速了解、搜集和汇总受灾地区的震情、灾情和铁路运输情况，及时向部抗震救灾指挥部、部应急办、部应急救援指挥中心和国务院有关部门应急机构报告并保持联系。

(2) 按铁道部抗震救灾应急领导小组（指挥部）要求，及时传达部署指挥部抗震救灾抢险工作，向铁路局下达各项命令和有关通知，组织快速评估和审查铁路系统震害损失，收集、汇总各部门、各单位应急工作情况。

(3) 按领导小组（指挥部）要求及时组织各项信息反馈和信息交流，编制内部抢险信息简报。协助新闻部门做好新闻发布。

(4) 负责与应急办、应急救援指挥中心及有关部门的协调、联系，落实应急领导小组的决策；负责提出完善预案的意见、建议，并提出预案修订的建议方案；指导铁路局、专业运输公司、铁路公司制定应急预案；制定应急预案演练计划并组织做好实施工作。

(5) 负责制定预案演练计划，并协调预案演练工作；指导铁路局（专业运输公司）开展预案演练工作。

(6) 负责处理指挥部日常事务，办理指挥部交办的其他各项任务，掌握相关应急预案启动情况，并建立相应台账。

(7) 负责与预案有关的各项基础工作。

铁路局、铁路公司比照铁道部抗震救灾指挥部的组成，建立和完善各级开展集中组织机构和职责。

3. 预警预防和信息报送

1) 预警预防

铁路局、铁路公司要做好制定和完善破坏性地震预案工作，做到组织落实、责任明确、工作到位、应急有序、有备无患。

新建、改建、扩建工程必须按国家有关规定和抗震设计规范要求进行抗震设防，不符合抗震设防标准的工程不得建设。

凡在国家规定抗震设防区内未经抗震设防的铁路工程设施和设备，应按抗震鉴定标准和加固技术规定进行加固，以达到应有的抗震能力。

铁路各级宣传教育部门应根据不同对象，采取专业培训与群众教育相结合、集中宣传与日常宣传相结合的方式，进行抗震减灾有关知识的宣传，以增加职工和家属的地震应急能力。

2) 信息报送

(1) 信息报送内容包括。破坏性地震发生的时间、地点、震级、灾情、处置情况、抢险方案和预计抢通时间。灾情包括线路、桥梁、隧道、涵渠、信号、通信、信息、电力、接触网、机车车辆、房屋建筑物等设备损害的程度，影响列车的车次，人员伤亡情况等。

（2）信息报送时限。正线在2小时以内，其中京广、京沪、京九、京哈、陇海、沪杭、浙赣线在1小时以内。站线在4小时以内。造成特大损失的特别严重破坏性地震和严重破坏性地震抢险情况每4小时向铁道部抗震指挥部汇报1次。

（3）信息报送程序。地震信息报送程序按照站段、铁路局、铁道部三级逐级上报。遇特殊情况时，基层站段可以直接向铁道部抗震救灾指挥部及其办公室越级报告。各级铁路抗震救灾指挥部同时将震情、灾情报相应级别的人民政府的抗震救灾指挥部。

4. 临震应急响应

铁路局在接到省（自治区、直辖市）人民政府发布破坏性地震临震预报后，即进入临震应急期。对预报区内可能造成的铁路地震，或设计预报区周边重要铁路设施的临震应急时，铁路局应急响应如下：

（1）迅速启动抗震救灾指挥部，各级领导及工作人员迅速到岗。

（2）根据震情发展和铁路运输设备抗震能力，发出避震通知，组织避震疏散工作，关闭公共娱乐及公共场所，疏散非必须坚守岗位的运输生产人员。

（3）对运输要害部位、重要设备、不停岗场所，采取相应的临时性避震、抗震和保卫措施。

（4）对工程抢险、消防、医疗救护、汽车运输、应急通信等关键部门的人员紧急集结，对相应的物资、机械设备、车辆、器具、药品等进行紧急集中和检查，并实行紧急值班制度。

（5）对严重影响铁路运输安全的生命线工程和次生灾害源采取紧急防护措施。

（6）部署各专业应急保障方案和抢险方案，督促和检查各专业抢险救灾的各项准备工作。

（7）进行避震和抗震救灾知识的宣传，平息地震谣传，保障社会稳定。

5. 应急响应

地震应急响应按地震震级及其对铁路运输设备造成的破坏程度和救灾规模，分为Ⅰ级（特大破坏性地震）应急响应、Ⅱ级（严重破坏性地震）应急响应、Ⅲ级（一般破坏性地震）应急响应和Ⅳ级（轻微破坏性地震）应急响应。

（1）Ⅰ级（特大破坏性地震）。达到以下情况之一，启动Ⅰ级应急响应：

①在铁路辖区或临近地区（约50km内）发生大于或等于7.0级地震；

②造成铁路人员和旅客死亡30人及以上，或者100人以上重伤；

③中断铁路繁忙干线铁路行车48小时以上的；

④铁路运输枢纽和重要机构所在地发生国家规定的特大破坏性地震，也视为造成铁路特大破坏性地震。

Ⅰ级应急响应由国务院或国务院授权铁道部启动。

（2）Ⅱ级（严重破坏性地震）。达到以下条件之一，启动Ⅱ级应急响应：

①在铁路辖区或临近地区（约50km内）发生大于或等于6.0级、小于7.0级的地震；

②造成死亡10人及以上30人以下死亡，或者50人以上100人以下重伤；

③中断铁路繁忙干线行车24小时以上或中断其他线路铁路行车48小时以上的；

④铁路运输枢纽和重要机构所在地发生国家规定的严重破坏性地震，也视为铁路严重破坏性地震。

Ⅱ级（严重破坏性地震）应急响应由铁道部启动。

（3）Ⅲ级（一般破坏性地震）。达到以下条件之一，启动Ⅲ级应急响应：

①在铁路辖区或临近地区（约50km内）发生6.0级以下的地震；

②造成3人以上死亡，或者50人以下重伤；

③中断铁路繁忙干线行车6小时以上或中断其他线路铁路行车10小时以上的；

④铁路运输枢纽和重要机构所在地发生国家规定的一般破坏性地震，也视为铁路一般破坏性地震。

Ⅲ级（严重破坏性地震）应急响应由铁路局负责启动。

（4）Ⅳ级（轻微破坏性地震）。达到以下条件之一，启动Ⅳ级应急响应：

①造成3人以下死亡，或者10人以下重伤；

②中断铁路繁忙干线行车3小时以上，或者繁忙干线限速8小时以上，或者中断其他线路铁路行车6小时以上；

③铁路运输枢纽和重要机构所在地发生的轻微破坏性地震，也视为铁路轻微破坏性地震。

Ⅳ级（轻微破坏性地震）应急响应由铁路局负责启动。

6. 应急响应行动

（1）Ⅰ级应急响应由铁道部报请国务院，由国务院或国务院授权铁道部启动。必要时，由国务院领导指导应急救援，协调相关部门的行动。铁道部以下各级单位同时启动相应级别的应急响应。

发生铁路特大破坏性地震后，铁道部迅速启动抗震救灾指挥部，开展铁路运输地震应急工作，并向国务院抗震救灾指挥部派出联络员，参加国务院抗震救灾指挥部办公室的应急工作。

①铁道部应急响应：

a）在国务院抗震救灾指挥部的领导下，全面负责铁路系统的抗震救灾工作。

b）执行国务院和有关指示，主要负责人参加国务院抗震救灾指挥部联席会议，贯彻落实国务院抗震救灾指挥部的各项决议、要求和下达的任务。

c）实施紧急应急工作，确定紧急援助的区域、项目和规模，部署各专业部门的抢险任务和急需采取的措施，根据国务院抗震救灾指挥部的要求和铁路受灾情况，紧急调集抢险救灾专业队、设备和器材，研究部署抢险方案。视铁路受灾情况，可向国务院请求协调部队对铁路实施救援。

d）迅速派出各专业部门组建的工作组赶赴灾区现场，主持指挥抢险，加强救灾的组织领导，协助督促和指导现场开展抢险救灾工作，掌握受灾地区铁路抢险运输的主要工作和进展情况。

e）及时协调、解决抢险运输和抢险救灾中出现的各种问题，组织主要应急工程检查验收工作。

②铁路企业应急响应：发生铁路特大破坏性地震后，受灾地区铁路企业应立即启动抗震救灾指挥部，并在铁道部和省（自治区、直辖市）抗震救灾指挥部的领导下，按本级

铁路严重破坏性地震灾害应急响应方案执行。

（2）Ⅱ级应急响应由铁道部负责启动，铁路企业以下各级单位启动相应级别的应急响应。发生铁路严重破坏性地震后，受灾地区铁路企业应立即启动抗震救灾指挥部，采取地震应急行动，并向铁道部和所在地（省、自治区、直辖市）人民政府报告。

①铁道部应急响应：

a）铁道部根据受灾情况和地震趋势迅速作出抢险救灾部署，向国务院报告震情、灾情，落实国务院抗震救灾的指示。

b）根据抢险救灾部署，组成由有关部门参加的抢险救灾工作组迅速赴灾区开展工作。必要时，调整运输干线的行车组织和计划，报请国务院对铁路干线采取交通管制措施。

c）根据灾区铁路局地震救灾指挥部的请求，迅速确定对灾区进行紧急支援的部门、单位、设备及有关救援安排。

d）铁道部向灾区铁路单位发出慰问电，组织慰问团赴灾区对铁路职工家属进行慰问，组织、接受和运送对灾区铁路系统的各种救援。

②铁路企业应急响应：

a）铁路局企业震救灾指挥部全体成员迅速到位，启动应急预案，实施对管内地震应急工作的统一领导。

b）研究部署应急抢险工作，迅速了解震情、灾情及抢险运输情况，确定铁路运输受灾范围和应急规模，将受灾情况及时报告铁道部及所在地人民政府，必要时报请铁道部对铁路运输重要区段采取特别管制措施。视受灾情况，可请求非受灾地区铁路局进行支援。

c）震区铁路企业各部门和单位立即进入应急状态，各级值班人员立即就位，各级专业抢险队伍组建待命，紧急集中所有运输车辆、抢险抢修机械设备、工具器材、物资、材料、通信工具和其他备品进入紧急待命状态，除运输生产岗位以外的其他部门和单位应立即做好支援抗震救灾和抢险运输的一切准备，其他人员迅速避震疏散。

d）铁路企业各业务部门依据各自职责和指挥部命令迅速开展各项应急工作，掌握各专业设备的震害损失、震害范围。组织制定抢险措施和提报抢险建议方案。

（a）工程抢险。迅速调集专业队伍，对破坏的线路桥梁、信号、电力、给水、房屋等进行抢修。首先保障铁路枢纽及干线的疏通，对受损的设备及时进行监测和鉴定，对关键设备和区段要实行昼夜监测，分别按临时应急抢修、恢复作业抢修、单线通车抢修及迂回通车抢修方案进行抢险，对震害抢通区段和危及行车安全的区段要加强监护。

（b）运输保障。按先干线后支线、先抢通后恢复的原则，尽快恢复正常的运输秩序。首先要保障抢险运输的调度指挥和站场抢险组织工作，在运输上要先保证抢险救援人员、物资的运输和灾民的疏散。铁路运输部门应根据运输设备受灾和恢复情况、救援运输的要求及时向抗震救灾指挥部报告紧急运输组织方案，保证与指挥部间运输信息的疏通。

（c）机务车辆。主要保障列车救援、救援车辆的使用和抢险机车牵引的应急组织工作，及时组织抢险、抢修和请求救援，根据线路情况、牵引供电情况、机车车辆情况和救援运输的要求，及时向指挥部提报应急交路方案、机车应急供油方案和机车车辆抢修、整备调整方案，组织、调整机车车辆乘务人员进行抢险运输应急工作。

（d）医疗救护与卫生防疫。迅速协调组织急救队伍赴地震灾区抢救伤员，协助灾区采取有效措施做好灾区防疫工作。

(e) 旅客安置。调配救济物品，保障旅客的基本生活，做好旅客的转移与安置工作。

(f) 维护社会治安。铁路公安局要协助灾区加强治安管理和安全保卫工作，预防和打击各种违法犯罪活动，维护社会治安，保证抢险救灾工作顺利进行。

(g) 次生灾害防御。对易发生次生灾害（火灾、爆炸、污染）的地点和设施，采取紧急处置措施，加强监视、控制，防止灾害扩展。

(h) 稳定社会秩序。做好抗震救灾宣传工作，平息地震谣传或误传，对受灾职工家属进行慰问。

(3) Ⅲ级和Ⅳ级应急响应由铁路企业负责启动，应急响应内容、程序在铁路企业应急预案中规定。

7. 应急响应的启动和结束程序

Ⅰ、Ⅱ级应急响应的启动，由铁道部抗震救灾指挥部办公室，以《铁道部关于启动××应急预案×级应急响应的命令》形式宣布。命令内容包括地震灾害基本情况，响应级别、响应单位及各自职责等。Ⅲ、Ⅳ级应急响应由铁路局抗震救灾指挥部负责启动。应急响应程序和内容在铁路局破坏性地震应急预案中具体规定，由铁路局抗震救灾指挥部负责组织制定。

铁路地震应急结束遵循“谁启动，谁结束”的原则，由相应的的铁路抗震救灾指挥部办公室宣布结束。Ⅰ、Ⅱ级应急响应由铁道部抗震救灾指挥部以《铁道部关于结束××应急预案×级应急响应的通知》形式宣布。Ⅲ、Ⅳ级应急响应由铁路局抗震救灾指挥部负责宣布结束。

宣布应急响应启动的命令和结束的通知，应抄送应急管理办公室、应急救援指挥中心及铁路抗震救灾指挥部各成员单位。

坚持实事求是、把握适度、及时全面的原则，统一由铁道部新闻主管部门负责新闻发布。必要时，请新闻办组织协调。

8. 事件评估

应急响应结束后，铁路局抗震指挥部应及时组织有关人员对本次地震灾害事件作出评估，并在10日内将事件评估报告报铁道部抗震救灾指挥部。

评估报告主要内容包括：

(1) 地震灾害发生前的预防预警情况。

(2) 地震灾害损失基本情况。包括铁路线路、桥隧、信号、电力、给水、房屋等设备、设施的破坏情况（文字材料、图像、照片等），各种经济损失，人员伤亡情况等。

(3) 应急处置过程。包括应急抢险中的信息报送、主要抢险过程、舆论控制、处置效果、社会资源调动及各部门的协调配合情况等。在主要抢险过程中应明确抢险方案、组织、抢险工作量，参加单位，采取的方案，所使用的人力、机具、材料，抢险时间、费用等。

(4) 灾后的铁路设备检查情况。抢险完毕后，应立即对震区范围内的铁路设备进行一次详细的摸排检查，将检查结果逐级上报。

(5) 进一步复旧的方案意见。

(6) 抢险过程中存在的问题，应汲取的经验教训，改进意见。

（7）其他需要说明的情况。

9. 保障措施

（1）通信与信息保障。各级应急指挥处置人员应通过有线、无线、广播等有效的通信手段建立可靠的通信联系。要加强设备维护，确保通信畅通，保障信息的有效传递。需要启动应急通信系统时，由电务调度通知铁通公司启动。

（2）救援装备和应急队伍保障。铁道部根据铁路救援体系建设规划，协调、检查、促进铁路应急救援基地建设和救援队伍建设，保证应急状态时的调用。

铁路企业应根据实际情况制定相应的应急救援保障体系，确定机构、人员，明确事故现场可供使用的应急设备类型、数量、性能和存放位置，同时制定备用措施。

（3）医疗卫生保障。各铁路运输企业在制定应急预案时，应按照地方卫生行政部门确定的承担铁路地震医疗卫生防疫机构名录，明确不同地区、不同线路发生地震灾害时医疗卫生防疫机构地址、联系方式，并制定应急处置行动方案，确保应急处置及时有效。物资部门负责调集、提供帐篷，生活供应部门负责调集、提供应急食品及饮用水等。

（4）治安保障。各级应急处置预案中，要明确规定事故现场的治安保障负责人。铁路公安部门及当地公安机关要安排足够的警力做好应急期间各阶段、各场所的治安保卫工作，必要时，请求武警部队及时增援。

（5）社会动员保障。根据地震破坏的程度，动员足够的社会力量，建立相应的机制，保障地震应急处置的需要。

3.3.2 事故灾害引发的铁路突发事件应急处置方案

3.3.2.1 铁路交通突发事件应急预案

发生铁路交通运输突发事件时，铁道部、铁路企业（铁路局、铁路公司）、铁路单位应立即启动相应的铁路交通运输突发事件应急预案。

处置预案的具体规定为：

（1）《国家处置铁路行车事故应急预案》。

（2）《铁路交通事故调查处理规则》（中华人民共和国铁道部令第30号）。

（3）《铁路交通事故应急救援规则》（中华人民共和国铁道部令第32号）。

3.3.2.2 铁路船舶运输突发事故应急预案

发生铁路船舶突发事件，有关部门及单位应立即启动铁路船舶专业运输突发事故应急预案。

粤海、烟大等铁路船舶运输公司已制定了完善、详细的突发事件应急管理预案。

3.3.2.3 铁路网络与信息突发事件应急预案

1. 总则

（1）工作原则。按照统一领导、集中指挥、归口负责、分级管理、信息共享、分工协作、反应及时的原则，迅速处置铁路网络与信息安全事故和突发事件。

（2）组织机构。铁道部铁路网络与信息安全事故应急领导小组组长为铁道部部长，分管副部长和总工程师任副组长，办公厅及各司局、信息技术中心为成员单位。铁道部信息办主任担任铁道部应急领导小组办公室主任。

铁道部应急领导小组下设现场指挥、事故救援、事故调查、后勤保障、善后处理、宣传报道、治安保卫等应急处理协调组。各应急处理协调组在铁道部应急领导小组的统一指挥下，各负其责，按要求组织实施预案。

（3）机构职责：

①铁道部应急领导小组职责：统一领导、指挥铁路网络与信息安全事故应急救援工作；决定启动相关应急预案；需要国务院有关部门支援时，负责与有关部门的沟通与协调；决定向国务院应急领导机构请求支援和报告；负责有关紧急事项的决策。

②铁道部应急领导小组办公室职责：负责与铁道部应急办、应急救援指挥中心及有关部门的协调、联系，共同组织落实应急领导小组的决策；负责提出完善应急预案的建议和意见；做好铁路局、专业运输公司、铁路公司网络与信息安全事件应急预案制定工作的指导，审核相关应急预案，检查应急预案的应变及快速反应能力；负责各信息系统应急处置的组织、协调工作，遇重大情况负责与国务院信息化工作办公室、国家网络与信息安全信息通报中心联系，通报情况，取得支持；负责做好应急预案演练的组织、协调工作，落实应急预案演练计划；负责指导各信息系统业务主管部门和铁路局、专业运输公司相关应急预案演练工作；负责做好日常基础工作，掌握全路相关应急预案启动情况，并建立相应台账。

③有关部门职责：办公厅负责后勤保障组工作，协调各应急工作组工作。信息办负责协调各信息系统主管部门（办公厅、运输局、资金清算中心、信息技术中心）做好信息系统的恢复工作，并负责组织突发事件调查工作。宣传部负责宣传报道组的工作，负责新闻报道和对外新闻发布工作。

各信息系统主管部门按照国家及路局铁路信息化领导小组的要求，根据实际情况负责制定、落实本系统的应急预案。按照“谁主管谁负责，谁运营谁负责”的原则，负责本系统的网络与信息安全工作。

2. 组织体系框架

铁路网络与信息安全组织体系如图3－2所示。

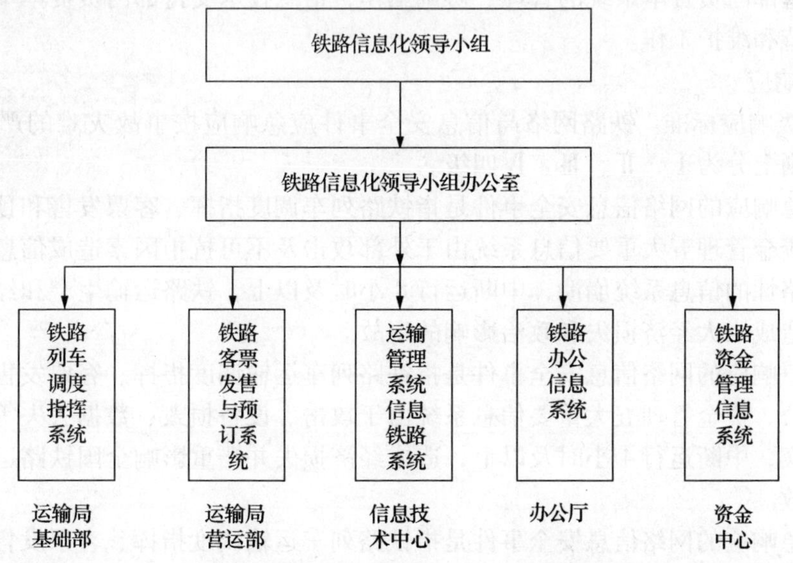

图3－2 铁路网络与信息安全组织体系

（1）运输局基础部负责铁路列车调度指挥系统安全事故、突发事件的应急处置工作，负责制定本系统的应急预案，建立应急反应机制。

（2）运输局营运部负责铁路客票发售与预定系统安全事故、突发事件的应急处置工作，负责制定本系统的应急预案，建立应急反应机制。

（3）信息技术中心负责铁路运输管理信息系统安全事故、突发事件的应急处置工作，负责制定各相关系统的应急预案，建立应急反应机制。

（4）办公厅会同局信息技术中心负责办公信息系统安全事故、突发事件的应急处置工作，负责制定本系统的应急预案，建立应急反应机制。

（5）资金清算中心负责铁路资金管理系统安全事故、突发事件的应急处置工作，负责制定本系统的应急预案，建立应急反应机制。

（6）运输局基础部及各铁路局电务部门会同中国铁通集团有限公司（以下简称中国铁通）及其分公司负责铁路运输通信、各信息系统网络通道的畅通、安全、管理及技术服务，并制定应急预案。

（7）各铁路局信息技术处（所）和信息系统归口管理部门负责制定铁路局管内信息系统的应急预案，建立应急反应机制。

3. 预防预警

（1）预防预警机制。铁道部信息办会同公安局共同负责全路网络与信息安全信息通报的管理、组织、协调工作；信息技术处承担铁路网络与信息安全信息通报中心日常工作，负责铁路各信息系统预警信息的通报工作，负责各通报单位网络与信息安全信息通报的接收、核实和跟踪了解；信息安全监察专职人员负责信息通报的汇总、分析和研判。

铁路网络与信息安全事件、预警信息随时通报，通报时间为发生安全事件或预警信息2小时内；每月通报安全状况、形势分析、网络环境及计算机感染病毒情况。

（2）预警支持。铁路网络与信息安全预警实行主管部门与技术支持部门分工负责制。信息系统主管部门负责本系统的管理、协调工作；信息技术支持部门负责本单位各信息系统的技术支持和维护工作。

4. 应急响应

（1）分级响应标准。铁路网络与信息安全事件应急响应应按事故灾难的严重程度和影响范围，原则上分为Ⅰ、Ⅱ、Ⅲ、Ⅳ四级。

Ⅰ级应急响应的网络信息安全事件是指铁路列车调度指挥、客票发售和预定、运输管理、办公、资金管理五大重要信息系统由于外部攻击及不可抗拒因素造成信息系统严重破坏，导致全路性的信息系统崩溃，中断运行8小时及以上，铁路运输生产和经营管理无法正常运行，造成巨大经济损失和政治影响的事故。

Ⅱ级应急响应的网络信息安全事件是指铁路列车运输调度指挥、客票发售和预定、运输管理、办公、资金管理五大重要信息系统由于攻击、设备损毁、数据丢失等原因，导致信息系统瘫痪，中断运行4小时及以上，造成经济损失并严重影响全国铁路运输生产和经营管理的事故。

Ⅲ级应急响应的网络信息安全事件是指铁路列车运输调度指挥、客票发售和预定、运输管理、办公、资金管理五大重要信息系统由于攻击、设备损毁和故障、数据丢失等原因，导致信息系统中断运行2小时及以上，造成经济损失并在铁路局范围内严重影响运输生产和经营管理的事故。

Ⅳ级应急响应的网络信息安全事件是指铁路列车运输调度指挥、客票发售和预定、运输管理、办公、资金管理五大重要信息系统由于攻击、设备损毁和故障、数据丢失等原因，导致信息系统中断运行1小时以上，造成经济损失并在铁路运输站段范围内严重影响运输生产和经营管理的事故。

（2）应急响应行动：

①Ⅰ级应急响应行动由铁道部报请国务院，由国务院或国务院授权铁道部启动。

a）铁道部接到事故报告后，立即报告国务院，同时根据事故情况，通知有关部门和单位。必要时，由国务院分管领导或协调分管的副秘书长指挥、协调应急救援工作。

b）铁道部开通与国务院有关部门应急救援指挥机构以及现场救援指挥部的通信联系通道，随时掌握事故进展情况。

c）通知有关专家对应急救援方案进行咨询。

d）根据专家的建议以及国务院其他部门的意见，铁道部应急领导小组确定事故救援的支援和协调方案。

e）派出有关人员和专家赶赴现场参加、指导现场应急救援。

f）协调事故现场救援指挥部提出的其他支援请求。

g）在可能影响运输安全的情况下，同时启动相关预案。

②Ⅱ级应急响应行动由铁路局负责启动。由铁道部应急领导小组以《铁道部关于启动铁路网络与信息安全事故应急预案Ⅱ级应急响应的命令》的形式宣布，命令内容包括事故的基本情况、应急响应级别、响应单位及各自职责等。结束响应后，由铁道部应急领导小组以《铁道部关于结束铁路网络与信息安全事故应急预案Ⅱ级应急响应的通知》的形式宣布。宣布应急启动的命令和结束的通知抄送铁道部应急管理办公室、应急救援指挥中心及应急领导小组成员单位。

a）接到事故报告后，铁道部信息办立即通知铁道部应急领导小组有关成员前往指挥地点，并根据事故具体情况通知有关专家参加，应急指挥地点设在各信息系统主管部门。

b）铁道部应急领导小组根据事故情况设立事故救援，事故调查、医疗救护、后勤保障、善后处理、宣传报道、治安保卫等应急协调组和现场救援指挥部，分别由铁道部办公厅、技术司、财务司、科技司、劳卫司、建设司、运输局、公安局、宣传部信息办、资金清算中心和信息技术中心及发生地铁路单位的有关人员组成。

c）开通与事故发生地铁路单位应急救援指挥机构、事故现场救援指挥部、各应急协调组的通信联系通道，随时掌握事故进展情况。

d）根据专家和各应急协调组的建议，铁道部应急指挥小组确定事故救援的支持和协调方案。

e）派出有关人员和专家赶赴现场指导现救援工作。

f）协调事故现场救援指挥部提出的支持请求。

g）向国务院报告有关事故情况。

h）超出本级应急救援处置能力时，及时报请国务院启动预案。

③Ⅲ级应急响应由铁路局负责启动应急网络，组织应急响应行动。

④Ⅳ级应急响应由铁路运输站段负责启动应急网络，组织应急响应行动。

（3）逐级上报制度。顺序为基层站段、铁路局、铁道部。网络和信息系统发生故障时，系统值班人员要在30分钟内上报，并按照各信息系统制定的应急预案对故障进行分析、判断，迅速确定故障类型、影响范围，通知相关责任部门迅速处理，处理结果记录要在2小时内上报主管部门。造成重大影响的突发事件直接上报铁道部信息办。信息报告流程如图3－3所示。

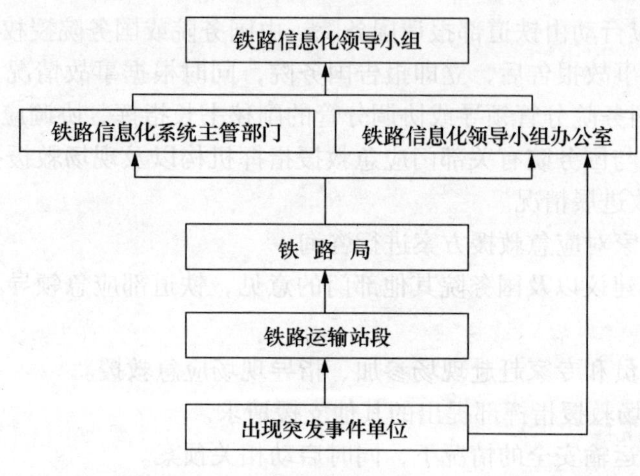

图3－3 信息报告流程

5. 信息应急处置

（1）处置要求。铁路信息系统必须具备处置各种突发事件的备用设备和应急手段，并能及时对系统和数据进行恢复。各系统、各单位要保留必要的、传统的运输生产指挥方法，并经常进行演练，以应付各种突发事件的发生，把对铁路运输生产的影响减少到最低程度。

针对自然灾害（地震、洪水等）、战争及不可预测的灾难情况，各单位、各部门要在铁道部、铁路局的统一部署下，做好系统和数据的灾难备份。同时，各系统要做好原始基础数据的日常备份工作，为系统数据恢复提供保证。

（2）病毒入侵处置。各信息协调技术支持部门要密切监视系统漏洞，及时做好系统升级。发生大规模病毒入侵引起系统瘫痪时，信息系统要从物理上与外部隔断，内部及时对系统进行快速处置、恢复，防止数据丢失。

（3）非法入侵处置。在全路网络范围内，铁道部、铁路局的各个关键部位要安装入侵监测系统（IDS），实时监测对重要网段的主机系统的非法攻击行为。发生非法入侵时，受到攻击的系统要中断网络联接，阻断非法攻击，实行内部封闭运行，确保系统和信息安全。

（4）系统故障处置。各单位要负责管辖范围内的7×24小时网络和系统监控。完善各项管理办法，针对系统硬件故障、操作失误等各类情况引起的系统故障，制定具体的、便于操作的应急处置工作流程，迅速反应，尽快恢复，排除故障。

（5）停电事故处置。各系统主机房配备两路以上供电电源，并具有自动切换功能。配置相应的不间断电源设备，确保在断电情况下的数据备份。重要系统主机房应考虑配备发电设备，遇重大断电事故，保证系统的正常运转，确保运输指挥工作的正常开展。

（6）火灾事故处置。各单位机房配备符合机房消防要求的消防设施，制定相应的管理办法，并对机房工作人员进行培训、演练，确保能够及时快速处置火险、火情。同时，按照火灾事故应急预案处理。

（7）网络通道故障处置。铁道部至各铁路局间部分干线通道故障，由系统值班员通知相关通信运营商处理，同时报铁道部主管部门。铁路局到站段及站内的通道故障，由站段值班员报铁路局电力调度，转报铁道部电务调度，再由铁道部电务调度通知相关电信运营商处理。中国铁通要确保铁路网络通道的畅通，遇网络突发事件，要及时通报相关的电务调度，并及时接通备用通道。

6. 新闻发布

坚持实事求是、把握适度、及时全面的原则，统一由铁道部新闻主管部门（政治部、宣传部）负责对外进行新闻发布。必要时，请国务院新闻办组织协调。

7. 应急结束

铁路网络与信息安全事故处理完毕，信息系统恢复正常运行，应视为应急结束。遵循“谁启动，谁结束”的原则，由相应的组织负责宣布应急结束。

8. 事件评估

事故和突发事件发生后，责任部门要全面评估铁路网络与信息安全事件的预防预警、信息报告、应急处置、部门协调配合、调动社会资源、事故损失、舆论控制、处置效果以及存在问题等情况；对网络和信息系统的资产、威胁、威弱性进行信息安全评估、分析、研判病毒、非法侵入、系统故障、停电事故、火灾事故、网络通道故障等不同类型的事故或突发事件造成的影响、损失。应急响应结束10天内，应急领导小组办公室提出评估报告，报铁道部应急管理办公室。

（1）资产评估。根据不同事故（事件）情况，依据资产的价值以及资产对时间的敏感性、对客户的影响、资产的社会影响和可能造成的法律争端等各个方面，分析其对通信网络、信息系统设备及相关信息资产造成的损失情况。

（2）威胁评估。评估通信网络、信息系统的威胁来源和在机密性、完整性或可能性等方面造成的损失。判断威胁是非授权蓄意行为、不可抗力、人为错误或设施、设备错误，还是对信息系统之间或间接的攻击。

（3）脆弱性评估。综合分析由于技术、管理等各方面的安全防护措施不足，而对通信网络、信息系统造成的影响，包括系统的安全策略、物理环境安全、人身安全、访问控制、组织安全、运行安全、系统开发和维护、业务联系性管理等方面存在的不足或缺陷。

9. 保障措施

（1）组织保证。各单位要成立网络信息安全应急处理领导小组，明确机构、职责，制定相应工作制度，落实责任。发生网络安全事故，各信息系统主管部门负责人要到事故或突发事件第一现场进行指挥、组织、协调。

（2）资源储备保障。要将网络与信息安全摆在与运输安全同样重要的位置，从人员、技术、设备等方面做好储备，建立系统及数据和备份机制，以应对各类突发事件的发生。

（3）资金保障。发生网络安全事故，各单位财会部门要采取得力措施，确保事故应急处置的资金需求。

（4）技术保障。各系统、各单位要明确系统及硬件技术支持单位和支持方式，建立计算机硬件、网络系统维护、支持专家库，明确联系方式，定期完善、更新。

（5）应急培训。各单位要加强具体工作人员应急预案的培训、学习，熟练掌握应急处置的应知应会内容，正确处理事故或突发事件，并做好应急预案的演练。

（6）信息共享。发生网络信息安全事故，要及时沟通应急处置过程的相关信息，并按照有关程序通知其他信息系统做好预警、防范工作。

10. 后期处置

（1）善后处理。事故或突发公共事件处理后，信息系统主管部门要深入调查、分析原因，进行整改。

（2）总结修改预案。对全过程进行全面总结，形成文案，备今后参考借鉴，并完善修改预案，报上级主管部门。预案修改后，报国务院备案，并抄送有关部门和单位。

3.3.3　社会危害事件引发的铁路突发公共事件应急处置方案

社会危害事件应急处置方案由铁路交通运输突发火灾事件应急预案、铁路处置群体性突发事件应急预案等部分组成。

3.3.3.1　铁路交通运输突发火灾事件应急预案

铁路交通运输突发火灾事件是指铁路车站、客运列车、货场仓库、施工工地、厂段机关内部单位以及其他公共聚集场所等铁路辖区，发生在时间或空间上失去控制的燃烧所造成的火灾事故。

1. 工作原则

（1）统一指挥。在本预案确定的组织指挥机构的统一领导下，各有关部门、单位和人员按照既定的分工，各负其责，各尽其职，保证事故救援工作高效、快速、有序地进行。铁路火灾事故的现场扑救，由地方公安消防部门统一组织和指挥，铁路单位予以配合。

（2）快速反应。火灾发生后，铁道部及有关铁路局应迅速反应，按照本预案的响应程序和工作要求，立即组织有关人员赶赴现场，向现场调集灭火救援队伍和所需的物资、装备，迅速开展灭火救援行动。

（3）以人为本。灭火救援中要把保证人的生命安全作为第一原则，尽最大努力做好人员疏散、遇难人员抢救以及伤员救治工作。同时，做好灭火人员的安全防护，确保安全。

（4）迅速扑灭。根据火灾现场实际情况，采取有效的灭火战斗方案和火灾扑救措施，迅速控制火势，扑灭火灾。

（5）减少损失。火灾救援中要千方百计防止火焰蔓延，抢救遇险物资，并尽可能减少次生灾害。火灾扑灭后，要尽快恢复生产、工作秩序，做好事故善后处理。

2. 组织机构

铁路交通运输火灾事故应急管理组织机构由铁道部、铁路局、专业运输公司、铁路公司（含国家铁路控股的合资铁路）以及铁路基层单位分别组成。事故发生时，有关单位按照各自预案及时有效地开展应急处置。

铁道部应急领导小组组长为主管运输安全工作的副部长，副组长为安监司司长、运输局局长和公安局局长，成员由办公厅、劳卫司、政治部、宣传部等部门负责人组成。

火灾事故应急领导小组办公室（设在公安局，办公室主任由公安局主管副局长担任，消防处处长任副主任），具体负责事故应急管理和系统指挥工作。

3. 应急响应

铁路交通运输火灾事故应急响应级别分为Ⅰ级、Ⅱ级、Ⅲ级、Ⅳ级。

（1）符合下列情况之一，启动Ⅰ级应急响应预案：

①事故已造成30人以上死亡，或危及50人以上生命安全；

②重伤100人以上；

③1亿元以上直接财产损失；

④国务院认定可启动Ⅰ级应急响应预案的火灾事故。

（2）符合下列情况之一，启动Ⅱ级应急响应预案：

①事故已造成死10人以上30人以下死亡，或危及30人以上50人以下生命安全；

②50人以上100人以下重伤；

③5000万元以上1亿元以下直接财产损失；

④铁道部认定可启动Ⅱ级应急响应预案的火灾事故。

（3）符合下列情况之一者，启动Ⅲ级应急响应预案：

①事故已造成3人以上10人以下死亡，或危及10人以上30人以下生命安全；

②10人以上50人以下重伤；

③1000万元以上5000万以下直接财产损失；

④铁路局认定可启动Ⅲ级应急响应预案的火灾事故。

（4）符合下列情况之一者，启动Ⅳ级应急响应预案：

①事故已经造成3人以下死亡，或危及10人以下生命安全；

②10人以下重伤；

③1000万元以下直接财产损失。

4. 应急响应行动

1）Ⅰ级应急响应行动

Ⅰ级应急响应由铁道部报请国务院，由国务院或国务院授权铁道部启动。启动预案后，按下列程序和内容响应：

（1）铁道部接到事故报道后，立即报告国务院，并根据事故情况进行处置。必要时，由国务院领导指导协调应急救援工作，并协调相关部门；

（2）铁道部开通与国务院有关部门、事故发生地省级应急救援指挥机构以及现场救援指挥部的通信联系通道，随时掌握事故救援进展情况；

（3）通知有关专家对应急救援方案进行咨询；

（4）根据有关专家的建议以及国务院其他部门意见，铁道部确定事故救援的支援和协调方案；

（5）派出有关人员和专家赶赴现场参加、指导现场应急救援；

（6）协调事故现场救援指挥部提出的其他支援请求。

2）Ⅱ级应急响应行动

Ⅱ级应急响应由铁道部负责启动。启动预案后，按下列程序和内容响应：

（1）铁道部应急领导小组在组长主持下，立即开展有关协调指挥工作。应急领导小组办公室立即通知各应急小组，其工作状态由日常管理变为应急状态管理，并按其应急职责立即开展工作。

（2）铁道部立即与事故发生地省级人民政府联系，通报情况，请求当地公安、消防、医疗卫生等部门开展现场灭火和救援等工作。

（3）开通与事故发生地铁路局应急救援指挥机构、事故现场应急救援指挥部的通信联系，随时掌握事故救援进展情况。

（4）根据专家和各应急小组的建议，由火灾事故应急领导小组办公室确定事故救援的支援和协调方案。

（5）派出有关人员和专家赶赴现场参加、指导现场应急救援。

（6）协调事故现场应急救援指挥部提出的支援请求。

（7）向国务院安委会办公室报告有关事故情况。

（8）超出本级应急救援处置能力时，及时请求国务院启动相应预案。

3）Ⅲ级和Ⅳ级应急响应行动

Ⅲ级和Ⅳ级应急响应分别由铁路局和运输站段负责启动，响应程序和内容在铁路局和运输站段火灾事故应急预案中具体规定。

铁道部启动Ⅰ级和Ⅱ级应急响应时，由火灾事故应急领导小组以《铁道部关于启动火灾事故应急预案X级响应的命令》的形式宣布，命令内容包括火灾基本情况、响应单位及各自职责等内容。

宣布应急响应启动的命令应抄送应急管理办公室、应急救援指挥中心及应急领导小组成员单位。

5. 信息报送和处理

（1）铁路运输企业发生火灾伤亡事故时，按信息重要性逐级报送；一次造成死亡10人及以上的火灾事故，按特别信息逐级报送；如伤亡人员中涉及境外人员，按特别信息逐级报送的同时，按外事部门有关规定逐级上报。

（2）铁路系统内部以行车调度电话为主要通信方式，各级值班电话为辅助通信方式，铁路电话“117”人工台为应急通信电话，实施“立接制”服务。火灾事故发生后，按事故处理应急通信要求，设置事故现场指挥电话和图像传输设备，确定现场联系方式，确保应急指挥联络通畅。

6. 指挥和协调

（1）按属地化管理原则，分级建立应急领导小组以及事故现场指挥部，具体负责现场指挥和决策，火灾事故的现场扑救应服从地方公安消防部门的统一指挥。

（2）铁道部火灾事故应急领导小组办公室负责事故的应急协调指挥决策工作，提出事故现场控制行动原则和要求；派出有关专家和人员参与事故现场指挥部的应急指挥工作；协调有关救援力量实施增援行动；协调有关伤员医疗救助和医疗移送；协调有关事故调查工作。

（3）事发铁路局应迅速组织救援力量实施行动。

7. 紧急处置

发生铁路火灾事故需要启动应急预案时，各级应急领导小组分别按权限组织处置。根据事故具体情况、等级和实际需要调动应急队伍，集结专用设备、器械、物资、药品等，落实处置措施。铁道部火灾事故应急领导小组办公室根据现场请求，负责紧急调集铁路内部救援力量、专用设备和物质；事故发生地人民政府应全力保障救援物资的供给。

8. 救护和医疗

事故发生后，铁路部门要及时通知当地医疗救治机构或拨打“120”医疗急救电话。事发地人民政府负责组织医疗卫生机构进行紧急医疗救护及现场卫生处置。铁道部火灾事故应急领导小组办公室现场请求，负责协调有关医疗救护、医疗专家、特种药品和特种救治装备进行支援。

9. 应急安全防护

（1）应急人员的安全防护。发生铁路火灾事故时，应由铁路公安部门设置事故现场安全警戒线。根据事故发生的情况，对进入事故现场的有关人员发放防护设备和用品。根据请求，铁道部火灾事故应急领导小组办公室具体协调调集相应的安全防护装备。

（2）群众的安全防护。根据事故的实际情况，事故现场指挥部具体负责指挥疏散现场群众，防止造成人员伤害。

10. 铁路火灾事故的调查处理

铁路火灾事故由铁路公安消防部门按照公安部《火灾事故调查规定》进行调查，根据公安部、劳动和社会保障部有关火灾统计规定核定火灾损失，认定火灾事故责任并对有关人员提出处理意见。铁道部火灾事故应急领导小组办公室负责协调有关事故调查工作。

11. 后期处理

（1）铁路局负责组织火灾事故善后处置工作，铁道部火灾事故应急领导小组办公室负责协调有关工作。对伤亡人员的善后处置，根据国家现行有关法律法规和有关规定进行。

（2）发生铁路火灾事故时，事故发生地的铁路企业应通知有关保险机构及时赶赴事故现场，开展伤亡人员及财产的保险赔付工作。

12. 保障措施

（1）通信与信息保障。在应急处置过程中，通信部门应提供有线、无线、广播等有效的通信手段，要加强设备维护，确保通信畅通，保证信息的有效传递。需要确定应急通信系统时，由电务调度通知铁通公司启动。

（2）救援装备和应急队伍保障。铁道部根据铁路救援体系建设规划，协调、检查、促进铁路应急救援基地建设和救援队伍建设，保证应急状态的调用。铁路局根据实际情况制定相应的应急救援保证体系，确定机构、人员，明确事故现场可供使用的应急设备类型、数量、性能和存放位置，同时制定备用措施。

（3）医疗卫生保障。各级地方人民政府应提供铁路沿线医疗卫生部门和单位的联系方式，为铁路处置铁路火灾事故提供医疗卫生保障。各级应急预案指定的医疗机构或医疗单位，接到通知后应立即出动抢救伤员；同时要做好医疗药品、器械和医护人员的准备工作，不得以任何理由拒绝抢救、收治伤员。

（4）治安保障。各级应急处置预案中要明确规定事故现场的治安保障负责人，安排足够的警力做好应急期间各阶段、各场所的治安保障工作。如铁路公安机关警力不足，请地方公安机关及时增援。

（5）资金保障。铁路发生火灾事故时，事故发生地的铁路企业财会部门要采取得力措施，确保事故应急处置的资金需求。

13. 事件评估

（1）事件应急响应结束5日内，启动预案单位应向铁道部火灾事故应急领导小组办公室上报火灾事故处置情况报告。应急响应结束10日内，铁道部火灾事故应急领导小组办公室提出评估报告，经领导小组审定后，报应急管理办公室。

（2）事件评估内容。组织体系，包括火灾应急处置领导小组、应急办公室等组织是否健全；铁路火灾事故的预防预警、信息报告、应急处置、协调配合、调动社会资源、事故损失、舆论控制、处置效果等情况；针对应急管理工作和处置铁路火灾事故中存在的突出问题提出建议；监督管理、预案演练、现场培训与奖惩的情况。

3.3.3.2 铁路处置群体性突发事件应急预案

铁路群体性突发事件是指在国家铁路、国家铁路控股合资铁路发生的群体性拦截列车、冲击铁路车站、群体性上访和冲击铁路机关等严重干扰、阻挠铁路运输生产、扰乱铁路运输指挥机关正常办公秩序的事件。

1. 处置铁路群体性事件的目的和依据

为维护社会稳定，迅速、有效地处置影响铁路运输安全的群体性事件，最大限度减少群体性事件造成的危害和损失，根据《中华人民共和国刑法》、《中华人民共和国铁路法》、《中华人民共和国治安处罚法》、《铁路运输安全保护条例》、《铁路交通事故应急救援和调查处理条例》等法律法规，制定应急预案。

2. 组织指挥体系

重大突发事件发生后，处置群体性事件应急领导小组负责处置工作的指挥和决策。铁路处置群体性事件应急领导小组由铁道部主管副部长担任，副组长由铁道部办公厅主任担任。处置群体性事件应急领导小组的成员由铁道部主管部门及相关支持部门负责人组成。

铁路处置群体性事件应急领导小组下设办公室，办公室设在铁道部办公厅，主任由办公厅副主任担任，公安局治安处处长任副主任。

3. 铁路处置群体性事件应急领导小组职责

（1）统一领导铁路系统参与突发事件应急处置工作；

（2）决定启动或终止本级预案；

（3）协调有关铁路局参加地方政府应急处置；

（4）负责与国务院有关部门的沟通；

（5）决定向国务院请求支援和报告情况；

（6）有关紧急事项的决策。

4. 铁路处置群体性事件应急现场指挥部职责

大规模铁路群体性突发事件发生后，铁路局（同级单位）应立即成立铁路处置群体性事件应急现场指挥部，在地方政府现场应急指挥部的统一领导下开展处置工作。

（1）根据上级铁路处置群体性事件应急领导小组和发生地政府应急现场指挥部的指示，下达现场处置指令。

（2）按照发生地政府应急现场指挥部要求，指挥铁路有关部门和公安机关进行处置，协调和落实处置工作中的具体事宜。

（3）指挥铁路有关部门做好应急增援准备工作。

（4）指挥铁路有关部门采取抢救、保护、转移、疏散和撤离等措施。

（5）负责现场铁路处置部门人员、物资的调用。

（6）全面掌握事态发展，及时向上级铁路处置群体性事件应急领导小组报告情况。

（7）参加现场的善后处置工作。

（8）对各有关单位现场处置工作进行总结和报告。

5. 预防预警

（1）各部门、各单位要强化信息的收集、分析研究与传报工作，对可能发生的群体性事件进行评估和预测，制定预防和处置措施，报送信息必须及时准确。

（2）预警行动。铁路企业制定必要的预警机制，定期进行演练，随时做好应对各种群体性突发事件的准备。铁路单位要落实预警责任制，做好处置群体性突发事件的交通、通信等各种装备器材的准备，增强应急处置能力。

6. 突发事件等级划分

1）特别重大群体性事件（Ⅰ级）

（1）群体性拦截列车、冲击铁路车站，群体性上访和冲击铁路运输指挥机关人员一次参与人数在5000人及其以上，参与人员对抗性特征突出，已发生严重违法犯罪行为或骚乱；

（2）造成30人以上死亡或100人以上重伤；

（3）铁路行车指挥设备严重损坏，铁路六大干线（京哈、京沪、京广、陇海、京九、沪昆线）中断行车8小时及以上；

（4）出现全国范围互动和连锁反应，严重危害社会和铁路稳定；

（5）国务院视情需要作为Ⅰ级对待的事件。

2）重大群体性突发事件（Ⅱ级）

（1）群体性拦截列车、冲击铁路车站，群体性上访和冲击铁路运输指挥机关人员一次或累计参加人数在1000~5000人之间，参与人员对抗性特征明显；

（2）造成10人以上30人以下死亡或50人以上100人以下重伤；

（3）铁路行车指挥设备损坏，六大繁忙干线中断行车4小时及以上；

（4）出现跨省（区、市）的互动和连锁反应，造成严重危害和损失，事态可能扩大；

（5）铁道部视情需要作为Ⅱ级对待的事件。

3）较大群体性突发事件（Ⅲ级）

（1）群体性拦截列车、冲击铁路车站，群体性上访和冲击铁路运输指挥机关人员一次或累计参加人数在100~500人之间，参与人员有对抗性特征；

（2）造成3人以上10人以下死亡或10人以上50人以下重伤；

（3）六大繁忙干线中断行车2小时及以上；

（4）已引发跨地区的连锁反应；

（5）铁路局视情需要作为Ⅲ级对待的事件。

4）一般群体性事件（Ⅳ级）

（1）群体性拦截列车、冲击铁路车站、群体性上访和冲击铁路运输调度部门人员一次或累计参加人数在10~100人之间，参与人员有过激行为；

（2）造成3人以下死亡或者10人以下重伤；

（3）六大繁忙干线中断行车1小时内无法恢复通车；

（4）运输站段视情需要作为Ⅳ级对待的事件。

7. 分级应急响应

（1）特别重大群体性事件（Ⅰ级）发生后，首先在事发地省、自治区、直辖市政府的统一领导下，按照地方政府制定的应急预案，开展前期处置工作，铁道部积极支持配合，同时，铁道部要及时报请国务院，由国务院成立指挥部，启动国家大规模群体性突发事件应急预案，统一组织、指挥处置工作。

（2）重大群体性事件（Ⅱ级）发生后，铁道部立即成立铁路处置群体性突发事件应急领导小组，启动应急预案，指挥协调铁路系统在当地省（自治区、直辖市）政府的统一领导下，开展处置工作。

（3）较大群体性事件（Ⅲ级）发生后，铁路局（同级单位）立即成立群体性突发事件应急领导小组，启动应急预案，在当地省（自治区、直辖市）政府的统一领导下，开展处置工作。

（4）一般群体性事件（Ⅳ级）发生后，运输站段立即成立群体性突发事件应急领导小组，启动本单位预案，在当地政府统一领导下，开展处置工作。

（5）事发地铁路局要与当地政府和有关部门随时保持联系，及时逐级上报事件情况。报告内容要简明扼要，讲明发生线路、地点、时间、人数及原因、被拦列车车次、人员伤亡数字、损失、过程等主要情况。不得以任何借口迟报、瞒报。

（6）对发生的群体性突发事件和铁路干线因群体性拦截列车造成重大人员伤亡、拦截专运、特运列车、国际列车等影响重大的事件，发生地车站（列车）可越级向铁道部（铁路局）报告。

8. 紧急处置

（1）教育疏导。铁路局、运输站段和铁路公安机关有关工作人员到达群体性突发事件现场后，在处置群体性突发事件现场应急指挥部的统一指挥下，积极向群众宣传《铁路法》等法律法规中关于禁止冲击铁路、冲击铁路机关、聚众拦截列车的有关条款内容，教育、动员群众尽快解散离开现场。

铁路内部人员群体性拦截列车、上访、冲击铁路机关时，铁路局、运输站段和所属单位领导要出面与群众对话，进行教育、劝阻。

（2）维持现场秩序。群体性事件发生后，铁路公安机关要组织足够的警力配合地方公安机关维护现场的治安秩序，必要时应立即封闭现场，设置警戒线，劝阻群众围观和参与，防止因治安混乱引发伤亡事故及打、砸、抢等犯罪活动。

列车被拦停后，机车乘务人员要坚守岗位，加强瞭望，保证行车安全。旅客列车乘务人员要关闭列车门、窗，派人把守车门，防止拦车人员强行登乘列车。同时，旅客列车乘务人员要做好对车上旅客的宣传和安抚工作，防止旅客与拦车人员发生冲突。

（3）打击违法犯罪。铁路公安机关要配合地方公安机关加强对群体性突发事件的调查取证工作，依法严厉打击策划、组织、煽动群体性闹事的骨干分子，打击在群体性事件中殴打处置人员和群众的违法犯罪分子以及乘机搞打、砸、抢等的违法犯罪分子。

（4）强制措施。对拒不执行解散命令的人员，经处置群体性突发事件现场应急指挥部总指挥批准，由公安机关、武警依法采取强制措施驱散和强制带离闹事人员。

(5) 协调配合。铁路发生大规模群体性突发事件后，铁路公安机关要立即通报事发地公安机关请求支援，地方公安机关接到通报后，立即出警赶赴现场进行处置。铁路公安机关在现场应急指挥部的统一指挥下，积极配合地方公安机关维护现场治安秩序，打击违法犯罪活动，做好善后工作。

9. 后期处置

群体性突发事件平息后，处置群体性突发事件现场应急指挥部要组织有关部门进行清场，检查铁路设备状况，立即恢复通车和工作秩序。

公安机关对群体性突发事件的策划组织者和打、砸、抢违法犯罪嫌疑人依法进行处理。

铁道部处置群体性突发事件领导小组办公室组织有关部门对处置群体性突发事件预防预警、信息报告、应急处置、资源调动、协调配合、舆论控制以及造成的损失和索赔、处置效果及存在的问题进行综合评估，于应急响应结束10天内，提出评估报告，经领导小组组长审定后，报铁道部应急管理办公室。

3.3.4 危险化学品运输事故引发的铁路突发公共事件应急处置方案

危险化学品在铁路运输过程中一旦发生泄漏，应根据液化气体、危险化学品泄漏、污染事故的严重程度和影响范围等情况，迅速启动相应级别的《铁路危险货物运输事故应急预案》。

当发生危险化学品事故中涉及重大行车事故时，应同时启动《国家处置铁路行车事故应急预案》；当发生危险化学品事故中涉及重大火灾事故时，应同时启动《铁路火灾事故应急预案》。迅速动员、召集人员，调集专用设备器械、防护用品和有关物资及药品，进行处置。

3.3.4.1 信息通报

在车站或列车发生危险化学品运输事故以及液化气体泄漏时，应及时向列车调度员和货运、公安管理部门报告，并在1小时内向有关车站、铁路局拍发“货运事故速报”电报，同时抄报铁道部、主管铁路局。依法应当报告有关部门的，同时报告有关部门。

3.3.4.2 报告内容

(1) 事故类型。火灾，爆炸，中毒，腐蚀，辐射，爆炸品、剧毒品丢失，液化气体泄漏等。

(2) 事故发生时间。

(3) 事故发生地点。线别、站名（货场、专用线、专用铁路）、区间（桥梁、隧道）。

(4) 发生事故货物品名、编号、车种、车号、列车车次、机后位置、有无押运人员、运输方式（整车、零担、集装箱）。

(5) 事故概况及初步分析。人员伤亡、货物毁损程度、爆炸品或剧毒品丢失数量、液化气体泄漏部位、环境污染情况及对周边环境的威胁。

(6) 事故地点的周边环境。桥隧、水源、地形、道路、厂矿、居民、天气、风向等。

3.3.4.3 事故处理

(1) 查明事故性质，（爆炸、燃烧、泄漏）、危险化学品的种类、人员伤亡情况、事故发展趋势，防止火灾、爆炸和继续泻毒，全力阻止事故进一步扩大。封锁事故现场，危险区域实行隔离，严格交通管制。禁区范围大小要根据泄漏物的性质、规模、危险程度、地理位置和气象等情况来确定，确保现场安全。

(2) 抢救伤员和中毒者，疏散染毒区内人员，转移现场的危险物品。要集中力量抢救中毒人员，对事故现场伤员转移到上风安全地点，立即采取紧急抢救措施并迅速送往医院救治。

(3) 参加应急救援和现场指挥、事故调查处理人员，必须佩戴或穿着具有明显标志并符合防护要求的安全帽、防护服、防护靴、防毒面具等防护用具才能进入现场。

救援人员必须经过自身安全防护训练，按规定着用防护服装，并须按设备、设施操作规程和有关要求进行操作。

(4) 在实施应急预案、转移现场危险品时，要根据有关操作规程作业。对正在泄漏的危险品要采取工程措施科学收集和堵漏处置（现场内燃机车、内燃动车组或轨道车等机动车辆应停机熄火），以防发生火灾。

(5) 现场抢险救援过程中，应统一指挥，现场要有监护人，并视现场情况采取以下措施：

① 撒漏的爆炸物品应及时用水润湿，撒以锯末或以棉絮等松软物质轻轻收集。有火灾危险时，应尽可能将爆炸品转移或隔离，如不能转移或隔离时，应尽快组织人员疏散，扑救时，禁用砂土等物覆盖，不得使用酸碱灭火剂。

②压缩气体和液化气体泄漏，应先检查阀门并拧紧，如无法拧紧时应设法堵漏。在确保安全的情况下，迅速将车辆转移到空旷安全地带，并带上防毒面具在上风处抢险操作。易燃、助燃气体泄漏时，严禁火种靠近。气瓶卷入火场时，应向气瓶大量浇水，使其冷却并移出危险区域。漏气钢瓶未经冷却前，因高压气流急剧外逸，摩擦生热，可能产生较高的温度或者爆炸。因此，拧紧阀门时要防止发生意外。若不能迅速制止泄漏，应根据气体的性质，立即将钢瓶浸入水中或相应的溶液中，如氯气、一氧化碳、二氧化硫、硫化氢、氟化氢等酸性气体，可浸入过量的石灰乳等碱性溶液中；氨等碱性气体，可浸入稀盐酸等酸性溶液中；光气若发生微量漏逸且无防毒面具时，可向空中喷洒水雾，以降低光气浓度，大量泄漏时，可用液氨喷雾解毒。

③对于易燃液体，容器有泄漏现象时，应及时将车辆移送至安全通风处，进行修补处置，撒漏物用砂土覆盖后扫净。灭火时一般不宜用水。但比重大于水或溶解于水的易燃液体，可用雾状水或水；如毒性较大的液体着火时，应佩戴防毒面具，站在上风处。对于用罐车运输的易燃有毒液体泄漏时，要根据气象情况和泄漏程度，禁火区的半径至少应为100m 以上，方圆 800m 实行隔离，以防燃烧爆炸。对处在火场中的罐车，应从侧面洒水使之冷却，并用带支架的自动水龙头或喷水机进行灭火。发现安全阀发出声音或罐体变色时应立即避难。罐体泄漏时，危险区域禁止明火和穿着产生静电的工作服。不要触摸泄漏物，若无危险，应进行堵漏处置。为减少有害蒸气的产生，应进行洒水。用大量水冲洗有泄漏物的地方，但禁止往容器内放水。对大量泄漏物，先筑堤将泄漏物围住，待日后进行销毁处理。

④对于易燃固体、自燃物品和遇湿易燃物品发生撒漏时，不得随意遗弃，应根据不同特性妥善收集，并转移到安全区域，更换或整理包装。有撒漏物处，不得在上面堆放或行走。这类货物中的一些金属粉末、金属有机化合物、氨基化合物及遇湿燃烧物着火时，禁

止用水和泡沫灭火，也不得使用二氧化碳和酸碱灭火剂。

⑤对于氧化剂和有机过氧化物撒漏时，先用砂土覆盖，打扫干净后，收集的撒落物不得倒入原包装内。万一着火，严禁用水扑救。有机过氧化物应用砂土覆盖，再用干粉或雾状水扑救。其他氧化剂用水灭火时，防止水溶液流至其他易燃、易爆物品处。禁止用高压水柱直接射向火源。消防人员应佩戴防毒面具，站在上风方向处进行抢救。

⑥毒害品和感染性物品泄漏时，固体物品应及时谨慎收集，液体物品应用砂土覆盖后再收集妥善处理。毒害品发生火灾时，应采取有效的灭火措施，对散发有毒气体的火灾，救援人员应全身防护，站在上风处进行扑救。对遇水能发生反应，生成易燃或有毒气体的物品（如金属铊、锑粉、铍粉、磷化锌、磷化铝、氟化汞、三氯化磷等）不得用水灭火；对无机氰化物（如氰化钠、氰化钾、氢化亚铜等）不得用酸碱泡沫灭火，以免生成氰化氢剧毒气体造成中毒。

⑦对于放射性物品，如放射性矿石、矿粉撒漏时，应将撒漏物收集，并更换包装。放射性试剂、化工制品撒漏时，应由专业人员进行处理。被污染的场所、车辆、设备要清扫、洗刷干净。放射性同位素内容物外露时，应立即划出适当的安全区域，并报告卫生监督机构和公安部门协助处理。人员受到大剂量照射时，应立即送医院治疗。

⑧在事发地县级以上人民政府的统一领导下，制定事故灾害现场的群众疏散撤离方式、组织程序。必要时，确定群众疏散撤离的范围、路线、紧急避难场所等。

对沿线群众进行安全防护、疏散时，在现场指挥组未到达现场之前，在事发地县级以上人民政府的统一领导下，由应急领导小组指定的负责人负责指挥。

3.3.4.4 现场安全警戒

（1）事故现场由警戒保卫组负责安全保卫、治安治理、交通疏导、组织疏散撤离或采取其他措施，保护危险区域内的人员安全。

（2）根据事故现场情况，设置警戒区，严格控制进出人员及车辆，维护社会治安秩序，对肇事者及有关事故嫌疑人员及时采取监控措施，防止逃逸。

3.3.4.5 人员抢救与环境监测

发生事故时，现场人员应尽快展开自救，并立即向附近医疗机构和120救助中心求助，最大限度地减少人员伤亡。组织协调监测部门对事故现场进行监测，为事故处理采取措施提供监测数据，防止事故危害进一步扩大。事故发生后，立即向当地环保部门报告，派出应急监测队伍或提供技术支持。

3.3.5 公共卫生事件引发的铁路交通运输突发事件应急处置方案

3.3.5.1 铁路交通运输突发公共卫生事件的分级

根据铁路交通运输突发公共事件的性质、危害程度、涉及范围，突发卫生公共事件划分为特别重大（Ⅰ级）、重大（Ⅱ级）、较大（Ⅲ级）、一般（Ⅳ级）四级。

1. 特别重大突发公共卫生事件（Ⅰ级）

国内突然发生特别重大突发公共卫生事件，造成或可能造成公共健康严重损害，并有可能借铁路传播，国务院协调国家有关部委参与处理的事件。

重大突发公共卫生事件（Ⅱ级）主要包括：

（1）省际间或铁路范围内发生群体性不明原因疾病暴发流行或甲类传染病、传染性非典型肺炎、人感染高致病性禽流感、非炭疽发生，并有可能借铁路传播。

（2）跨两个以上铁路局范围乙、丙类传染病发病水平超过前5年同期平均发病水平1倍以上。

（3）铁路车站、旅客列车及铁路单位内部发生的食物中毒人数100人（含100人）以上，或出现1人及其以上死亡病例。

（4）铁路单位内部发生的集体性急性职业中毒10人（含10人）以上，或出现1人及其以上死亡病例。

（5）预防接种或群体性预防性服药出现人员死亡。

（6）铁道部应急管理部门认定的其他重大突发公共卫生事件。

2. 重大突发公共卫生事件（Ⅱ级）

旅客列车上发生30人以上中毒或1人以上死亡的旅客食物中毒、铁路单位发生30人以上中毒或1人以上死亡的职工职业中毒事故、铁路范围内发生传染病流行、地方政府提出突发公共卫生事件控制要求的。

3. 较大突发公共卫生事件（Ⅲ级）

（1）铁路局范围乙、丙类传染病发病水平超过前5年同期平均发病水平1倍以上。

（2）铁路车站、旅客列车及铁路单位内部发生的食物中毒人数50～100人，未出现死亡病例。

（3）铁路单位内部发生的集体性急性职业中毒5～10人，未出现死亡病例。

（4）铁路局应急管理部门认定的其他较大突发公共卫生事件。

4. 一般突发公共卫生事件（Ⅳ级）

（1）铁路车站、旅客列车及铁路单位内部发生的食物中毒人数30～50人，未出现死亡病例。

（2）铁路单位内部发生的急性职业中毒3～5人，未出现死亡病例。

（3）铁路局应急管理部门认定的其他一般突发公共卫生事件。

3.3.5.2 适用范围

该应急处置预案适用于国内突然发生的重大传染病、群体性不明原因疾病，火灾，可能造成社会公众身心健康严重损害，并有可能借铁路传播的事件，铁路车站、旅客列车、铁路单位内部发生的30人以上食物中毒，3人以上职业中毒，以及因自然灾害、事故灾害或社会安全等事件引起的严重影响公共身心健康的铁路突发公共卫生事件的应急处理工作。

3.3.5.3 工作原则

（1）预防为主、常备不懈。提高全路对突发公共卫生事件的防范意识，落实各项防范措施，做好人员、技术、物资和设备的应急储备工作。对各类可能引发的突发公共卫生事件，要及时进行分析、预警，做到早发现、早报告、早处理。

（2）统一领导，分级负责。根据突发公共卫生事件的范围、性质和危害程度，对突发公共卫生事件实行分级管理。铁道部及铁路局负责突发公共卫生事件应急处理的统一领导和指挥，各级有关部门按照预案规定，在各自的职责范围内做好突发公共卫生事件应急处理的有关工作。

（3）管理规范、措施果断。铁道部和铁路局应急管理部门要按照相关法律、法规和规章的规定，完善突发公共卫生事件应急体系、建立健全突发公共卫生事件应急处理工作制度，对突发公共卫生事件和可能发生的公共卫生事件作出快速反应，及时、有效开展监测、报告和处理工作。

（4）依靠科学、加强合作。突发公共卫生事件应急工作要充分尊重和依靠科学，要重视开展防范和处理突发公共卫生事件的科研和培训，为突发公共卫生事件应急处理提供科学保障。各有关部门和单位要通力合作、资源共享，有效应对突发公共卫生事件。

3.3.5.4 应急组织体系及职责

（1）铁道部突发公共卫生事件预防应急领导小组和职责。铁道部和部属相关单位成立突发公共卫生事件的预防应急领导小组。铁道部应急领导小组组长由主管卫生工作的副部长担任，副组长由卫生部门的负责人担任。成员单位有运输、卫生、安监、公安、外事、宣传等部门。

铁道部突发公共卫生事件的预防应急领导小组负责国内发生特别重大突发公共卫生事件时，在国务院的统一领导下采取行动；负责在铁路范围内发生的重大突发公共卫生事件，以及需要两个及两个以上的铁路局采取应急处理措施的较大和一般突发公共卫生事件的协调指挥。铁道部突发公共卫生事件应急领导小组办公室设在劳卫司。

（2）铁路局突发公共卫生事件预防应急领导小组和职责。铁路局铁路突发公共卫生事件应急领导小组组长由主管卫生的副局长担任，副组长由卫生部门的负责人担任。成员单位由运输、卫生、安监、公安、外事、宣传等部门。铁路局应急领导小组负责本铁路局范围内突发公共卫生事件应急处理的协调和指挥，作出处理决策，决定要采取的措施。各铁路局要设立铁路局突发公共卫生事件应急领导小组办公室，公布突发公共卫生事件报告专用电话。

（3）日常管理机构。铁道部及各铁路局设立的突发公共卫生事件应急领导小组办公室，负责铁路突发公共卫生事件应急处理的日常管理工作。

（4）专家咨询委员会。铁道部和各铁路局设立的突发公共卫生事件应急领导小组可根据应急工作需要，组建突发公共卫生事件应急处理专家咨询委员会。

（5）应急处理专业机构。疾病预防控制机构、卫生监督机构是铁路突发公共卫生事件应急处理的专业技术机构，要结合本单位职责开展专业技术人员处理突发公共卫生事件能力培训，提高快速应对能力和技术水平，在发生突发公共卫生事件时，要服从应急管理部门的统一指挥和安排，开展应急处理工作。

3.3.5.5 预防预警

铁道部及各铁路局要建立突发公共卫生事件监测、预警与报告网络体系。疾病预防控制、卫生监控机构负责开展应急处理突发公共卫生事件的日常监测工作，要结合实际，组织开展重点传染病和突发公共卫生事件的主动监测。铁道部和铁路局应急管理部门要加强对监测工作的管理和监督，保证监测质量。

铁道部及各铁路局应急管理部门根据地方和铁路医疗机构、疾病预防控制机构、卫生监督机构提供的监测信息，按照公共卫生事件的发生、发展规律和特点，及时分析其对公共身心健康的危害程度、可能的发展趋势，及时做出预警。

3.3.5.6 责任报告

铁路疾病预防控制机构、卫生监督机构为铁路突发公共卫生事件的责任报告单位。

执行职务的卫生人员为铁路突发公共卫生事件的责任报告人。

突发公共卫生事件责任报告单位要按照有关规定及时、准确地报告突发公共卫生事件及其处置情况。

任何单位和个人都有权向铁路疾病预防控制机构、卫生监督机构、应急管理部门及其他有关部门报告突发公共卫生事件及其隐患，也有权向铁道部和铁路局举报不履行或者不按照规定履行突发公共卫生事件应急处理职责的部门、单位及个人。

3.3.5.7 应急响应

发生突发公共卫生事件时，铁道部及各铁路局按照分级响应的原则，作出相应级别反应，同时，要遵循突发公共卫生事件发生、发展的客观规律，结合实际情况和预防控制工作的需要，及时调整预警和反应级别，以有效控制事件，减少危害和影响。要根据不同类别突发公共卫生事件性质和特点，注重分析事件的发展趋势，对事态和影响不断扩大的事件，应及时升级预警和反应级别；对范围局限、不会进一步扩散的事件，应相应降低反应级别，及时撤销预警。

铁道部和铁路局对待突发公共卫生事件应急处理要采取边调查、边处理、边抢救、边核实的方式，以有效措施控制事态发展。事发地之外的铁路局应急管理部门接到突发公共卫生事件情况通报后，要及时通知相应的疾病防治机构和卫生监督机构，组织做好应急处理所需的人员与物资准备，采取必要的预防控制措施，防止突发公共卫生事件在铁路局范围内发生，并服从铁道部应急管理部门的统一指挥和调度，支援突发公共卫生事件发生局的应急处理工作。

应急响应措施包括：

（1）组织协调有关部门参与突发公共卫生事件的处理。

（2）根据突发公共卫生事件处理需要，调集全路或铁路局范围内各类人员、物资、交通工具和相关设施、设备参加应急处理工作。涉及危险化学品管理和运输安全的，有关部门要严格执行相关规定，防止事故发生。

（3）甲型、乙型传染病爆发、流行时，应按照当地县级以上地方人民政府划定的疫区采取相应的疫情控制措施；对铁路车站、旅客列车、铁路单位内部发生的重大食物中毒和职业中毒事故，根据污染食品扩散和职业危害因素波及的范围，划定控制区域，并采取控制措施。

（4）发生检疫传染病疫情时，按照《国内交通卫生检疫条例》的有关规定设置临时交通卫生检疫站，对进出疫区和运行中的交通工具及其乘运人员和物资、动物进行检疫查验，对病人、疑似病人及其密切接触者实施临时隔离、留验，向地方卫生行政部门指定的机构移交。

（5）突发公共卫生事件发生后，有关部门要按照有关规定做好信息发布工作，信息发布要及时主动、准确把握、实事求是，正确引导舆论，注重社会效果。

（6）组织协调地方医疗机构，开展病人接诊、收治和转运工作。

（7）组织铁路疾病预防控制和卫生监督机构开展突发公共卫生事件的调查与处理。

（8）组织突发公共卫生事件专家咨询委员会对突发公共卫生事件进行评估，提出启动突发公共卫生事件的级别。

（9）根据需要组织开展应急疫苗接种、预防服药。

（10）铁道部应急管理部门组织对各铁路局突发公共卫生进行督导检查。

(11) 由铁道部统一向社会发布铁路突发公共卫生事件信息或公告。铁道部要及时向国务院卫生行政部门、国务院各有关部门和省（自治区、直辖市）卫生行政部门以及军队有关部门通报突发公共卫生事件情况。

(12) 有针对性地开展卫生知识宣教，提高广大旅客、职工家属健康意识和自我防护能力，消除公众心理障碍，开展心理危机干预工作。

(13) 组织专家对突发公共卫生事件的处理情况进行综合评估，包括事件概况、现场调查处理概况、病人救治情况、所采取的措施、效果评价等。

3.3.5.8 疾病预防控制机构

(1) 突发公共卫生事件信息报告。各疾控机构做好突发公共卫生事件的信息收集、报告与分析工作。

(2) 开展流行病学调查。疾控机构人员到达现场后，尽快制定流行病学调查计划和方案，地方专业技术人员按照计划和方案，开展对突发事件类及人群的发病情况、分布特点的调查分析，提出并实施有针对性的预防控制措施；对传染病病人、疑似病人、病原携带者及其密切接触者进行追踪调查，查明传播链，并向相关地方疾病预防控制机构通报情况。

(3) 实验室检测。按有关技术规范采集足量、足够的标本，在规定的时间内进行化验、监测，查找致病原因。

(4) 在卫生应急管理部门的领导下，开展对医疗机构、疾病预防控制机构突发公共卫生事件应急处理各项措施落实情况的督导、检查。

(5) 围绕突发公共卫生事件应急处理工作，开展食品卫生、环境卫生、职业卫生等的卫生监督。

(6) 协助铁道部和铁路局有关部门依据《铁路突发公共卫生事件应急办法》和有关法律法规，调查处理突发公共卫生事件应急工作中的违法行为。

3.3.5.9 非事件发生铁路局的应急反应措施

未突发公共卫生事件的铁路局应根据其他铁路局发生事件的性质、特点、发生区域和方式，分析本铁路局受波及的可能性和程度，重点做好以下工作。

(1) 组织做好本铁路局应急处理所需的人员与物资准备。

(2) 加强相关疾病与健康监测和报告工作，必要时建立专门办公制度。

(3) 开展重点人群、重点场所和重点环节的监测和预防控制工作，防患于未然。

(4) 开展防治知识宣传和健康教育，提高公众自我保护意识和能力。

3.3.5.10 应急响应的启动及终止

特别重大突发公共卫生事件应急处理工作（Ⅰ级响应）由国务院组织实施，铁道部应急领导小组按照国务院部署行动。重大突发公共卫生事件应急及跨铁路局的较大和一般突发公共卫生事件应急处理工作（Ⅱ级响应）由铁道部应急领导小组启动并负责协调指挥。突发公共卫生事件Ⅰ级和Ⅱ级应急响应的启动由铁道部突发公共事件应急领导小组以《铁道部关于启动突发公共卫生事件应急预案×级应急响应的命令》的形式宣布，命令内容包括突发公共卫生事件基本情况、相应级别、响应单位及各自职责等内容。宣布应急响应启动的命令应抄送应急管理办公室、应急救援指挥中心及应急领导小组成员单位。铁路局范围内的较大和一般突发公共卫生事件（Ⅲ级、Ⅳ级响应）由铁路局应急领导小组启动并负责协调指挥。应急响应启动时，应急领导小组应宣布进入应急状态，启动突发公共卫生事件应急预案，开展突发公共卫生事件的医疗卫生应急、信息发布、宣传教育、应急物资与设备的调集、后勤保障以及督导检查等工作。

突发公共卫生事件应急反应的终止需符合以下条件：

（1）突发公共卫生事件隐患或相关危险因素消除，或末例传染病病例发生后经过最长潜伏期，无新的病例出现。

（2）特别重大突发公共卫生事件由国务院卫生行政部门组织有关专家进行分析论证，提出终止应急反应的建议，报国务院或全国突发公共卫生事件应急指挥部批准后实施。

（3）重大以下突发公共卫生事件由铁道部应急领导小组组织专家进行分析论证，提出终止应急反应的建议，报铁道部批准后实施。

（4）铁道部结束应急行动，由铁道部突发公共事件应急领导小组以《铁道部关于结束突发公共卫生事件应急预案×级应急响应的通知》的形式宣布。宣布应急响应结束的通知应抄送应急管理办公室、应急救援指挥中心及应急领导小组成员单位。

（5）较大和一般突发公共卫生事件由铁路局应急领导小组组织专家进行分析论证，提出终止应急响应的建议，报铁路局批准后实施。

3.3.5.11 善后处理

突发公共卫生事件结束后，应急管理领导小组应组织有关人员对突发公共卫生事件的处理情况进行评估。评估内容主要包括：事件概况、现场调查处理概况、病人救治情况、所采取措施的效果评价、应急处理过程中存在的问题和取得的经验及改进建议。评估报告由领导小组办公室在应急响应结束后10天内提出，领导小组组长审定后，报铁道部应急管理办公室。

3.3.5.12 处置保障

1. 信息保障

铁道部、铁路局要建立突发公共卫生事件应急决策指挥系统的信息、技术平台，承担突发公共卫生事件及相关信息收集、处理、分析、发布和传递等工作，采取分级负责的方式实施。要在充分利用现有资源的基础上建设医疗救治信息网络，实现应急管理部门、医疗救治机构、疾病预防控制机构、卫生监督机构之间的信息共享。

2. 救治保障

（1）各铁路局要加快疾病预防控制机构建设；建立功能完善、反应迅速、运转协调的突发公共卫生事件应急机制；健全覆盖全局、灵敏、高效、快速、畅通的疫情信息网络；改善疾病预防控制机构基础建设和实验室设备条件；加强疾病控制专业队伍建设，提高流行病学调查、现场处置和实验室监测检验能力。

（2）各铁路局要明确职能，落实责任，规范执法监督行为，加强卫生执法监督单位建设。对卫生监督人员实行资格准入制度和在岗培训制度。

（3）在地方政府和有关部门配合下，依靠地方医疗机构，构建适应铁路突发公共卫生事件处理需要的医疗救治体系。

3. 科研和交流

铁道部和铁路局要有计划地开展应对突发公共卫生事件相关的防治科学研究，包括现场流行病学调查方法、实验室病因检测技术、药物治疗、疫苗和应急反应装备等，做到技术上有所储备。同时，开展应对突发公共卫生事件应急处理技术的国际交流与合作，引进先进技术、装备和方法，尤其是新发、罕见传染病快速诊断方法、诊断试剂以及相关的疫苗研究，提高应对突发公共卫生事件的整体水平。

4. 物资储备

铁道部和铁路局要建立处理突发公共卫生事件的物资和生产能力储备。突发公共卫生事件时，应根据应急处理工作需要调用储备物资。卫生应急储备物资使用后要及时补充。

5. 经费保障

铁道部和铁路局应保障突发公共卫生事件应急基础设施项目建设经费，按规定落实对突发公共卫生事件应急处理专业技术机构的财政补助政策和突发公共卫生事件应急处理经费。

6. 通信与交通保障

对突发公共卫生事件处理工作人员要根据实际工作需要配备通信设备和交通工具。

7. 法律保障

铁道部应根据突发公共卫生事件应急处理过程中出现的新问题、新情况，加强调查研究，同时要借鉴国务院有关部门制定的有关突发公共卫生事件的法律、法规，起草和制定并不断完善应对铁路突发公共卫生事件的规章、制度，形成科学、完整的突发公共卫生事件应急法律和规章体系。

8. 宣传教育

铁道部和铁路局要组织有关部门利用广播、影视、报刊、互联网、手册等多种形式对广大旅客和职工家属广泛开展突发公共卫生事件应急知识的普及教育，宣传卫生科普知识，指导群众以科学的行为和方式对待突发公共卫生事件。

3.3.5.13 预案管理与更新

根据铁路突发公共卫生事件的形势变化和实施中发现的问题及时进行更新、修订和补充。

铁道部有关部门根据需要和本预案的规定，制定本部门职责范围内的具体工作预案。

3.3.6 铁路行车类突发事件应急救援处置技术

3.3.6.1 铁路交通事故救援设备机具类别

（1）起重复轨设备。蒸汽轨道起重机、内燃轨道起重机（汽车起重机）。

（2）牵引复轨设备。人字型复轨器、高强度轻便型复轨器、铝合金双向复轨器、海参型复轨器、逼引式复轨器、组合式复轨器、端面复轨器、道岔复轨器、客运专线复轨器等。

（3）顶移复轨设备。螺旋千斤顶、液压千斤顶、横移式千斤顶、齿条千斤顶，便携式液压起复机具、多集顶液压复轨器、液压扶正机具、液压牵车机等。

（4）救援吊索具。钢丝绳、合成纤维吊带、超强合成纤维起重吊索（迪尼玛吊索）、合金钢链条与卸扣、机车车辆吊具、转向架索具、磁力护角等。

（5）辅助救援设备机具。轨道起重机支腿垫块（复合材料垫梁）、便携式等离子素切割机、客货车辆通用救援台车、机车车辆轮轴故障抬轮器、自给正压式空气呼吸器、多功能起重气袋、移动式照明灯塔、起重机声控式无线指挥系统、铁路抢险救援微机信息系统等。

3.3.6.2 机车车辆脱轨事故应急救援简易起复技术

机车车辆脱轨事故的起复救援方法主要有牵引复轨法、起重机吊复法和顶移复轨法等方法。

事故应急救援需要出动救援列车时，救援列车在接到出动命令后30分钟内出动，到达事故现场后，救援列车负责人迅速确定具体的起复作业方案，经现场总指挥批准后立即开展起复作业。救援列车在桥梁或坡道等特殊地段作业时，必须连挂机车。两列及以上救援列车分头作业时的指挥，由现场总指挥协调分工后各自负责。两列及以上救援列车在同一个作业面集中作业或者联动作业时，由负责本区段救援任务的救援列车或者由现场总指挥指定人员负责指挥。救援列车在电气化区段实施救援作业时，必须在确认接触网工区接到停电命令并做好接地防护后方准进行。起复动车组、新型机车车辆等，应使用专用吊索具。

机车车辆一般脱轨事故常用的起复作业方法有以下几种。

1. 机车车辆在隧道内脱轨起复方法

列车在隧道内一旦发生脱轨事故，由于隧道内空间狭窄，场地受限，起重机不能展开作业，给事故救援工作造成困难。根据事故现场的具体情况，一般多采用牵引复轨法或液压起复设备顶移复轨法等作业方法。

1）机车在隧道内脱轨的起复方法

（1）由于内燃、电力机车自重吨位较大和走行部的结构特点，一般脱轨后转向架与轮对不易散落，且脱轨距离不会太远。如机车前部一个转向架脱轨时，可在机车脱轨轮对后部安装复轨器，机车自力走行，采用逆向原路复旧方法比较有利。自力复旧困难时，可派机车牵引复轨。

如在机车前方起复时，可派机车利用钢丝绳或逼轨器将脱轨车轮拉靠钢轨，调整脱轨转向架方向后，再安装复轨器进行牵引复轨。

（2）若机车两个转向架全部脱轨时，起复难度较大。此时必须请求1～2台救援机车，首先利用复轨器起复靠近救援机车一端的转向架，再起复另一端转向架。

（3）可利用液压起复设备进行顶移复轨。为缩短救援作业时间，亦可采用液压起复设备先将脱轨较远的一端顶复后，再利用复轨器起复另一端。

2）车辆在隧道内脱轨的起复方法

（1）车辆一个转向架脱轨时，条件允许情况下，应首先采用复轨器原路复旧的方案。

（2）如车辆一端走行部破损，可利用千斤顶将车辆台车破损的一端顶起，清除破损转向架，更换备用转向架或代用台车。

（3）车辆两个转向架全部脱轨时，如车辆脱轨距离较远，可利用液压起复设备顶复或配合复轨器牵引复轨。

（4）车辆走行部全部破损，可将事故车辆强行拖出隧道，再更换转向架或装车回送（必要时，可将破损车辆和转向架吊移线路之外，尽快开通线路）。

2. 电气化区段救援起复方法

电气化区段救援起复作业时，由于受到接触网和支柱的限制，直接影响起重机的正常作业。如确需起重机作业时，应按《电气化铁路有关人员电气安全规则》的规定办理停电手续，可靠接地后并指定专业人员进行防护。必要时应拨网或拆网，以确保作业安全。电气化区段一般脱轨事故多采用牵引复轨法或利用液压起复设备顶复法。

1）机车在接触网下脱轨起复方法

（1）机车脱轨距基本轨较近，不超出复轨器有效复轨距离时，可本机自力起复或派救援机车利用复轨器进行牵引复轨。

（2）机车在道岔群附近脱轨或转向架分离不宜牵引复轨时，应采用液压起复设备进行顶复。

（3）如机车脱轨距离线路较远且车体倾斜，可利用起重机进行吊复，起吊前必须办理停电手续，并确认接地后方可起吊作业。

（4）利用起重机吊复或液压起复设备顶复机车时，必须利用索具先将脱轨机车转向架与车体捆绑连结后方可作业。

2）车辆在接触网下脱轨起复方法

（1）脱轨车辆走行部良好，符合拉复条件时，应采用复轨器复旧。

（2）如车辆一端走行部破损时，应利用千斤顶将其车体顶起，拉出破损的转向架，更换备用转向架或代用台车。

（3）如车辆走行部全部破损，可利用人力或机车、拖拉机等将事故车辆及破损的转向架强行拖出线路界限外，尽快开通线路。

3. 内燃机车脱轨起复方法

1）内燃机车一根轴脱轨

（1）在脱轨转向架的第三、四轴间安装一对复轨器。

（2）利用本机动力，缓慢起动复轨，如图3－4所示。

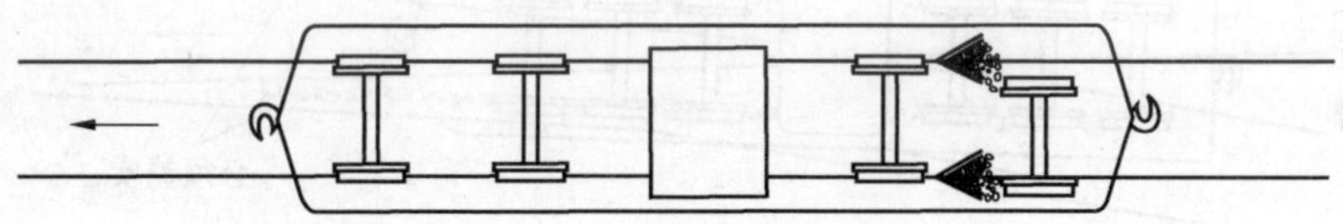

图3－4 内燃机车一根轴脱轨

2）内燃机车一个转向架脱轨

（1）按图3－5所示地点安装一对复轨器。

（2）在脱轨车轮至复轨器间适当填充石砟或铁垫板。

（3）应采用原路复轨的方法，利用本机自力起复，如有困难可派救援机车牵引复轨，如图3－5所示。

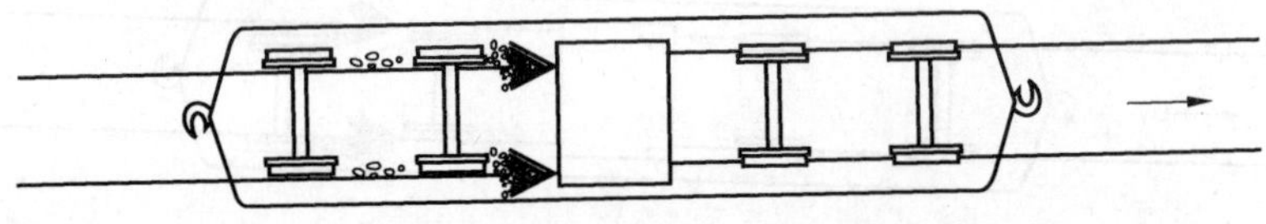

图3－5 内燃机车一个转向架脱轨

3）内燃机车一根轴在辙叉心附近脱轨

（1）解开道岔转辙连结杆，以免挤坏道岔。

（2）辙叉心处铺垫石砟，叉心内石砟要适当高于轨面，以免挤坏辙岔。

（3）在护轮轨头部安装逼轨，车轮径路与逼轨间应铺垫石砟，迫使脱轨车轮导入护轮轨槽内复轨，如图3－6所示。

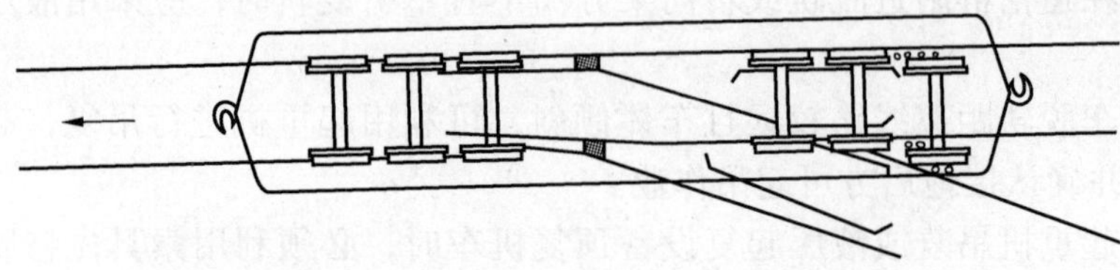

图3－6 内燃机车一根轴在辙叉心附近脱轨

4）内燃机车进四股脱轨

内燃机车在道岔处进四股脱轨后，燃油箱及牵引电机等可能与轨面接触。如处理不当，不仅增加拉复阻力，而且易扩大机车和线路设备的破损程度。

（1）解开道岔转辙连结杆，使尖轨呈自由活动状态。

（2）道岔间隔铁跟端及脱轨车轮间填充石砟，利用道岔间隔铁进行复轨。

（3）拆除障碍部件，防止各部件接磨轨面，请求1～2台机车，用钢丝绳连挂事故车钩，缓慢向尖轨方向牵引复轨，如图3－7所示。机车起复后检查车走行部状态，恢复道岔，开通线路。

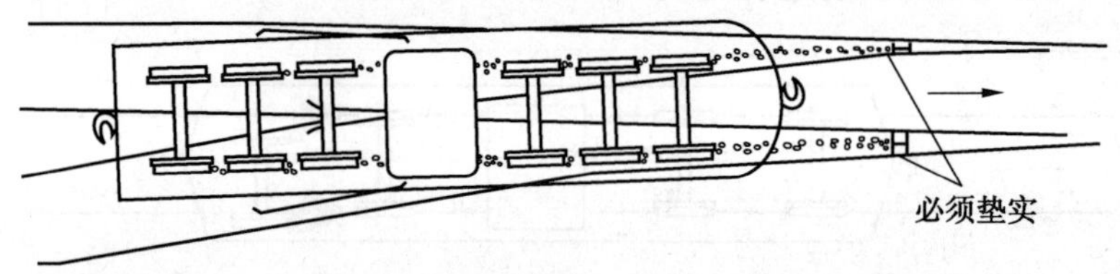

图3－7 内燃机车进四股脱轨

4. 电力机车脱轨起复方法

1）电力机车一根轴脱轨

（1）脱轨转向架的三、四轴之间安装一对复轨器，脱轨车轮至复轨器间适当铺垫石砟。

（2）利用本机动力或派救援机车，缓慢移动进行复轨，如图3－8所示。

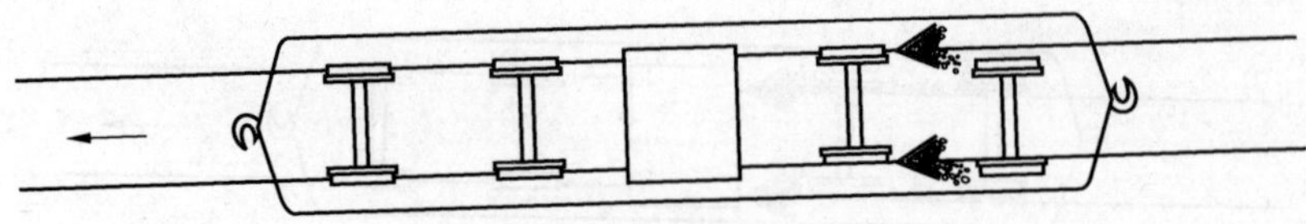

图3－8 电力机车一根轴脱轨

2）电力机车一个转向架脱轨

（1）拆除走行部等障碍部件，避免扩大机车破损程度。

（2）复轨器安装在两个转向架之间。

（3）脱轨车轮与复轨器间适当铺垫石砟。

（4）机车自力起复有困难时，可另派救援机车拉复，如图3－9所示。

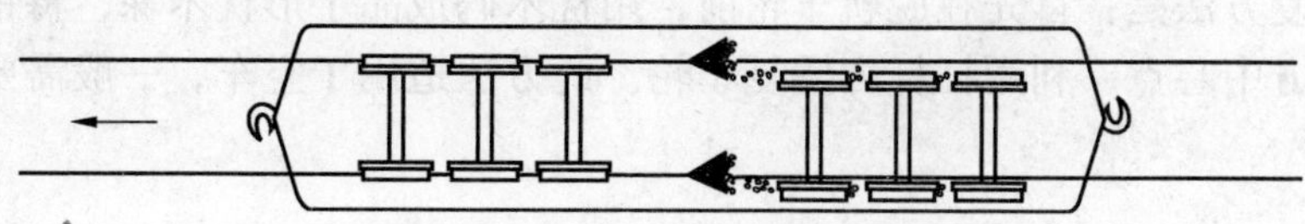

图3－9　电力机车一个转向架脱轨

3）电力机车一根轴在辙叉心附近脱轨

（1）辙叉心附近铺垫石砟，叉心内方要适当垫高些，避免挤坏辙叉。

（2）轮轨头部安装逼轨（短钢轨长2～3m，用鱼尾板和道钉加固），在脱轨车轮与逼轨间适当铺垫石砟，以便脱轨车轮导入护轮轨槽内，迫使另一侧车轮越过辙叉心复轨。

（3）道岔对向复轨方向的直股线路，利用本机动力或救援机车缓慢牵引复轨，如图3－10所示。

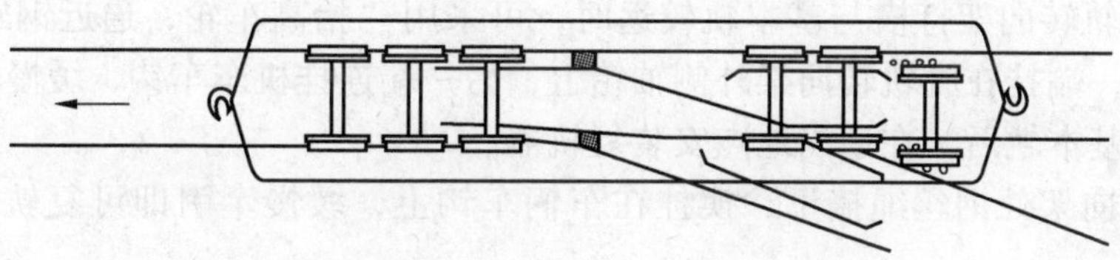

图3－10　电力机车在辙叉心附近脱轨

4）电力机车进四股脱轨

（1）解开道岔转辙连结杆，使尖轨呈自由状态。

（2）道岔间隔铁跟端与脱轨车轮间填满石砟或铁垫板，以车轮轧过后与轨面相平为宜。

（3）防止机车走行部和牵引电机与轨面接磨。

（4）用钢丝绳捆绑1～2台车，机车缓慢向尖轨方向牵引复轨。然后检查机车各部状态，恢复道岔，开通线路，如图3－11所示。

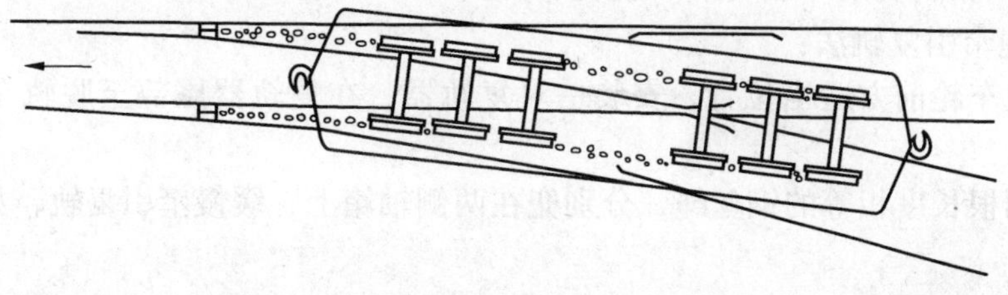

图3－11　电力机车进四股脱轨

5. 车辆脱轨起复方法

1）车辆一根轴脱轨

（1）在脱轨车轮前方适当地点，安装一对复轨器。

（2）脱轨车轮至复轨器径路间适当铺垫石砟。

（3）机车连挂，缓慢牵引复轨。

另一种起复方法是：首先在脱轨车轮前，用枕木码成品字形枕木垛，将钢轨或原木穿入脱轨轮轴下方中心点，利用杠杆力撬复车轮。此方法适用于空车，一般需要 15 ~ 20 人，如图 3 - 12 所示。

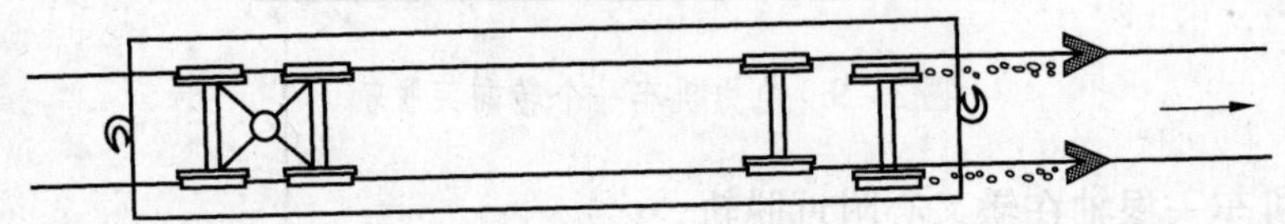

图 3 - 12 车辆一根轴脱轨

2）车辆转向架脱轨车钩连接不上

（1）选择适当地点安装复轨器，在脱轨车轮前方至复轨器间用石砟或铁垫板垫实。

（2）用钢丝绳联挂机车，缓慢牵引复轨。

（3）如脱轨转向架打横与基本轨较远时，可采用“抬高车轮，逼近钢轨”的起复方法，用钢丝绳一端挂在脱轨转向架外侧轴箱上，另一端连挂机车车钩，缓慢牵引将脱轨转向架拉正靠近基本轨后，在适当地点安装复轨器。

（4）将转向架处钢丝绳摘下，换挂在车辆车钩上，缓慢牵引即可复轨，如图 3 - 13 所示。

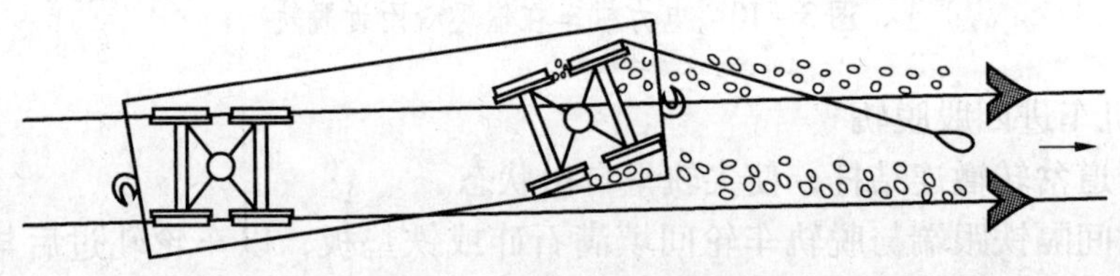

图 3 - 13 车辆转向架脱轨连接不上

亦可利用逼轨，将脱轨车轮拉靠基本轨后，再用钢丝绳连挂事故车车钩，在适当地点安装复轨器，缓慢牵引复轨。

3）车辆一个转向架“骑马式”脱轨

（1）双绳牵引复轨法：

①在脱轨车轮前方适当位置，安装一对复轨器，在复轨器尾部至脱轨车轮间铺垫石砟。

②使用两根长度相等的钢丝绳，分别兜在两侧轴箱上，缓慢牵引复轨，如图 3 - 14 所示。

（2）车轮过渡到一侧复轨法：

①在脱轨车轮前将一对人字型复轨器左右侧颠倒安装。

②将钢丝绳挂在外侧轴箱上缓慢牵引，将脱轨车轮过渡至与后轮同一侧立即停车。

③将人字型复轨器取下后按“左人右入”安装在脱轨车轮前方适当位置，然后将轴箱上的钢丝绳取下换挂在车辆车钩上，缓慢牵引复轨。

图 3-14 车辆一个转向架“骑马式”脱轨

4）车辆在道口附近脱轨

车辆在道口或距道口较近的地方脱轨，一般不需要安装复轨器，可利用道口的护轮轨进行起复。

（1）在道口护轮轨头部安装一根逼轨，以迫使脱轨车轮靠近基本轨，利用道口护轮轨起复。

（2）在外侧脱轨车轮与道口渡板间，用铁垫板或鱼尾板等垫成斜坡略高于轨面，以便外侧的车轮轮缘越过轨面导入护轮轨槽内复轨。

（3）脱轨车轮至道口护轮轨间适当填充石砟，机车缓慢牵引复轨，如图 3-15 所示。

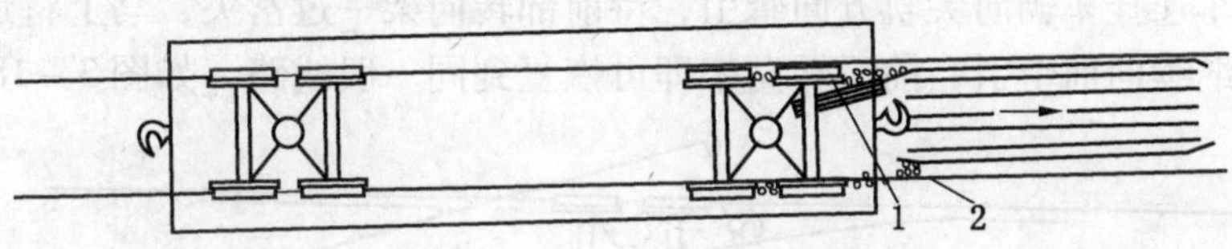

1—逼轨；2—铁垫板

图 3-15 车辆在道口附近脱轨

5）车辆在岔心附近脱轨

当车辆在岔心附近脱轨时，可利用道岔的护轮轨与辙岔心进行复轨。

（1）在护轮轨头部与脱轨轮对前安装一套逼轨器，车轮径路至护轮轨头部间、辙叉心根部须用石砟或铁垫板等垫实，以防车轮挤坏道岔设备。

（2）将道岔转辙连接杆解开呈自由状态，或将道岔对向直股，以防挤坏尖轨。

（3）用钢丝绳连挂事故车辆与机车车钩，向岔尖方向缓慢牵引复轨。

（4）车辆复轨后，撤出逼轨器，恢复道岔转辙连接杆，检查道岔各部状态良好后，即可开通线路，如图 3-16 所示。

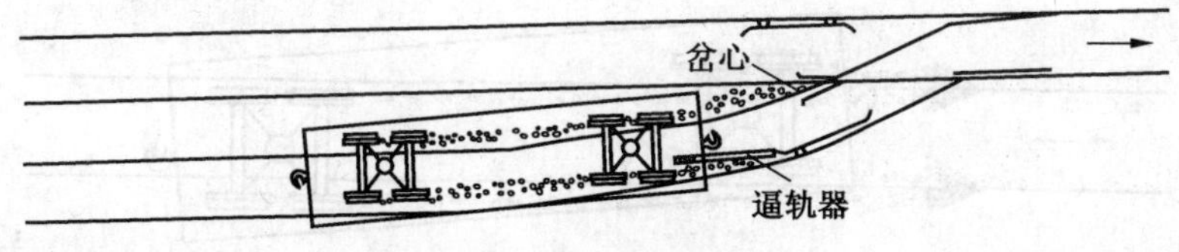

图 3-16 车辆在岔心附近脱轨

6）车辆在道岔处进四股脱轨

（1）将道岔转辙连结杆解开，使尖轨呈自由状态。

（2）在道岔间隔铁后端至各脱轨车轮间填满石砟，以车轮轧过后与轨面相平为宜。

（3）用钢丝绳连挂机车，利用道岔间隔铁进行复轨，然后恢复道岔，开通线路如图 3－17 所示。

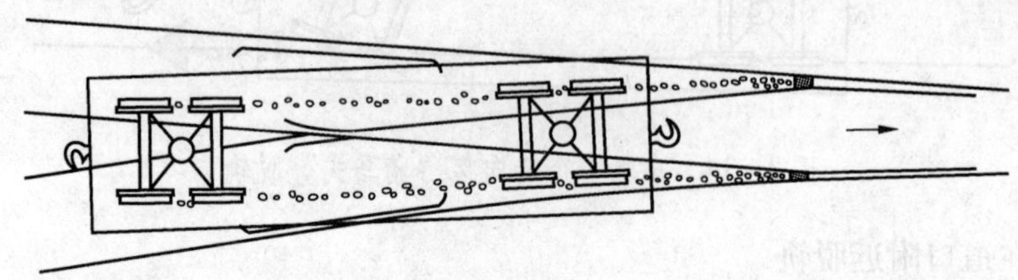

图 3－17 车辆在道岔处进四股脱轨

7）车辆进四股未脱轨

（1）首先解开道岔转辙连结杆，以免挤坏道岔尖轨。

（2）用机车连挂车辆，缓慢向岔尖方向牵引。

（3）待两个转向架恢复到同一股道后，将道岔转辙连结杆装好。

（4）若无机车牵引时，可用撬棍撬动，配合人力推动车辆。

亦可用机车连挂车辆向尖轨方向牵引，待前部转向架一过岔尖，马上将道岔扳回对好后部转向架，继续向前牵引，前后转向架即可恢复到同一股线路，如图 3－18 所示。

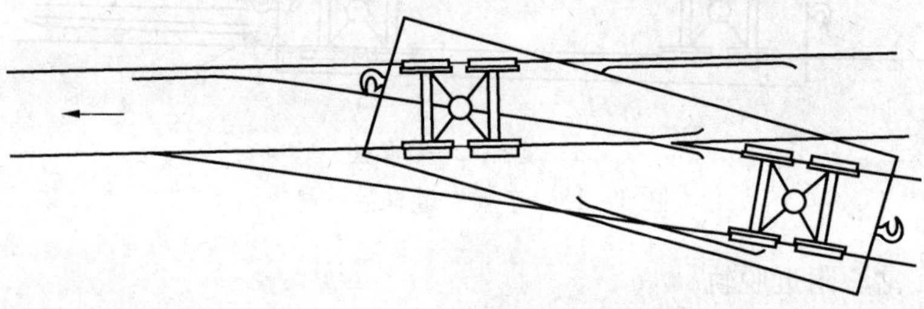

图 3－18 车辆进四股未脱轨

8）车辆在线路两侧脱轨

（1）在事故车辆牵引方向的脱轨车轮前方，安装一对复轨器。

（2）在脱轨车轮径路至复轨器间铺垫石砟，防止轧伤枕木，减少牵引阻力。

（3）用钢丝绳连挂机车和事故车车钩，缓慢牵引复轨。

（4）如转向架打横或离基本轨较远时，可利用钢丝绳拉正转向架靠近基本轨后，再安装复轨器进行牵引复轨，如图 3－19 所示。

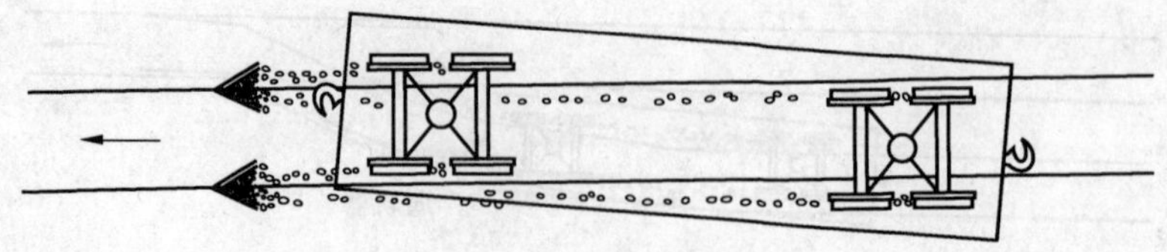

图 3－19 车辆在线路两侧脱轨

9）车辆两个转向架较远脱轨

（1）脱轨车轮偏离基本轨较远，超过复轨器有效复轨距离时，可在转向架前安装一套逼轨器。

（2）在逼轨前端，安装一对复轨器，车轮径路至复轨器尾部间填充石砟。

（3）用钢丝绳连挂机车和事故车的车钩，缓慢牵引复轨。

（4）亦可用钢丝绳拉正转向架，靠近钢轨后，再安装复轨器即可牵引复轨，如图3-20所示。

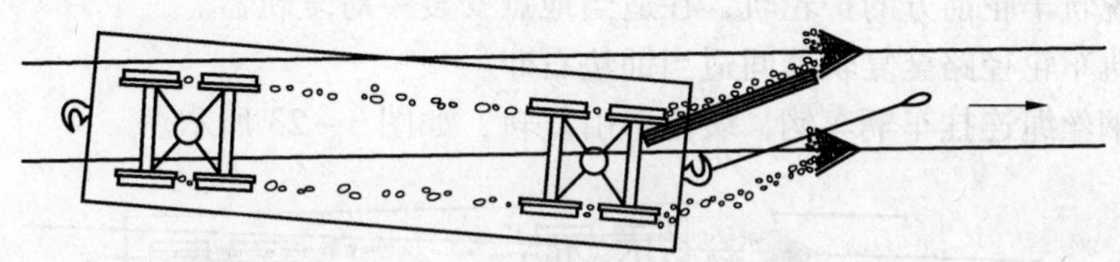

图3-20　车辆两个转向架较远脱轨

如有条件时，应尽量采用“原路复轨法”进行复轨。

10）车辆在两钢轨间脱轨

（1）将脱轨车轮前方钢轨扶正，用轨距杆、轨撑或道钉进行固定。

（2）因车轮外距为1633mm，所以要在小于1633mm处先安装一只人字型复轨器，但不得小于1526mm，因小于1526mm时车轮又可能将钢轨挤翻。然后，在前一段枕木空内，安装另一只人字型复轨器。

（3）车轮复轨的径路上，铺垫石砟或铁垫板。

（4）用钢丝绳连挂机车车钩，缓慢牵引复轨，如图3-21所示。

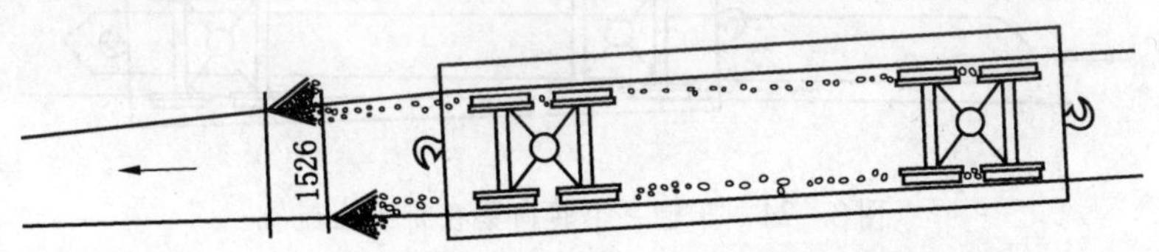

图3-21　车辆在两钢轨间脱轨

11）车辆一个转向架在曲线上脱轨

车辆在曲线上脱轨后，因受离心力的影响，一般多处于转向架打横或离钢轨较远的状态，给起复工作造成很大困难。

（1）用钢丝绳挂在脱轨车轮外侧轴箱或侧架上，拉正转向架，并靠近基本轨。

（2）在脱轨车轮前，安装一对复轨器。

（3）在外股钢轨的内侧，靠近复轨器处，钉固一根长2~3m的护轮轨。

（4）将轴箱或侧架上的钢丝绳摘下，换挂在车辆的车钩上，缓慢牵引复轨，如图3-22所示。

12）车辆在桥梁上脱轨

（1）车辆2个转向架在桥梁上脱轨：

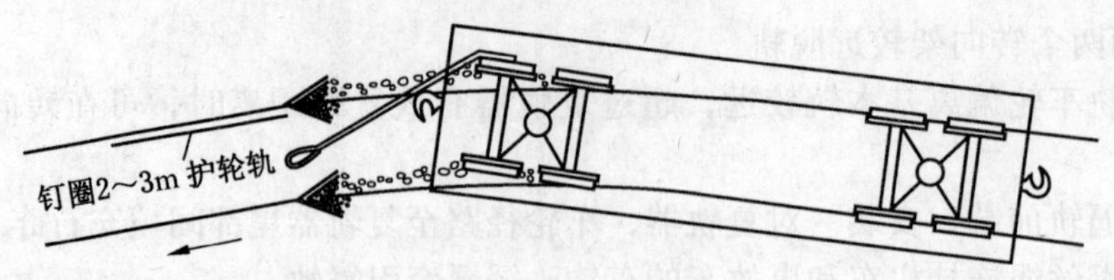

图 3-22 车辆一个转向架在曲线上脱轨

①拆下脱轨车轮前方的护轮轨，在适当地点安装一对复轨器。

②在脱轨车轮径路至复轨器间适当铺垫石砟。

③利用钢丝绳连挂车辆车钩，缓慢牵引复轨，如图 3-23 所示。

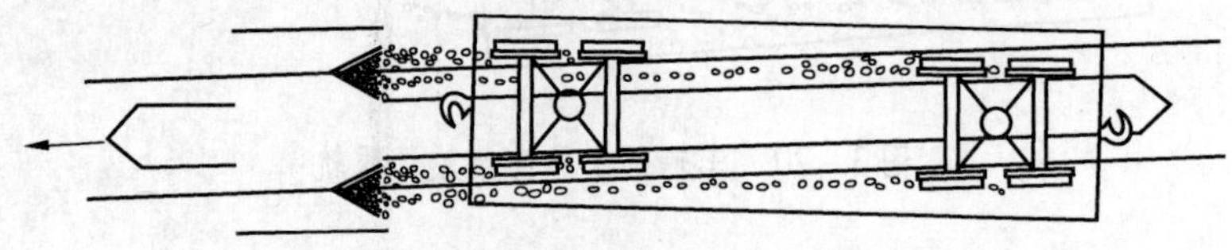

图 3-23 车辆 2 个转向架在桥梁上脱轨

（2）车辆一个转向架在桥梁上脱轨：

①在脱轨车轮前方安装一只外侧用海参型复轨器。

②内侧钢轨与护轮轨间适当铺满石砟，以车轮轧过后与轨面相平为宜。

③利用钢丝绳连挂脱轨车辆，缓慢牵引复轨，如图 3-24 所示。

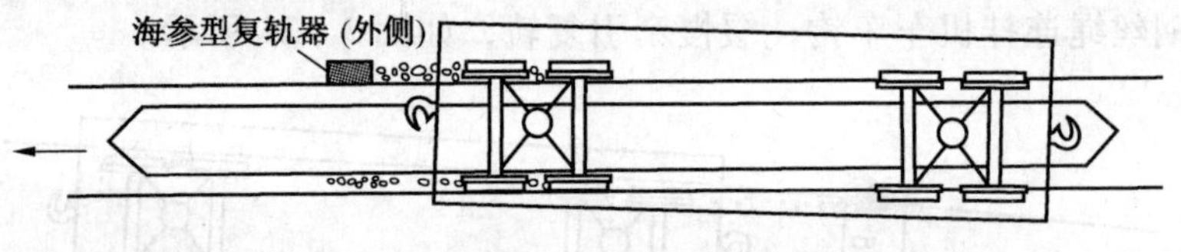

图 3-24 车辆一个转向架在桥梁上脱轨

亦可采用液压救援起复设备或横移千斤顶进行顶移复轨。

13）车辆土挡脱轨

（1）脱轨转向架与线路基本平行斜度很小时，可在钢轨头部安装端面复轨器或人字型复轨器，缓慢牵引复轨。

（2）若脱轨转向架陷在土里，心盘分离时，可用千斤顶将车体顶起，对好心盘后再安装端面复轨器或人字型复轨器进行起复，如图 3-25 所示。

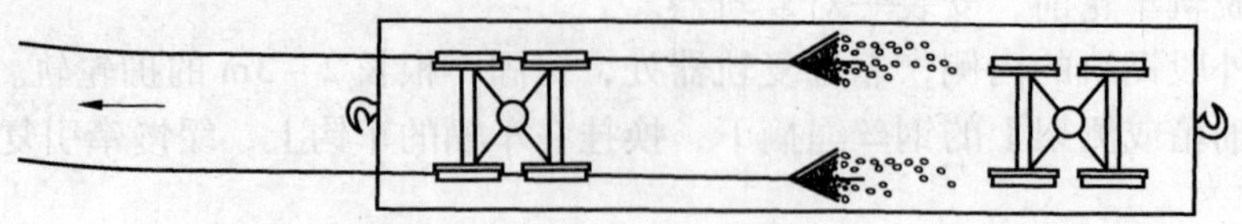

图 3-25 车辆土挡脱轨

14）车辆脱轨后侵入邻线

（1）先将脱轨车辆的车钩提开，若不能分解时，可用切割器进行切割分解。

（2）用钢丝绳连挂机车，分别向车辆两端方向牵引，将侵限车辆拉移后，立即开通邻线，如图3－26所示。

（3）起复脱轨车辆，开通本线。

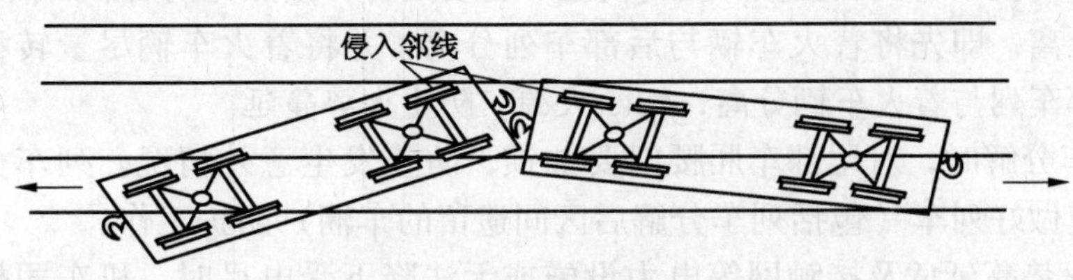

图3－26 车辆脱轨后侵入邻线

3.3.6.3 动车组火灾突发事件应急处置技术

1. 立即停车

动车组发生爆炸事故或火情急剧蔓延无法控制时，最先发现、到达现场的乘务人员应立即按动报警按钮和紧急停车按钮（紧急停车地点要尽量选择有利于疏散旅客的地带），并迅速将情况通报司机及列车长，同时使用灭火器或可以灭火的物品迅速扑救。列车长接到通知后应立即使用无线对讲机通知全体乘务员参加扑救，机车司机要坚守岗位，立即停止向车内通风。

2. 疏散旅客

1）开启车门

列车停车后，机车司机立即开启全列车侧门（双线区间打开运行方向左侧车门，防止右侧车门疏散时相对方向开来列车撞伤旅客）。无法实现集中控制开门时，由机械师、乘务人员手动操作启动侧门内部上方紧急开门开关，将门强行打开。

2）组织疏散

（1）列车在区间停车准备疏散旅客时，机车司机应立即使用列车无线调度电话通知两端站、接续列车和列车调度员，并根据需要做好列车防护工作。在区间向地面疏散旅客时，机车司机还应通知过往列车。

（2）车门开启后列车乘务人员要向地面安全地带组织疏散旅客。车内产生浓烟危及人员生命安全的情况下，应立即使用紧急破窗锤将车厢内四角各紧急出口玻璃窗击碎，组织旅客紧急疏散。

（3）疏散过程中，应本着先人员后财产和重点旅客优先的原则，如火势猛烈，要动员旅客放弃携带品，浓烟弥漫时，要用湿毛巾、衣物捂住口鼻，动作迅速、紧张有序，乘务人员应提醒、引导旅客，防止摔伤。列车在区间停车可使用紧急救生梯，在未靠站台的情况下向救护车上转运病残旅客时，使用配备的紧急用渡板。对已经疏散的旅客，严禁其返回事故车厢。

3）迅速扑救

在疏散旅客的同时，在列车长、乘警的统一指挥下，有序组织人员、灭火器材和可以灭火的其他物品，迅速展开扑救。在未关闭电源前组织扑救时，应事先确认燃烧物体与接触网带电设备的距离，车厢上部着火距接触网不足4m时，不得用水灭火，灭火人员所站位置要距离接触网2m以外，用水和一般灭火器灭火必须断电。

4）切断火源

（1）火势蔓延迅速，须分解列车时，司机、车辆机械师要密切配合，如使用重联车组时，与重联的机车司机、机械师及时沟通、密切配合，按照先摘后、后摘前的方法将着火车组分解分离，即先将着火车辆与后部车列分离，并将着火车辆尽量转移到线路平坦处，再将前部车列与着火车辆分离，切断火源，防止火势蔓延。

（2）列车分解时，对尾部车厢腰门要加锁，防止发生意外情况。列车分离后，机车乘务员应迅速做好列车（包括列车分解后区间遗留的车辆）防护工作。

（3）当火势蔓延危及接触网等电力设施或无法降下受电弓时，机车司机要通知就近车站向电力调度员要求切断接触网电源。

（4）火灾处理完毕后，指派专人监护，防止复燃。

5）设置防护

列车发生火灾区间停车可能妨碍邻线行车时，由司机按照《铁路技术管理规程(2007版)》第297条、《行车组织规则》第171条执行。

6）报告救援

列车长接到火警后，迅速赶到起火车厢，确认火情后，列车长、运转车长（司机）及时用对讲机、手机等通信工具分别向邻近车站、所在地铁路局行调、客调、段生产调度室报告，得到路局客调准许后向当地政府请求人力、物力和医疗等方面的帮助。

7）抢救伤员

根据旅客伤害程度及是否危及生命情况，有计划地实施抢救，对仍处在危险中的旅客要首先抢救使其脱离危险。组织动员旅客中有医护经验的人员参加抢救伤员。对伤员要根据具体情况采取止血、简易固定、包扎等初期现场救护措施，为医院救治创造条件。

8）保护现场

乘警长要采取措施，维护现场秩序，防止发生混乱，视情况设置警戒区，禁止实施救援以外的人员进入现场，不得擅自移动现场任何物品，对事故现场痕迹、物证有关证据材料要采取有效措施妥善保护。列车乘务人员在扑救火灾的同时，要配合乘警工作，注意保护好火灾现场。

9）调查取证

（1）救援部门到达后，列车长要详细介绍火灾爆炸原因、火势、人员伤亡、疏散情况，协助救援部门灭火。

（2）采取多种形式做好宣传工作，稳定旅客情绪，共同维护秩序以免发生混乱。在有条件的情况下，应尽可能地对旅客车票及住址进行登记，以备查证。

（3）列车长要认真了解伤员人数及伤害程度，登记旅客姓名、性别、年龄、单位及伤害程度等有关情况。

4　农业机械安全生产应急管理

4.1　农业机械安全生产应急管理体系

农业机械应急管理体系包括组织体制、运作机制、法制建设和应急保障系统四部分，构成了一个完整的应急管理体系。

4.1.1　农业机械应急管理组织体系

应急管理组织体系是指日常管理的负责部门和功能部门。农业机械安全生产应急管理组织体系由各级农业机械化主管部门及其农机安全监理机构组成。各级农业机械化主管部门在各级政府的统一领导下，全面负责本地区的农业机械安全生产工作和应急管理工作；其所属的农机安全监理机构，是本地区农业机械的安全生产专管机构和应急管理的功能部门，具体负责应急管理的日常工作和应急状态的值班、接警，提出启动农业机械事故应急响应行动建议，收集、汇总事故信息，参与应急救援等工作。农业机械化主管部门和农机安全监理机构，以及应急救援的相关部门，多年来，在农业机械安全生产管理上已形成了良好的联合运作机制。根据国务院的要求，农业部制定了《农业机械事故应急预案》。预案分别明确了农业部农业机械化主管部门的职责，以及各级人民政府的农业机械化主管部门和农机安全监理机构的职责。应急预案规定，农业部农业机械化主管部门在农业部应急组织救援指挥机构领导下，积极协助相关部门开展特别重大农业机械事故的应急处置工作。事故发生地农机安全监理机构在接到特别重大农业机械事故报告并经核实后，应立即向其农业机械化主管部门和上一级农机安全监理机构报告；县、地（市）、省级农业机械化主管部门应将事故情况逐级上报至农业部，同时报告本级人民政府及其安全生产监督管理部门。紧急情况下可越级上报至农业部。地方各级农业机械化主管部门根据农业部的应急预案的分类和分级管理的要求，在各级政府的领导下，分别制定各地的农业机械事故应急预案，各级政府根据应急预案启动级别，组织实施紧急救援行动。农业机械行业应急管理组织体系已形成了一个政府牵头、上下衔接、横向联动、队伍稳定的、完整的应急管理组织体系。

4.1.2　农业机械应急管理机制

农业机械应急管理机制建设的总体目标是：以“三个代表”重要思想和科学发展观为指导，贯彻以人为本、预防为主、安全第一的方针，坚持统一领导、分级负责，强化法制、依靠科技，协同应对、快速反应，加强基层、全民参与，整合资源、加强保障的原则，形成政府管理、部门协同、社会动员、公众参与的应急管理新局面，提高应对突发公共事件的能力，最大限度地预防和减少突发公共事件及其造成的损害，促进社会的全面、协调、可持续发展，打造“平安农机”，建设和谐社会。

应急管理的领导和指挥体制，以“统一指挥、高效运作、立足现实、着眼未来”为原则，明确农业部和地方各级人民政府农业机械化主管部门是农业机械应急管理工作的行政领导机构，对各类应急管理资源进行充分有效的整合。发生特别重大农业机械事故突发事件，农业部和事发地政府必须成立或启动现场指挥机构，在农业部或地方各级人民政府农业机械化主管部门应急指挥机构领导下负责现场应急处置工作。

农业机械突发事件的日常办事机构，是各级救援指挥机构设置的应急救援办公室。应急救援办公室一般都设立在农机安全监理机构内。应急救援办公室承担农业机械事故突发事件应急管理的日常工作，草拟农业机械事故突发事件总体预案，整合各项应急资源，规范专项预案，汇总分析信息，提供应急决策服务，建立预警机制并统筹预警信息发布工作，组织综合应急演习，组织、协调相关部门参与应急处置工作。

各级农业机械化主管部门不断地健全应急管理工作运行机制。以科学高效、规范有序为标准，分阶段、有步骤地建立健全应急管理各项工作制度和工作程序。建立统一领导、分级负责，集中指挥、属地管理，日常办事、应急响应，专业抢险、群众自救互救，善后处理和恢复重建有机结合、整体运作的制度体系。农业机械化主管部门既要做好承担的农业机械事故应急处置工作，又要按照职能分工，根据需要做好道路交通事故的协助保障工作。并利用现代信息技术和通信手段，构建应急管理信息网络，建立预警信息系统。

农机安全监理机构作为农业机械的安全生产专管机构，加强农业机械安全生产和应急管理宣传教育是其重要工作。农机安全监理机构通过报刊、广播、电视、网络、编印资料、画册，开设宣传橱窗、教育专栏等多种渠道和多种形式进行农业机械安全生产教育，在农村广泛开展“平安农机”活动，提高安全生产水平，减少农业机械事故的发生。同时各级农机安全监理机构强化值班制度，完善报告制度，建立及时准确的信息发布制度，实现预警信息的资源共享。加强对各级干部的应急管理知识培训，加强应急管理的预警、避险等常识的宣传教育工作，增强应急管理意识，提高其应急管理和指挥水平。要通过举办各类专业应急技能培训和应急知识培训，以乡村为基础、家庭为单位，实施全民动员和社会参与战略，强化乡村和公众的应对能力，增强公众的安全意识，提高其自救互救技能。

4.1.3 农业机械应急管理目标与原则

1. 农业机械事故应急管理的目标

农业机械事故应急管理的目标，是要提高预防和处置农业机械突发公共事件的能力，降低突发事件的危害，通过实施监测、预警预控、预防、应急处理、评估、恢复等措施，对事件进行有效的预警、控制和处理，实现优化决策。

2. 农业机械事故应急管理的工作原则

1）以人为本、预防为主、科学应对

坚持预防与应急相结合，把保障人民群众生命财产安全作为首要任务，高度重视农业机械事故应急处置工作，提高应急科技水平，增强预警预防和应急处置能力，提高防范意识，做好预案演练、宣传和培训工作，有效应对农业机械事故。

2）统一领导、属地管理、分级负责

农业机械事故应急处置工作，在各级政府的统一领导下，由农业机械化主管部门具体负责，分级响应、条块结合、属地管理、上下联动，充分发挥各级农业机械应急管理机构的作用。

3）职责明确、部门协作、资源共享

明确应急管理机构职责，建立统一指挥、分工明确、反应灵敏、协调有序、运转高效的应急工作机制和响应程序，实现应急管理工作的制度化、规范化。加强与其他部门密切协作，形成优势互补、资源共享的农业机械事故联动处置机制。

4.1.4 农业机械应急管理流程与控制

尽管事故的发生具有突发性和偶然性，但农业机械事故的应急管理不只限于事故发生后的应急救援行动。应急管理是对农业机械事故的全过程管理，贯穿于事故发生前、中、后的各个阶段，充分体现了“预防为主，常备不懈”的应急思想。

1. 农业机械应急管理流程

农业机械应急管理是一个动态的过程，其应急管理包括事故预防、应急准备、应急响应、恢复评估和总结4个阶段的流程。尽管在实际情况中这些阶段往往是交叉的，但每一阶段都有自己明确的目标，而且每一阶段又是构筑在前一阶段的基础之上，因而预防、准备、响应和恢复的相互关联，构成了农业机械事故应急管理的循环过程。

1）事故预防

在农业机械应急管理中预防有两层含义：一是事故的预防工作，即通过安全管理和安全技术等手段，尽可能地防止事故的发生，实现本质安全。在农业机械应急管理中，对拖拉机、联合收割机实行了安全技术检验，合格后发给号牌、行驶证方准投入作业，对拖拉机、联合收割机驾驶人经安全知识和驾驶技能考试合格，领取驾驶证方准驾驶拖拉机、联合收割机进行作业，就是最好的事故预防措施。二是在假定事故必然发生的前提下，通过预先采取的预防措施，达到降低或减少事故的影响或后果的严重程度，如加大农业机械安全宣传教育力度，开展公众教育，加强执法检查等。从长远看，低成本、高效率的预防措施是减少事故损失的关键。

2）应急准备

应急准备是应急管理过程中一个极其关键的阶段。它是针对可能发生的事故，为迅速有效地开展应急行动而预先所做的各种准备，包括农业机械应急体系的建立、有关部门和人员职责的落实、农业机械事故应急预案的编制、应急队伍的建设、应急设备（设施）与物资的准备和维护、应急预案的演练、与外部应急力量的衔接等，其目标是保证农业机械事故应急救援能力。

3）应急响应

应急响应是在农业机械事故发生后立即采取的应急与救援行动，包括事故的报警与通报、现场的警戒、人员的紧急疏散、急救与医疗、消防和工程抢险措施、信息收集与应急决策和外部求援等。其目标是尽可能地抢救受害人员，保护可能受威胁的人群，尽可能控制并消除事故。

4）恢复评估和总结

恢复工作应在农业机械事故的影响得到初步控制后立即进行。首先应使事故影响区域恢复到相对安全的基本状态，然后逐步恢复到正常状态。要求立即进行的恢复工作包括事故损失评估、事故原因调查、清理废墟等。在短期恢复工作中，应注意避免出现新的紧急情况。长期恢复包括恢复交通和农业机械的正常生产秩序。在长期恢复工作中，应汲取农业机械事故和应急救援的经验教训，开展进一步的预防工作和减灾行动。

2. 农业机械应急管理的风险控制

根据风险控制原理，风险大小是由农业机械事故发生的可能性及其后果严重程度决定的。农业机械事故发生的可能性越大，后果越严重，则该事故的风险就越大。控制事故风险的途径有两条，首先是事故预防，包括立法对主要移动式农业机械的安全技术检验核发牌证，对驾驶人进行安全知识和技能考试合格领取驾驶证，进行广泛的安全宣传教育，严查无证驾驶、违法超速、违法装载、违法载客等可能造成事故隐患的严重违法行为等，极大地降低农业机械事故的发生率。但是，由于受人的不安全行为和技术水平、自然客观条件等因素影响，发生农业机械事故的可能性依然存在，为了减少农业机械事故的风险，应急管理是十分重要的风险控制措施。

另外，农业机械化主管部门要针对农业机械作业的分散性和农村通信设施不完善的特点，加强农业机械事故报告的网络建设和信息管理，做到及时掌握、及时上报农业机械事故，防止事故发生后的迟报、漏报、瞒报，及时做好应对、防范和处置工作。

4.1.5 农业机械应急管理法规体系

近年来，我国相继颁布的一系列有关应急管理的法律法规，如《中华人民共和国突发事件应对法》、《中华人民共和国安全生产法》、《关于特大安全事故行政责任追究的规定》、《国家突发公共事件总体应急预案》、《国家安全生产事故灾难应急预案》等，对应急管理工作提出了相应的规定和要求。

《中华人民共和国安全生产法》第十七条规定，生产经营单位的主要负责人具有组织制定并实施本单位的生产安全事故应急管理预案的职责。第三十三条规定："生产经营单位对重大危险源应当制定应急管理预案，并告知从业人员和相关人员在紧急情况下应当采取的应急措施。"第六十八条规定："县级以上地方各级人民政府应当组织有关部门制定本行政区域内特大生产安全事故应急管理预案，建立应急管理体系。"

国务院《关于特大安全事故行政责任追究的规定》第七条规定："市（地、州）、县（市、区）人民政府必须制定本地区特大安全事故应急处理预案。"

2006 年 1 月 8 日，国务院发布了《国家突发公共事件总体应急预案》，明确了各类突发公共事件分级分类和预案框架体系，规定了国务院应对特别重大突发公共事件的组织体系、工作机制等内容，是指导预防和处置各类突发公共事件的规范性文件。

农业部根据上述规定，结合农业机械突发事故的特点，制定了《农业机械事故应急预案》，明确全国农业机械事故应急组织体系由农业部和省、地（市）、县农业机械化主管部门组成。特别重大农业机械事故应急机构由农业部应急组织救援指挥机构、现场应急救援指挥部、相关机构组成。省、地（市）、县农业机械化主管部门可参照农业部的应急预案，根据各地的实际情况建立农业机械事故应急机构，明确相关职责。

2004 年，农业部根据《中华人民共和国道路交通安全法》第一百二十一条"对上道路行驶的拖拉机，由农业（农业机械）主管部门行使本法第八条、第九条、第十三条、第十九条、第二十三条规定的公安机关交通管理部门的管理职权"的规定，先后制定发布了《拖拉机登记规定》、《拖拉机驾驶证申领和使用规定》、《拖拉机驾驶培训管理办法》等一系列安全生产和安全管理的部门规章；同年农业部还根据国务院令第 412 号的决定，制定发布了《联合收割机及驾驶人安全监理规定》。国家质量监督检验检疫总局、国家标准化管理委员会修改完善了《农业机械运行安全技术条件》国家标准。规定了拖拉机、联合收割机必须经过安全技术检验合格，登记后领取号牌、行驶证，方准上路行驶；对拖拉机及联合收割机驾驶人，要求必须经考试合格，领取驾驶证，方准驾驶拖拉机、联合收割机作业。通过对拖拉机、联合收割机及其驾驶人的牌证管理，极大地提高了农业机械的安全技术状态和驾驶人的安全生产意识和安全生产技能，有效地预防和减少了农业机械事故的发生。

2009 年 9 月 17 日国务院令第 563 号发布了《农业机械安全监督管理条例》。其中第四章事故处理第二十五条第一款规定："县级以上地方人民政府农业机械化主管部门负责农业机械事故责任的认定和调解处理。"第二十六条第二款进一步规定："接到报告的农业机械化主管部门和公安机关应当立即派人赶赴现场进行勘验、检查，收集证据，组织抢救受伤人员，尽快恢复正常的生产秩序。"《农业机械安全监督管理条例》的发布，对促进农业机械的安全管理和农业机械事故的应急处置工作，提供了法规依据。

4.2 农业机械应急管理预案与救援体系

农业部为规范农业机械事故的应急管理和应急响应程序，及时、有效地实施应急救援工作，最大限度地减少人员伤亡和财产损失，维护人民群众的生命财产安全和农村社会和谐稳定，根据国家有关法律法规的规定和农业机械事故的特点，制定了《农业机械事故应急预案》。

4.2.1 预案结构与内容

《农业机械事故应急预案》明确了全国农业机械事故应急组织体系由农业部和省、地(市)、县农业机械化主管部门组成。农业机械事故应急预案体系包括农业部农业机械事故应急预案和地方各级农业机械事故应急预案。农业部农业机械事故应急预案是全国农业机械事故应急预案体系的总纲及总体预案，是农业部应对特别重大事故的规范性文件，由农业部制定并公布实施。农业部农业机械事故应急机构由农业部应急组织救援指挥机构、现场应急救援指挥部、相关机构组成。

地方农业机械事故应急预案由省级、地（市）级、县级各级农业机械化主管部门按照应急响应级别和农业部农业机械事故应急预案的要求制定。由地方农业机械化主管部门制定并公布实施，并报上级农业机械化主管部门备案。

农业部《农业机械事故应急预案》共分总则、应急组织体系及相关机构职责、运行机制、应急响应、后期处置、保障措施和附则等 7 个部分。

农业部《农业机械事故应急预案》明确了应急预案启动分级响应的规定。根据农业机械事故等级标准，应急响应级别分为部、省、地（市）、县四级。

(1) 特别重大农业机械事故（Ⅰ级）由农业部决定启动本级预案。立即成立现场应急救援指挥部，并派员赶赴现场组织指挥，同时报请国务院安全生产委员会和国家安全生产监督管理总局指导、协调事故的处置工作。

(2) 重大农业机械事故（Ⅱ级）由省级农业机械化主管部门决定启动本级预案。

(3) 较大农业机械事故（Ⅲ级）由地（市）级农业机械化主管部门决定启动本级预案。

(4) 一般农业机械事故（Ⅳ级）由县级农业机械化主管部门决定启动本级预案。

4.2.2 预案组织与管理

全国农业机械事故应急组织体系由农业部和省、地（市）、县农业机械化主管部门组成。

特别重大农业机械事故应急机构由农业部设立应急组织救援指挥机构。农业部特别重大农业机械事故应急救援指挥机构，由分管副部长兼任总指挥，农业机械化管理司司长、农机监理总站站长兼任副总指挥，成员由农业部办公厅、政策法规司、财务司、监察局、农业机械化管理司、农机监理总站等相关单位负责人组成。应急救援指挥机构下设办公室，负责农业机械事故日常应急管理工作。办公室设在农业部农机监理总站。

农业机械事故发生后，事故发生地人民政府根据农业机械事故应急响应级别、涉及范围和应急救援行动的需要，设立现场应急指挥部，农业机械化主管等相关部门为其成员单位。

省、地（市）、县农业机械化主管部门根据农业部应急预案中农业机械事故响应级别的规定，设立相应的应急组织救援指挥机构。各地农业机械事故应急救援指挥机构，由农业机械化主管部门分管副局长兼任总指挥，农机监理机构及相关部门主要领导兼任副总指挥，成员由相关单位负责人组成。应急救援指挥机构下设办公室，负责农业机械事故日常应急管理工作。办公室设在各地农机监理机构。

各级农业机械化主管部门和农机安全监理机构在预案管理上，一是要加强风险管理和事故隐患的排查整改工作，加强事故灾难预测预报工作，及时进行预警。二是要坚持险时搞救援，平时搞防范，建立应急救援队伍参与事故预防和隐患排查的工作机制，参与安全检查、隐患排查、事故调查、危险源监控和应急知识培训等工作。三是要强化现场救援工作。发生农业机械事故要立即启动应急预案，组织现场抢救，控制险情，减少损失。四是要做好善后处置和评估工作，通过评估，及时总结经验，吸取教训，改进工作，以提高应急管理和应急救援工作水平。

4.2.3 预案运行机制与流程

1. 预案运行机制

预案运作机制主要由统一指挥、属地为主、分级响应和公众动员这4个基本机制组成。特别重大农业机械事故应急预案运作体系由农业部应急组织救援指挥机构、现场应急救援指挥部、相关机构组成。应急救援指挥机构下设办公室，负责农业机械事故日常应急管理工作。统一指挥是应急活动的最基本原则。应急指挥一般可分为集中指挥与现场指挥，或场外指挥与场内指挥等。无论应急救援活动涉及单位的行政级别高低和隶属关系不同，都必须在应急指挥部的统一组织协调下行动，实行统一指挥的模式，有令则行，有禁则止，统一号令，步调一致。现场应急救援指挥部在应急处置时要指定事故现场指挥官。事故现场指挥官负责现场应急响应所有方面的工作，包括确定事故目标及实现目标的策略，批准实施书面或口头的事故行动计划，高效地调配现场资源，落实保障人员安全与健康的措施，管理现场所有的应急行动。事故指挥官根据事故现场的实际情况需要，还可将应急过程中的安全问题、信息收集与发布以及与应急各方的通信联络分别指定相应的负责人，如信息负责人、联络负责人和安全负责人。各负责人直接向事故指挥官汇报。

农业机械应急预案运作体系强调属地为主、分级响应，这是“第一反应”的思想和以现场应急、现场指挥为主的重要原则。在初级响应到扩大应急的过程中实行分级响应机制，才能最有效地进行紧急救援。扩大应急救援主要是提高指挥级别、扩大应急范围等。扩大或提高应急级别的主要依据，是事故灾难的危害程度，影响范围和控制事态能力。影响范围和控制事态能力是“升级”的最基本条件。

公众动员机制是应急机制的基础，也是整个应急体系的基础。本着“预防为主”的原则，农业部及各级地方政府的农业机械事故应急预案，都对公众的宣传教育作出了相应规定。

2. 应急预案运行流程

应急预案运行的流程可分为预防、预警、接警与响应级别确定、应急响应启动、救援行动、应急恢复和应急结束等几个流程。

1）事故预防

各级政府和有关部门要制定对农业机械事故的有效预防和处置措施，对可能引发重特大农业机械事故的隐患和苗头，要进行全面评估和预测，做到早发现、早报告、早解决。农业机械化主管部门要加强对农业机械事故多发地段和农业机械违法行为的整治力度，消除农业机械事故隐患，从源头上防止农业机械事故的发生。

2）预警信息

各级政府和有关部门要逐步形成完善的预警工作机制。农业部农机监理总站和地方各级农机安全监理机构负责预测、预警相关信息的接收和发布工作。

农业部农机监理总站和省级农机安全监理机构应及时将获得的预警信息分别向农业部和省级农业机械化主管部门报告。省、地（市）、县级农业机械化主管部门及其农机安全监理机构应及时通过现有通信网络，最大限度地将预警信息向社会及农业机械从业人员发布。一是各级农业机械化主管部门要建立健全农业机械事故预警信息报送和发布系统。二是各级农机安全监理机构应实行24小时事故接报值班制度，公开农业机械事故举报、报告电话，确保农业机械事故报告的及时、准确和畅通，将事故消除在萌芽状态。三是建立农业机械事故影响的预测评估系统，对事故发展态势及其影响进行综合分析预测，提供科学的预警预防与应急反应对策措施建议。

3）接警与响应级别确定

各级农机安全监理机构作为农业机械事故应急管理的专管机构，在接到当地发生农业机械事故报告并经核实后，按照工作程序，对警情作出判断，初步确定相应的响应级别，并根据应急响应级别分类，立即向其农业机械化主管部门和上一级农机安全监理机构报告。接到特别重大农业机械事故报告并经核实后，县、地（市）、省级农业机械化主管部门应将事故情况逐级上报至农业部，同时报告本级人民政府及其安全生产监督管理部门。紧急情况下可越级上报至农业部，由农业部启动应急响应。接到重大农业机械事故报告并经核实后，县、地（市）级农业机械化主管部门应将事故情况逐级上报至省级农业机械化主管部门，同时报告本级人民政府及其安全生产监督管理部门。紧急情况下可越级上报至省级农业机械化主管部门，由省级农业机械化主管部门启动应急响应。接到较大农业机械事故报告并经核实后，县级农业机械化主管部门应将事故情况逐级上报至地级农业机械化主管部门，同时报告本级人民政府及其安全生产监督管理部门，由地级农业机械化主管部门启动应急响应。接到一般农业机械事故报告并经核实后，县级农业机械化主管部门应将事故情况报告本级人民政府及其安全生产监督管理部门，县级农业机械化主管部门根据应急预案规定，启动应急响应。

4）应急启动

应急响应级别确定后，按所确定的响应级别启动应急程序，如通知应急中心有关人员到位、开通信息与通信网络、通知调配救援所需的应急资源（包括应急队伍和物资、装备等）、成立现场指挥部等。

5）救援行动

有关应急队伍进入事故现场后，迅速开展事故侦测、警戒、疏散、人员救助、工程抢险等有关应急救援工作，专家组为救援决策提供建议和技术支持。当事态超出响应级别无法得到有效控制时，向应急中心请求实施更高级别的应急响应。

6）应急恢复

救援行动结束后，进入临时应急恢复阶段。该阶段主要包括现场清理、人员清点和撤离、警戒解除、事故调查、善后处理等。

7）应急结束

当农业机械事故现场得以控制，导致次生、衍生事故隐患消除后，经现场应急救援指挥部确认和批准，现场应急处置工作结束。由事故发生地人民政府宣布应急结束。

4.2.4 预案评估与演练

应急预案是应急救援工作的指导文件，农业机械事故应急处置结束后，应急救援后对应急预案进行评审，应急组织救援指挥机构办公室应对事故应急处置工作整个过程进行分析和总结，结合实际情况对预案的统一性、科学性、合理性和有效性进行评估。针对实际情况以及预案中所暴露出的缺陷，不断地更新、完善和改进。应急后的评估能更好地完善应急预案，提高应急能力。

预案演练是对应急能力的综合检验。农业部的农业机械事故应急预案要求，各级农业机械事故应急组织指挥机构负责协同有关部门制定应急演练计划并组织联合应急演练活动，提高应急处置的实战能力。农业机械的应急演练主要采用桌面演练和功能演练两种。全面的实战模拟演练一般较少进行。组织由应急各方参加的预案训练和演练，使应急人员进入“实战”状态，熟悉各类应急处理和整个应急行动的程序，明确自身的职责，提高协同作战的能力。同时，应对演练的结果进行评估，分析应急预案存在的不足，并予以改进和完善。

1. 桌面演练

桌面演练是指由应急组织的代表或关键岗位人员参加的，按照应急预案及其标准工作程序，讨论紧急情况时应采取行动的演练活动。桌面演练的特点是对演练情景进行口头演练，一般是在会议室内举行。其主要目的是锻炼参演人员解决问题的能力，以及解决应急组织相互协作和职责划分的问题。

桌面演练一般仅限于有限的应急响应和内部协调活动，应急人员主要来自本地应急组织，事后一般采取口头评论形式收集参演人员的建议，并提交一份简短的书面报告，总结演练活动和提出有关改进应急响应工作的建议。桌面演练方法成本较低，主要为功能演练和全面演练做准备。

2. 功能演练

功能演练是指针对某项应急响应功能或其中某些应急响应行动举行的演练活动，主要目的是针对应急响应功能，检验应急人员以及应急体系的策划和响应能力。例如，指挥和控制功能的演练，其目的是检测、评价多个政府部门在紧急状态下实现集权式的运行和响应能力，演练地点主要集中在若干个应急指挥中心或现场指挥部，并开展有限的现场活动，调用有限的外部资源。

功能演练比桌面演练规模要大，需动员更多的应急人员和机构，因而协调工作的难度也随着更多组织的参与而加大。演练完成后，除采取口头评论形式外，还应向上级提交有关演练活动的书面汇报，提出改进建议。

4.2.5 预案保障与监督体系

应急保障系统包括信息与通信系统保障、物资与装备保障、人力资源保障和应急财务保障。

列于应急保障系统第一位的是信息与通信系统，构筑集中管理的信息通信平台是应急体系最重要的基础建设。应急信息通信系统要保证所有预警、报警、警报、报告、指挥等活动的信息交流快速、顺畅、准确，以及信息资源的共享。农业部的农业机械事故应急预案要求各级农业机械事故应急组织指挥机构要指定负责日常联络的工作人员（2 人以上），并配备必要的移动通信设备，保证 24 小时通信联络畅通。

物资与装备不但要保证有足够的资源，而且还要实现快速、及时供应到位。农业部的农业机械事故应急预案要求各级农业机械事故应急组织指挥机构要加强农业机械事故救援处置装备建设，确保应急救援工作的顺利实施。

人力资源保障是应急保障的重要环节，包括专业队伍的加强、志愿人员以及其他有关人员的培训教育。农业部的农业机械事故应急预案要求各级农业机械事故应急组织指挥机构应储备有关安全生产专家人才库，加强应急救援队伍建设，落实人员责任。

应急财务保障应建立专项应急科目，如应急基金等，以保障应急管理运行和应急反应中各项活动的开支。农业部的农业机械事故应急预案要求实施农业机械事故应急预案所需经费，按财政部《突发事件财政应急保障预案》执行。

公众意识和自我保护能力是减少重大事故伤亡不可忽视的一个重要方面。作为应急准备的一项内容，应对公众的日常宣传教育作出规定，尤其是从事农业机械从业人员及其周边的人群，使他们了解潜在危险的性质和对健康的危害，掌握必要的避险、自救、互救知识，了解各种警报的含义和应急管理工作的有关要求。农业部的农业机械事故应急预案要求，各地要充分利用电视、广播、报刊、图书、网络等多种渠道，广泛宣传安全生产法律法规、技术标准和农业机械安全生产知识，提高农业机械从业人员避险、自救、互救等安全生产技能，预防和减少农业机械事故的发生。

4.2.6 突发事件现场救援体系

农业机械事故发生后，本着属地为主的原则，强调“第一反应”的思想和以现场应急、现场指挥为主的原则，事故发生地人民政府根据事故级别、涉及范围和应急救援行动的需要，设立现场应急指挥部，农业机械化主管部门等相关部门为其成员单位。现场指挥部下设指挥机构办公室，其主要职责如下。

1. 现场应急指挥部的主要职责

（1）指挥、调配辖区内各种救助力量，处置特别重大农业机械事故，协调事故处置过程中的各种关系。

（2）保证现场应急指挥通信联络的畅通。

（3）决定向社会公众和新闻媒体发布特别重大农业机械事故和应急处置情况。

（4）承办应急组织救援指挥机构交办的其他工作。

2. 应急组织救援指挥机构办公室职责

现场应急指挥部本着预防为主的精神，设立应急组织救援指挥机构办公室以加强应急管理。应急组织救援指挥机构办公室的职责分日常状态下的职责和应急状态下的职责。

1）日常状态下的主要职责

（1）负责全国农业机械生产安全事故的接报及有关信息的收集和处理，向社会发布农业机械安全生产信息。

（2）负责与国务院相关应急管理机构和地方农业机械事故应急管理机构的联络、信息上传与下达等日常工作。

（3）拟定、修订与农业机械安全生产相关的各类突发事故应急预案及有关规章制度。

（4）指导地方农业机械事故应急预案的编制和实施。

（5）指导农业机械安全生产应急培训和演练。

（6）根据地方农业机械事故应急管理机构的请求，进行应急指导或协调行动。

（7）承办与农业机械安全生产相关的其他工作。

2）应急状态下的主要职责

（1）负责24小时值班接警工作。

（2）负责接收、处理农业机械事故预测预警信息，跟踪了解与农业机械事故相关的突发事件，及时向应急指挥部提出启动特别重大农业机械事故应急响应行动建议。

（3）负责收集、汇总事故信息及应急指挥部开展应急处置工作的相关信息，编写应急工作日报。

（4）根据应急指挥部和现场应急指挥机构的要求，负责应急处置的日常具体工作，统一向地方农业机械事故应急管理机构下发应急工作文件。

（5）承办应急指挥部交办的其他工作。

3. 农业机械应急救援队伍

根据农业机械的特点和农业机械事故的发生情况，通过资源整合，将逐步组成以农机安全监理机构为基础，以农业机械管理、推广、鉴定和农业机械生产企业为中坚力量，以及以应急救援志愿者等社会救援力量为补充的农业机械救援队伍体系。

4.3 农业机械安全生产应急处置技术与方案

农业机械安全生产应急处置涉及的作业种类较多，包括农田作业的、作业转移的、田间运输的、道路运输的等。其作业的范围也较广，包括在田间场院的、在乡村道路的、在国家公路的等。在这里阐述的仅是农业机械运输作业发生事故时的应急处置技术。

4.3.1 农业机械安全生产应急处置流程与程序介绍

农业机械安全生产应急处置流程从接警开始，主要包括接警后的情况判断、确定响应级别，应急启动，开展救援行动，应急恢复和应急结束等过程。农业机械安全生产应急处置流程如图4-1所示。

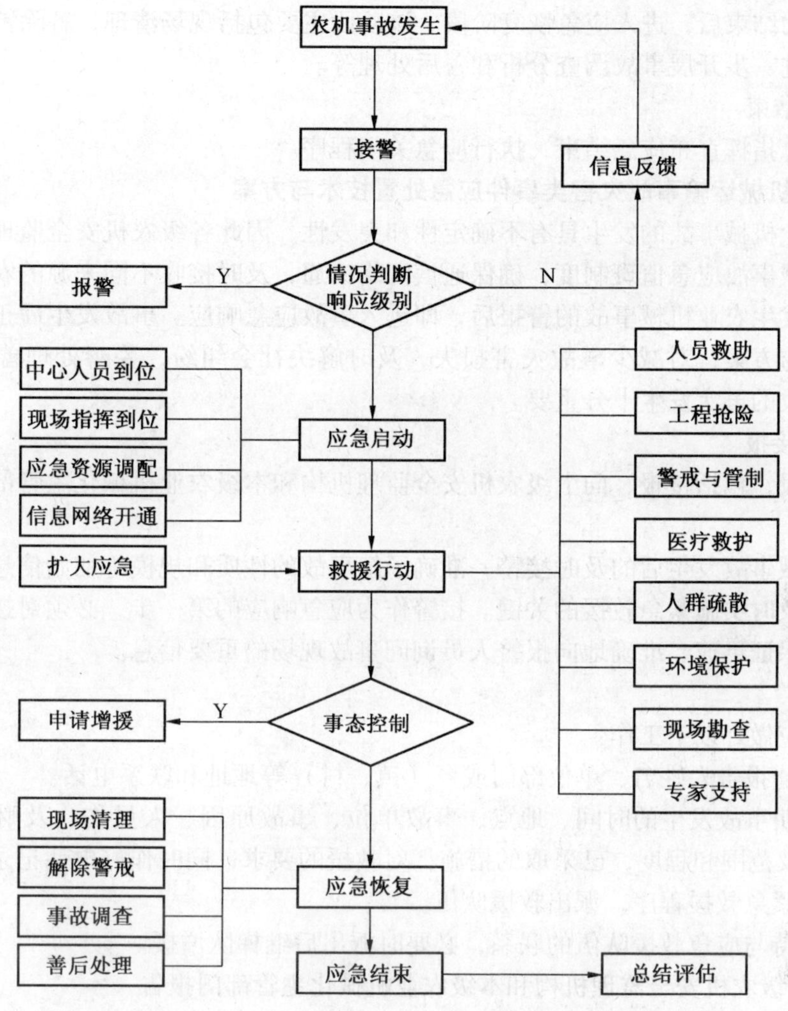

图4-1 农业机械安全生产应急处置流程

1. 接警与响应级别确定

接到农业机械事故报警后，按照工作流程，对情况作出判断，确定响应级别。如果农业机械事故不足以启动应急救援体系的最低响应级别，响应关闭。

2. 应急启动

应急响应级别确定后，按照所确定的响应级别启动应急救援程序，如通知应急中心有关人员到位、开通信息与通信网络、通知调配救援所需的应急资源、成立应急救援现场指挥部等。

3. 救援行动

有关应急队伍进入农业机械事故现场后，迅速开展警戒、疏散、人员救助、工程抢险、现场勘查等有关应急救援工作，专家组为救援决策提供建议和技术支持。当事态超出响应级别无法得到有效控制时，向应急中心请求实施更高级别的应急响应。

4. 应急恢复

救援行动结束后，进入应急恢复阶段。该阶段主要包括现场清理、解除警戒、人员清点和撤离、进一步开展事故调查分析和善后处理等。

5. 应急结束

由事故总指挥宣布应急结束，执行应急关闭程序。

4.3.2 农业机械运输事故灾害类事件应急处置技术与方案

由于农业机械事故的发生具有不确定性和突发性，因此各级农机安全监理机构要严格执行农业机械事故应急值班制度，确保通信网络畅通，及时接收不同来源的农业机械事故信息。接到发生农业机械事故的警报后，即进入事故应急响应。事故发生后正确地运用应急处置技术与方案，对减少事故灾害损失，及时解决社会纠纷，妥善处理善后的相关工作，防止事故的再次发生十分重要。

1. 事故接报

事故接报，包括接报、向上级农机安全监理机构和本级农业机械化主管部门报告和信息传报。

农业机械事故发生后的及时接警，准确了解事故的性质和规模等初始信息，是决定启动应急管理及时实施紧急救援的关键。接警作为应急响应的第一步，必须对接警要求作出明确规定，保证迅速、准确地向报警人员询问事故现场的重要信息。

1）接报

接报人应做好以下工作：

（1）问清报告人姓名、单位部门或乡（镇、村）等地址和联系电话。

（2）问明事故发生的时间、地点、事故单位、事故原因、人员伤亡及财产损失的情况，危害波及范围和程度，已采取的措施，对救援的要求，同时作好电话记录。

（3）按紧急救援程序，派出救援队伍。

（4）保持与应急救援队伍的联系，必要时派出后继梯队增援。

2）向上级农机安全监理机构和本级农业机械化主管部门报告

（1）发生较大以上农业机械事故，接到报告的各级农机安全监理机构应通过电话、传真等形式立即报告本级农业机械化主管部门，并逐级报告至农业部农机监理总站。农业部农机监理总站接到报告后应立即向农业部农业机械化管理司和农业部安全生产委员会办公室报告。每级间隔时间不得超过2小时。

（2）发生重大、特别重大农业机械事故，接到报告的各级农机安全监理机构可以通过电话、传真等形式越级报告。

（3）农业部安全生产委员会办公室接到报告后应立即报国务院安全生产委员会及国家安全生产监督管理总局。

3）信息传报

重大事故发生后，不可避免地会引起新闻媒体和公众的关注。因此，应将有关事故的信息、影响、救援工作的进展等情况及时向媒体和公众进行统一发布，以消除公众的恐慌心理，控制谣言，避免公众的猜疑和不满。农业部的农业机械事故应急预案要求：农业部农机监理总站和省级农机安全监理机构应及时将获得的预警信息分别向农业部和省级农业机械化主管部门报告。省、地（市）、县级农业机械化主管部门及其农机安全监理机构应及时通过现有通信网络，最大限度地将预警信息向社会及农业机械从业人员发布。

2. 现场紧急处置

农业机械事故的现场处置应遵循快速反应、紧急救助、现场保护、人员疏散和保护应急参与人员安全等原则采取一系列的行动。事故指挥官负责现场应急响应所有方面的工作，包括确定事故目标及实现目标的策略，批准实施书面或口头的事故行动计划，高效地调配现场资源，落实保障人员安全与健康的措施，管理现场所有的应急行动。

事故的发生具有突发性等特点，现场处置过程中任何时间上的延误都有可能加大应急处置的难度，甚至有可能造成事故损失的扩大，引发更为严重的后果。因此，在应急处置过程中必须做到快速反应，力争迅速到达现场、控制事态救助受害人、减少损失，并为尽快恢复正常的生产秩序、社会秩序和生活秩序创造条件。

1）现场控制

在事故现场处置过程中，对现场的控制是必不可少的。但由于事故发生的时间、环境和地点不同，所需的控制手段也不相同，事故现场控制的方法可分为警戒线控制法、区域控制法和遮盖控制法。

警戒线控制法是农业机械重特大事故常用的方法。在事故现场设置警戒线，主要是为了保证处置工作的顺利进行，避免外来的未知因素对现场处置造成的干扰，确保应急人员和周围无关人员的安全。警戒线的设置范围宜大不宜小，以保留必要的警戒空间以阻止现场内外人、物、信息的无序流动，警戒线的设立可以使外部人员和围观群众自觉地远离现场，为应急处置创造一个较好的外部环境。

区域控制法主要是重特大农业机械事故范围较大，可能面广点多，需要处置的问题较多，存在处置安排的优先顺序问题，或由于环境等因素影响，需要对局部区域采取不同的控制措施。区域控制的原则是，先重点区域后一般区域、先危险区域后安全区域、先外围区域后中心区域。

遮盖控制法是保护现场与现场证据的一种方法。在农业机械事故现场，有些物证的时效性比较高，风、雨、日晒等天气的变化可能会影响取证的真实性，对死亡者的保护等，采用干净的塑料布、帆布或草席等物品对重要现场或物证进行遮盖。应当注意的是，证据能及时提取的应尽量立即提取，尽量不要使用遮盖控制法，以防遮盖物沾染某些物质，影响取证以及后续的化学物理分析结果。

2）现场救援

有关应急队伍进入事故现场后，迅速开展事故侦测、警戒、疏散、人员救助、工程抢险等有关应急救援工作，专家组为救援决策提供建议和技术支持。当事态超出响应级别无法得到有效控制时，向应急中心请求实施更高级别的应急响应。

农业机械事故的发生，常常涉及到第三者的伤害或损失。农业机械事故的调查工作，往往在应急处置时就需要展开，以分析事故的原因与性质，发现和收集有关证据，澄清和认定农业机械事故的责任者，以有利于侵权行为损害赔偿的调解或判决。因此，现场处置工作中所采取的一切措施要有利于对事故的调查，在现场控制的过程中，必须把保护现场作为工作原则贯彻始终。

在道路上紧急处置事故，常常有围观的群众，有时道路上还有车辆在行进，必须及时将无关人员疏散到安全地带，同时还必须保护好应急参与人员的安全，防止次生灾害的发生。

3）现场勘查

现场勘验、检查是在农业机械事故应急救援处置过程中，必须立即进行的十分重要的工作，是为进一步分析事故原因，认定事故责任必不可少的工作环节。国务院发布的《农业机械安全监督管理条例》明确规定：“接到报告的农业机械化主管部门和公安机关应当立即派人赶赴现场进行勘验、检查，收集证据。”现场勘查的重点是搜集及提取能判明事故原因和责任的痕迹和物证，收集各种有关证据及其相互的关联和位置，如现场上的各种擦划和制动印痕，事故机械、物体接触部位、接触点，农业机械、其他车辆和物体上的痕迹及附着物等物证。

现场勘查基本上可归纳为静态调查和动态调查两方面。

（1）静态调查。静态调查是农业机械事故现场的初步调查，即调查事故发生后，未经变动的现场状态。调查时不改变物体和痕迹的状态与位置，通过现场摄影、录像、测量、制图和记录等手段，如实予以记载。静态调查要达到以下几个目的：

①确定事故现场方位。

②确定现场中人、机、物及事故有关的痕迹、散落物各自的方位和相互的联系。

③确定事故接触点的位置，包括物与人、物与物接触时的部位以及在道路上的方位。

④对于变动现场，应查明变动物原来的位置与状态，确定其与变动后位置的关系。

⑤确定事故农业机械的档位、气制动系统的气压、装载量、方向盘自由行程转动量、雨天雨刷器的效能、夜间照明灯光以及追尾事故前车刹车灯性能等。

农业机械运输事故现场的痕迹，对分析事故发生原因和经过，推断事故性质，认定事故责任，具有较大的证据意义。按其反映的本质和特征，分结构形象痕迹和整体分离痕迹；按接触的方式和作用力方向不同，可分为静态痕迹和动态痕迹；按承受客体表面的变化，又可分为立体痕迹和平面痕迹。痕迹的种类较多，范围较广，在应急处置现场调查中，大体可分为路面痕迹、物体痕迹和其他痕迹三大类。路面痕迹是指遗留或附着在路面上的能够反映事故形成和经过的印痕和散落物，如轮胎印、挫划印、玻璃、车灯。物体印痕是指事故客体与有关物体上遗留的印痕，如机具上的擦划、撞击印痕等。其他印痕是包括衣着表面刮轧痕、尸体伤痕和其他痕迹等。事故现场的痕迹和物证，主要遗留在现场中心及周围路面、路旁、机体、物体、受害人身体、尸体、服装上。对这些痕迹只要认真地寻找，一般是不难发现的。由于现代科学的发展，利用诸如红外线、现代发光技术等，为发现痕迹提供了新的手段。严格地说，痕迹学属于刑事科学的范畴，这里不再赘述，农业机械化主管部门在农业机械重特大事故现场应急处置时，应配备有这方面的人才，必要时可聘请有关专业人员协助调查或分析。

现场摄影和录像是记录和显现物像最客观、最迅速、最准确的方法。它既能把通常目力所能见到的真实状况记录和固定下来，又能通过技术手段（如红外、紫外摄影）把通常目力所难以观察清晰的物像和掩盖的事实显现出来。农业机械事故摄影的目的，是把发生事故的地点与有关场所的情况、痕迹、物证等完整地拍摄下来，为研究事故现场情况、分析事故原因和责任，以及为查破逃逸事故提供有力的证据。农业机械事故现场摄影是通过拍摄一组照片，来反映整个现场和有关场所的情况，包括现场遗留的物体、痕迹、物证和它们之间的联系和特征。因此，现场摄影要求全面、系统、连贯，主次分明。每一张照片都要注意拍摄角度，使之具有客观真实的表现能力，能独立说明某个问题。同时，照片之间又是互相联系，互相补充印证。

农业机械事故现场图是用投影原理将现场上的各种元素、遗留痕迹、散落物、有关设施、地形、地物等，按一定比例的图例和线形绘制在平面上的图形，作为证据保存。现场图是研究分析事故原因和事故责任的重要依据。可以补充文字记录和现场摄影不能完全表述的事故现象和现象间的关系。在现场应急处置工作结束后，要迅速清除事故现场，恢复正常生产和工作秩序，但为了事故的分析和处理工作的需要，必要时还可以通过现场图恢复现场原貌。现场图是法律证据，不仅要绘图者看得懂，更重要的是要没有到过现场的人，也能借助现场图看懂所反映的内容。因此要求现场图图面整洁，图例正规，比例恰当，接近原形，数据正确，重点不丢，相互联系，没有多余。现场图的绘制方法有极坐标法、直角定位法和三角测量法。因极坐标法要应用平板仪和水平仪，制图人员要具备一定的测绘知识，所以实际工作中应用较少。而直角定位法和三角测量法与极坐标法相比具有明显的实用性和便利性，因此使用的比较普遍。在现场应急处置时时间有限，现场调查人员必须用较短的时间，较快的速度先绘制现场草图，然后再绘制正式现场图。因此，现场应急处置人员应能熟练绘制草图。现场草图内容必须完整，物体的位置、形状、大小、距离的数字要准确，否则无法根据草图绘制比例图。有时为了表示事故有关物体的空间运动状态，可采用立面图、立体图等，或者为表示纵横断面几何线型的变化，也可加注局部纵、横剖面图。

静态调查结束后，可根据具体情况移动机械、尸体、物体的位置，但在移动物体前，应做好标记，以备复查，继而进行动态调查。

（2）动态调查。在静态调查过程中，由于不能改变现场的原始状态，有些痕迹、物证必须移动后才能进行。因此，动态调查是对现场实物、痕迹形态进行的全面调查。动态调查必须在不破坏痕迹和物体原有形态的前提下，进行翻转或移动位置。如移动有破坏可能的，必须采取照相或录像等手段保全和测量记录后，然后运用技术手段进行检验提取。

动态调查的目的是：

①发现和搜集在静态调查中未能发现的痕迹和物证。

②用简单实验的方法分析物体特征与痕迹形成的原因。

③根据农业机械或行人运动规律，分析现场中各种现象产生和变化的原因。

（3）制作现场笔录。经过现场勘查，除了形成具体的调查材料（如照相、录像、绘制现场图）以外，还应制作现场勘查笔录。它是其他勘查材料不足部分的补充说明，是勘查工作的纪实，是认定事故责任的证据材料。

现场笔录应记载如下内容：

①报案时间、报案人姓名、农业机械事故发生时间。

②现场的准确地点位置。

③现场勘查的起始和结束时间、当时的天气和光照条件。

④发现和提取痕迹、物证的情况。

⑤现场变动的情况。

⑥现场照相或录像的内容和数量，绘制现场图的种类和数量。

⑦当事人的姓名、性别、年龄、职业、住址、联系方式及其陈述。

⑧现场勘查负责人、勘查人员、笔录制作人员签名。

⑨当事人在陈述上的签名以及当事人或见证人在现场图上的签名。

现场笔录要求记录的顺序与实地调查的顺序、内容相一致，使未参加现场勘查的人，能通过勘查记录，对现场有一个基本的了解。勘查记录的内容要客观、准确、全面、详细，能清楚地反映现场的基本情况，但不能把对现场的分析或判断记人笔录。

（4）现场勘查的收尾复核。经过现场勘查后，现场指挥应召集现场勘查人员进行现场复核，防止出现错误和遗漏。复核的主要内容有审核现场图和有关调查材料有无漏洞，现场勘查工作各组成部分之间的衔接是否有误，痕迹调查和摄影工作是否完成，各种数据是否准确一致。如有不足，确定补救措施并予以落实。

3. 应急恢复

应急恢复是在事故影响得到初步控制后，为使生产、生活、社会秩序和生态环境尽快恢复到正常状态而采取的措施或行动。应急恢复从救援工作结束时开始。应急恢复包括现场清理、解除警戒和善后处理。在做好农业机械事故的处理情况和损失情况的评估，保险机构对相关财产损失和人员伤亡情况进行调查和理赔的基础上，应迅速清理现场和撤离现场警戒，尽快恢复生产、恢复正常的生活秩序。

对事故进行调查分析，进一步查明事故原因，认定事故责任，是应急恢复阶段进行的工作之一。《农业机械安全监督管理条例》规定：“对经过现场勘验、检查的农业机械事故，农业机械化主管部门应当在10个工作日内制作完成农业机械事故认定书；需要进行农业机械鉴定的，应当自收到农业机械鉴定机构出具的鉴定结论之日起5个工作日内制作农业机械事故认定书。”农业机械事故认定书的内容应当包括农业机械事故的基本事实、成因和当事人的责任，并要求在制作完成农业机械事故认定书后，3个工作日内送达当事人。

农业机械事故的善后工作，主要是配合当地政府及有关部门，处理好农业机械事故当事人及其家属的安抚工作。农业机械事故常常涉及对第三者侵权行为的损害赔偿问题。解决农业机械事故的损害赔偿争议，当事人有权对请农业机械化主管部门调解和向人民法院提起诉讼两种方式进行选择。如当事人各方均有请农业机械化主管部门调解损害赔偿请求，且符合调解条件的，农业机械化主管部门可调解损害赔偿。《农业机械安全监督管理条例》规定：“当事人对农业机械事故损害赔偿有争议，请求调解的，应当自收到事故认定书之日起10个工作日内向农业机械化主管部门书面提出调解申请。”农业机械化主管部门调解农业机械事故损害赔偿不是农业机械事故当事人争议解决的必经程序，是否请求由当事人决定。根据上述规定，农业机械化主管部门依据当事人的申请，受理农业机械事故损害赔偿调解应当注意以下几个要点：一是农业机械事故损害赔偿调解，应当在查明原因、分清事故责任的情况下进行，当事人对农业机械事故认定有异议的不予以调解；二是必须是各方当事人一致向农业机械化主管部门提出书面调解申请；三是必须在送达农业机械事故认定书之日起10个工作日内提出。农业机械化主管部门调解农业机械事故损害赔偿的期限为10日。经农业机械化主管部门调解达成协议的，农业机械化主管部门应当制作调解书送交各方当事人。调解书经各方当事人共同签字后生效。然而也有因为分歧较大，经农业机械化主管部门调解不能达成协议，或者当事人向人民法院提起诉讼的，农业机械化主管部门则终止调解，并出具调解终结书，书面通知当事人。调解达成协议后当事人反悔的，也可以向人民法院提起诉讼。

调解工作具有方便快捷、成本低、效率高的优点，同时有利于当事人尽快摆脱农业机械事故造成的纠纷，及早恢复正常的工作和生活秩序，免去了当事人的诉讼之累。这种以和解方式了结纠纷，有利于矛盾和争议的解决，也有利于社会的和谐稳定。

4. 应急结束

事故救援结束后，经现场应急救援指挥部确认，由农业机械事故应急指挥机构宣布应急响应终止。并向上级行政主管部门报告应急处置情况。

农业机械事故应急处置结束后，应急组织救援指挥机构办公室还应对农业机械事故如何发生和为何发生等方面进行分析，通过对事故成因的分析，吸取事故教训，提出整改措施，向政府和上级农业机械化主管部门编写农业机械事故调查报告。

5 渔业船舶水上安全生产应急管理

5.1 渔业船舶水上安全生产应急管理体系

渔业船舶水上安全事故应急管理是按照省、地（市）、县、乡（镇）人民政府四级应急管理决策指挥机构和部、省、地（市）、县四级渔业行政主管部门应急救援（处置）指挥组织体系建设的。部、省、市三级渔业船舶水上安全事故应急管理决策指挥机构主要负责指导、协调较大以上渔业船舶水上安全事故的应急处置工作，县级应急管理指挥机构具体实施渔业船舶水上安全事故应急处置工作。

5.1.1 渔业船舶水上安全事故应急机构

渔业船舶水上安全事故应急管理组织按照分级管理、分级响应、属地管理为主的原则，确定应急管理相关部门、人员的职责。明确负责应急救援行动的指挥和协调部门，负责现场救援行动的部门，以及成员的构成，责任人的权利与义务，及其相互之间的隶属关系和职责等。

5.1.1.1 应急机构设置

应急机构设置是有效处置渔业船舶水上安全事故的前提。各级政府及其渔业行政主管部门根据《渔业船舶水上安全突发事件应急预案》相关要求明确了渔业船舶水上安全事故应急机构及相应职责，并对有关应急处置工作提出了明确要求。

1. 应急机构的组织、领导和职责分工明确

渔业船舶水上安全事故应急机构管理规范，应急机构人员配备到位，机构人员职责分工明确，应急机构各类专业技术人员储备基本充足。当机构人员变动或通信方式变更时，及时告知上级和下级相关组织机构。

2. 应急机构工作机制顺畅，值班管理到位

对接报的渔业船舶水上安全事故信息，及时进行核查。核查的内容主要包括：遇险船舶的船名号、船籍港；遇险时间、地点；遇险人员的数量及伤亡情况；事故发生的直接原因、已采取的措施、救助要求、联系方式等。并尽可能核实遇险船舶的主要尺度、作业类型；船舶所有人或经营人姓名；事故水域的气象与海况信息，包括风力、风向、流向、流速、潮汐、水温、浪高等。

3. 应急管理信息的报告及时准确

一般及以上等级渔业船舶水上安全事故接报后，应及时向地方政府、渔业行政主管部门及其渔政渔港监督管理机构、安全生产监督管理等部门报告；对接报告的事故信息一时无法核查时，在上报相关部门时应说明清楚，同时做好相关应急准备工作。

渔业船舶水上安全事故信息报告，应当做到及时、客观、真实，不得迟报、谎报、瞒报、漏报。

4. 应急信息畅通，事故应急措施指导科学及时

在渔业船舶水上安全事故的应急处置过程中，应借助于渔业无线电通信岸台、卫星电话或公众通信网络等各种有效途径与事故船舶保持联络，及时掌握遇险状况，实时采取相应的应急措施。应急措施应综合考虑事故状况、周围海况、应急处置设施与手段等各方面因素。

5.1.1.2 应急机构的基本职能

1. 政府应急管理机构与职能

地方各级人民政府设立渔业船舶水上安全事故的现场应急指挥机构，渔业行政主管部门是渔业船舶水上安全事故应急指挥机构的首席成员，渔政渔港监督管理机构是应急指挥机构的一般成员单位。现场应急指挥机构的主要职责是：指挥、调配辖区内各种救助力量，处置渔业船舶水上安全事故，协调事故处置过程中的各种关系；保证现场应急指挥通信联络的畅通；决定向社会公众和新闻媒体发布渔业船舶水上安全事故应急处置情况。为了提高应急管理工作效率，应明确应急管理内部分工，地方人民政府在渔业船舶水上安全事故应急处置中，通常成立相应的工作小组。

1）应急救援组

应急救援组，一般由具备渔业船舶水上安全事故应急救援工作经验的人员组成，必要时可以吸纳有丰富经验的船长、医疗急救等方面的人员参与。

2）搜救专家组

搜救专家组，通常由航运、海事、航空、消防、医疗卫生、环保、石油化工、海洋工程、海洋地质、气象、安全管理等行业专家、专业技术人员组成，负责提供水上应急救援技术咨询。

3）信息传递组

信息传递组，主要负责保持与事故船舶的信息联系，确保信息畅通。按规定及时将事故信息向有关应急管理机构报告，并传达上级政府和有关应急管理机构下达的各项指令。

4）事故调查组

事故调查组，具体负责事故的调查取证、原因分析、责任追究建议与撰写事故调查报告书方面的工作。

5）善后处理组

善后处理组，具体负责事故所造成的伤亡船员抢救、死亡船员家属的安抚及其抚恤等方面工作。当一起事故涉及多人伤亡时，一般按伤亡人数成立相应的安抚小组。

6）新闻报道组

新闻报道组，主要负责对渔业船舶水上安全事故的客观报道工作，事故应急处置的新闻报道统一归口至新闻报道组。

7）后勤保障组

后勤保障组，主要负责对渔业船舶水上安全事故应急处理工作的后勤保障，包括人员、经费、交通工具等各个方面。

8）综合协调组

综合协调组，负责事故应急处置过程中应急机构内部之间、应急机构与其他部门之间的工作协调。

2. 经营者应急管理组织与职能

渔业船舶所有人或经营人是渔业船舶水上安全生产的责任主体，必须切实做好渔业船舶水上安全事故的应急管理工作。如成立事故应急处置组织、配备事故应急处置工作人员、制定渔业船舶水上安全事故的应急预案、明确应急处置各岗位的职责与分工等。特别是要对接报的事故及时向渔业行政主管部门及其渔政渔港监督管理机构、地方政府及其安全生产监督管理等部门报告，并确保与事故船舶和有关部门的信息联络，服从和配合政府部门应急机构组织实施的相关决定和各应急工作小组的工作。

5.1.2 渔业船舶水上安全事故应急救援体系

我国水上安全事故应急救援不分行业与条块，中国海上搜救中心全面负责水上船舶安全事故的应急救援工作。渔业船舶水上安全事故应急救援鼓励自救、互救，提倡社会力量参与救助，适时启动专业救助的工作方针。

5.1.2.1 自救

自救是在渔业船舶水上安全事故发生后，事故船舶依靠船上人员和船舶设备来控制事故险情，营救遇险船员的行为。在渔业船舶水上安全事故发生的初始阶段，只要自救措施得当，往往能有效控制事故发展态势，降低事故造成的人员伤亡、减少事故损失。

5.1.2.2 互救

互救是指通过组织在事故水域附近作业的船舶，对遇险船舶实施的救助。互救可以为救援赢得足够的时间，它是现阶段渔业船舶水上安全事故发生后应急救助最有效的方法之一。而渔业船舶编组作业为实施渔业船舶水上安全事故互救提供了条件。

5.1.2.3 组织救助

渔业船舶水上安全事故发生后，当自救与互救无法有效开展或者不具备相应救助条件时，事故应急指挥机构应根据自有救助力量的储备情况，指令调集渔业行政执法船舶、渔业船舶赶赴船舶遇险水域实施救援。组织救助，也是及时实施渔业船舶水上安全事故应急救助的方法之一。

5.1.2.4 专业救助

中国海上搜救中心统一组织协调搜救工作，为海上遇险人员、船舶及航空器提供搜寻救助服务。渔业船舶水上安全事故发生后，可以通过一切有效手段和方式如单边带、卫星电话、手机等进行报警、求救。海上救助专用电话号：12395。

中国海上搜救中心凭借陆海空立体救助的优良设施、先进的技术、丰富的经验等方面的优势，在渔业船舶水上安全事故应急救援中起着其他救助方式无法替代的作用。

5.1.3 渔业船舶水上安全事故应急预防

危险伴随着渔业船舶航行生产作业的全过程，稍有不慎，就有可能发生渔业船舶水上安全事故。为了确保在渔业船舶水上安全事故发生后，不至于慌乱无章，我们就要在预防上下工夫，从提高渔业船舶检验质量、强化渔业船员培训、加强安全教育、抓好渔港签证管理和加大查处力度等方面着手，采取相应的预防措施，促进渔业船舶航行作业的安全。

事故预防是一项长期而艰巨的工作，与各级政府、安全生产监管机构、渔业行政主管部门、渔政渔港监督管理机构、地方基层渔业组织、渔业生产的管理者与经营者、渔业船舶的船长和广大船员密切相关。要减少或避免渔业船舶水上安全事故的发生，相关机构与人员必须通力合作，地方政府重点加强对渔业船舶安全生产公共设施建设的投入，保障事故预防监督与管理工作所需的人员与资金，各安全生产监督管理机构应切实履行职责，渔业生产经营主体应充分落实安全生产责任。

5.1.3.1 提高安全意识和技能

安全意识是指人们对生产、生活中所有可能伤害自己或他人的客观事物具有警觉和戒备的心理状态。而人的安全技能是人为了安全地完成操作任务，经过训练而获得的完善的、自动化的行为方式。

1. 开展渔业安全生产知识宣传

开展渔业安全生产知识宣传，是促进渔业安全意识增强的有效途径。其根本目的就是将“要我安全”转变为“我要安全”，普及渔业安全生产知识，使渔业从业人员加深对渔业安全生产工作的认识，提高安全生产意识，掌握渔业安全生产知识和安全技能，减少和防范渔业船舶水上安全事故的发生。

渔业安全生产知识宣传主要运用广播、电视、报纸、专刊、宣传标语、发放宣传画册等形式，对政策和法律法规进行宣传，使渔业工作者了解党和政府对渔业安全生产的相关政策和规定。宣传时要结合渔民群体的特点，注重利用典型案例，采用通俗易懂且易于接受的方式，如板报、电视宣传片、幻灯片、专题广播、宣传画册、文艺节目、游戏等。通过安全生产操作规程的宣传，使广大渔民熟悉和掌握安全生产操作规程，宣传时可根据不同地区、不同捕捞作业方式设定相应的宣传内容，如印制渔业安全生产操作规程画册、制作渔业安全生产操作规程影视材料、编撰简洁易记的渔业安全生产操作规程顺口溜、将渔业安全生产操作规程张贴于渔港醒目的位置。

2. 强化渔业安全培训

目前，我国渔业船员的素质参差不齐，部分船员素质相对较差，表现在船员接受的安全知识教育不够、安全意识不强、职业操作技能缺乏、安全习惯不良等方面。为了有效地防止或减少渔业船舶水上安全事故特别是重特大事故的发生，保障渔业船舶航行作业安全和保护水域环境，应加强对渔业船员的安全技能培训，提高渔民安全操作技能，使渔民能够在危急时刻沉着应对，正确地进行自护自救，最大限度地保护生命财产安全。渔业安全培训包括船员的准入培训、适任培训和特殊培训。

1）准入培训

准入培训就是渔业船员上岗前的培训。渔业捕捞生产是一个专业性与技术性较强、劳动强度大、工作环境差、危险系数高的特殊行业。渔业船员需要参加基本安全技能培训，掌握从事捕捞作业所应有的基本知识和操作技能，并经考试合格取得相应的资格证书后，方可从事海洋捕捞作业。

船员准入培训的内容包括：海洋与气象常识、航海大意、轮机大意、水手工艺、海上求生、救生艇（筏）操纵、船舶消防、海上急救、海洋防污、海损事故紧急处理等十个方面的基础理论知识及实际操作训练。

2）适任培训

根据国际公约和国内法律、法规的规定，参加航行值班和轮机值班的船员应持有相应的适任证书，未取得适任证书或者其他适任证件的船员不得上岗。适任培训就是船员到船上担任职务前的培训。适任培训内容根据职务的不同培训的要求也不一样。适任培训包括驾驶人员与轮机人员的初级培训和职务晋升、航区扩大与等级提高的培训，以及电机员培训和无线电操作员、话务员培训等。

3）特殊培训

特殊培训是指根据渔船特种设备、特定用途或作业方式的不同，对相关岗位船员进行的专门知识培训，如渔业油船的防火防爆知识培训、对台劳务培训、涉外培训等。

3. 组织渔业安全技能演练

组织渔业安全技能演练，是促进渔业船舶从业人员安全技能提升的有效方法。通过渔业安全技能演练，增强广大渔民处置渔业船舶水上安全事故的理性认识，提高处置渔业船舶水上安全事故的实际能力，保障广大渔民生命和财产的安全。

渔业船舶水上安全事故应急演练是针对渔业船舶水上安全事故发生后的各类情况，以施救落水人员、受伤人员，船舶受损堵漏，船上火灾施救，救生衣（圈、浮）和气胀式救生筏的使用与操纵以及水上求生等为主要演练内容。演练通常由组织者先作示范操作，然后让渔民现场实施相关项目的操作，组织者对参与演练渔民的操作动作逐一作出简要的点评，使广大渔民从中受到启发，以提高安全技能演练的效果。

4. 落实渔业安全生产责任

落实渔业安全生产责任制，是促进渔业安全意识增强的一项保障措施。安全生产责任制度，是根据安全生产法律法规的要求，明确劳动生产过程中生产经营单位的各级负责人、职能部门、岗位操作人员对安全生产所应承担的责任。关键是要落实渔业安全生产的责任人——渔业生产经营企业法人、渔业船舶所有人或经营人、渔船船长的安全生产主体责任，加强安全生产管理，建立健全安全生产责任制度，完善安全生产条件，确保渔业安全生产。

1）完善责任体系建设

政府行政首长负责制和渔业生产经营单位法定代表人负责制，是建立和完善安全生产责任制体系的基础；层层签订安全生产目标管理责任书，是落实安全生产责任制的表现形式。部门主要领导和分管领导按照安全生产“谁主管、谁负责”的原则，切实履行领导职责。通过政府安全监管和生产经营单位安全生产责任的落实，不断提高政府安全生产综合监管的能力和水平，加强对本地区、本部门、本单位渔业安全生产工作的组织领导，深入渔村、渔港和渔船船头检查、督促、指导安全生产工作。根据《安全生产目标管理责任书》及制定的考评办法，加大安全生产目标管理考核力度，将渔业生产经营单位安全生产监管、基层监管队伍建设和经费保障作为考核重点。切实兑现安全生产目标管理考核奖惩制度和安全生产“一票否决”制度，通过考核促进安全生产责任制体系的不断完善。

2）落实安全生产主体责任

依法对没有树立正确的政绩观，忽视安全生产等民生问题，在执行渔业法规政策时，态度不够坚决，甚至搞“上有政策，下有对策”的政府工作人员；对渔业安全生产监管部门和渔业生产经营者有法不依、有章不循，安全生产措施落实不到位，失职渎职的人员；对渔业安全生产工作部署执行不力，思想不重视，作风不扎实，监管乏力，检查不全面，导致渔业船舶水上安全事故多发、频发或人为因素导致渔业船舶水上重、特大安全事故发生的，都应作出处理。如对有关部门、单位进行黄牌警告或戒勉谈话，要求相关单位主要负责人作出书面检查和说明，给予当事人行政处罚，构成犯罪的移送司法机关追究刑事责任。

3）强化舆论宣传和社会监督

要紧紧围绕渔业安全生产大局和工作重点，及时准确、公正客观地向社会发布渔业安全生产信息，渔业安全生产责任内容、要求、责任人及其安全生产责任履行情况。公开曝光隐患严重、管理不善并导致渔业船舶水上安全事故的典型案例和违法行为，并对安全生产责任人进行公开批评，提高渔业安全生产责任人的责任意识，促进渔业安全生产工作。

5.1.3.2 加大安全投入

渔业安全投入包括两个部分，一是政府部门对渔业安全生产公共设施方面的投入；二是渔业生产经营者对安全生产设施、设备以及劳动力方面的投入。

1. 渔业公共设施安全投入

渔业公共设施安全投入，主要体现在对公益性基础设施的渔港、渔业安全通信设施、渔业安全宣传、渔业船舶水上安全事故的应急救助等方面。

渔港主要为渔业生产服务和供渔业船舶停泊、避风、装卸渔获物和补充渔需物资使用。渔港建设直接关系到在港船舶的安全，如港内航道的水深与宽度，关系到船舶通航能力与航行安全；航标设置的正确与否关系到进出港船舶能否及时安全进出港；锚地的大小、水深与底质，关系到在港锚泊船舶的安全；港口消防设施齐全与否，关系到港内一旦发生火灾，能否及时实施救助；港内防污设施是否齐全，直接影响到港内水域环境等，而这些方面的投入较大，又不产生直接经济效益，每年还要发生一定的维护保养费用，因此应由政府主导投入。

渔业安全通信设施，是渔业船舶水上航行作业通信联络的唯一手段，渔业船舶与陆上基地之间、渔业船舶之间，特别是在发生事故后与实施救助部门之间的信息沟通，都是依靠通信设施来实现的。渔业安全通信网络往往由系统基站、监控中心、船载终端和传输网络等组成。系统基站、监控中心、传输网络等大都由政府投入建设，如全球海上遇险与安全系统（GMDSS）、我国渔业安全通信短波网、超短波网和渔业安全移动通信网等。

2. 渔业安全生产设施投入

渔业安全生产设施投入，是渔业生产经营者为满足《中华人民共和国安全生产法》和有关渔业安全生产法律法规所规定的安全生产基本条件，而进行的必要投入。它包括专业人员的配置和资金投入两个方面，包括用于安全技术、管理和教育措施的费用。如渔业生产经营者按照规定足额配备职务船员和经过专业技术训练的其他船员；渔船证书证件（船舶检验证书、国籍登记证书、捕捞许可证、航行签证簿等）齐全有效；渔船船体结构、性能及配备的设备应符合《渔业船舶法定检验规则》要求；有关航行安全的重要设施如救生、消防、航行、无线电通信等设备配备齐全并处于良好使用状态；渔业作业防护用品配备齐全有效；渔船燃料、给养充足；装载合理，船名号、船籍港标写清楚等方面所发生的资金投入。

3. 开展渔业风险保障建设

渔业保险是由保险人（包括各种保险组织）为渔业从业者在水产养殖、捕捞、加工、储运等生产经营过程中，遭受水上安全事故所造成的损失提供经济补偿的风险保障制度。渔业保险包括水产养殖保险、渔船保险、人身保险、渔港设施保险以及与渔业有关的其他保险。渔业保险为渔区社会的和谐稳定发挥着积极的作用，得到了广大渔民的认可和各级政府的重视与财政扶持。

5.1.3.3 加强监督检查

加强渔业安全监督检查，是预防渔业船舶水上安全事故的一项有力措施。渔业船舶安全生产监督检查，主要是对涉及到渔业安全生产作业的有关事项进行检查，如渔业安全生产法规的贯彻落实情况、安全生产责任制落实情况、安全生产宣传情况，渔船船员的持证情况、船舶证书证件的持有情况、各种安全设备的配备及使用状况，船舶船员遵守渔业港航法规的情况等。

1. 明确检查的目的

通过加强渔业安全检查，一是可以及时发现渔业生产中存在的不安全行为与状态，从而采取相应对策，消除不安全因素，保障渔业安全生产；二是利用渔业安全检查，进一步宣传、贯彻、落实国家的渔业安全生产方针、政策及各项规章制度、规范；三是通过渔业安全检查，可以相互学习，取长补短，交流经验，吸取教训；四是通过渔业安全检查深入了解渔业安全生产动态，为分析渔业安全生产形势，研究对策，加强渔业安全管理提供信息与依据；五是通过检查，使受检查者提高做好安全生产工作的重要性认识，使每个被检查的单位或人员都能从中受到教育。

2. 落实检查主体

渔业安全检查的主体是指享有国家行政执法职权，能以自己的名义从事行政执法的活动，并能独立承担由此产生的法律后果的组织。根据有关法律法规规定，各级人民政府及其安全生产监督管理部门、渔业行政主管部门及其渔政渔港监督管理机构都是渔业安全检查的主体。政府及其安全生产监督管理部门、渔业行政主管部门及其渔政渔港监督管理机构在渔业安全检查中依法享有行政处罚权。

3. 规范检查内容

各级人民政府负责对政府所属相关部门和下级政府的渔业安全管理工作进行监督检查；各级安全生产监督管理部门依法行使安全生产综合监督管理的指导、协调、监督检查下级政府渔业安全生产工作；各级渔业行政主管部门及其渔政渔港监督管理机构负责渔港、渔港水域、渔业企业及渔业船舶的安全检查。而渔业安全监督检查的重点是渔业生产经营单位、渔船及其船员、渔港及其设施。

对渔业生产经营单位安全检查的重点是安全管理情况，如安全生产投入资金保障情况、安全生产责任制落实情况、渔业船舶水上安全事故应急管理以及安全知识培训等方面情况。对渔船实施安全检查的重点是各种证书证件与设施设备，包括船舶登记证书与检验证书的时效情况，救生、消防、通信、号灯、号型的配备与完好状况，防污设施的完好状况等。对船员安全检查的重点主要是岗前培训及持证情况、岗位职责情况、安全知识掌握情况等。对渔港及其设施安全检查的重点是渔港航道、航标的完好状况，码头消防、防染等设施的配备使用情况。

4. 创新检查方式

渔业安全监督检查的方式，可以概括为听、问、查、验、练五个方面。

1）听

“听”主要是听取渔业安全生产管理人员、渔业船舶所有人或经营人等对渔业安全生产情况的介绍和汇报。“听”需要用心，首先要听清楚，并认真记录陈述的内容；其次要听懂，并对听到的信息进行思考，去理解、处理和反馈信息，掌握信息的真实含义；再次，将掌握的所有情况进行对比、筛选和整理，要善于听取多方面的意见，以便进一步询问或者调查。

2）问

询问是获得检查信息、查证现场所看的情况是否属实，或政策与法规是否被贯彻执行的主要手段。对于安全生产违法行为的调查，可以依据事先制定的询问提纲有针对性地选取询问对象；对于一般性了解的问题可以随机询问，随机询问主要是由渔业行政执法人员随机指定相关人员就有关渔业安全生产知识和安全生产状况进行询问，听取他们对安全生产管理中存在问题的反映，了解他们掌握有关安全知识和技能的熟练程度等。

3）查

“查”主要查看船舶的证书证件和船员的持证情况，安全会议记录，航海、轮机与报务日志，安全设备维护保养情况记录等。安全执法检查中查是运用得最多的方法，虽然可以靠询问等方法得到所需的信息，但是许多异常情况往往需要执法检查人员首先用眼睛看到，然后再进一步调查。检查中，应提防个别渔业生产企业或船舶在船员持证、安全设施配备或者安全管理台账方面的作假行为。

4）验

验是在渔业安全生产检查中，查验渔业船舶所具有的各种证书证件是否随船携带，对照船员证书持证人是否在船，船舶安全设施设备是否按检验证书的要求配备与存放，安全的完好状况是否符合相关标准，查看船名号和船籍港的刷写是否规范等。

5）练

所谓练，就是让被检查单位的人员对某项检查内容进行实地演练或者演示，以确定渔业企业或渔业船员对渔业安全生产知识的掌握程度，以及规章制度或者预案的执行情况。

检查时，一般可综合运用各种方法，通过听取生产经营者或渔船的工作汇报和情况介绍，询问安全工作开展情况，查阅安全档案资料，检查渔业安全设施情况，以及进行应急预案现场演练等方式，对安全生产工作进行全面的检查，及时发现存在的问题和隐患。

5. 规定检查时间

渔业安全检查以渔业行政主管部门及其渔政渔港监督管理机构为主，在检查的时期选择上，可以采取渔汛、节假日前重点查，开捕前夕、进港补给经常查，灾害天气突击查，休渔期间广泛查。在检查的时间上可以参照下列要求执行：

（1）县级渔业行政主管部门负责对本行政区域内渔业乡（镇）村、渔港及重点渔业企业的安全检查，每月不少于1次。

（2）地（市）级渔业行政主管部门负责本行政区域内下级渔业行政主管部门、渔业乡（镇）村、渔港及重点渔业生产经营企业的安全检查，每季度不少于1次。

（3）省级渔业行政主管部门负责对辖区内渔业及相关渔港、重点渔业生产经营单位的安全检查，每半年不少于1次。

各级渔业行政主管部门组织的安全检查每次一般不少于3个工作日。

6. 处置违法行为

渔业安全违法违章行为的处置，遵循教育与处罚相结合和注重整改的基本原则。

1）教育

适用于渔业违法违规行为的常用教育方式有：

(1) 警告教育。在安全执法检查中，渔业行政执法人员以口头方式，向违法违规当事人发出训诫，申明其所犯违法违规行为，从而对其名誉、荣誉、信誉等施加影响，引起其思想上的重视，使其不再重犯。

(2) 强制学习。强制违法违规当事人，参加统一组织举办的学习班，学习有关安全生产法律法规及安全生产知识，增强违法违规当事人的法律意识和安全意识，使其不再出现违规行为。

(3) 通报批评。通报批评是指以公开公布的方式，对违法违规当事人通过书面形式予以谴责和告诫，使被处罚人的名誉权受到损害，既制裁教育本人，又旨在广泛教育他人。通报批评只适用于违法违规的法人或者其他组织而不适用于自然人，一般通过报刊或政府文件在一定范围公开的，造成的影响较大。

2) 整改

开展渔业安全检查、处罚违法违规行为的目的是通过对违法违规行为的处置和整改，旨在排除各种事故隐患，防止和避免事故发生，达到安全生产的目的。因此，在渔业安全检查中，应责令督促违法违规当事人采取积极有效的措施，对各种事故隐患进行整改。

(1) 整改的要求。

检查后要向被检查单位或渔业船舶所有人（经营人）、船长及时反馈检查情况，对存在的问题和事故隐患下达整改通知书，明确整改内容、整改期限、整改责任人，并由检查人员和被检查单位或渔业船舶所有人（经营人）、船长签字。

对隐患的整改情况要进行跟踪落实，实行“编号登记、限期整改、专人负责、复查销号”制度。渔业船舶水上重大安全事故隐患排除前或排除过程中，无法保证安全的，应当责令存在隐患的单位暂时停产或停止使用，禁止渔业船舶出航或从事相关作业。事故隐患排除经审查同意，方可恢复生产活动。

(2) 整改的措施。

针对各种不同情况，采取不同的整改措施。对存在严重影响渔业船舶安全适航性能的违法违规行为，按照有关规定给予行政处罚的同时，应开具书面停航指令书，一式五份。一份主送当事渔业船舶所有人（经营人）或船长，一份抄送当事渔业船舶所在村（企业），一份抄送当事渔业船舶所在乡（镇）政府，一份抄送县级渔业行政主管部门，一份留档备查。责令当事渔业船舶停航整改的，应明确相关部门的监管责任，以督促当事渔业船舶按规定进行整改，直至违法违规行为消除。

对存在一般违法违规行为的渔业船舶，在按照有关规定给予行政处罚的同时，应督促当事渔业船舶在规定的期限内落实整改措施；对非本船籍港渔业船舶，应将检查情况通报该船船籍港的渔政渔港监督管理机构。

3) 处罚

对渔业安全生产监督检查中发现的违法违规行为的处罚依据主要是《中华人民共和国安全生产法》、《中华人民共和国渔港水域交通安全管理条例》、《中华人民共和国渔业船舶检验条例》、《中华人民共和国船舶进出渔港签证办法》、《中华人民共和国渔业港航监督行政处罚规定》等。

5.1.4 渔业船舶水上安全事故应急法规体系

2005 年，农业部按照国务院的统一部署，根据《中华人民共和国安全生产法》、《中华人民共和国海上交通安全法》、《中华人民共和国渔业法》、《中华人民共和国渔港水域交通安全管理条例》和《中华人民共和国内河交通安全管理条例》等法律法规，编制了《渔业船舶水上安全突发事件应急预案》，并经国务院审定后由农业部发布。这些法律法规和《渔业船舶水上安全突发事件应急预案》在农业部处置渔业船舶水上安全事故，指导省、地（市）、县级渔业行政主管部门参与渔业船舶水上安全事故的应急处置工作中发挥了重要作用。

5.2 渔业船舶水上安全事故应急管理预案与救援体系

《渔业船舶水上安全突发事件应急预案》适用于农业部处置在我国管辖水域发生的重大和特别重大渔业船舶水上安全事故，指导省、地（市）、县级渔业行政主管部门参与渔业船舶水上安全事故的应急处置工作，明确了各级渔业行政主管部门处置渔业船舶水上安全事故的职责和工作程序。

5.2.1 制定应急预案的目的

制定应急预案的目的是为了及时、有效地处置渔业船舶水上安全事故，最大限度地避免和减少渔业船舶水上安全事故所造成的人员伤亡和财产损失，维护渔区社会稳定。

5.2.1.1 健全机制

渔业船舶水上安全事故应急预案的建立，有利于提高各级渔业行政主管部门及其渔政渔港监督管理机构处置渔业船舶水上安全事故的能力，预防和减少渔业船舶水上安全事故的发生，保障渔民生命财产安全和维护渔区社会的稳定。

5.2.1.2 消除隐患

消除隐患是应急预案的主要功能之一，对于渔业船舶水上安全事故而言，防范胜于救援，如果能把事故消除在萌芽状态，是最理想的处置措施。这一功能主要依赖应急预案发挥作用。

5.2.1.3 及时应对

渔业船舶水上安全事故的发生，有其偶然性，往往是防不胜防的。这就要求能够在接到渔业船舶水上安全事故信息的第一时间，采取有效的应对措施，来控制和消除事故。此刻，及时运用救援力量就显得非常重要。

5.2.1.4 动态调整

渔业船舶水上安全事故本身具有复杂多变的特性，这就决定了渔业船舶水上安全事故的处置过程也是动态变化的。在紧急情况下，动态决策不能死搬教条或依靠传统的拍脑袋方法，渔业船舶水上安全事故的处置没有固定的模式，要根据事故现场的具体情况利用科学、合理的决策支持体系，通过动态调整预案为其提供决策依据。

5.2.2 应急预案的基本原则

在渔业船舶水上安全事故应急处置工作中，各级渔业行政主管部门要在同级人民政府的领导和海上搜救机构的指导下，与其他相关部门通力合作，依法规范、科学决策、积极参与渔业船舶水上安全事故的应急处置工作。应急预案遵循以下原则。

5.2.2.1 以人为本

坚持把保障广大渔民群众的生命和财产安全作为应急工作的出发点和落脚点，最大限度地避免和减少渔业船舶水上安全事故造成的人员伤亡和财产损失。

5.2.2.2 预防为主

坚持常抓不懈、预防在先，积极做好应对渔业船舶水上安全事故的思想准备、预案准备和工作准备，建立健全渔业船舶水上安全事故信息报告体系、科学决策体系、防灾救灾体系和恢复重建体系。

5.2.2.3 分级负责

分工负责，积极协调，实行分级管理，分级响应，分级设定和启动应急预案，落实处置主体与责任，保证应急处置工作有序开展。发生渔业船舶水上安全事故后，根据事故的具体情况，县级渔业行政主管部门要立即启动本级预案，在同级人民政府的领导下，整合辖区内各种渔业救助力量，配合专业救助机构开展救助行动。

渔业船舶水上安全事故应急救援工作实行就近原则，即离渔业船舶水上安全事故水域最近的县、地（市）、省渔业行政主管部门应作出响应，并协助水上搜救中心开展应急救助工作。渔业船舶水上安全事故的善后处理实行船籍港管理原则，即事故船舶的船籍港所在地渔业行政主管部门负责协助有关部门处理事故的善后工作。

5.2.2.4 协调配合

坚持防、救相结合，自救、互救、社会力量参与和专业救助相结合。建立以事发地政府为主，渔业行政主管部门、安全生产监管部门、交通海事等相关部门和相关地区协调配合的应急救援体系。

5.2.2.5 科学决策

坚持依靠科技手段，充分利用现代化的技术，做好对可能发生渔业船舶水上安全事故的预测、预警，不断提高渔业船舶水上安全事故信息分析和处理水平。

5.2.2.6 整合资源

坚持条块结合、资源共享，有效整合互救力量，合理调度渔业行政执法船舶参与救助，建立健全处置渔业船舶水上安全事故的联动机制，充分发挥整体优势，形成应对渔业船舶水上安全事故的处置合力。

5.2.3 应急组织机构与职责

各级渔业行政主管部门要设置相应的渔业船舶水上安全事故应急处置机构，并依据职责积极参与渔业船舶水上安全事故的应急处置工作。

5.2.3.1 国家渔业行政主管部门

农业部设立渔业船舶水上安全事故应急处置指挥部，由农业部分管行政领导兼任总指挥，渔业局、渔政指挥中心行政领导兼任副总指挥。成员由渔政指挥中心分管行政领导、渔业局和渔政指挥中心相关职能处室负责人兼任。主要职责是：

（1）及时向国务院及国家安全生产监督管理总局报告渔业船舶水上安全事故的有关信息。

（2）指导各省渔业救助力量参与渔业船舶水上安全事故的应急救援工作。

（3）协调渔业船舶水上安全事故应急处置过程中的各种关系。

（4）协助国务院有关部门做好渔业船舶水上安全事故的善后处理工作。

（5）决定表彰和奖励先进单位和个人等事宜。

5.2.3.2 省级渔业行政主管部门

省级渔业行政主管部门是组织、协调重大、特别重大渔业船舶水上安全事故应急救援行动的主体。省级渔业行政主管部门设立省级渔业船舶水上安全事故应急指挥机构，由省级渔业行政主管部门行政领导兼任总指挥，分管行政领导兼任副总指挥。成员为渔政渔港监督管理机构、渔业船舶检验机构以及与安全管理相关的部门负责人。主要职责是：

（1）及时向省级人民政府、农业部及省级安全生产监督管理部门报告渔业船舶水上安全事故的有关信息。

（2）指导各地渔业救助力量参与渔业船舶水上安全事故的应急救援工作。

（3）协调渔业船舶水上安全事故应急处置过程中的各种关系。

（4）协助有关部门做好渔业船舶水上安全事故的善后处理工作。

（5）决定表彰和奖励渔业船舶水上安全事故应急处置工作先进单位和个人等事宜。

5.2.3.3 地（市）级渔业行政主管部门

地（市）级渔业行政主管部门是组织、协调较大渔业船舶水上安全事故应急救援行动的主体。地（市）级渔业行政主管部门设立地（市）级渔业船舶水上安全事故应急指挥中心，由地（市）级渔业行政主管部门行政领导兼任总指挥，分管行政领导兼任副总指挥。成员为渔政渔港监督管理机构、渔业船舶检验机构以及与安全管理相关职能部门负责人。主要职责是：

（1）及时向地（市）政府、安全生产监督管理部门以及省级渔业行政主管部门报告渔业船舶水上安全事故的有关信息。

（2）指导县级渔业救助力量参与渔业船舶水上安全事故的应急救援工作。

（3）协调渔业船舶水上安全事故应急处置过程中的各种关系。

（4）协助有关部门做好渔业船舶水上安全事故的善后处理工作。

（5）决定表彰和奖励渔业船舶水上安全事故应急处置工作先进单位和个人等事宜。

5.2.3.4 县级渔业行政主管部门

县级渔业行政主管部门是组织、协调一般渔业船舶水上安全事故应急救援行动的主体。县级渔业行政主管部门设立县级渔业船舶水上安全事故应急指挥中心，由县级分管渔业安全生产工作的行政领导兼任总指挥，渔业行政主管部门行政领导兼任副总指挥。成员为公安、海事、边防、涉渔乡镇行政负责人、渔政渔港监督管理机构和渔业行政主管部门与安全管理相关的职能部门负责人。主要职责有：

（1）决定县级渔业船舶水上安全事故应急预案的启动，研究决定抢险救助方案，组织、指挥、协调应急处置工作。

（2）了解事故发生、发展情况，及时向县级人民政府及其安全生产监督管理部门和上级渔业行政主管部门报告，并提出相关应急措施建议。

（3）及时传达、执行上级政府和相关部门的各项决策和指令，负责检查和报告落实情况。

（4）指导、调配辖区渔业救助力量参与渔业船舶水上安全事故的应急救援工作。

（5）协调渔业船舶水上安全事故应急处置过程中的各种关系，会同有关部门研究处置重要应急事项。

（6）协助事发地乡（镇）、村做好渔业船舶水上安全事故的善后处理工作。

(7) 向上级政府提出渔业救助终止或结束救助工作的建议，经批准宣布抢险救助结束，并终止应急预案。

(8) 对事故应急处置工作进行总结，并上报县级人民政府，省、地（市）渔业行政主管部门。

(9) 建议或决定表彰和奖励先进单位和个人等事宜。

5.2.3.5 渔政渔港监督管理机构

(1) 在接获渔业船舶水上安全事故险情报告并经核实后，向渔业行政主管部门和上级渔政渔港监督管理机构报告；紧急情况下可越级上报至农业部。

(2) 在渔业行政主管部门的领导下，积极组织事发水域附近的渔船、所辖渔业行政执法船舶，参与渔业船舶水上安全事故的应急救援工作。在渔业船舶水上安全事故应急处置过程中，下级单位要服从上级单位对应急救助工作的指导，其渔业行政执法船舶要服从上级单位和海上专业救助力量的调动与指挥。

(3) 严格执行渔业应急值班制度，确保通信网络畅通，及时接收来源于海上搜救机构、本系统内上传下达、事故渔业船舶的求救以及其他渠道获得的渔业船舶水上安全事故的信息。并对接获的信息从事故性质，事故发生的时间、地点及水域环境，事故船资料、特征，遇险人数及人员伤亡等情况，事故渔业船舶已采取的措施和效果等方面迅速进行核实。

(4) 采取一切有效通信手段，与事故渔业船舶和渔业救助力量保持联系，及时掌握最新信息，为救援决策提供依据。

5.2.4 预防和预警机制

5.2.4.1 信息监测与报告

预警信息包括：气象、海洋、水文等自然灾害预报信息；可能威胁水上人员生命、财产安全或造成水上安全事故发生的其他信息。

1. 风险分级

渔业船舶水上安全事故应急预案将预警信息的风险等级从高到低分为四级：

(1) 特大风险信息（Ⅰ级）：热带气旋、风暴潮、海啸等天气在24小时内造成海上风力10级及以上、内河风力8级及以上的信息；雾、雪、暴风雨等造成能见度不足100m的信息。

(2) 重大风险信息（Ⅱ级）：热带气旋、风暴潮、海啸等天气在48小时内造成海上风力10级及以上、内河风力8级及以上的信息；雾、雪、暴风雨等造成能见度不足500m的信息。

(3) 较大风险信息（Ⅲ级）：热带气旋、风暴潮、海啸等天气造成海上风力8~9级及以上、内河风力6~7级及以上的信息；雾、雪、暴风雨等造成能见度不足800m的信息。

(4) 一般风险信息（Ⅳ级）：海上风力7级及以上、内河风力6级及以上的信息；雾、雪、暴风雨等造成能见度不足1000m的信息。

2. 信息传报

中国海上搜救中心及省级海上搜救机构应及时将获得的预警信息分别向农业部和省级渔业行政主管部门通报。省、地（市）、县级渔业行政主管部门及其渔政渔港监督管理机构应及时通过现有通信网络以及其他一切有效的可使用手段，将预警信息向作业渔业船舶发布。

5.2.4.2 预防预警行动

（1）各级渔业行政主管部门要落实安全生产责任制，加大对渔业船舶安全生产的管理力度；积极开展对渔业船舶船员安全生产技能的各种培训，引导渔业船舶编队生产和联组作业，提高渔业船舶自救互救能力；鼓励渔业船舶及其船员参加必要险种的保险。

（2）各级渔政渔港监督管理机构要加大港口和水上渔业船舶的安全监督检查力度，对擅自改变船体结构、用途，违章载客、载货，维修保养不到位，通信导航、救生、消防等安全设备不齐全的渔业船舶及时采取有效的预防与控制措施，消除事故隐患；为应急救助工作的有关工作人员、渔业行政执法船舶及其船员购买必要险种的保险。

5.2.4.3 预警支持系统

各级渔业行政主管部门要建立健全渔业安全通信网。承担渔业安全通信网值班任务的岸台（站）应将电台呼号、工作频率向社会公布；实行24小时全时守听，确保渔业船舶水上安全事故应急通信的及时、准确和畅通；及时转发灾害性海洋环境和天气预报。

5.2.4.4 预警级别及发布

（1）按照预警信息风险等级相对应的原则，预警级别从高到低分为特别严重（Ⅰ级）、严重（Ⅱ级）、较重（Ⅲ级）和一般（Ⅳ级）四级预警，颜色依次为红色、橙色、黄色和蓝色。

（2）气象、海洋、水利等预报部门应要求从事监测的单位根据各自职责通过信息播发渠道向有关方面发布气象、海洋等自然灾害预警信息，公布预警级别。

5.2.5 应急响应

5.2.5.1 应急响应一般要求

渔业船舶水上安全事故应急响应按照预案启动级别与条件，由相应的地方政府及其渔业行政主管部门组织实施。

（1）接到渔业船舶水上安全事故信息后，在行政辖区内的最低一级地方政府与渔业行政主管部门首先进行响应。

（2）行政辖区内地方政府与渔业行政主管部门应急力量不足或无法控制事故态势时，请求上一级地方政府与渔业行政主管部门启动应急响应。

（3）上一级政府与渔业行政主管部门应对下一级政府与渔业行政主管部门的应急响应行动给予指导。

5.2.5.2 应急预案启动

（1）特别重大渔业船舶水上安全事故造成死亡（失踪）人数在49人以下，由农业部决定启动本级预案，并领导本级渔政渔港监督管理机构在职责范围内采取应急处置措施；当造成死亡（失踪）人数在50人以上时，农业部除启动本级预案外，还应立即报请国务院指导、协调事故的应对工作。

（2）重大渔业船舶水上安全事故由省级渔业行政主管部门决定启动本级预案，并领导本级渔政渔港监督管理机构在职责范围内采取应急处置措施。

（3）较大渔业船舶水上安全事故由地（市）级渔业行政主管部门决定启动本级预案，并领导本级渔政渔港监督管理机构在职责范围内采取应急处置措施。

（4）一般渔业船舶水上安全事故由县级渔业行政主管部门决定启动本级预案，并领导本级渔政渔港监督管理机构在职责范围内采取应急处置措施。

（5）发生渔业船舶水上安全事故，县级渔业行政主管部门应首先启动预案。

（6）省、地（市）、县级渔业行政主管部门在启动本级预案时，由于能力和条件不足等特殊原因不能有效处置渔业船舶水上安全事故时，可请求上级渔业行政主管部门启动相应级别的预案。

5.2.5.3 信息共享和处理

1. 信息来源与收集

各级渔政渔港监督管理机构要严格执行渔业应急值班制度，确保通信网络畅通，及时接收不同来源的渔业船舶水上安全事故的信息：

（1）来源于海上搜救机构的信息。

（2）来源于本系统内上传下达的信息。

（3）事故渔业船舶的求救信息。

（4）其他渠道获得的信息。

2. 信息核实

各级渔政渔港监督管理机构对于接报的事故信息要迅速进行核实，核实的内容包括：

（1）事故性质（热带气旋、大风、大雾等气象灾害，海洋灾害、火灾、碰撞、触损、自沉、机械故障或伤残等）。

（2）事故发生的时间、地点及事发水域环境。

（3）事故渔业船舶资料、特征。

（4）遇险人数及人员伤亡等情况。

（5）事故渔业船舶已采取的措施和效果。

（6）其他需要核实的内容。

3. 信息报告

县级以上渔业行政主管部门及其渔政渔港监督管理机构在接到渔业船舶水上安全事故信息报告后，应当及时汇总分析事故可能存在的危险程度，必要时可以组织有关部门和机构、专业技术人员、有关专家学者，对事故信息及其产生的影响进行评估。认为可能发生重大或者特别重大渔业船舶水上安全事故的，应当立即向本级人民政府和上级渔业行政主管部门及其渔政渔港监督管理机构报告。

（1）经核实，凡发生死亡（失踪）3至9人的渔业船舶水上安全事故，接到报告的各级渔业行政主管部门应通过电话、传真等形式逐级报告，每级间隔时间不得超过4小时。省级渔业行政主管部门接到报告后，应在2小时内报告农业部渔政指挥中心，农业部渔政指挥中心接到报告后应立即报告农业部安全生产委员会办公室。

（2）经核实，凡发生死亡（失踪）10人以上的渔业船舶水上安全事故，接到报告的各级渔业行政主管部门在通过电话、传真等形式向上级部门快报的同时，应将事故情况报告省级渔业行政主管部门和农业部渔政指挥中心。农业部渔政指挥中心接到报告后，应立即将事故情况报农业部安全生产委员会办公室。农业部安全生产委员会办公室接到报告后应立即报国务院及国家安全生产监督管理总局。各级报告的时间累计不得超过4小时。

5.2.5.4 紧急处置

（1）应急救助工作应根据当时的气象条件与预报信息和海况，积极配合相应水上搜救机构，具体采取以下措施：

①指导事故渔业船舶开展自救。

②指挥、调度事发水域附近生产渔业船舶参与救助。

③组织本辖区内符合适航条件的渔业行政执法船舶及有关力量前往救助。

（2）渔业行政执法船舶在接到救助命令后，必须按要求的时间出航并到达事发现场并服从海上搜救中心的统一指挥。因特殊原因需离开救助现场时，须经相应渔政渔港监督管理机构批准。

（3）当就近救助力量不能满足救助需要时，由上一级渔业行政主管部门协调邻近省、地（市）、县的渔业救助力量协助搜救。

（4）需要港、澳、台或他国水上救助力量协助救助时，应报请中国海上搜救中心或有关部门协调处理。

5.2.6　新闻发布

按照《中共中央办公厅国务院办公厅关于进一步改进和加强国内突发事件新闻报道工作的通知》（中办发［2003］22 号）要求，根据渔业船舶水上安全事故的不同情况，由应急处置领导小组统一部署，向外界客观、准确、及时地发布相关信息。

5.2.7　应急结束

当渔业船舶水上安全事故中遇险人员的生命安全不再受到威胁、遇险人员不再有任何符合情理的生存希望或者渔业救助力量自身安全受到严重威胁时，启动预案的渔业行政主管部门可以向同级人民政府提出渔业救助力量终（中）止或结束救助工作的建议。

5.2.7.1　终（中）止决定权

渔业船舶水上安全事故搜救终（中）止遵循“统一指挥，分级负责，属地为主”的原则，根据险情等级由各级搜救中心决定，并形成搜救终（中）止报告。

特别重大事故险情搜救行动终（中）止由中国海上搜救中心决定；重大事故险情搜救行动终（中）止由省级搜救中心请示中国海上搜救中心同意后决定；较大事故险情搜救行动的终（中）止由省级搜救中心决定，但决定终（中）止搜救之前，须向中国海上搜救中心报告，在确定中国海上搜救中心未提出不同意见后，即可下达终（中）止搜救行动的决定；一般事故险情搜救行动终（中）止由省级搜救中心决定。

渔业船舶参与搜救行动的终（中）止，启动应急响应的渔业行政主管部门参照上述规定执行。

5.2.7.2　搜救终（中）止的条件

终（中）止搜救行动应经评估，遇险失踪人员在当时的气温、水温、风、浪条件下得以生存的可能性已经完全不存在；已彻底搜寻过所有指定水域，或已搜寻所有可能的水域；所有可能获得被搜寻船舶或人员位置信息的合理方法都已使用过；已复查所有搜寻计划的设想和计算；环境危害或危害的可能已得到有效控制。如获得新的信息或者认为需要，搜救机构应继续搜救行动。

终（中）止搜救行动要符合下列条件：险情应急反应已获得成功或者紧急情况已经不复存在；事故的危害已经彻底消除或者已得到有效控制，不再有扩展或者复发的可能；获知遇险的船舶、人员等已脱险；搜救力量所搜寻的船舶或人员等已找到，或幸存者已得救；险情已不复存在或经证实险情原本就不存在。

5.2.8 后期处置

事故的后期处置工作是整个事故应急处理的重要环节，如果处理不当，可能会影响正常的生产生活，甚至影响到渔区社会的稳定。事故善后处理一般与事故调查同步进行。

5.2.8.1 善后处置

渔业船舶水上安全事故应急处置终（中）止或结束后，相关渔业行政主管部门应对应急处置情况和损失情况进行评估。

1. 善后处置分工

根据《渔业船舶水上安全突发事件应急预案》管理规定，涉及人员伤亡的，按照船籍港管辖原则，由渔业船舶船籍港所在地渔业行政主管部门及其渔政渔港监督管理机构当地政府协助做好善后处理工作。

渔业行政主管部门配合同级政府有关部门处理好渔业船舶水上安全事故的渔民及其家属的安抚工作，帮助其尽快恢复正常的生产、生活。

2. 善后处置原则

1）稳定和谐

渔业船舶水上安全事故的善后处理，应当贯彻以人为本，维护渔区社会稳定和谐这一宗旨。渔业船舶水上安全事故，特别是重特大事故发生以后，一般会有渔民伤亡或重大财产损失，也会给渔区社会的安定和谐带来不良影响。在事故善后处理工作中，对遇难者家属要给予精神安抚和适当的经济帮助，对伤残者要给予一定的经济补偿。

2）及时处理

事故善后处理工作要及时，这样可以减少遇难者家属的精神痛苦，减少因事故善后处理带来的人力、财力的消耗，也有利于尽早恢复生产作业。

3）分散处理

事故善后实行分散处理，可以防止伤残者及遇难者家属集结，避免个别无理取闹人员故意将善后处理工作人为复杂化，甚至引起冲突。

4）统一标准

事故善后处理补偿标准应当统一，绝不能让先达成处理协议者吃亏。如果善后处理补偿标准不一致，会导致已达成协议的家属翻悔要求重新处理，这往往会使善后处理工作陷入被动局面，有时会把善后处理工作推向难以收拾的境地。

5.2.8.2 保险理赔

渔业船舶水上安全事故发生后，保险机构应当迅速启动应急预案，尽快组织理赔人员核查事故人员伤亡及财产损失情况，启动快速理赔通道。

渔业行政主管部门及其渔政监督管理机构应在事故善后处置工作中，协助事故渔民对事故损失进行核定、准备理赔材料、完善理赔手续等。同时督促承保机构在事故发生后，及时介入事故调查，在事故主要事实清楚，保险责任明确的情况下，与保险机构协商先行预付部分赔款，以减轻事故后期处置中的经济压力。

5.2.8.3 事故调查

渔政渔港监督管理机构应按渔业船舶水上安全事故调查处理的有关规定，对事故的性质、损失、成因进行调查，分析原因，判明责任，并对事故相关责任人提出处理意见。

1. 法律依据

事故调查的法律依据主要有《中华人民共和国安全生产法》、《中华人民共和国海上交通安全法》、《中华人民共和国渔港水域交通安全管理条例》、《中华人民共和国内河交通安全管理条例》、《国务院生产安全事故报告和调查处理条例》和《渔业船舶水上生产安全事故报告和调查处理规则》等。

2. 主管部门

农业部按照法定权限和程序负责全国渔业船舶水上安全事故调查处理工作；农业部渔政指挥中心负责渔业船舶水上安全事故调查处理工作的具体实施；海区渔政局、县级以上地方渔业行政主管部门及其渔政渔港监督管理机构按照法定权限和程序及时组织、参与本辖区渔业船舶水上生产安全事故的调查处理工作。

3. 遵循原则

渔业船舶水上安全事故调查应遵循实事求是、尊重科学、依法行政、迅速及时、客观公正和相对保密的原则。

4. 权限划分

(1) 特别重大事故由国务院或者国务院授权有关部门组织事故调查组进行调查，农业部渔政指挥中心参与调查，相关海区渔政局协助。

(2) 重大事故由省级渔船事故调查机关组织或参与调查。

(3) 较大事故由地（市）级渔船事故调查机关组织或参与调查。

(4) 一般事故由县级渔船事故调查机关组织或参与调查。

上级渔船事故调查机关认为有必要时，可以对下级调查权限内的事故进行调查。

5. 事故调查与分析

事故发生后，为了吸取事故教训，预防类似事故的发生，查明事故发生经过、损失、原因和责任情况，通过成立事故调查组，组织人员对事故经过情况进行调查与取证、对事故现场进行勘验、对事故损失情况进行调查和认定。并在事故调查的基础上，通过对证据材料的分析，各个环节在事故发生中所起作用的大小，找出引起事故的根本原因，并提出事故预防措施。

6. 事故调查报告

1) 撰写要求

事故调查报告撰写的基本要求是事故经过要详、调查分析要透、原因分析要准、责任分析要明、责任追究要实。

2) 报告内容

事故调查报告的内容包括：船舶概况和主要数据；船舶有人或经营人的名称、地址；事故发生的时间、地点、过程、气象、海况、损害情况等；事故发生的原因；当事人各方责任；救助及善后处理情况；整改措施；处理意见或建议等方面。

3) 报告期限与处理

完成调查报告的时限：接到《渔业船舶水上安全事故报告书》之日起 60 日内完成《渔业船舶水上安全事故调查报告书》；期满不能完成的，经上一级机构批准可适当延长，但延长的期限最长不超过60 日。

事故调查结束后，应将《渔业船舶水上安全事故调查报告书》报上一级渔政渔港监督管理机构备案。

5.2.9 保障措施

5.2.9.1 通信保障

各级渔业行政主管部门及其渔政渔港监督管理机构要指定不少于2人负责渔业船舶水上安全事故的应急管理工作，配备必要的移动通信设备，保证24小时通信联络畅通。

5.2.9.2 应急支援与装备保障

1. 现场救援保障

承担救助任务的渔业行政执法船舶应根据事故情况携带必要的救生、消防设备和急救药品等。

2. 应急队伍保障

（1）各级渔业行政主管部门及其渔政渔港监督管理机构的人员、渔业行政执法船舶及其他执法工具。

（2）渔业船舶。各级渔政渔港监督管理机构要对本辖区的渔业船舶专门登记造册，作为水上救助的重要辅助力量。

3. 经费保障

实施渔业船舶水上安全事故应急预案所需经费，按财政部《突发事件财政应急保障预案》执行。

5.2.9.3 宣传、培训和演习

各级渔业行政主管部门应最大限度公布渔业船舶水上安全事故应急预案信息，向渔民宣传预防、避险、避灾、自救、互救等常识。同时对应急值班人员以及辖区内有关渔业船舶、渔业行政执法船舶和有关人员进行渔业船舶水上安全事故救助知识的培训和演习。

5.2.9.4 监督检查

特别重大渔业船舶水上安全事故（Ⅰ级）预案启动后的执行情况，由农业部安全生产委员会监督检查。重大渔业船舶水上安全事故（Ⅱ级）预案启动后的执行情况，由农业部渔业局或省级人民政府负责监督检查。较大渔业船舶水上安全事故（Ⅲ级）、一般渔业船舶水上安全事故（Ⅳ级）预案启动后，由省级渔业行政主管部门或所在地的地（市）、县人民政府负责对预案的执行情况、救助力量的到位情况、现场应急措施落实情况进行监督检查。

5.2.10 其他方面

5.2.10.1 预案管理与更新

（1）渔业船舶水上安全事故应急预案通信联络随时保持更新，相关单位与人员的通信联络方式发生变化时应及时通知农业部渔政指挥中心。

（2）地方各级渔业行政主管部门制定的渔业船舶水上安全事故应急预案应报上一级渔业行政主管部门备案。

5.2.10.2 奖励与责任

（1）各级渔业行政主管部门应根据实际情况，对在渔业船舶水上安全事故应急处置过程中有突出贡献的单位和个人，按照国家法律、法规及有关规定给予表彰和奖励。

（2）对不按预案要求处理渔业船舶水上安全事故，隐瞒不报、谎报或拖延不报，不服从指挥、调度或临阵脱逃的单位和个人，依法追究单位主要负责人和有关责任人的责任。

5.3 渔业船舶水上安全事故应急处置技术与方案

渔业船舶水上安全事故的应急处置，是在渔业船舶水上安全事故发生后，及时科学地组织救援力量，有效地实施营救行动，将事故损害降低到最低程度，并及时处理事故善后工作，以维护渔区社会的稳定和谐的一系列活动。

5.3.1 事故处置工作原则

5.3.1.1 统一领导、分级管理

渔业船舶水上安全事故应急处置工作由地方各级人民政府统一领导和指挥，渔业行政主管部门及其渔政渔港监督管理机构密切配合、通力协作，根据渔业船舶水上安全事故的严重性、可控性、所需动用的应急资源以及影响范围等因素，启动相应预案，组织对渔业船舶水上安全事故的监控、报告、联动、响应、处置及保障等工作。

5.3.1.2 职责明确、规范有序

明确各相关部门的职责和权限，落实责任制，明确责任人及其各级指挥权限。

5.3.1.3 决策科学、反应迅速

应急处置民主科学，充分发挥应急管理机构人员和各相关专家的作用，决策果断，措施行之有效。启动应急预案后，应急程序各环节体现反应的快速性，保证应急资源以最快速度抵达渔业船舶水上安全事故发生水域。

5.3.1.4 预防为主，平战结合

贯彻落实“安全第一，预防为主”的方针，坚持事故应急与预防工作相结合，做好应对渔业船舶水上重特大安全事故的思想准备、预案准备和工作准备，加强培训演练，采用先进的预测、预警、预防和应急处置技术，提高应急科技水平，确保预警预防和应急处置工作反应灵敏、运转高效。

5.3.2 地方政府及其相关部门事故应急处置职责

5.3.2.1 乡镇人民政府

乡镇人民政府应当成立渔业船舶水上安全事故应急处置机构，负责以下工作。

1. 保持信息畅通

接到渔业船舶水上安全事故报告后，应当进一步了解、掌握事故情况，并将情况及时上报县级人民政府、安全生产监督管理部门、渔业行政主管部门及其渔政渔港监督管理机构，并指定专人负责与事故船舶及渔业村组的联系。

2. 组织开展自救

根据事故发展态势，指导当事船舶开展自救工作，有条件的应调集所属船舶赶往救助。

3. 执行上级指令

根据上级事故应急救援指挥机构的指令，指挥相关人员采取应急措施，及时组织实施相应事故预案，并随时将事故救援情况报县级人民政府及应急救援指挥机构。

4. 稳定安抚工作

维护好渔区正常的社会秩序，做好伤亡人员家属的善后安抚工作。组织对伤亡人员的身份确认与处理，通知伤亡人员家属；接待伤亡人员家属，做好相应的安抚工作，及时向县级应急指挥机构报告善后处理情况；协助做好伤残人员的医疗护理工作，做好保险赔偿的测算和解释工作，按照应急指挥机构的统一部署处理有关赔偿事宜。

5. 评估事故险情

对渔业船舶生产安全事故险情从遇险人数和危险程度，对通航环境、通航安全的影响程度，造成海洋环境污染的可能性及程度，对救援船舶、人员可能造成的危害性，事故或险情进一步扩大的可能性及程度等方面进行评估，将评估结果向县级人民政府和有关部门报告。

6. 妥善处理事故

事故发生地乡（镇）人民政府牵头，县级政府办公室、民政、公安、劳动和社会保障等部门参与，负责安置遇险或受伤人员；负责遇难者尸体的处理；负责遇难者家属的安置及善后工作。

配合上级有关部门对事故的处理工作；发动和组织辖区内的单位和个人协助公安部门实施应急治安保障工作。

5.3.2.2 县（市、区）人民政府

县级人民政府应当严格遵循渔业船舶水上安全事故分级处置的原则，负责本行政区域内一般等级渔业船舶水上安全事故的应急处置工作和较大、重大、特别重大渔业船舶水上安全事故的先期处置工作。

(1) 接报重特大渔业船舶水上安全事故（险情）后迅速派出人员赶往事故（险情）现场，指导建立现场指挥部，按规定启动本级预案。指挥、调度事发水域附近生产渔业船舶参与救助；组织本辖区内符合适航条件的渔业行政执法船舶及有关力量前往救助；并将有关信息向船籍港所在地的县级人民政府或相关部门通报。

(2) 密切注视事故控制情况，及时与事故单位（船舶）、上级事故应急指挥机构联系；及时传达上级的应急救援指令。对超出本行政区域的渔业船舶水上安全事故，接报后立即向所在地行政区域的相关部门通报、联系与协调，并同时向上级人民政府及有关部门报告。

(3) 负责对渔业船舶水上安全事故险情进行评估，根据评估结果，对渔业船舶水上安全事故应急救援进行组织与指导；并对渔业船舶水上安全事故应急处置工作进行督察和领导。

(4) 应急救援工作应根据当时的气象条件、预报信息和海况情况，请求上级协调，派出专业救援力量实施救助；并全力配合海上搜救机构的搜救行动。

(5) 跟踪应急处置行动的进展，查明事故险情因素和造成事故扩展和恶化因素，控制危险源和污染源，对措施的有效性进行分析、评价，调整应急行动方案，以便有针对性地采取有效措施，尽可能减少事故造成的损失和降低危害，提高渔业船舶水上安全事故应急反应效率和救助成功率。

(6) 检查督促有关单位做好抢险救援、信息上报、善后处理以及恢复生活、生产秩序的工作；督促有关生产经营单位认真执行有关规定，妥善处理渔业船舶水上安全事故涉及到伤亡人员及其亲属的处理、安抚、救助等事项。

(7) 当事渔业船舶水上安全事故水域需港、澳、台或他国海上救助力量协助救助时，报请中国海上搜救中心或有关部门协调处理。

(8) 根据实际情况，宣布终（中）止应急处置工作。

(9) 对因渔业船舶水上安全事故影响较大的企业或船舶所有人，实行应急处置经费的补偿或救助审批。

(10) 负责对一般等级渔业船舶水上安全事故的调查，并依法成立事故调查室；协助上级部门对较大以上等级渔业船舶水上安全事故的调查处理工作。

(11) 按照《中共中央办公厅国务院办公厅关于进一步改进和加强国内突发事件新闻报道工作的通知》要求，负责对外客观、准确、及时地发布渔业船舶水上安全事故信息。

根据应急需要，征用机关、团体和企业单位的船舶或设备用于应急救援。

5.3.2.3 地（市）级人民政府

地（市）级人民政府负责启动与终止本行政区域内较大渔业船舶水上安全事故应急处置工作，以及重大、特别重大渔业船舶水上安全事故的先期处置工作。

(1) 负责对渔业船舶水上安全事故应急救援的组织与指导。

(2) 负责对较大渔业船舶水上安全事故的调查，并依法成立事故调查组；协助上级部门对重大、特别重大渔业船舶水上安全事故的调查处理工作。

(3) 对超出本行政区域的渔业船舶水上安全事故，按规定向上级报告外，及时进行通报、联系与协调。

(4) 当就近救助力量不能满足救助需要时，负责协调相邻县（市、区）的救助力量协助实施救助。

5.3.2.4 省级人民政府

省级人民政府负责启动与终止本行政区域内重大渔业船舶水上安全事故的应急处置工作，根据省级党委和人民政府的决定，成立省级渔业船舶水上安全事故应急处置机构。

(1) 负责综合协调本行政区域内渔业船舶水上安全事故应急处置工作，承担值守应急、信息汇总、办理和落实省级党委和人民政府决定的事项。

(2) 指导成立事故应急处置现场救援指挥组织机构，负责应急救援协调指挥工作。

(3) 指导和协调地（市）、县人民政府做好渔业船舶水上安全事故的处置与恢复重建工作。

(4) 对超出本行政区域的渔业船舶水上安全事故，及时进行通报、联系与协调。

(5) 研究制定渔业船舶水上安全事故应急处置经费的补偿与救助政策；

(6) 负责对重大渔业船舶水上安全事故的调查，并依法成立事故调查组；协助国务院及其相关部门对特别重大渔业船舶水上安全事故的调查处理工作。

(7) 当就近救助力量不能满足救助需要时，负责协调邻近省级的救助力量协助实施救助。

5.3.2.5 相关部门职责

渔业船舶水上安全事故的应急处置机构由公安、边防、渔业、安全生产监督管理、卫生、气象、民政、信息产业等部门组成，港口、航运企业作为成员单位，参与渔业船舶水上安全事故的应急处置。各机构的主要职责是：

1. 海事管理部门

组织协调本单位力量和现场水域附近船舶参加渔业船舶水上安全事故应急处置行动；组织制定现场应急方案，指挥协调现场搜救工作；发布航行通（警）告；负责事故水域的现场警戒，必要时实施交通管制；组织巡航，实施 VTS 监控，做好预警工作。

2. 交通主管部门

负责获救人员、应急救援物质等的交通保障工作；组织港口单位做好有关救援准备工作。

3. 公安部门

参与渔业船舶水上安全事故应急处置行动；负责现场水域和相关陆域的治安警戒；协助组织现场及相关区域人员和设施的疏散、撤离、隔离；负责陆地交通疏导工作，保障应急救援交通畅通，必要时实施道路交通管制。

4. 消防部门

组织本单位消防力量对船舶火灾、危险品泄漏等事故进行应急救援；担任消防现场指挥，组织现场有关消防力量实施灭火行动，营救遇险人员，控制危险源，清理火场，参与火灾原因的调查；参与渔业船舶水上安全事故的应急救援工作。

5. 气象部门

负责气象预警工作，及时提供相关气象、海况资料；对重特大渔业船舶水上安全事故险情或事故地点附近区域提供特别气象预报。

6. 民政部门

负责重特大险情所需的应急物资保障工作；负责对获救人员的善后救助和接济工作；负责对遇难者遗体处理的协调工作；协助对伤亡人员的处置和身份确认工作；协助做好伤亡人员家属的接待和安抚工作。

7. 医疗急救部门

组织医疗抢救队伍，对伤病员实施紧急处置和医疗救护工作；组织医院作好伤病员的接收和治疗；紧急调用救护所需药品、医疗器械；提供远程医疗服务、医疗咨询、指导。

8. 财政部门

负责为处置渔业船舶水上安全事故提供必要的资金保障。

9. 安全生产监督管理部门

负责贯彻国家有关安全生产的方针、政策、法律、法规和规章。

10. 通信管理部门

负责组织通信队伍，保障应急处置的通信畅通。

11. 港航单位

执行事故处置指挥机构的指令，负责派出本单位船舶参加水上应急行动，为渔业船舶水上安全事故应急行动提供相关设备、设施和技术支持。

5.3.3 渔业船舶生产安全事故应急处置技术

渔业船舶生产安全事故的应急处置工作应当根据当时的气象条件、预报信息和水上环境情况，全力配合水上救助机构开展搜救行动。

5.3.3.1 碰撞事故

渔业船舶发生碰撞事故的原因，主要有航行值班人员责任心不强，导致瞭望疏忽发现来船过迟、避让不及而发生碰撞；对来船的动态判断失误，以致所采取的避让措施不当发生碰撞；没有使用安全航速行驶，发现来船后避让不及发生碰撞；不熟悉海上避碰规则，未履行让路船或直航船的义务发生碰撞；驾驶人员缺乏基本岗位责任意识和职业技能知识，操纵不当发生碰撞；酒后驾驶、无证操作、船舶带病航行等违章作业导致发生碰撞等。

船舶碰撞后应全力抢救落水人员或事故中受伤人员，检查船舶的受损情况，采取相应的排水和堵漏方面措施，在自己船舶没有危险的情况下，了解他船受损情况，并实施必要的应急措施；碰撞双方共同返港处理或相互间签订水上碰撞事故确认书。

发生碰撞事故后肇事船舶逃逸的，受损船舶应尽可能地收集肇事船舶的船名号、船籍港、船舶外部特征、逃逸方向等详细信息并向主管机关报告。根据当事船舶提供的信息，渔业船舶肇事逃逸的，由渔政渔港监督管理机构牵头，非渔业船舶肇事逃逸的，由交通海事部门牵头组织力量追查。必要时应报告上级渔政渔港监督管理机构（或交通海事部门），由上级渔政渔港监督管理机构（或交通海事部门）负责协调，根据肇事船舶逃逸的方向，可以向邻近区域相关机构发出协查通报。及时、准确的信息报告，有助于追寻到肇事船舶。

5.3.3.2　风损事故

风损事故有因热带气旋、龙卷风、洪水等自然灾害引起的，也有因船体质量存有缺陷或操纵失当而造成的。加强风损事故的预防预警工作，对在港船舶采取加固系泊缆绳、加强值班，非值班及年老体弱者撤至陆地等防范措施；当渔船因避风集中停港时，应做好停泊区域的治安、医疗、疫情的防范准备工作和基本生活物资的供给工作。

船舶在水上可能遭遇大风浪袭击时，应做好排水设施畅通的检查，移动物件的固定，水密门窗的关闭，重物存放舱内等工作。在风灾影响船舶安全时，还可采取抛弃部分在船渔获物、渔箱或网具物资等措施。

在日常生产作业过程中，要注意及时收听天气预报并做好记录，根据天气状况，及早充分估计对渔船可能带来的影响。

5.3.3.3　触损事故

引起船舶触损事故的原因主要是，不熟悉航区、定位或海图作业错误、风流压差修正错误、潮汐掌握不准确或水深判断失误、水上目标看错或航线走错、转向操纵失误、航海通告修正不及时、遇到水下不明障碍物等。

船舶触礁的，在船体受损情况不明时，不得盲目倒车；应详细检查船体受损和周围水深底质情况，做好堵漏措施及应急方案后，方可动车；若船体破损严重或动车脱离礁石后，有进水沉没危险的，应立即停车并慢速搁浅等待救援或组织人员安全撤离。船舶触碰浮动码头等设施时，在本船不受安全危险威胁时，应对浮动设施的受损情况进行检查，并采取相应的处置措施。船舶碰撞航标设施，致使航标受损或影响航标正常功能发挥的，应及时报告航标主管部门和渔政渔港监督管理机构或交通海事部门，并按要求设置临时标志或在附近守候。

5.3.3.4　自沉事故

引起渔船自沉的原因，有船体质量存在缺陷，如钢质渔船在使用多年后因船体水下部分修理不到位，在大风浪的袭击下造成船体局部焊缝脱落或船体外板破损，木质渔船的捻缝在风浪的袭击下破损漏水等而引发船舶进水沉没；有机舱人员从事排水作业后忘记关闭海底阀门而发生海水倒灌导致船舶沉没的；也有船舶的作业方式不合理，如帆张网船在吊锚作业时，稍不小心就可能发生大锚钩挂船体，造成船体破损而发生自沉；还有船舶驾驶操纵不当，如大风浪中航行时，船上放置物件未固定受风浪影响移向一舷、渔舱内的渔获物滑向一侧、舱内出现自由液面、船舶水密舱门窗未紧闭，舱室进水和横浪转向操作等引发船舶自沉等。

当船舶遇险沉没不可避免时，应组织船员有序地撤离，撤离时要充分利用船舶救生设备。在环境许可的情况下，应注意保暖和做好饮用水与食品的收集与储备，人员落水后，要尽可能在附近集结等待救援。

5.3.3.5 火灾事故

渔船常见的火灾主要有厨房用火不慎引起的火灾、烟囱高温引燃附近堆放杂物引起的火灾、船舶电路老化或故障短路引起的火灾、对船舶修理明火管理不到位引起的火灾或明火烧烤低温燃料油发生的火灾等。

渔船火灾发生后，火焰向周边蔓延，当有风或船舶航行存在侧风时，下风口的部位极易被火引燃。所以驾驶人员应操纵船舶减速并维持船舶着火部位处于下风的最低航速，撤离受到火灾威胁的人员，针对火源及着火部位，及时组织人员实施灭火。船舶发生液化气火灾的，应采取立即关闭液化气阀门、用湿布扑打或覆盖着火点、或用船上灭火器材扑救；若液化瓶气发热发烫，可采取用冷水浇洒，使其降温等措施。

船舶在港口发生火灾的，现场指挥人员首先应弄清火情性质、部位和程度，组织人员选用合适的灭火剂，采用针对性的扑救方法进行灭火；根据船舶火灾情况，对事故周边一定范围水域实行水上交通管制，对相邻船舶采取疏散或隔离措施；疏导事故水域附近的船舶与人员，控制闲杂人员进入。同时抢救人员必须做好充分的防护准备，防止接触有毒有害物质。为防止次生新的恶性事故，在火情得到初步控制和采取了降温等措施后，应尽可能将失火船舶拖离陆上固定建筑物和重要设施区域。

5.3.3.6 机械损伤事故

机械伤害类事故一般是由于船员操纵不当，发生船舶机械运动部件或高处物件坠落造成人员致伤的事故。如网机、锚机滚筒将人体卷入而致伤，旋转的电机皮带将人轧伤，吊杆吊钩脱落将人砸伤等。机械伤害的结果是造成人体肌腱、皮肤、血管及神经组织断裂，甚至使关节脱位或骨折。

人员受伤，应采取相应的急救措施，如外伤包扎、止血、消毒、注射抢救、请求外援等。

5.3.3.7 触电事故

触电事故是电流的能量直接或间接作用于人体造成的伤害，伤害部位主要是心脏、中枢神经系统和肺部，电弧烧伤、灼伤和电印记、皮肤金属化及机械损伤、电光眼等。

触电的应急措施一是脱离电源。如开关箱在附近，可立即拉下闸刀或拔掉插头，断开电源；如距离闸刀较远，应迅速用绝缘良好的电工钳或有干燥木柄的利器（刀、斧、锹等）砍断电线，或用干燥的木棒、竹竿、硬塑料管等物迅速将电线拨离触电者；若现场无任何合适的绝缘物可利用，救护人员亦可用多层干燥的衣服将手包裹好，站在干燥的木板上，拉触电者的衣服，使其脱离电源。二是对症救治。对触电后神志清醒者，安排专人照顾、观察，情况稳定后，方可正常活动；对轻度昏迷或呼吸微弱者，可针刺或掐人中、十宣、涌泉等穴位，在港的应送医院救治；对触电后无呼吸但心脏有跳动者，应立即采用口对口人工呼吸；对有呼吸但心脏停止跳动者，则应立刻进行胸外心脏挤压法抢救；如触电者心跳和呼吸都已停止，则须同时采取人工呼吸和俯卧压背法、仰卧压胸法、心脏挤压法等措施交替进行抢救。

5.3.3.8 急性工业中毒事故

渔业船舶发生的急性工业中毒，主要是船员下舱作业时，因渔获物变质产生硫化氢气体而引起的中毒、船用液化气泄漏中毒、船舶油漆引起的一氧化碳或苯中毒等。

对于硫化氢、一氧化碳或苯中毒的现场急救都是立即将患者移至空气新鲜处，吸氧。对呼吸停止者实施人工呼吸（尽量避免口对口），心跳停止者，应即时做胸外心脏挤压。有条件的船舶立即将亚硝酸戊酯2支包在手帕中压碎，置于患者口鼻前供患者吸入。

对于液化气浓度较高的事故场所，抢救人员应采取个人防护措施，如用湿巾、毛巾等捂口，减少吸入；不要穿带钉的鞋子，以防产生火星引起爆炸；立即打开门窗，加强通风；迅速将中毒者转移到空气流通处。对轻度中毒者可解开衣领、裤带、松开衣服，喝浓茶、咖啡，并注意观察；重度中毒者应边施行人工呼吸或胸外心脏按压边向专业救助机构请求转送陆地医院救治。

5.3.3.9 溺水事故

水上生产作业期间，发生人员落水失踪或溺水死亡事故，在近几年有逐年增多的趋势。有因意外事故，如碰撞或大风浪颠簸而导致人员溺水的；有因船舶沉没后造成部分人员溺水的；更多的是船上人员在生产、生活过程中，不慎溺水后失踪的。

大多数溺水船员都没有穿戴救生设备，人员溺水后及时被发现的，应合理操纵船舶，实施抛投救生设备的措施，并根据获救溺水人员的情况，实施人工呼吸、心胸按压、注射抢救药物等急救措施；人员溺水后，未被及时发现的，船长应召集全体船员回忆溺水发生的可能情况，并采取相应的搜寻措施。

当应急机构在指导船舶实施对疾病、急性工业中毒、受伤或溺水人员急救时，若缺乏医疗救助专业知识，应及时邀请具有医疗急救经验的人员，指导船舶实施应急救助措施。

5.3.3.10 网具损毁事故

渔捞作业中，发生网具纠缠导致网具损毁时，应各自停航，协商处理。若协商处理不成，可以签下各自对网具毁损情况说明，回港后自行协商或报主管机关协调处理。擅自毁损他船网具、抢占他船物资、扣押他船人员的行为都是违法的。对因网具毁损而集结其他船舶在水上对峙、斗殴等行为更是法律所禁止的。

5.3.3.11 其他事故

渔业船舶污染水域事故也属于渔业船舶生产安全事故。而引起水域污染的情形主要有船员日常生活所产生的生活垃圾污染，加工处理渔获物产生的工业污染，排放未经防污处理的含油污水，抛弃可能引起水域污染的其他物品，以及因船舶事故而导致的在船燃料油外泄引起的水域污染等。

发生船舶污染港口或内河水域时，应迅速组织实施临时交通管制，疏散其他船舶；对污染源进行采样、化验，判明污染源的性质和可能造成的危害程度，提出控制方案，协调相关部门和人员控制和清理污染源。易燃易爆品泄漏要严禁一切火种，防止因泄漏而引发火灾事故，所有附近船舶机器、相关设施必须停止运转，附近岸边、船舶及相关设施禁止一切明火等。

5.3.4 渔业船舶自然灾害事故应急处置技术

渔业船舶在水上航行作业，极易遭受到热带气旋（台风）、风暴潮、雷击、海啸、大雾等自然灾害的影响。处置这类自然灾害时的原则与方法具有一定的共性，在此仅以渔业船舶防台风应急处置为例进行介绍。

5.3.4.1 渔业船舶防台风应急处置工作原则

1. 以人为本，预防为主

渔业船舶防台风应坚持“以人为本，安全第一”的原则，必须把渔民的生命安全放在首位，同时注意保障渔民财产和渔业公共设施安全，坚持做到常备不懈，以防为主，防抗结合。

2. 统一领导，分级负责

渔业船舶防台风工作在县级以上地方人民政府及其防台指挥部的统一领导下，实行分级负责制。乡镇政府和有关管理部门要尽职尽责，协调有序地落实渔业船舶防台风措施，及时处理灾情和善后工作。

3. 依法应对，科学处置

坚持依法防御台风和抢险救灾，突出重点，兼顾一般，科学调度，优化配置，局部利益服从全局利益。

5.3.4.2 渔业船舶防台风应急处置组织机构与职责

县级以上地方人民政府设立防台风应急指挥部，防台风应急指挥部成员由渔业、海事、气象、广电、卫生、民政、财政、公安、边防、海警等相关部门和乡镇政府等单位构成，防台风应急指挥部所有成员单位必须听从指令，服从调度，通力协作。

渔业船舶防台风应急指挥办公室设在同级人民政府渔业行政主管部门，其任务是做好以保护渔民、渔船、渔港等生命财产安全为重点的渔业防台风抗台风工作。

（1）渔业船舶防台风指挥办公室，统一指挥行政区域内渔业船舶防台风工作，宣布启动或终止防台风应急预案；组织各有关部门召开防御台风工作会议，分析台风发展趋势，安排部署防台风工作，制定具体的应急措施。

（2）涉渔乡（镇）人民政府，作为渔船、渔港防台风的主要实施单位，制定详细的乡（镇）防台风工作预案；加强思想政治工作，安定受灾渔民情绪，关心受灾渔民生活；负责组织好渔船和避风船舶人员在本辖区安全撤离、上岸避风的工作。

（3）渔业行政主管部门，负责渔业船舶防台风日常管理工作，制定渔业船舶防台风各类相关预案，并组织实施。特别是监督、指导各沿海乡镇做好海上渔船回港、渔港防台风工作，并负责渔港锚地船舶的导航与管理。掌握最新情况，及时统计上报。

（4）气象部门，负责天气预测预报工作，及时发布台风预警信息，并通过媒体向社会公众滚动播报。

（5）新闻宣传机构，负责防台风宣传工作，特别是当接到气象、防台风指挥部门提供的台风消息或通知时，及时向公众发布或滚动播报，灾情与防台风动态报道须经防台风指挥部门审定。

（6）卫生机构，负责组建医疗救护专业队伍，做好防台风期间的医疗救护工作；做好灾后防病、治病及防疫工作。

（7）民政部门，负责组织、协调查灾、报灾和救灾工作，及时将掌握的台风灾情信息上报；组织开展接收救灾捐赠款物等工作，管理、分配本级和上级救助受灾渔民的款物，妥善安排好受灾渔民的生活。

（8）财政部门，组织筹措和下拨防台风经费并监督使用。

（9）公安部门，负责维护防台风期间的社会治安秩序，妥善处置因防台风而引起的治安事件；协助转移危险地带渔民和渔业船舶上的人员。

（10）海事机构，负责组织、指挥船舶防台风工作与水上搜寻救助工作；利用公务船对锚地船舶进行导航与管理。

（11）边防、海警，负责组建海上抢险队伍，协助政府转移渔业船船员；利用各自公务船对锚地船舶进行导航与管理。

（12）部队，组织所属部队和民兵应急分队参加防台风应急救援行动，协助当地政府转移危险水域的渔民。

5.3.4.3 防台风工作预警

1. 台风消息阶段

1）气象部门

台风信息一经发布，应及时向防台风应急指挥部、渔业行政主管部门、广播电视台通报台风中心位置、强度、移动方向、速度和未来发展趋势等信息。

2）防台风应急指挥部

全面部署防台风工作，召集各部门负责人进行会商，详细分析台风动向、发展趋势与破坏力，研究防御方案和措施。

3）宣传媒体

广播电视台、报社等机构，应及时播（刊）发台风消息与防台风应急指挥部的防台风工作部署。

4）渔业行政主管部门

落实24小时现场值班，加强与防台风应急指挥部和上级渔业行政主管部门的联系；及时、准确地向涉渔乡（镇）传达上级防台风应急工作部署，通知涉渔乡（镇）做好渔船回港（或安全水域）避风、渔民撤离上岸工作；了解掌握涉渔乡（镇）防台风工作的落实情况，并向指挥部报告。

5）涉渔乡（镇）人民政府

实行24小时值班，及时传递气象部门的台风预报，并通知各渔村以及渔业养殖经营户、海上捕捞渔船等渔业生产经营单位，同时密切注视台风动向，按照防台风预案要求，进一步明确和落实撤离路线，做好随时撤离准备；组织干部、渔民对渔港设施和水上养殖设施进行加固等。

2. 台风警报阶段（48小时内将受到台风影响）

1）气象部门

每隔3小时对台风发展趋势和动态进行预测、预报，并将台风中心位置、强度、路径、速度等及时通报渔业防台风应急指挥部、渔业行政主管部门、广播电台和新闻出版机构。

2）宣传媒体

广播电视台应及时滚动播报警报、指挥部通知（通告）、防台风知识。报纸刊载台风动向、政府防台风工作部署以及防台风知识。政府网站要重点报道防台风工作动态。必要时通过移动、联通公司向广大渔民手机用户发送短信，友情提醒注意防台风。

3）防台风应急指挥部

及时将防台风工作部署通报渔业行政主管部门、广播电视台等新闻媒体；对渔业防抗台风工作进行全面部署，要求沿海各乡镇人民政府和有关部门全面落实做好防抗台风的各项工作。

4）渔业行政主管部门

及时向气象部门了解台风最新动态，加强与上级渔业行政部门、防台风应急指挥部、涉渔乡镇人民政府的联系；及时向防台风应急指挥部提出渔船船员转移范围、时间和出海渔船避风水域范围等方面的建议。

5）涉渔乡（镇）政府

通知水上作业渔船尽快驶入指定的地点进行避风，或就近港口避风。60 马力以下渔船，原则上在做好锚与缆绳的加固工作后，船员全部撤离上岸；60 马力以上渔船，按规定派员值守外，其他人员应撤离上岸。掌握本辖区渔船船员动态，严防已上岸船员擅自返回；并及时将相关信息上报至县级防台风应急指挥部和县级渔业行政主管部门。

3. 台风紧急警报阶段（24 小时内将受到台风袭击）

1）气象部门

发布台风紧急警报后，要增强对台风监测与台风趋势预报的密度，每小时向防台风应急指挥部、渔业行政主管部门和广播电视台通报台风的位置、风力、风向、风圈半径、移动趋势和最大可能的登陆地段及影响范围。

2）防台风应急指挥部

召开各相关部门负责人防台风应急会议，地方政府主要负责人进行防台风工作总动员。必要时，可发表电视讲话，动员全民立即行动起来，投入到防台风抗台风工作之中。

3）宣传媒体

使用所有电视频道滚动播放气象部门发布的台风最新消息（含台风路径图）和防台风应急指挥部防台风的工作部署，并固定相关频道，重点报道防台风抗台风工作动态。

4）渔业行政主管部门

实时掌握渔港安全状况，避风渔船船数与尚未进入安全区域的渔船船数、小型渔船船员撤离上岸进度等信息，并报告防台风应急指挥部。

5）涉渔乡（镇）政府

按照上级人民政府下达的指令，做好在 8 级台风的风圈到来之前 6 小时，渔船全部进入安全水域避风；做好在 10 级台风的风圈到达之前 6 小时，县级以上人民政府认为必要的情况下，所有 60 马力以下的小型渔船船员全部撤离上岸；做好在 12 级台风的风圈到达之前 6 小时，县级以上人民政府认为必要的情况下，所有 150 马力以下渔船上所有船员撤离上岸，150 马力以上渔船除留守值班人员外，其他人员全部撤离；做好在 14 级以上台风的风圈到达之前 6 小时，辖区所有渔船船员全部撤离，并协助动员外来船只船员的撤离。

对辖区内渔业船舶实施逐条检查，对小型渔业船舶拒不上岸的滞留船员可依法采取必要措施促其上岸，同时还要采取有力措施严禁人员在台风警报解除前返回渔船；根据上级指令，随时做好对本籍避风锚区中大型船舶船员强制撤离船舶的准备工作。

4. 解除台风警报

根据气象部门的监测，当台风过境或台风影响消失后，防台风应急指挥部发布解除台风警报。

5.3.4.4 救灾善后工作

渔业行政主管部门应及时统计渔业受灾情况，核实后上报；组织人员分赴抗灾第一线，开展渔业船舶灾后生产的自救工作，及时协同保险部门对参加保险渔船的财产损失和人员伤亡进行评估、理赔。

6 交通运输应急处置案例介绍与分析汇总

6.1 公路交通突发事件应急处置案例

案例1 2008年年初全国交通系统全力抗击南方冰冻雨雪灾害

1. 事件经过

2008年1月10日开始，强烈的低温、雨雪、冰冻天气袭击了我国大部分地区，全国先后有23个省份的公路交通受到不同程度的影响，13个省份受到严重影响，波及范围极为罕见。

据统计，此次低温、雨雪、冰冻灾害期间，全国累计有23×10^4km的公路因冰雪多次受阻。“五纵七横”国道主干线中，有9条近2×10^4km（京珠、京福、沪蓉、沪瑞、连霍、青银、二河）的多处路段曾经被迫封闭交通，约6000~7000km路段封堵，尤其是京珠、沪蓉、连霍“两横一纵”三条承担公路网主要交通流量的大动脉长时间堵塞，造成了大量的车辆、人员、物资的滞留和积压。

2. 事件原因分析

此次低温雨雪冰冻灾害的发生，造成路网大面积、长时间阻断的原因主要有以下四点。

1）雨雪强度大

湖北、湖南平均气温连续低于1℃的日数为百年一遇，也是1954年以来低温持续时间最长、影响程度最严重的一次；江西省持续出现1959年有气象记录以来最严重的低温雨雪天气；安徽省持续降雪24天，是建国以来持续降雪时间最长的一年；江淮等地也出现了少见的积雪深度达30~50cm的大到暴雪天气；贵州省有49个县（市）持续冻雨日数突破了历史记录，冰冻灾害的影响范围及电线积冰厚度已经突破了有气象记录以来的极值，为50年一遇；湖南省部分电线覆冰厚度达到30~60mm；浙江暴雪是1984年以来最强的一次；安徽和江苏的部分地区积雪深度为近50年来的最大值。

2）持续时间长，反复次数多

自2008年1月10日开始，先后在1月10—16日、18—22日、25—29日和1月31日—2月2日间，我国黄河及其以南地区接连出现四次明显的降温降雪天气过程，中间几乎没有停顿。长时间、持续性的低温雨雪天气，使公路路面上覆盖了罕见的厚厚冰层，京珠高速公路冰层厚度高达15cm以上，常规的公路养护处置方法难以有效清除。

3）受灾地域特殊，受堵路段重要

此次受灾最严重的区域主要集中在我国经济最发达的长三角和珠三角地区及其腹地。京珠、连霍和沪蓉“一纵两横”国道主干线出现严重堵塞，使得灾害对交通运输以及对经济社会的影响显得格外严重。

4）发生时段特殊，多重因素交织

此次低温雨雪冰冻灾害的发生，一是正值春节前后，是一年一度的春运高峰期，也是春节期间各类商品供应、物资运输的高峰期。二是正处煤电油运的紧张时期，南方部分电厂煤库存不足，许多电厂存煤已到警戒线以下。三是铁路因受冻雨影响导致京广线南段无法行车，民航因天气原因造成大量航班延误，大量从铁路、民航分流的客源加重了原本就严重受阻的公路交通的压力。四是其他重要基础设施受损，电力运输、通讯设施全面受损。

3. 事件处置

面对严重的低温雨雪冰冻灾害，各级公路交通部门以高度责任的态度，认真贯彻落实党中央、国务院的各项部署，采取了一系列有效措施。

1）及时启动应急预案

在灾情初期，交通部及时发布了气象预警信息。2008 年 1 月 10 日，交通部公路气象服务与应急处置工作组以短信形式发出第一次气象预警信息，提醒有关部门和单位做好恶劣天气的准备工作。次日，再次以短信形式第二次发布气象预警信息，通报了今后三天西北部分地区、华北南部、黄淮和湖北北部地区的气象信息。2008 年 1 月 19 日，交通部迅速发布《交通部重大公路气象预警》，及时制定下发了《关于积极应对雪雾等恶劣天气切实加强公路保畅工作的紧急通知》，要求各地交通部门主要领导要亲自抓，并在出现重大交通拥堵时迅速启动应急预案。

2）充实完善应急指挥体系

应急预案启动后的 2008 年 1 月 21 日，交通部成立了以分管部长为组长的公路抢通、重点物资运输和宣传三个工作小组，加强全国性的协调和调度指挥。同时，要求各有关地区交通部门成立相应工作机构，加强雨雪天气应急处置工作，做到部署到位、落实到人。交通部公路司作为公路抢通和重点物资运输的牵头单位，又成立了公路保通和春运小组，实行全司总动员。

3）适时确定工作重点

2008 年 1 月 30 日前后，把“一线一面”作为抢通保通的攻坚重点。对“一线”（京珠高速公路）抢通，制定了“一抢二绕三限”的工作方法（“一抢”，就是集中人员、机械和物资全力以赴开展路面撒盐撒沙、除雪除冰等抢通工作；“二绕”，就是利用与京珠国道主干线并行的两条国道，制定分流绕行路线；“三限”，就是采取限时、限量、限速的交通管制措施，确保车辆不间断运行）。对“一面”（贵州省），着力解决大面积凌冻天气对公路交通的影响，确保车辆在公路上不间断运行。对于其他受灾省份，则提出“雪停路通”的目标。

4）不断完善工作制度和工作机制

建立并强化气象信息预警发布制度、路况信息快报制度、道路春运快报制度、值班制度、视频会商制度等 5 项制度，完善了部门配合和跨省联动 2 项机制。

5）集中行业力量开展抗灾抢通

南方省份遭受雨雪冰冻灾害后，全国交通系统发扬“一方有难、八方支援”的优良传统，社会各界和未受灾省份的交通部门，纷纷表示全力支持南方省份抗灾救灾。根据湖南、广东抗灾需要，交通部先后两次报请国务院应急办同意，协调解放军总参谋部等有关部门，分两批调集共12600条军用防滑链运往湖南、广东用于公路抗冰救灾工作。报请国家发改委协调，为湖南紧急调拨了5000吨工业用盐等融雪物资。

同时，受灾省份的交通部门全力组织机关干部、路政人员、收费养护、施工企业等交通系统的有生力量，上路开展除雪、除凝、铺沙、撒盐等救援工作，并针对灾情突出路段，组织力量集中突击抢通。

4. 经验教训总结

1）应急协调联动机制不够顺畅

初期横向部门和省际间协调不够、各自为政；纵向层级间沟通不畅、多头指挥调度。路网间道路、桥梁的通行状况相互影响，一个环节处置不当可能加剧路网不畅。此次雪灾初期，相邻省份灾害处置、道路开放时间不一致，相互间缺乏沟通和统一协调机制，造成车辆在省际收费站大量积压，导致严重的“肠梗阻”。

2）初期灾害处置措施尚欠妥当

高速公路公安交通管理部门遇雪便“一封了之”，实践证明此举反而加重了冰雪灾害。后来有关方面又急于发布高速公路“解封”信息，导致大量车辆一拥而上造成拥堵。少数高速公路经营企业，不愿意及时投入人力、财力除雪，期望很快雪后天晴，贻误了最佳除雪时机。

3）缺乏全路网统一指挥调度的基础信息平台及操作性强的应急预案

灾害来临时，多个部门、不同层级都有自己的信息处理流程，由于没有一个统一而权威的基础信息平台，导致相互间资源不能共享。另外，公路应急预案体系不够完善，预案不够具体，缺乏层级相互匹配、内容相互衔接的各种专项处置预案，尤其是缺乏针对恶劣天气的专门预案（如南方“防冻”应急预案）。现有各级各类公路应急预案从总体上看，原则性要求多，可操作性不够强，导致预案启动后很多地方仍然不知所措。

4）高速公路管理体制不顺

一些省份的高速公路由隶属于国资委的公司经营管理，近乎游离于交通行业管理之外，这些公司关键时刻对交通部门的行政督导可以置若罔闻；另外，道路交通管理体制也不顺畅，交通部门和公安部门都负有道路交通管理职责，又各成独立体系，交通部门“保通畅”和公安部门“保安全”的出发点尖锐对立，而且应急时刻需要繁琐的部门协调，影响了应急行动的合力和应急措施的效力。

5. 典型省份经验：湖北省采取措施分析与经验总结

雨雪冰冻灾害出现后，面对不断变化的灾情，湖北省交通部门较为准确地分析判断形势，抓住重要时机，适时确定和调整工作目标和重点，在抢通抢运的关键环节上迅速果断地做出决策部署，及时化解了危机，缓解了灾害影响，具体处置措施及效果如下：

（1）湖北省在此次雨雪冰冻灾害中，在实践中探索了高速公路低速行车法：即除雪清障、重车碾压、路警开道、结队通行、限载限速、科学调度。全省高速公路管理部门集中力量除雪除冰后，先由重型车辆碾压破冰，再采取分时段间断结队放行的方式通行其他货车，高速公路路政人员沿路设点警示，限载限速，及时提供免费救援。

（2）第一时间公布路况信息。湖北省交通厅有自己的门户网站，同时还十分重视交通公众出行服务系统、高速公路视频监控系统、GPRS监控系统96576高速公路服务热线和湖北交通音乐频道等综合信息发布平台，在此次冰雪灾害期间，他们坚持每小时发布一次全省高速公路动态路况信息，确保路况动态信息第一时间向社会公布。

（3）由于湖北及时、全面启动了抗灾抢险应急预案，交通部门不等不靠主动迎战，结合实际制定除冰除雪抗灾对策，抓住了先机，最大限度保障了交通大动脉尤其是京珠高速湖北段的畅通安全，使全省公路没有造成大面积的严重堵塞。同时，湖北交通部门在实践中探索了高速公路低速行车法，从实践效果来看，这套方法行之有效，对保障冰雪天气高速公路安全通行、减少滞留车辆发挥了至关重要的作用。另外，湖北公路信息及时、准确、公开，为抗灾保通打下了基础。

案例2　福建省公路管理部门防御2009年第8号台风“莫拉克”台风灾害

1. 事件经过

2009年第8号台风“莫拉克”于8月9日16时20分在福建省霞浦县北壁乡登陆。登陆后于8月10日2时减弱为强热带风暴，并于8月10日上午离开福建进入浙江。受“莫拉克”影响，福建省中北部沿海地区发生强降雨。

2. 事件原因分析

我国每年夏季都会遭受台风侵袭，主要是华南沿海，接下来就是华东沿海，这与纬度有关系。纬度高的沿海地方，一旦受到南下冷空气的影响，台风就很难影响到纬度低的沿海地区，受台风侵袭的时间长；内陆地区受台风影响主要在降水方面。

台风的路径也很重要，7—8月沿海均有受台风影响的可能，主要在北纬15°~25°之间西移影响中国。9—10月中国受台风影响的地区，主要在长江口以南。出现最多的路径在北纬15°~20°之间西移，以后转向东北影响日本；另一条路径继续西移进入南海影响越南和广东省。9月份时，介于这两条路径之间的还有一条影响台湾和福建两省的路径。

2009年第8号台风“莫拉克”过程雨量大、雨势集中，福建省中北部地区道路等交通基础设施损毁严重，部分公路涵洞垮塌、路基坍塌、边坡溜方。截止到2009年8月10日8时42分，福建省公路累计阻车124处，其中国省干线公路累计阻车20处，部分国省干线公路出现了严重的山体滑坡等水毁情况。初步统计，莫拉克台风给福建省带来了约1.88亿元的公路水毁损失。

3. 事件处置

在台风“莫拉克”的防御工作期间，福建省交通部门认真贯彻交通部防台风工作部署，在组织抢毁保畅通工作中，交通系统广大干部职工发扬不怕疲劳、连续作战的精神，强化组织，投入大量人力、机械，全力以赴开展交通抢险救灾保畅通工作，努力保障交通公路的安全畅通。主要措施有：

（1）及时发出防台风预警、全面做好动员和部署。台风“莫拉克”到来前，福建省交通厅已经根据福建省防汛抗旱总指挥部要求分别于8月4、6、7日三次下发内部明电，发出防台风预警，通过短信、网站信息、交通灾害信息系统等进行全面预警和部署，要求各地随时启动相应级别的防台风应急预案，加强组织领导，提前做好防御台风准备；并分别于8月6日下午召开厅直单位部署会议，8月7日下午召开福建省交通运输系统防御工作视频会议，厅领导亲自到会部署，确保防御准备部署到位、落实到岗。

(2) 各单位领导深入一线、靠前指挥。本次台风期间，厅领导多次参加福建省防汛抗旱总指挥部的部署会、会商会，24 小时密切跟踪台风对福建省交通运输的影响，落实福建省防汛抗旱总指挥部的相关台风应急处置指令。与此同时，省高速公路公司、省公路局、省港航局、省运管局等厅直相关单位主要或分管领导分别赶赴福州、宁德、莆田、泉州等沿海地市，对公路、桥梁、港口、码头、运输企业、车站等防台风一线进行检查，指导防台风抗台风工作，做到靠前指挥、体现实效。台风登陆后，8 月 9 日，宁德市国道出现了多处阻断险情，省公路管理局领导同受灾第一线与公路抢险队员一起组织抗灾保通工作。

(3) 启动防台风预案各项响应、突出落实安全度台风措施。福建省交通系统根据防台风应急预案各级应急响应的要求，以关键做好转移、突出海（陆）上防强风（雨、暴潮）、确保工程安全以确保安全为核心，落实好预案各项要求，突出做好了四项工作：一是省交通控股所属运输船舶、内河航道船只及施工作业船只以 8 月 6 日下午 18 时为最后期限，全部回港或就近避风；二是滨海一线所有在建高速公路、普通公路、港口、码头工程从 7 日 16 时起全面停止施工；三是各渡口的轮渡 7 日 16 时起停渡；四是福州到台湾的两马航线 7—10 日停航，泉金航线自 7 日上午开行 1 班后停航至 9 日，厦金航线 7 日 15 时起停航至 9 日；五是道路客运也根据台风状况及时对相关班次实行调整停运，台风期间所有由宁德始发的省际、市际、县际班线全部停班，福建省内其他地方往福州、宁德方向的及途经的所有班线基本停运；六是为确保高速公路行车安全，自 8 日上午起沈海高速部分路段陆续根据台风情况关闭通行（至 8 月 10 日上午已全部恢复正常通行）。另外，相关单位还组织对施工材料、机械设备进行了保护和转移，对塔吊、支架、悬挂物等高空作业设施组织了加固或拆除，对低洼地带的物资、设备和人员进行了转移，并加强了公路运输客货运车辆特别是客运车辆的安全管理，公路管理部门在近期重点加强道路的巡查，路政部门加强了警示标志设置的各项准备。

(4) 突出强化了防台风救灾物资、队伍的集结和准备。期间，各级交通部门加强了防台风救灾设备、器材、物资、人员（尤其是重型救灾机械设备）的准备，组织了由技术组、机械组、架桥组、后勤组组成的抢险应急突击队，调集抢险机械、设备随时待命。对重要工程和水毁多发路段，还在现场就近预先储备一定数量的抢毁材料和机械设备。据统计期间福建省共组织了应急抢险救灾队伍 29 支，投入抢险人员 1500 多人，准备挖掘机、装载机等重型抢险救灾机械 155 台（套），以及抢险砂石、编织袋、贝雷片、其他防护器具等抢修物资，以备随时调用，并建立起了抢毁设备、物资互相支援机制。

(5) 全面加强了值班和信息报送工作。福建省交通系统各单位、各部门全面启动 24 小时值班机制，主要领导坐镇带班，值班人员全部到岗，坚守防台风一线。各单位还采取措施提高了防抗台风信息报送速度，各单位及时收集汇总有关水毁和抢毁信息，统计水毁损失，为交通防台风信息和决策指挥提供依据。

(6) 及时组织抢修水毁路段，尽快恢复交通正常通行。“莫拉克”台风期间，各级交通公路部门及时按照“先干线后支线，先抢通后修复”的抢险救灾原则，迅速对水毁灾情路段开展抢修，力争第一时间恢复交通正常通行，确保救灾人员、物资等及时运送。抢修工作中，交通公路部门始终发扬抗洪精神，全力以赴、昼夜奋战，重点对国道、省道的溜塌方、路基缺口以及桥涵损毁进行抢修，尽最大努力先保通干线公路。

在抢修的同时，交通部门还加强日常巡路检查，特别注意加强公路沿线地质灾害、危桥等隐患点的监控，防止桥毁、滑坡造成重大险情，并在公路水毁路段及时设立临时交通安全标志或指路标志，引导过往车辆安全通行或绕道通行。

4. 措施处置效果

（1）台风来临前及时启动应急预案，提前做好了防台风应急准备工作，降低了台风对公路造成的经济损失。

（2）提前对存在安全隐患的重点路段、危桥进行排查，降低了台风对隐患路段和危桥的灾害程度。

（3）加大了防台风救灾物资和人员的投入力量，做到“宁可防而不来，不可来而不防”，做到早准备，充分准备，有效地防止台风对公路交通造成的巨大影响，同时也为尽早抢通水毁路段打下了基础。

（4）总结台风抢险救灾经验及教训，为今后防范强台风积累了丰富的经验。

案例3 四川G213线彻底关大桥坍塌事件

1. 事件经过

2009年7月25日凌晨4时10分左右，由于连日大雨冲击，汶川县G213线都汶路44km+200m处，因山体滑坡造成彻底关大桥桥墩被垮塌的巨石砸断，造成100m左右的桥面坍塌，都汶公路通行中断。

大桥第三、第四跨桥梁墩柱被巨石砸断，造成桥面板整体垮塌，交通中断。事件造成6人死亡，12人受伤。灾情发生后，交通运输部和四川省委、省政府高度重视，要求有关部门科学快速修复大桥，抢通“生命线”，并迅速派出有关部门负责同志和技术专家赶赴现场，组织开展抢通工作。当地交通运输部门紧急调集50余台机械设备和200多名技术及施工人员24小时昼夜施工。

2. 事件原因分析

此次彻底关大桥桥面坍塌事件是因该处崩塌地段受汶川特大地震影响，山体结构受到破坏，岩层松散，山体破碎，加之事发时连日降暴雨，松散的山体经雨水浸透浸泡后，局部山体失去稳定，导致山体崩塌，垮塌的巨石在滚落过程中，击断桥墩，导致突发事件发生。由于该山体的不稳定因素是受地震影响而非人为造成，因此，该事件属自然灾害。

3. 事件处置

彻底关大桥桥面坍塌事件发生后，当地省委、省政府高度重视，领导亲自带领省公路部门于当日10时许赶赴现场指挥抢险工作，并现场召开彻底关桥面坍塌应急工作会议，要求：一是对现场受损车辆、遇难和受伤人员的物品进行清理和妥善处置；二是尽快核实伤亡人员的身份；三是制定事件工作方案，尽快实施路基填充，保证畅通、确保施工安全；四是尽快抢通便道，实施交通管制；五是成立前线指挥部，相关部门负责人为成员的彻底关大桥应急抢险指挥部。

通过专家现场勘察论证，大桥应急抢通采取路堤方案。这种方法主要依靠大型挖掘机和装载机对坍塌桥段进行约$4\times10^4m^3$的土石方堆填，使填筑的路面和其余尚存完好的桥面直接相连，这样大桥即可恢复通行能力。为防止飞石再次冲击，工程人员在未损毁桥墩周围筑起了一道石墙，同时对彻底关大桥上方的不稳定山体实施了爆破作业，清除可能滑落的危石。

4. 处置效果

彻底关大桥经过一周的全力抢通，于一周后上午 9 时恢复正常通车，作为整个重建“生命线”和运输“主动脉”，公路恢复正常通车，将为灾区重建工作和地区之间的商贸物流提供可靠的交通保障。

为保证通行车辆和大桥的安全，施工时在新修的路堤两边安装防护栏，并用镀锌钢丝编织而成的隔宾网装上石块，筑起一道高约 2m、宽与路基等长的防护墙，防止路基坠坡，同时，在沿河的边缘将放置四面体，全方位保证新路堤的安全。

此次彻底关大桥的修复没有架设新的桥面，而是采用了“筑堤式修复”的方法，使用重型设备对坍塌段进行约 $4 \times 10^4 m^3$ 的土石方堆填，最后经碾压沉降后形成了新的桥面，使大桥恢复通行能力。

案例 4 广东“6·15”九江大桥被撞垮塌事故

1. 事故概况

2007 年 6 月 15 日凌晨 5 时 10 分左右，广东省佛山市裕航船务公司所属的散货船——“南桂机 035”运砂船偏离主航道撞到广东省国道 325 线九江大桥 23 号桥墩，导致大桥 23 号、24 号、25 号墩，4 跨约 200m 连续箱梁桥体坍塌沉入水中，事故共造成 4 车坠江、7 名司乘人员和 2 名佛开高速公路现场施工人员死亡。

事故发生后，国务院领导十分重视事件进展与现场搜救工作，委托交通部、国家安全生产监督管理总局官员传达了国务院领导对事故搜救及善后工作的“抓紧修复，查明原因，严肃处理”的重要指示精神，并对广东省以及佛山市、江门市在事故发生后紧急处置工作给予高度肯定。广东省省委、省政府高度重视，广东省委书记立刻做出批示并要求启动应急预案，广东省委副书记、省长亲赴现场指挥救援工作。

事故发生后，交通部立刻启动相关应急预案，全力处置广东西江九江大桥坍塌事故，立刻开展相关营救与打捞工作。交通部部长立刻要求迅速查明有无车辆、人员落水，确保人员安全，并采取措施继续维护现场安全。同时，广东海事局立即启动海上搜救应急预案，并立刻派出 11 艘海事巡逻船负责搜救工作，主要通过潜水、扫测水面来搜救落水车辆，此外还通过核对桥梁进出车辆数目等方法核对失踪车辆情况；同时，交通部副部长率领 3 人工作组赶赴现场，负责指导和协调工作，包括公路交通指导、水上救援和水上航道监管等内容，并调查事故原因。经过应急处置与救援，“南桂机 035”船上 10 人全部获救。

2007 年 6 月 20 日，由国内多名技术专家组成的技术安全鉴定勘察组明确了事故的责任认定。事故系“南桂机 035”号船舶偏离航道，误入非通航孔，直接撞击到 23 号桥墩，该船产生的横桥向撞击力远远大于 40t 的防撞能力，导致 4 孔非通航孔桥面坍塌，同时致使未坍塌的相邻桥孔严重受损。坍塌与桥梁本身设计和质量无关。

2008 年 9 月，九江大桥“6·15”船撞桥梁事故经广东省政府批复同意结案。共计 13 名责任人员受到处理，5 名对事故发生负有管理责任，构成犯罪的责任人被移送司法机关处理，另有 8 人受到党政纪处分。其中，肇事船长被广州市海珠区检察院以涉嫌交通肇事罪批准逮捕。

2. 原因分析

2007 年 6 月 19 日，事故处理领导小组技术安全鉴定勘察组邀请省内外专家成立专家组，在佛山市召开国道 325 广东九江大桥技术评估会议。专家组由全国知名桥梁专家、设计大师孟凡超、廖朝华任正、副组长，交通部总工程师周海涛、同济大学姚玲森、交通部公路科学研究院蔡国宏、中交公路规划设计院吴明远等 10 位专家任组员。专家组经过认真研究讨论，形成了评估意见。

评审认为，国道 325 广东九江大桥由原广东省计委批准计划任务书，由原广东省建委批准初步设计，1988 年 6 月 10 日完工，经原广东省公路工程质量监督站检验评定，1988 年 7 月广东省交通厅组织了交工验收，1990 年 6 月原广东省建委组织竣工验收，鉴定工程质量等级为优良，项目建设符合基建程序的各项要求。自 1988 年 6 月建成通车以来，建设单位养护管理规范，2006 年经有关单位检测评定为二类桥，船撞桥事故发生前结构处于安全状态。

评审认为，大桥 2 孔 160m 通航孔按通过江海轮，即主墩按横桥向船舶撞击力 1200t 进行防撞设计；考虑到有小型船只及漂浮物撞击的可能，南、北侧非通航孔桥墩按横桥向撞击力 40t 进行船撞设防，是合适的，大桥设计有一定的前瞻性。事发前九江大桥结构处于安全状态，坍塌与大桥本身设计和质量无关。

本次事故主要是船舶航行中突遇浓雾，船长疏忽了望，采取措施不当所致，是一起船撞桥梁的单方责任事故。

3. 现场应急处置情况

事故发生后，交通部主要采取的措施是：

一是派出多艘海事巡逻船在事故水域及下游进行搜救，协调了几家打捞公司到现场协助搜救；

二是对事故水域实施交通管制，播发航行警告；

三是派出扫测队携带两部旁测声呐到达现场进行扫测可能落水的车辆和人员；

四是成立由广东海事局主管领导为组长的事故调查小组迅速开展事故调查，尽快查明事故原因；

五是进行道路疏通，协助公安交通管理部门将国道车辆分流到高明大桥通行；

六是紧急启用九江战备渡口，调派两组渡船赶往九江渡口进行人员和车辆渡运，对过江人员和车辆进行分流。

此外，为减低九江大桥交通中断所带来的影响，2007 年 6 月 19 日下午，广东省交通厅与广东省公安厅交管局联合发文，发布了国道 G325 线九江大桥段交通分流疏导方案。根据该方案，从粤西方向经 G325 线往返广州车辆，可以选择佛开高速，绕行江中高速或西部沿海高速等 3 种方案；仍需要走国道 325 线的车辆在九江大桥段可以选择绕行佛开高速、省道 S362 线等 4 种方案。

4. 事后处置与经验教训

1）交通部门立刻开展专项整改工作

2007 年 7 月 1 日至 12 月 31 日在全国开展防船舶碰撞、防泄漏的专项整治活动。整治的重点水域包括沿海和内河主要港口水域及进出港口的主要航道，内河和沿海的通航密集区、交通管制区、水上水下施工作业区，主要通航水域的桥区、坝区和船闸区。重点整治的船舶为客船（含客滚船、客渡船）、油船、危险品船、化学品船和砂石料运输船。交通部要求各航运单位加强对船员安全技能的教育和培训，提高船员和船公司的安全责任意识，制订培训计划和考核要求，认真组织船员学习船舶航行规定和规则，特别要使船员熟悉了解本船所航水域的通航环境和相关航行规定，进一步提高船员的安全责任意识。各航运企业要在2007年8月15日前对本单位船舶的航行安全设备、通信设备以及应急设备等进行一次全面仔细的安全检查，并对本单位安全管理体系的运行情况作一次严格检查，排查可能存在的设备安全隐患，查找管理盲点和薄弱点，并及时整改。交通部强调，各级交通、海事、航道等部门在整治活动期间，要开展认真细致的事故隐患排查工作，强化隐患整改；对通航水域桥梁、船闸、取水口等固定设施进行排查和评估，采取措施消除安全隐患；对影响船舶安全航行的障碍物和雾、季风、台风、枯水和洪水对通航安全的影响进行评估，采取措施积极应对；加强对重点船舶的安全检查，特别是对客船、油船、危险品船、化学品船和砂石料运输船的航行安全设备、应急计划、防泄漏和防碰撞设施、船员安全操作等方面的检查；加强对运输公司安全状况的日常监督管理，督促企业落实安全生产责任制，对违规企业要严格按法律法规进行处罚，必要时就船舶安全管理问题约谈船公司管理人员。各级海事机构要加强对重点通航水域的现场监控，加大巡航力度，及时制止违反船舶交通安全管理规定的行为。交通部还要求各地交通主管部门、各海事、航道管理机构加强对通航水域助航设施的配备、布置和管理，对影响船舶通航的水上建筑物按有关规定设置明显的警示标志，对桥梁、闸坝设施、取水口等要采取防止船舶碰撞的保护措施，根据航道水深和水流变化情况及时调整航标，及时利用各种媒介向船舶和航运公司发布和传递公共安全管理信息。

2）快速开展九江大桥制定修复方案工作

九江大桥被撞数日后交通部门就开始组织专家对九江大桥修复的可行性进行研究并制定修复方案。2年后，2009年6月10日，九江大桥恢复正式通车。

案例5　2008年奥运会北京市公路交通运输应急保障

1. 事情概况

举世瞩目的第二十九届北京奥运会圆满落幕，实现了中国政府和人民“举办一届有特色、高水平奥运会”的庄严承诺。奥运会的成功举办，是全国人民和各行各业大力支持的结果，也凝聚了全国交通运输系统广大干部职工的辛勤努力。

为了做好奥运交通运输保障，中共中央办公厅、国务院办公厅下发了《关于做好迎接2008年北京奥运有关工作的通知》，交通运输部印发了《北京奥运会及其测试赛公路交通保障及运输服务工作实施方案》、《关于做好北京奥运会火炬接力境内传递公路转场交通保障工作的紧急通知》，《交通运输部关于进一步做好奥运交通保障及安保工作的通知》。奥运交通运输保障工作有序开展。

整个奥运交通运输保障做到了措施到位、工作到位、责任到位、落实到位,没有发生人为责任事故,没有出现旅客滞留现象,为成功举办平安奥运提供了安全优质的交通运输保障。

2. 奥运交通运输应急保障的主要措施

1）组织保障

（1）成立了“奥运公路交通服务保障协调小组”。为保证北京奥运会的顺利进行，做到信息畅通、工作有序、服务标准统一、强化组织领导、落实责任制，交通运输部决定成立“奥运公路交通服务保障协调小组”。“奥运公路交通服务保障协调小组”由交通运输部牵头、各相关省市交通主管部门参加，交通运输部主要职责是负责奥运会及其测试赛涉及城际间的公路交通保障与道路运输服务的组织与协调工作。各相关省级交通主管部门及其管理机构根据奥运会及其测试赛的日程安排及有关要求，按照交通运输部的统一部署，进行具体的服务与保障工作。

（2）加强督促落实。交通运输部制定了《北京奥运会及其测试赛公路交通保障及运输服务工作实施方案》，相关省级交通主管部门结合本地实际，制定了具体的工作意见，确保各项保障与服务工作方案周全、组织严密、措施务实、监督有效、服务优质，保障有力。

奥运交通保障与运输服务工作根据奥运会及其测试赛的赛程安排，分阶段推进：第一阶段围绕“好运北京”系列赛事，在 2007 年 7 月 1 日前，主要做好组织机构的建立和相关工作筹备工作，重点完成“奥运快速通道”建设、路容路貌整治等工作；第二阶段是在 2008 年 5 月前，完成各项赛前筹备工作，并形成行之有效的交通组织机构和运行机制；第三阶段是在奥运会赛期，全力做好奥运交通服务和保障工作。交通运输部会同有关部门，分阶段对各地工作进展情况进行了检查。

（3）加强联系协作。交通运输部要求各省、自治区、直辖市交通主管部门加强沟通，确保信息渠道和通信渠道畅通，建立良好的协作机制。各省、自治区、直辖市交通主管部门即时掌握和了解交通运输部转达的奥运会有关交通需求等信息，同时将发现的有关情况信息及时报交通运输部，在第一时间发现和通报各种突发事件信息，并及时采取措施，妥善予以解决。奥运赛期间，奥运公路交通服务保障协调小组各成员必须保持手机 24 小时处于开通状态，以便即时保障联系。同一线路的相邻省份和相邻管理单位建立灵活、有效的联合办公机制，确保奥运车辆和乘客在行驶过程中的“无缝”衔接和不间断服务。

2）公路交通基础设施的服务保障工作

（1）开辟“奥运快速通道”。在奥运会及其测试赛期间可能经过的公路收费站点，结合已有“绿色通道”以及军警等专用收费道口，设立“奥运快速通道”，并在明显位置悬挂统一的标志。“奥运快速通道”统一标志的式样由北京市交通委根据奥组委的要求印制，并分送各相关省份。持有奥运特别通行证的车辆可直接通过“奥运快速通道”优先通行。对于有警车开道的奥运专用车辆，“奥运快速通道”沿线的各收费站采取先计次放行、后集中结算的方式，确保其通过公路收费站时实现行驶途中不停车的目标；对于其他奥运车辆，也应采用预交、包交通行费或电子不停车收费等方式，减少其在收费道口的滞留时间，提高通行效率。

“奥运快速通道”网络包括以下几条主要高速公路：北京至沈阳高速公路北京至秦皇岛段、秦皇岛至沈阳段；京津塘高速公路及其第二通道；天津至唐山高速公路；天津至蓟县高速公路；北京首都机场高速公路；京石高速公路北京段与河北段；青岛市机场高速公路；上海市通往虹桥机场和浦东机场高速公路；沈阳市机场高速公路。

（2）加强公路养护管理，确保公路完好畅通。对于奥运会涉及的公路，各有关省、自治区、直辖市交通主管部门组织开展一次全面的路况检查，督促有关单位加大养护资金投入，实施必要的养护工程，确保公路处于良好的技术状况。特别是在公路和桥梁人行道、服务区、汽车站场等地，增加必要的无障碍设施。公路养护管理单位及时按照要求加强公路养护和管理，根据奥运会的赛程安排，尽早合理安排施工工期。从2008年5月起，至奥运会结束后的15日内，涉赛的所有公路没有安排公路养护工程施工作业。

(3) 加强公路巡查，及时疏导交通。在奥运会及其测试赛期间，各有关省份的交通主管部门和公路管理机构主动与当地公安机关交通管理部门联系，加大公路巡查力度和频度。对于公路在运行过程中出现的影响交通安全的障碍物，公路管理机构、收费公路经营管理单位会同公安交通管理部门，按照职责分工，及时进行清理，确保车辆正常通行；一旦出现公路交通堵塞等情况，及时报告，并通过电子可变情报板等各种方式，提前告知过往车辆和行人。同时，积极配合公安交通管理部门疏导交通，保证奥运车辆优先通行；对于因不可预见的因素导致公路交通被迫中断的情形，及时启动公路交通应急预案，组织车辆绕行，及时组织抢通，尽最大努力减少车辆在公路上的滞留时间。

(4) 完善公路标志标牌体系，及时提供良好的出行服务信息。对于奥运会涉及的公路，各省、自治区、直辖市交通主管部门按照国际标准，增补和完善公路沿线的标志及指路标志牌等公路交通指引标识体系，特别是补充相应的英语信息。与此同时，在奥运会及其测试赛期间，交通运输部公路出行网站以及各有关省市的出行信息系统，均围绕奥运这一中心目标，及时更新相关的交通出行服务信息，丰富信息内容，提供准确及时的出行服务，各省份及时向交通运输部出行服务网站提供有关公路路况特别是公路阻断等出行信息，由交通运输部集中向社会发布。

(5) 开展路容路貌专项整治，创造文明、整洁的公路交通环境。各有关省、自治区、直辖市交通主管部门开展以“增绿色、治污染、整脏乱”为主题的专项整治活动，积极做好公路环境保护和绿化美化工作。在奥运会及其测试赛开始前，组织力量清除公路路面及路侧的垃圾和遗洒物，保持良好的路容路貌和“畅、洁、绿、美”的公路环境。同时，以服务区、收费站、客运站为重点，大力整治环境卫生，努力营造“讲文明、爱卫生、注重礼仪、热情友好”的服务环境。

3) 道路运输服务与保障工作

(1) 组建奥运应急车队。各相关省、自治区、直辖市交通主管部门根据奥运会及其测试赛的交通需求以及上级人民政府的统一部署，组织充足的客运车辆，满足本地区的运力需求。与此同时，为满足北京奥运会期间运动员、官员以及观众的出行需要，应北京奥组委及北京市的请求，交通运输部决定，由河北、天津、辽宁、山东等省组建跨省市奥运应急车队，以确保北京在奥运会期间出现紧急运输需求时，能够及时跨省市调动应急车辆予以支援。跨省市奥运应急车队的规模约为1000辆大型旅游客车。

(2) 大力整治道路运输特别是客运市场环境。奥运会服务车辆和场站做到整洁，服务规范。客运站严格执行安全检查程序，按照“三关一监督”的要求，消除出站车辆的安全隐患。同时，加强对运输车辆的管理，严厉打击“黑车”等违法运输行为，重点解决倒客、宰客、甩客等不规范行为，为群众提供安全正点、热情周到的运输服务。

(3) 努力做好奥运车辆行驶途中的休息接待工作。根据北京奥组委的统一安排，北京至沈阳高速公路的玉田服务区和兴城服务区，分别作为北京至秦皇岛高速公路和秦皇岛至沈阳高速公路的中间休息指定点，河北、辽宁省交通厅以及上述两个服务区的直接管理机构，积极配合公安部门，按照国际服务标准和风俗习惯，提前筹备并采取措施，为奥运车辆和过往乘客行车休息创造良好的环境，提供全方位的优质、便利服务。

（4）研究制定对京津冀区域内的进京货车分流方案。对山西、内蒙古、辽宁等省份进入北京地区的跨区域长途货车远程分流方案，建立完善的绕行路线信息提示体系。分流方案分为强制性分流和引导性分流两种。强制性分流针对从西北和东北进京的车辆。从西北进京的货车从河北张家口分流绕行，从东北进京的货车从河北承德分流绕行。引导性分流是指通过方向标志和服务指示，将从山西、内蒙古、辽宁等省进京跨区域长途车进行提前分流，尽可能避免进入承德和张家口，从而缓解112国道的通行压力。

（5）确保奥运期间在京运行的大型客货运输车辆的尾气排放达到国家排放标准，对进京车辆进行改造和淘汰。

4）提高交通行业“窗口”服务质量工作

（1）各地按照《深入开展迎奥运讲文明树新风活动实施方案》的要求，实施交通行业“窗口”文明示范工程。交通行业窗口服务单位以方便群众办事、提高服务效率和质量为重点，制定并完善文明服务行为规范，引导收费、管理、客运等交通行业窗口服务人员知礼仪、重礼节，倡导精细化管理、人性化服务。

（2）对于在交通行业“窗口”从事服务工作的一线人员，各级交通主管部门以职业道德、奥运知识、文明礼仪知识以及外语、手语、应急避险和急救常识等为重点，大力开展教育培训工作，进一步提高其个人综合素质，强化服务意识，提升服务水平。特别是确保在“奥运快速通道”收费道口工作的收费与管理人员、奥运专用车辆上工作的司助人员具备一定的英语基础和外语服务能力。

（3）加强奥运交通工作宣传。各有关省、自治区、直辖市交通主管部门及其管理机构加大宣传力度。采取电子可变情报板、交通广播、或悬挂标语和横幅以及树立宣传标志牌等方式，大力开展公路沿线的现场宣传，展现交通行业形象，引导广大群众养成“文明行车、文明乘车、文明走路”的良好习惯，并积极参与、配合共同做好奥运会交通保障与运输服务的有关工作。

5）奥运火炬在境内传递期间道路安全畅通保障工作

（1）各级交通主管部门高度重视，加强领导，建立有效畅通的联系机制。对火炬传递公路交通保障工作，省级交通主管部门的主管领导亲自抓，同时明确一名业务能力强、熟悉情况的同志专门负责，作为省内总协调人。火炬传递沿线各地市的交通主管部门、公路管理机构以及相关城市交通部门也指定专人作为联系人，特别是每一条具体路段都明确一名联络员，切实做到精心准备，专人负责，保证各省厅与相关路段管理单位的沟通顺畅。同一线路的相邻省份之间加强横向联系，密切协作，确保省际公路线路通畅。火炬传递期间，各级交通主管部门实行24小时值班和领导在岗带班制度，并做好应急预案，一旦发生突发事件，立即进入应急状态。

（2）各级交通主管部门采取措施确保奥运火炬传递车辆快速通行。火炬传递期间，对持有奥运火炬传递专门通行证的转场车辆，各省级交通主管部门报经省级人民政府部门批准，组织沿线公路收费站点予以免费通行。同时结合现有“绿色通道”等专用收费道口，采取措施确保车辆快速、优先通行，实现奥运火炬传递车辆通过收费站时无障碍行驶的目标。

（3）各级交通主管部门和公路管理机构切实加大公路巡查力度和频度，及时发现和消除安全隐患。按照奥运交通安保检查工作要求，对收费站、服务区、检查站等重要交通场所，实行最严格的安全检查。火炬传递期间，组织沿线公路养护职工、路政管理人员等进行全面、细致的安全巡查，对沿线路段特别是大型桥梁、隧道等重要公路设施实施监控。遇有突发事件导致公路交通被迫中断时，迅速向地方人民政府和上级交通主管部门报告，动员一切力量组织抢修并及时修复；无法修复的，即时启用绕行备选线路，确保奥运会火炬传递车辆安全、快速通行。

（4）各级交通主管部门和道路运输管理机构认真做好道路运输安全生产管理工作。在奥运火炬传递和奥运会举办期间，紧密围绕“三关一监督”管理职责，深入开展道路运输生产安全隐患排查，确保各项安全生产管理制度和防范措施落实到位。以道路旅客运输和危险货物运输为重点，切实加大对道路运输企业的安全源头管控力度，强化运输企业对所属车辆和驾驶员的动态监管，进一步落实《汽车客运站安全生产规范》，防止发生各类道路运输生产安全事故。

6）制定实施海上交通安全保障和应急处置方案

以2008年奥帆赛为核心，制定实施海上交通安全保障和应急处置方案，以青岛、秦皇岛、天津、上海四个港口为重点，实现没有无关船舶非法闯入比赛封闭海域现象、无重大海上交通安全责任事故、无船舶污染责任事故。

3. 效果与总结

在2008年北京奥运会交通运输保障和安保工作中，交通运输系统广大干部职工克服困难，恪尽职守，不怕疲劳，连续奋战，开展了以“查隐患、保安全”为主题的奥运交通运输安保大检查。公路、水运完善安检设施，加大安检力度和落实安保措施；完成了奥运期间进京货车绕行路线方案、112国道改造工程、省际客运进京班车尾气改造治理、奥运应急运力保障组织、火炬国内传递公路转场和保障工作、奥帆赛青岛赛区海域安全保障等工作。北京奥运会公路交通运输保障取得了很好的效果。

北京市单双号车辆限行首日，各环线主路车速都有很大的提高，部分道路上的车辆保持在时速七八十公里的状态。来自公安交通管理部门的统计数字显示，限行的前4天，市区主要道路车流量比平日下降26%，拥堵和事故报警分别下降76%和46%。而全市道路的交通流量比限行前下降41%，拥堵报警下降96%，事故报警下降48.5%，长安街和二、三、四环路等7条主干道高峰小时流量下降24.7%；交通秩序安全稳定，剐蹭等轻微事故下降50.2%，未发生重大恶性交通事故。

北京公共交通发挥了重要作用，完成了包括奥运会和残奥会四场开闭幕式观众的集散，完成运动员和媒体班车的全过程运行；地面公共交通最高峰时突破1510万人次，地铁高峰日突破492万人次，公交地铁运送残障人士约4万人次，其中为轮椅乘客服务达到3万人次，地铁全网实现两次24小时不停运，2008年7月20日以来，地铁的日客运量比以前增长了15%左右。

总之，整个奥运交通运输保障做到了措施到位、工作到位、责任到位、落实到位，没有发生人为责任事故，没有出现旅客滞留现象，为成功举办平安奥运提供了安全优质的交通运输保障。

案例6 2003年“非典”疫区武汉市的公路运输应急处置与防控工作

2003年，武汉市为控制重大“非典”疫情，把好关口，切断“非典”通过交通工具和乘运人员输入当地的途径，根据当地防治非典型肺炎指挥部制定的预案，结合当地交通实际，采取了有效的措施。

1. 设立临时发热病人检查室

对发热（≥38℃）、咳嗽、呼吸障碍等症状的旅客进行初步观察诊断，不能排除“非典”的应立即控制，并报告辖区指挥部，就近送辖区发热门诊进一步诊断。病人离开后，立即进行空气、器械和物表消毒。

临时发热病人检查室所在单位主管部门，按照当地防治非典型肺炎指挥部制定的预案要求。积极配合辖区防治非典型肺炎指挥部做好“非典”或疑似“非典”病例密切接触者的集中医学观察。

2. 设立疫情监测点

在武汉市27个公路汽车客运站（不含已设立临时发热病人检查室的汽车客运站）和有条件的乡镇渡口设立疫情监测点。

疫情监测点具备固定的工作设施和必要的工作条件，根据客运班车或渡船的运营时间，配备足够的医务人员和工作人员分班轮值，密切观测出发或到达的每一位乘客，对发热（≥38℃）、咳嗽、呼吸障碍等症状的旅客应立即控制，并报告辖区防治非典型肺炎指挥部作进一步处置。特别是病人离开后，应立即进行空气、器械和物表消毒。

3. 入市公路卫生检疫点

在进入武汉市公路路口设立公路卫生检疫点。公路卫生检疫点由卫生防预、公安交通管理、公路运政三方人员组成，24小时分班轮值。公路运政部门积极配合，对所有入市车辆上的乘运人员逐一测量体温，使用全国统一的“旅客健康申报卡”进行健康登记。按规定程序处置发热、咳嗽病人。维持检疫点及周边道路交通秩序（图6-1）。

4. 交通工具和站场消毒

飞机每航次、火车每车次、长途客车每班次车消毒，公交车、中巴车、出租车、轮渡船、乡渡船每日消毒；机场、火车站、长途汽车站、客运码头、乡镇渡口、公交站亭等交通站场每日消毒；交通站场进出口和候乘室、售票厅等人流较大的公共场所视情况增加消毒次数；封闭性场所经常开窗通风，保持室内空气流动；空调、抽风系统经常清洗隔尘网，并定期消毒（图6-2）。

公路运输车辆和站场发现发热、咳嗽等症状人员，应立即对交通工具和相关区域彻底消毒，严防扩散。交通工具和站场消毒后，张贴消毒标志，并签注日期和责任人。

消毒工作实行业主负责制，由各交通单位组织实施，并接受各级疾控机构的技术指导，必要时可请专业消毒单位上门服务。

5. 测量体温和健康登记

机场、车站、码头等交通窗口及其所设的临时发热病人检查室或疫情监测点，以及公路卫生检疫点，对所有进出乘客一人不漏地进行体温测量和健康登记，对驾乘和工作人员也要定期进行健康检测，防止交叉感染。

图6-1 公路部门配合防疫工作人员检查运输车辆

图6-2 公路部门每日进行消毒工作

铁、水、公、空窗口单位在办理售票和登乘手续时，如乘客未接受健康登记，应拒绝其购票或登乘，有发热、咳嗽等症状的，还应立即采取控制措施，并报告辖区防治非典型肺炎指挥部作进一步处置。

6. 疫情报告和工作信息报告

（1）疫情报告。交通各单位及其干部职工，均为“非典”的义务报告人，发现“非典”或疑似“非典”病例，及时向附近的医疗保健机构或疾控机构报告。机场、车站、码头等交通窗口及其所设的临时发热病人检查室或疫情监测点，除履行上述业务外，发现发热、咳嗽等症状的人员还应立即采取控制措施，并报告辖区防治非典型肺炎指挥部作进一步处置。

（2）工作信息报告。每日16时前，铁、水、公、空各交通单位将当日“非典”防治工作情况，书面报市防治“非典”指挥交通部，并按行业分别报以下单位或部门：①大交通单位报市交委综合处；②公路运输单位报市运管处；③公交单位报市公交监察办；④双休日和夜间报市交委。

7. 宣传和教育

（1）广泛宣传。交通各单位特别是交通窗口单位，通过各种形式和途径，向内部职工和广大乘客大力宣传《传染病防治法》、《突发公共卫生事件应急条例》等法律法规，宣传中央和省、市“非典”防治工作，把交通窗口建设成“非典”防治的前沿阵地，形成全员参与、群防群控的良好态势。

（2）健康教育。交通窗口单位运用宣传岗、临时讲座、电子显示屏、广播、标语、宣传栏、印刷品等群众喜闻乐见的形式，广泛、扎实和有效地开展健康教育活动，通过介绍卫生健康常识、“非典”及其防治等基本知识，使他们既认识“非典”的危害性，又知晓“非典”是可预防、可治、可控的，提高他们预防“非典”的意识和能力，树立战胜病疫的信心。

（3）防治培训。交通各单位广泛组织“非典”防控知识培训，尤其是对一线人员的工作培训，让铁、水、公、空各单位，客运经营者、管理者和驾驶、乘务、站务等人员熟知消毒、测温、登记、疫情报告等基本知识和工作程序，使各项防控措施规范高效地开展起来，落到实处。

突出抓好途中应急处理培训。司乘人员在路中发现患有“非典”、疑似患有“非典”或发热、咳嗽、呼吸障碍等乘客，应立即在交通工具上采取通风、相对分区隔离等措施，不得途中停车下客，并通知前方最近的“非典”防治指挥或工作机构。乘客全部在当地下车后，立即对交通工具彻底消毒。司乘人员应及时向所在单位或有关部门报告。

8. 检查监督

各级交通主管部门、行业管理机构和企业领导加强现场检查，发现新情况，研究新对策，查堵漏洞，解决问题，大力督促和指导基层单位整改，不断规范抗击非典型肺炎工作的各项运作机制和操作程序，努力完善交通抗击非典型肺炎的防控体系。对抗拒指挥、违反纪律、工作不到位不落实的单位和责任人，严格按照人事部、监察部关于非典防治工作中有关人员失职违纪行为处理的联合通知的规定严肃处理。

9. 支持保障系统

（1）抗击非典型肺炎物资运输保障。在全市各公路收费站开辟防治非典型肺炎专用通道，确保粮食、蔬菜、鱼肉蛋等生活必需品和防治“非典”的医疗设备、器械、药物、防护用品等重要物资运输畅通。市公路运输管理处制定抗击非典型肺炎物资运输预案，建立严密快速的指挥调度系统，保障车辆、人员、防护用品“三到位”。

（2）执法保障。市、区交通执法部门全力维护正常运输秩序，加大对水、陆客运市场的监督管理力度，严厉打击、从重处罚不进站经营、沿街揽客等违章经营行为，防止部分乘客特别是外地回乡农民工因未在客运站乘车而没有接受体温测量和健康登记带来的隐患，防止“非典”病源通过公路短途客运向农村传播。针对农村客运的实际和规律，突出对重点时段、重点地段农村客运市场的监管。特别是集贸市贸易日，农村客运流量大，人群集中，极易引发“非典”扩散，对农村客运班车必须制定地点分区停靠和上下旅客，确保农民出行健康安全。

（3）资金保障。公路运输各单位都要克服困难，服从大局，想方设法储备抗非专项资金，随时保障对“非典”防控工作的足够投入。

6.2 铁路交通突发事件应急处置案例

案例1 陇海线杨庄车站旅客列车侧面冲突重大事故

1978年12月16日，郑州铁路局管内陇海线杨庄车站发生一起震惊中外的旅客列车侧面冲突重大事故。

事故发生后，郑州铁路局主要领导迅速带领铁路局各部门及安全技术人员赶赴事故现场，组织伤员抢救、现场清理、恢复行车及事故调查工作。同时，国务院、铁道部、河南省有关领导及时到达事故地点进行现场指导，当地驻军、武警部队及地方人民政府等动用一切力量，救助受伤人员，支援铁路抢险物质，协助事故应急救援处理，为减少人员伤亡及财产损失发挥了巨大作用。

铁道部、郑州铁路局安全监察部门迅速组织有关部门及安全监察人员，对事故涉及的单位、人员，调度指挥、列车运行、机车运用，作业标准，设备质量等进行详细的调查，查明了事故发生的致因，提出了事故教训及防范措施。

1. 事故概况

1978年12月16日，郑州铁路局郑州机务南段东风3型0194号内燃机车，司机马某、副司机阎某，驾驶牵引由西安到徐州的368次旅客列车。按列车运行图规定，368次旅客列车在杨庄车站停车6分，等待由南京开往西安的87次旅客快车。由于司机、副司机在行车中打瞌睡，运转车长王某擅离岗位，与别人聊天，当列车进入杨庄车站后，没有停车，1978年12月16日3时12分，列车以40km/h速度前进，越出出站信号机43m，在杨庄车站一号道岔处与正在以65km/h速度进站通过的87次旅客列车第6车厢侧面相撞。被侧面冲撞的87次客车的第6、7、8、9节4辆车厢颠覆，第10节车厢脱轨，其中第8、9节车厢被撞碎，368次机车脱轨，构成列车脱轨重大事故

这起事故给人民生命和国家财产造成重大损失，中断了陇海上下正线行车9小时03分，影响客车36列、货车34列；造成旅客死亡106人，重伤47人，轻伤171人；机车中破1台，客车报废3辆、大破2辆，损坏钢轨14根、枕木308根、道岔1组，直接经济损失达554万元。

2. 事故原因

杨庄旅客列车侧面冲突重大事故的直接原因是担任368次旅客列车乘务工作的正、副司机和运转车长严重违反作业纪律和劳动纪律，行车打盹睡觉、中断瞭望，致使图定站内通车的368次旅客列车，以40km/h的速度越出出站信号机与65km/h速度进站通过的87次旅客列车侧面冲突。

铁道部党组于1978年12月18日，以71号文件形式，向党中央、国务院作出了《关于杨庄车站发生旅客列车侧面相撞重大伤亡事故的通报》，“深感内疚，深感有负于党、有负于人民”，并决定今后每年的12月16日为全路的安全教育日。

1979年1月26日，国务院专门发出了题为《关于陇海线杨庄车站发生旅客列车相撞重大事故的通报》（以下简称《通报》）的23号文件，沉痛哀悼殉难旅客，向所有殉难者家属和受害者表示亲切慰问，并指示全国各有关单位做好事故的善后工作。国务院的《通报》严肃指出：“这次事故人员死伤之多，财产损失之大，是建国以来最严重的。”

3. 事故处理

1979年10月19日，郑州市中级人民法院在郑州铁路局召开杨庄事故案审判大会，根据我国有关法律规定，对重大事故直接责任人司机马某判处有期徒刑10年；判处事故直接责任人副司机阎某有期徒刑5年；判处事故直接责任人运转车长王某有期徒刑3年，缓刑3年。同时国务院和铁道部分别对有关部、局、分局、站段的领导给予严肃的行政处分。

4. 事故教训

杨庄事故发生后，郑州铁路局广大干部职工进行了大检查、大反思活动，结合当时安全生产局面，提出应吸取事故的深刻教训主要有三个方面。

第一，领导作风不扎实、不深入，对安全工作抓得不严、不细，特别是对运输生产关键工种和要害部门抓得不狠，要求不严。往往是上层活动多，深入基层少；布置工作多，检查落实少；一般号召多，狠抓典型少，缺乏一抓到底、不见成效不撒手的狠劲，缺乏抓一件落实一件的求实精神。对所发生事故，没有下工夫去认真分析，找出事故的规律性，

采取有力措施进行杜绝。有的领导干部思想僵化，辩证法甚少，稍有成绩就骄傲自满、夜郎自大，出了问题也不敢大胆揭露矛盾。也有的领导干部安逸、怕艰苦，不愿意到矛盾多、困难大的地方去调查研究，解决问题，不肯下工夫抓各项工作的落实。例如，某机务段的八名主要领导干部，在杨庄事故的当年，没有一人完成添乘数。就在杨庄事故发生前不久，某机务段的东风型0192号机车牵引54次旅客列车，应在杨楼车站停车等会103次旅客列车。由于司机违章作业，致使列车闯出信号机冲入正线，幸被养路工阻止，险些与迎面开来的103次旅客列车正面相撞。两车停车后仅差400m。对于这件性质极为严重的事故，有关部门没有按照“三不放过”的原则进行严肃处理，有关领导的态度异常软弱，仅以免去责任者职务了事。广大群众批评说：“如果严肃认真及时地处理了杨楼事故，就很有可能避免杨庄事故的发生。”事实证明，各级领导如果不能坚决贯彻从严治路的方针，安全生产就无法得到保证。这是多么深刻的教训。

第二，作业纪律、劳动纪律松弛，特别是夜晚行车打盹睡觉现象很普遍，很严重。少数干部对违反劳动纪律的现象不敢说，不敢管，怕丢官、丢“选票”，所以“睁只眼、闭只眼，看见只当没看见”，致使许多问题得不到决绝。例如，某机务段在发生杨庄事故的同一年里，从元旦这一天开始，全段连续发生了7件性质严重情节恶劣的违章乱纪事件，件件都直接危及旅客列车的安全。杨庄事故主要责任者马某，曾因违章作业被撤职，复职后旧习不改，经常在夜间值乘时打瞌睡。尤其在发生事故前的一段时间里，趟趟都要与副司机轮换睡觉。如此涣散的劳动纪律，怎么能够保证安全生产呢?

第三，基础工作十分薄弱。在安全生产工作中，党支部的战斗堡垒作用发挥得不好，没有很好地发挥广大党团员在安全生产方面的模范带头作用，没有把工作重点放在班组，特别是运输部门的关键班组、关键岗位没有抓好。以岗位责任制为中心的各项规章制度很不落实。技术业务学习和基本功训练工作也很差，对业务不懂、不会的现象比较普遍。例如，某单位全年发生了11件严重事故，而党团员竟占了6件。有的机班竟没有1个人能够熟练掌握机车乘务员的应知应会内容，结果3人经常集体违章，直到发生了事故，造成严重后果，方知道“违章就是杀人！违章就是自杀”。

5. 采取措施

(1) 铁路运输生产必须把安全放在首位。各级领导干部要树立安全第一的思想，抓生产首先要抓安全，经常检查、落实安全措施。

(2) 要加强思想政治工作，不断向全体职工进行安全教育，使每个职工牢固树立对国家对人民极端负责的观念，严格遵守劳动纪律，坚决执行岗位责任制，一丝不苟地贯彻各项操作规程和规章制度。

(3) 要狠抓安全基础，加强基层管理和基本功训练，安全标准和规定不完善的要迅速修改补充，要广泛开展一次技术安全设备大检查，凡是危及铁路行车安全的，要立即改进。

(4) 积极采用各种新技术、新设备。铁路各种技术设备的制造和修理，必须保证质量，由于质量不合格造成事故的，修造单位要承担责任，赔偿损失。1979年10月铁道部决定在分自动闭塞区段上全面推广双频点式基础信号系统。

(5) 对安全生产有功者要给予奖励。对玩忽职守、违章操作，造成责任事故的要给予纪律处分。情节严重的，要依法惩处，并追究领导责任。基层班组和个人的各项奖励，要把安全作为首要条件，凡是出了责任事故的，一切奖励都要取消。

(6) 关心乘务员的生活，注意劳逸结合，办好乘务员公寓、食堂和浴室。在发展生产的基础上逐步改善职工的物质福利待遇。我们一定要吸取这一血的教训，克服官僚主义，加强技术管理和企业管理，振奋精神，继续前进，更好地完成党和国家交给我们的各项任务。

案例2　成昆线利子依达铁路大桥旅客列车脱轨重大事故

1981年7月9日，成昆线尼日至乌斯河站间突发山洪泥石流，冲毁利子依达铁路大桥，导致正在运行的442次旅客列车前端列车和部分车辆掉进大桥沟地，造成重大伤亡事故。

1. 事故概况

1981年7月9日，成昆线上大雨滂沱，峨眉机务段司机王明儒和副司机唐昌华驾驶东风1型1546+1420内燃机车，牵引442次旅客列车，从尼日车站正点开出，在14‰长大下坡道上，列车以49km/h的运行时速向乌斯河车站疾驰。雨越下越大，突然，在尼日至乌斯河区间的利子依达大沟，暴发了特大的泥石流。几十吨、上百吨重的巨石，从陡峭的山谷直泻而下，斩断了奶奶包隧道口的利子依达铁路大桥桥墩，冲毁了混凝土桥梁，这时，王明儒操纵机车已经进入了奶奶包隧道，在这线路曲线半径为1000m的隧道里，机车运行到距隧道口约30m处，机车前照灯的灯光仅射到了洞外的外方，在这千钧一发之际，王明儒凭着他高度的警觉和30年行车的丰富经验，透过漆黑的夜幕和密密的雨帘，判断了运行前面已经发生了重大险情，他和副司机唐昌华，在这生死关头，毅然选择了与车同在，用生命的最后六秒钟，坚定地撂下一把死闸，连连拉响风笛，作出了一个火车司机在死亡威胁下的最后努力，机车凭着巨大的惯性向桥头继续滑去，但是容许列车向前制动的距离，只有紧挨隧道口的那一孔残存长度不足40m的扭曲混凝土梁了。1时49分，王明儒驾驶的机车坠下了断桥，咆哮的泥石流顷刻将机车砸毁，冲到百米以外的大渡河里，英雄司机王明儒、副司机唐昌华被汹涌的大渡河吞没了，然而，他用生命撂下的最后一把闸，挽救了身后600多名旅客的生命和数百万元的国家财产。

2. 事故调查

位于乌斯河站与尼日站之间的利子依达古泥石流沟，流域面积248km^2，流域长度809km，纵坡达10%～30%。主沟两侧松散岩堆近百万立方米，一遇暴雨，泥石流顺沟而下，直冲建在沟上的利子依达大桥，存在严重隐患。

事发当日，该地区连降特大暴雨，引发山洪泥石流冲断利子依达大桥，在灾害常发地区缺乏灾害监测报警设备，从而导致车毁人亡的重大事故发生。

3. 事故责任

这是一起因不可抗拒、突如其来的巨大山洪泥石流冲断利子依达大桥导致442次旅客列车前端列车和部分车辆掉进大桥沟地，造成重大旅客伤亡事故，属突发自然灾害造成的旅客列车重大伤亡事故。

这起事故造成442次旅客列车共计伤亡285人，其中死亡139人，受伤146人；2台内燃机车，1辆行李车、1辆客车车辆坠入大渡河，中断铁路运输行车15天。

4. 防范措施

（1）把防洪工作列为重中之重。按照“安全第一，预防为主”的方针，各级领导对防洪工作常抓不懈，每年年初必须将防洪列为全年工作的头等大事加以部署。春检时，各分局、工务段开展防洪检查，全面清理排水设施，处理危岩孤石，储备抢险料具、备品，与地方政府签订防洪劳力合同，联系当地政府与有关厂矿防止危及铁路安全的挖掘、弃渣、耕耘等人为活动。

（2）建立防洪指挥机构。铁路局防洪指挥部下设抗洪抢险、事故救援、后勤保障、运输指挥4个梯队；各分局、工务段分别成立防洪指挥机构；车站以站长为组长成立由工务、电务、供电、公安等单位组成的站区防洪领导小组。

（3）健全汛期防洪值班制度。各有关单位要与当地气象、水文部门建立预报制度，雨季临时看守人员上岗，沿线工区执行冒雨检查负责制，雨季高峰期，采取“立足于看，重兵把守”的对策，在危险地段增设临时看守点。各级领导和技术人员要加强危害地段检查，发生灾情，立即赶赴现场指挥抢险，尽快抢通线路。

（4）实施防洪工作目标管理。建立铁路局、分局、站段三级防洪质量保证体系，开展防洪质量诊断；建立防洪数据库，实现铁道部、铁路局、分局间微机联网。同时，要加强隧道、桥梁隐患整治，设立专项资金，超前安排次年病害整治和第一批防洪抢险工程，对临时抢通的慢行地段，力争当年复旧。

（5）制定防洪管理制度，颁发《暴风雨行车暂行办法》、《雨量二级警戒值管理办法》等；确立“三防机制”（全员防洪、整体防洪、立体防洪）和“六道防线”（看守工、巡道工和工务段领导干部冒雨巡查、车站值班员、行车调度员、机车乘务员），汛期中把防洪看守纳入“车、机、工联控”范围。使防洪管理逐步走上制度化、标准化、规范化的轨道。

（6）加强与西南三省气象部门的联系，运用气象预报、卫星云图等先进手段指导防洪；开展林业生物治理工程，发展边坡林防护、落石缓冲林防护等工作。在设备方面，配置雨情监测仪；自动雨量计，多数看守点配备与站、车同频率的对讲机，设置落石报警器、遮断信号，配置大型抢险机具。利用现代化管理方法和新技术、新设备，逐步实现从常规防洪向科学防洪过渡。

（7）为彻底消除隐患，长治久安，铁道部决定采用放弃原线，避开泥石流、重新选线建路、隧道穿越沟底的方案。由铁二院设计，成都局工程处二段施工。改造工程于1982年2月开工，1984年6月20日完工交付使用。原线奶奶包隧道及利子依达大桥及其前后线路废弃。

案例3 陇海线灞河大桥断裂坍塌事故

2002年6月9日，原郑州铁路局西安分局管内陇海线灞河大桥发生一起因洪涝灾害造成铁路大桥断裂坍塌，陇海铁路一度瘫痪的严重事故。

1. 事故概况

2002年6月9日，西安市灞河发生洪水，严重威胁陇海线灞河铁路大桥安全。15时，在575m^3/s的洪峰作用下，4号、3号、5号、2号、1号桥墩相继倒塌，造成约150m的铁路桥断裂坍塌，轨排扭曲悬空，致使陇海铁路大动脉中断；西康铁路联络线灞河大桥部分墩桩基外露数米，严重威胁行车安全。

2. 事故调查

（1）自然概况。灞河发源于蓝田、渭南、华县三县交界的箭峪南九道沟，于西安市灞桥三郎乡汇入渭河。灞河由辋川河及灞河两干流组成，全长104km，流域面积2581km²，河床平均比降6‰，为季节性河流，平时流量较小，水流清澈，属黄河流域，渭河水系。

（2）地理位置。陇海铁路灞河大桥位于灞河与产河汇合口以上约3.5km，灞河公路大桥在陇海铁路灞河大桥上游170m处，西康联络线灞河大桥在以上两桥之间，距陇海铁路桥25m，三桥轴心线近乎并行。马渡王水文站位于陇海铁路桥上游约11km，控制流域面积1601km²，两点之间无较大支流汇入。

（3）桥梁概况。陇海铁路灞河大桥建于1934年，为16～26.1m下承钢板梁单线桥，木桩基础，桩截面尺寸0.25m×0.25m。1～6号墩用38根，桩长7.5m左右，7～15号墩用41根，桩长8.5m左右。桥长与上游公路桥长相当，水流顺畅。

1965年8月改为双线混凝土梁桥，1966年元月主体完工。因原桥墩较宽，满足双线混凝土墩台要求,仅将桥墩帽石部分凿去加置钢筋。桥台是用原桥2号墩、15号墩加翼墙改造而成,故桥台前半部分是改建,后半部分为新建;经计算桥基埋深不足,用防护桩加强。

河道常年挖沙，河床下切，桥基多次外露、松动，故桥下河床进行全断面铺砌防护。经过多次修补加强，防护在桥下游已演变为两级跌水。一级跌水距桥中心约15m，高约3.6m，二级跌水距桥中心约30m，高约5.0m。

（4）水文特性。汛期为7—9月份，径流量占全年33.8%左右，洪水来时，水流凶猛而急速，为时甚短，洪水陡涨陡落。据马渡王水文站资料，历史调查最大洪峰流量2900m³/s，1952年至2001年间实测最大流量2160m³/s，最小洪峰流量179m³/s。洪水期间水流含沙量大。泥沙含量498kg/m³，年侵蚀模量1734t/km²。

（5）历史水害。陇海铁路灞河大桥自1935年修建后，遭受水害多次，数次抢修、加固。主要有：

①1954年大桥上游东导流堤被冲毁，造成水害，但未中断铁路运营。

②1962年8月14日晚，发生洪水，洪水淘刷东侧桥台，使台后侧翼墙下沉，造成水害，经抢救虽未中断行车，却限速慢行数天。

③2002年5月16日，发生流量为300m³/s的洪水，二级跌水垂裙破坏，局部防护坍塌。铁路部门组织抢修尚未完成；2002年6月9日15时，洪水流量集中在1～4号墩之间，单宽流量达18 m³/s，大桥五个墩被洪水冲毁，造成陇海线中断运营。

（6）流量确定。

①1957年铁四院勘测西安枢纽时，灞河流量按五种方法计算，最后采用流量按年最大流量数理统计法推得，$Q1\% = 1924m^3/s$，并以此流量进行冲刷计算。

②1966年陇海线复线改建灞河桥时，铁一院按年最大流量数理统计法推得$Q1\% = 2320m^3/s$，并以此流量进行冲刷计算。

③1989年至1996年，铁一院在西康线勘测设计时采用四种方法推求灞河流量得$Q1\% = 3120m^3/s$，并以此流量进行西康联络线灞河大桥冲刷计算。

④陕西省水文水资源局水情信息处提供资料，桥梁冲毁当日最大洪峰流量575m^3/s。

(7) 桥址河床。一是桥址处河床宽阔平坦，两岸修筑防洪堤坝，坝间宽约350m。主槽偏于郑州侧，漫滩高出河床3~5m。二是以陇海铁路灞河大桥为界，上游河道平缓，河床内草皮繁茂，实测纵坡为1.13‰，下游河道较陡，河床卵石、砾石遍布，实测纵坡为8.065‰，说明下游河床是不断下切的。实测资料也证实了这一点：1993年西康线大桥下游河床高程为392.00m；1996年下游河床高程为390.00m；2002年6月13日大桥下游河床高程为385.00m。

3. 事故原因

这是一起因洪灾造成的铁路桥梁垮塌重大事故。事故是多种因素共同作用的结果。究其原因有自然的，也有人为的，有历史遗留的，也有工作不足引起的。

4. 事故教训

事故教训主要表现为以下5个方面：

(1) 灞河大桥下游河道农民过量采沙，致使水文特征变化较大，河床纵坡变陡，流速增大，冲刷加深。

一是下游挖坑取沙，泥沙减少量必须由上游的泥沙被冲下来补充，导致河床纵坡变大，流速增加，溯源侵蚀加剧，使河道自下而上冲刷下切，灞河溯源侵蚀逐渐接近桥址，但全桥下采用浅基防护，防护下游设立垂裙，成为一个抵抗结点。

二是因长年累月的挖坑取沙，使得溯源冲刷深度不断加深，防护垂裙亦随着加深，以致桥下形成近9m的跌水，整座桥梁如同设置在陡崖的边缘。

三是本次洪灾前，二级垂裙局部损坏，洪水来时，损坏部分成为薄弱点，跌水下纵向回流冲刷破坏由此处逐步扩大，导致1~4号墩之间防护崩溃坍塌，终使溯源侵蚀迅速延伸至桥下，桥梁失稳垮塌。

(2) 灞河大桥修建年代久远，随着河道变迁，桥墩基础埋深不够，承载能力不足。

(3) 灞河大桥不合理的孔径压缩，使部分桥孔流量分配过大，流速增加，冲刷加深，导致桥梁破坏。

(4) 铁路有关部门及单位对这种老危桥的监测与评估缺乏足够的认识，使得对该桥抵御洪水的能力估计不准，防护加固措施不力、不及时。

(5) 铁路有关单位及地方政府对长期存在的违法挖沙现象没有采取积极有效的措施制止，监督检查不力。

5. 对策及措施

(1) 地方政府有关部门与铁路部门应相互配合，严格执行《中华人民共和国河道管理条例》、《关于保护铁路设施确保铁路运输安全的通知》等法律及规定，规范河道管理范围内的采沙、取土、淘金、弃置沙石或者淤泥等活动，严厉打击不法采沙行为。

(2) 国务院发(1982)15号文《关于保护铁路设施确保铁路运输安全的通知》第七条规定：任何单位都不得在桥梁上下游一定范围内（桥长大于100m，不小于500m）采沙。这条规定仅对一般河流而言，未对上下游500m以外采沙规模、开挖方式和开采速度明确规定，建议尽快完善有关规定，根据不同河流特点，具体分析论证采沙范围及开采量，并在设计文件中注明，确保铁路运输安全。

(3) 新建陇海线灞河大桥，建议采用桩基础。考虑原桥址浅基防护拆除后河槽下切趋势，承台的高程适当降低，与上下游河槽高程相适应，彻底解决基础埋置过浅的隐患。

（4）新建陇海大桥在西康联络线下游，最近处仅18.5m。铁路桥址处浅基防护将拆除，形成的约9m跌水将不存在。溯源侵蚀必将向上游发展，使上游170m处的灞河公路大桥面临与垮塌大桥相同的危险。灞河在此处500m范围内，已有的3座大桥，加上将来修建西康联络线二线及郑宝客运专用线的大桥，将有5座大桥，形成桥梁群，水文条件相互影响。故建议上游现有公路大桥拆除重建，全面整治本段河道。

（5）对于铁路现存的桥梁，应做一次全面的普查，与垮塌大桥情况类似的，应下决心改建，暂时因条件制约不能改建的，要加强养护部门队伍建设，组建一支熟悉桥梁水毁防治技术的专业队伍。在每年的例行检查工作中，能够检查出哪些桥梁已濒临水毁的危险状态，需要进行防护加固，防患于未然，避免给国家造成大量损失。

案例4 罗家站至台山站间无人看守道口重大路外伤亡事故

1993年1月31日，由赤峰至大连的77次特快旅客列车，运行到高新线罗家站至台山站间2km+026m无人看守道口处，与辽宁省新民县新民镇个体汽车司机薛某驾驶的鞍山产大客车相撞，造成铁路无人看守道口重大路外伤亡事故。

事故发生后，辽宁省政府、锦州市政府、新民县政府、沈阳铁路局主要领导迅速带领各有关部门及人员赶赴现场，迅速组成事故调查处理委员会（下设伤员救护、事故调查、善后处理三个小组），立即投入抢救伤员、现场保卫、事故调查工作。

沈阳市政府和新民县委、县政府全力以赴承担繁重的抢救、接待和善后处理工作。

1. 事故概况

1993年1月31日，沈阳机务段东方红（3）型0007号内燃机车，担当77次列车牵引任务，列车编组16辆，总重850t。

7时26分，列车由罗家站通过，以95km/h速度运行至罗家站至台山站间2km+026m无人看守道口前，司机按规定鸣笛，在距道口约150m处，司机发现列车运行方向左侧公路上，有一辆大客车由北往南向道口方向行驶，司机立即鸣笛示警，但大客车没有停车迹象，机车司机采取紧急制动停车措施。列车在非常制动状态下与抢越道口的大客车中部相撞，大客车被撞得粉碎，机车第二轴两轮被垫脱轨，越过道口约457m停车。这起事故造成死亡65人（含司乘2人）、重伤4人、轻伤26人，构成铁路交通重大伤亡事故。

铁路部门积极组织救援，抢修线路，于当日13时03分线路开通。

2. 事故损失

此次事故造成机车中破，损坏钢筋混凝土轨枕828根，钢轨扣件828套，中断正线行车5小时33分，大客车报废，直接经济损失合计人民币37.2万元。

3. 事故原因

根据事故现场勘查和调查认定，肇事道口铁路安全标志齐全，铺面平整，设备完好。

造成这起重大伤亡事故的主要原因是大客车驾驶员薛某违章抢越道口所致。在医院接受抢救和治疗的13名乘客一致证实大客车没有在道口前停车。大客车驾驶员严重违反了《中华人民共和国道路交通管理条例》第44条第2款“通过无人看守的道口时必须停车瞭望，确认安全后方准通行”和国家七部委经交［1986］161号文件第19条关于“车辆、行人通过没有信号机的无人看守道口及行人过道时”，以及辽宁省人民政府［1990］40号明传电报第二条“每年11月1日至下年3月31日期间或遇有雾、雨雪，视线不良等情况，长途客车通过无人看守道口时，要派人员下车观察，确认安全后引导通行”的规定。客车驾驶员严重违章是造成这起事故的直接原因。此外，大客车定员60人，实际载员94人，严重超员，加之两侧玻璃有霜，影响瞭望，为这起事故的发生埋下隐患。

4. 事故责任

经事故调查处理委员会调查认定，这起事故是大客车驾驶员薛某严重违章抢越铁路无人看守道口所致。司机薛某是这起事故的直接责任者，个体业主魏某对这起事故应负全部责任。铁路执法机关依法追究有关人员的责任。

5. 教训及措施

这起事故伤亡惨痛，影响很大，教训极为深刻。为杜绝类似事故的发生，必须采取坚决有力措施。

（1）强化对机动车辆的安全管理。各级政府和主管部门要认真吸取这起重大伤亡事故的教训，立即组织职工开展安全大检查，对机动车辆管理中存在的问题，要采取有效的对策，制定强有力的改进措施。

（2）强化对机动车驾驶员的安全教育。要以“1·31”重大伤亡事故为教材，重新学习经交（1986）161号文件及辽宁省政府明传电报通过道口的有关规定，举一反三，对所有机动车驾驶人员进行一次全面的安全教育，摆正安全与效益的关系，尤其对个体客车的驾驶员，要做到一车不漏，一人不丢，真正树立安全第一的思想。

（3）强化三级道口管理委员会的作用。各级道口管理部门，要认清形势，明确任务，健全组织，加强动态检查，对易发生事故的无人看守道口推行有偿监护，确保行人、车辆通过道口的安全。

（4）强化铁路道口的安全措施。对繁忙、危险道口要按有关规定采取治本措施，铁路局与地方政府积极配合，筹措资金，尽快修建公、铁立交桥，不断改变现有交通状况。

案例5　湘黔线朝阳坝2号隧道内1913次货物列车脱轨爆炸事故

1998年7月13日，1913次货物列车在成都铁路局管内湘黔线镇远至大石板间朝阳坝2号隧道内运行时，发生车辆脱轨，引发火灾爆炸事故，中断湘黔线行车时间长达21日。

1. 应急启动

事故发生后，成都铁路局立即启动事故应急预案。铁路局主要领导带领各部门及有关人员迅速到达事发地点，各救援队、救援列车均在第一时间达到事故现场，研究部署救援方案，组织隧道灭火，拉出脱轨车辆，修复线路、信号设备等救援处置工作。

2. 救援响应

成都铁路局接到事故现场的报告后，立即向铁道部、贵州、四川省及当地人民政府报告，请求地方消防单位和武警消防部队支援。

贵州省武警消防总队、四川省武警消防总队，当地驻军，北京石油总公司，燕山石化消防队，贵州省燃气公司、贵州省煤矿抢险队，铁道部第二工程局二处等，共计2000人参加了事故的应急救援。

铁道部立即启动应急救援响应，主管运输副部长带领有关司局一行9人当日赶赴现场，贵州省主要领导和有关厅、局领导次日到现场，组成救援现场指挥部，协调和组织消防部门隧道灭火，指导事故现场救援队伍拉出隧道内脱轨车辆，修复线路及其他行车设备，防止衍生事故再发等工作。

3. 救援处置

（1）事故情况。1998年7月13日，1913次货物列车运行至湘黔线镇远至大石板间朝阳坝2号隧道内，机后15至32位车辆脱轨，并引起火灾爆炸，7月14日又爆炸2次，15日、16日各爆炸1次。

（2）列车编组。1913次货物列车编组55辆，重3228t，计长69.0，本务机为SS1型570号，重联机车SS1型694号，挂有守车。列车中挂有液化石油气罐车13辆，自机后13位至25位。

（3）现场勘查。事故发生后，机车及机后1至7位拉到前方站，尾部拉走24辆，拖出1辆。朝阳坝2号隧道内还余有23辆，其中液罐车13辆，敞车6辆，冰保车4辆。

（4）救援方案。现场指挥部对应急救援处置各个环节进行了认真的分析，充分考虑可能发生的意外问题，在广泛征求各有关部门及专家意见的基础上，制定了“注水灭火、逐辆止漏、稳步起复、时刻监测”防止发生衍生事故的救援方案。

4. 事故调查

事故调查组走访了守洞民兵、村民、列车司机、运转车长、车站人员、押运员、工务作业人员、目击者、装车单位，咨询了国家安委会、石化部门专家等人员共80多人次；查阅了各相关原始资料。

（1）隧道现状，隧道东口为下行进口（单线），洞外为R500曲线，超高85mm，缓和曲线在洞内，洞内是直线，坡度为9.8‰（下行上坡）。隧道长为766m。

（2）液化石油气分析，液化石油气是石油炼制过程的副产品，是饱和烃和不饱和烃类的混合物。主要成分有丙烷、丁烷、丙烯、丁烯等烃类。液化石油气无色、透明、有臭味，在低温或高温下呈液态，常温常压下为气体（装在罐车里必须加压或降温）；液体气化时体积能迅速扩大250~350倍，气态时比空气重1.5~2.0倍，故易向低洼处流动扩散；爆炸极限是与空气的混合比为9%~20%，燃烧温度400~530℃，爆炸速度2000~3000m/s。自燃温度287℃。属易燃易爆危险化学品。

（3）现场勘查，距隧道东口处分别发现线路右侧有起道机、汽灯各一个，还有工务工区的一些作业工具。

（4）检查事发地段线路，未发现脱轨点，未发现致成脱轨的机车车辆配件。

（5）检查机车运用情况，未发现列车运行超速及违章作业情况。

（6）检查车站车统—46，未发现设备单位登记要点施工情况。

（7）检查工务工区原始作业记录，发现7月10日、13日作业记录两页被撕掉。

（8）检查机后20位液罐车，发现车辆前部封头被撞裂，呈三角形，其高约130mm，裂口边向内卷曲，呈明显撞痕。经检此撞痕与机后19位后部车钩钩舌上的撞击痕迹吻合。

（9）现场调查未发现因液罐车爆炸而造成车辆脱轨的迹象：

①从时间差判断列车是先脱轨后爆炸。列车停车时间是10时10分44秒，停电时间是10时13分，差2分16秒。若液罐车先爆炸，则应先停电、后停车。

②脱轨点距洞口53.74m。若先发生爆炸，其爆炸点距洞口的距离要小于53.75m，此时，押运员、工务施工人员无生还可能。

③由液化石油气的性质可知，因漏泄造成液罐车爆炸是不可能的。进洞速度为69km/h，脱轨点为53.75m，运行距离仅3s，故时间短液罐车漏泄不致达到爆炸浓度。

④镇远站助理值班员接发1913次货物列车时，未嗅到异常气味。

⑤现场目击者的证言，先听到脱轨声，看到车辆颠覆，再感到气流，后听到爆炸声。

⑥事后有人举报，事发现场工务工区施工作业起道机未撤下，1913次列车就开进朝阳坝2号隧道内。

5. 原因分析

工务工区施工作业处理三角坑起道不当，造成缓和曲线线路扭曲，当列车以69km/h通过时，车轮在缓和曲线线路扭曲的状态下爬轨后脱轨，随后列车分离，致使机后15至32位1913次货物列车相继脱轨，其中，机后20位液罐车辆撞击在前行已排风制动的19位液罐车辆的车钩上，导致液罐车封头破裂，液化石油气（液体高压，600～700kPa）喷出，强大的冲击波将上部阀门冲击断裂，达到一定浓度与空气混合后，发生爆炸。

6. 事故责任

这起列车脱轨火灾爆炸重大事故的主要责任是成都局工务部门。

7. 事故教训

（1）违章施工是造成重大火灾爆炸事故的祸根。

工务工区施工作业严重违反既有线施工作业办法，不登记、不要点、不按规定设置防护，擅自利用列车间隔进行线路起道作业，导致作业地段线路几何尺寸严重扭曲变形，致使车辆脱轨后发生强烈冲撞，引发液罐车爆炸。

（2）干部作风不实安全责任制落实不到位。

工务段没有制定既有线施工的安全细化措施，对工务工区长期存在的擅自利用列车间隔进行施工视而不见，特别是对起道机的使用没有制定安全措施，应负管理责任。

（3）始发站列车编组存在严重问题。

1913次货物列车编组55辆，编内有液化石油气罐车、冰保车、敞车、守车等，呈空重车辆混编状态，其中，列车机后13位至25位连续编有13辆液化石油气罐车，严重违反《铁路危险货物运输管理规则》有关规定：气体类6辆重（空）罐车（含带押运间车辆）以内编为1组，每列编挂不得超过3组，每组间的隔离车不得少于10辆（原则上需要用普通货物车辆隔离）。

编车站列车气体类车辆编组间隔不足，将13辆液罐车编为1组，致使液罐车相继发生火灾爆炸，扩大事故损失。

8. 安全措施

（1）加强施工安全管理。

工务部门应迅速制定既有线施工安全管理规定，细化具体施工措施，杜绝利用列车间隔设备养维修作业，坚决做到施工不行车、行车不施工。

（2）深刻吸取事故教训。

各行车主要单位要将这起事故教训记名式传达到一线干部职工，同时结合本单位实际，开展一次大反思、大检查活动，防漏堵患，做到常抓不懈、警钟长鸣。

（3）加强货运源头治理。

车务部门要立即开展一次危险化学品运输专项安全检查工作，加强危险化学品运输货检工作，指导车站按《铁路危险货物运输管理规则》规定编组列车，坚决杜绝不具备危险化学品运输资质的车站违法装车，确保危险化学品运输安全。

6.3 农业机械突发事件应急处置案例

案例1 2009年5月拖拉机载客翻车较大交通事故

2009年5月，××县××镇一台拖拉机搭载20人翻落深沟中，造成4人死亡，1人重伤，7人轻伤的较大农业机械道路运输事故。

1. 事故基本情况

2009年5月，××县××镇村民××驾驶拖拉机，载20人（含驾驶人）前往镇政府所在地赶集，行至××村时翻下38m的深沟中，造成4人当场死亡、1人重伤、7人轻伤的较大农业机械道路运输事故。该事故驾驶人××持有驾驶证准驾机型为E，属证驾不符；所驾拖拉机系外县购入的二手车，已脱检一年。在2009年4月，镇农业机械管理员发现其证驾不符、拖拉机脱检、没有按规定将拖拉机办理转移登记和变更登记且违法载人等情况时，已对其进行了告诫和教育，同时给他下发了安全隐患整改告知书。该驾驶人当时口头承诺一定照办，但此后并未到农机安全监理机构办理相关手续。

该起事故经初步分析，拖拉机驾驶人有违法载客，以及驾驶证准驾与驾驶机型不符等多种违法行为，在驾驶人无拖拉机道路驾驶经验的情况下，违法载客以至造成较大事故。

2. 应急预案启动情况

2009年5月××日上午11时58分左右，县人民政府接到事故报告，10时50分，××村村民××驾驶号牌为×08—×××拖拉机，载20人（含驾驶人）前往镇政府所在地赶集，行至××村××山时翻下38m的深沟中，造成4人当场死亡、1人重伤、7人轻伤的较大农业机械道路交通事故。县人民政府接到事故报告后，立即启动应急预案，成立了以副县长、县公安局长为组长，公安、农业、卫生、安监、民政等相关部门为成员的事故调查处置工作组，立即赶往事故现场开展相关处置工作。并将事故发生的概况、时间、地点、经过、伤亡人数及采取的措施如实上报。

县农机中心接到报案后，同时启动《县农业机械重特大事故应急预案》，并按农业机械事故报告程序规定，立即向县农业局和上级农业机械管理部门报告。同时，由农业局局长亲自带领分管副局长、局安全生产办公室、农机中心等人员迅速组成工作组赶赴事故现场，配合相关部门开展前期救援工作。到达现场后，积极配合相关部门调查取证，保持事故现场的原始状态不受人为因素破坏。因县城距现场100多公里山路，到现场时，伤员已全部送到卫生院救治，下午5时许，一名重伤员及7名轻伤员已分别由120急救车送往县医院救治。

××市农机监理总站接到县农机中心的报案后，迅速启动《市农业机械安全事故应急预案》，在逐级上报的同时，根据预案规定，及时成立了由市农业局局长助理任组长、农机监理站站长为副组长的事故处置领导小组赶到县，配合当地有关部门开展工作。

3. 应急预案实施情况

根据《县农业机械重特大事故应急预案》规定，应急领导小组下设以卫生局局长、民政局局长组成的伤员抢救组；以县委办公室主任、政府办公室副主任组成的善后处理组；以农业局局长、县交警大队长、县安监局局长组成的事故调查组；及由财政局局长、县劳保局局长组成的后勤保障组。各个工作小组按照分工，迅速开展工作。

（1）伤员抢救工作。伤员抢救组到现场后和交警一起组织人员对事故现场和周边道路进行警戒和控制，保障救援工作正常开展，协助政府、医疗单位及时对受伤人员实施抢救，最大限度地减少人员伤亡。

（2）善后处理工作。善后处理工作组和公安交通管理部门做好伤亡人员的身份确认和伤亡人员家属的安抚工作，并按照有关法律、法规的规定，协助相关理赔事宜，稳定伤亡人员家属情绪，维护社会稳定。

（3）事故调查工作。事故调查工作组协助公安交通管理部门开展事故现场勘查、取证工作，联系鉴定机构对肇事车辆进行检验鉴定，做好事故责任认定工作。

（4）后勤保障工作。负责做好提供应急救援的资金、各类器材及参加救援人员的食、宿、饮水、医疗及交通工具等后勤保障工作。

4. 取得的经验

事故发生后，市、县各相关部门迅速启动农业机械重特大事故应急救援预案，确保事故得以及时、妥善处置，各项救援工作按预案要求有条不紊地进行。同时，在事故发生后，县、乡两级农机监理部门能及时应对突发事件，积极配合开展救援工作，使伤员得以及时救治，最大限度降低了人员伤亡。这次事故的处理，对农机安全监理机构是一次考验，也是一次锻炼，为以后处理农业机械安全事故积累了宝贵经验。

5. 存在问题

（1）随着农村经济的不断发展，乡村道路的不断开通，老百姓出行越来越频繁，而乡村公路等级低，路面质量差，山区客运的发展速度远远滞后于山区经济的发展速度，不能行之有效地解决老百姓出行难的问题，让拖拉机违法载人现象有生存空间。

（2）县域地域广、山区多、隐蔽性强，易形成管理漏洞，造成管理不到位。加之老百姓、拖拉机驾驶人安全意识淡薄，无证驾驶、无牌行驶、脱检行驶的拖拉机在农村，特别是山区难以杜绝。

案例2　2009年3月拖拉机载客坠沟较大道路交通事故

2009年3月××日，××州××县一台“时骏”牌拖拉机搭载11人翻下150m的山沟，造成驾驶人李××和2名村民当场死亡，1人送往医院抢救无效死亡其余7人不同程度受伤，拖拉机严重损毁的农业机械道路交通事故。

1. 应急预案启动情况

2009年3月××日，××州××县农机安全监理站接报，该县××乡××村××驾驶证驾驶“时骏”牌拖拉机（新车未注册登记挂牌）搭载11人赶集返回时，17时30分许，当车行至××公路，××乡境内K1+800m乡村道路××处转弯时，拖拉机翻下150m的山沟，造成驾驶人李××和2名村民当场死亡，其余8人不同程度受伤（其中1

人送往医院抢救无效死亡），拖拉机严重损毁的农业机械道路交通事故。县农机安全监理机构站接到警报后，立即向县农业机械化主管部门和县人民政府报告，迅速组织启动应急预案，县长亲率县政法委书记，副县长，公安、交通管理部门，安监、卫生、农机等部门赶赴现场，成立临时医疗救护组、事故调查处置组、善后处理组开展工作，并委托值班县委常委、副县长召集县级相关部门召开紧急会议，安排部署事故处置工作。

成立事故应急处置指挥机构。由县长任指挥长，县政法委书记、一位副县长负责现场处置，另两位副县长负责后方协调指挥，下设9个工作组：

（1）抢险救援组。由县公安局、安监局、农业局组成，调动相关力量立即赶赴现场开展抢险救援工作。

（2）医疗救助组。由县医院、卫生局、疾控中心组成，负责及时开展医疗救护工作。

（3）交通管制组。由县交警大队、交通局、运政部门组成，负责现场交通疏导，保持畅通。

（4）事故调查组。由县公安局、交警队、农业局、安监等部门组成，负责治安警戒、事故原因调查和处置。

（5）人员疏散和安置组。由县教育局、民政局、司法局和当地政府组成，负责进行事故现场疏散和生活物资保障。

（6）社会动员组。由信访局、教育局和当地工青妇办公室组成，负责做好人心安抚工作。

（7）宣传报道组。由县委宣传部、县广电局组成，负责制定好宣传报道方案，做好对外新闻发布和宣传报道，同时开展安全生产、预防重特大事故知识的宣传工作。

（8）物资和经费保障组。由县财政局、民政局组成，负责物资和经费筹备，保障事故处置中的医疗救护、工作人员所需的经费支出。

（9）综合协调组。由县委办、政府办组成，负责及时、准确、快捷地上报综合信息、保持信息渠道畅通，组织协调开展好各方面的救援工作。

相关部门高度重视，认真负责，根据分工和各自职责，立即深入事故现场，及时组织开展事故应急处置工作。

2. 事故调查及原因分析

经查××州××县××乡××村××，男，40岁，无驾驶证。驾驶的“时骏”牌拖拉机，属新车未经检验合格，未注册登记领取号牌、行驶证。拖拉机搭载11人赶集，返回时，17时30分许，当车行至××公路，××乡境内K1+800m乡村道路转弯时，由于转向过急，处理不当导致拖拉机翻下150m的山沟，造成驾驶员和2名村民当场死亡、另1人送往医院抢救无效死亡，其余7人不同程度受伤和拖拉机报废的农业机械道路交通事故。

该起事故的原因经初步分析，是拖拉机驾驶人××无驾驶证驾驶未经检验注册登记的无牌拖拉机，在缺乏驾驶经验的情况下，违法载客驾驶拖拉机上路行驶，造成多人伤亡和财物损失的农业机械道路交通事故。

3. 经验总结

认真总结经验教训，开展安全专项整治工作。进一步加强宣传、教育、监管和引导，切实做好农业机械和道路交通安全工作。并在全县范围内认真开展为期30天的农业机械安全专项整治工作。

6.4 渔业船舶水上突发事件应急处置案例

案例1 ××省“东渔运××号”船事故处置

××年×月×日下午5时许，××省××市××镇“东渔运××号”船在××海域××海区发生倾覆沉没事故。事件发生后，根据省人民政府安全生产领导小组委员会要求，为加强渔船安全管理，建立渔船安全管理长效机制，规范渔船事故处置程序，将渔船突发应急处置走入正常轨道，按照实事求是、以人为本、以史为鉴、处置合理原则，结合“组织”、“效率”、“损失”、“影响”四个方面的事实，由省海洋与渔业局牵头，联合安监局、公安厅、监察厅、对“东渔运××号”船事故处置实施综合评价。

1. 事故基本情况

××年×月×日下午5时许，××省××市××镇××村“东渔运××号”船在××海域××海区倾覆沉没。“东渔运××号”船沉没时船上共有20人，其中本船船员11人，回港搭载其他海上作业人员9人，下午4时许，4名船员被正在164海区作业的一艘渔船救起，该起事故造成16名船员死亡或失踪，直接经济损失达300余万元。

“东渔运××号”船系钢质渔业辅助船，主要从事海上捕捞作业渔船所需渔需物资的补给与渔获物返港运输，核定船员8人，该船船舶长32.35m，型宽6.5m，型深3.5m，主机功率为380kW，总吨为159t。该船由××市××船舶修船厂建造，于2001年8月28日开始建造，原船主为××镇××村村民A某。2007年7月22日，A某将该船转让给同镇邻村村民B某和本村村民C某，其中，B某占55%股份，C某占45%股份。B某实际负责船舶营运，C某为安全员（负责出海分工，但不随船出海作业）。

2. 事故具体经过

“东渔运××号”船于×月1日上午10时左右在未办理渔船出港签证的情况下，从本镇一码头装载作业渔船所需的鱼箱、拖虾网、钢丝绳、50t冰等货物出航，船上共有船员11名，2日晚10时到达133－134海区，在为作业渔船送货的同时，带回转运鱼货，至5日晚，已先后接装了约31艘的鱼货及2吨冰块，并搭载9名人员，当时鱼货已装满船舱，部分渔货及杂物装在主甲板上，其时，该船的载重标志已完全没入水中，护舷已接近水面。期间，一生产船船长曾提醒B某，告知6日晚海面有风浪，应将甲板上货物固定，然而B某并未引起重视，也未采取任何措施。

6日早晨5时，该船启程返航，航向207°，航速9.5n mile/h。下午3时左右，由于海上起风，B某与船长商定将航向改为180°~190°。下午5时左右，风转向西北风，风浪增大，船长发现船舶航向是150°~160°，已偏离了计划航线，遂将航向调整至180°~190°，由于打舵过急，船身瞬间向左倾斜。其时有五六名船员从船舱跑到驾驶室，B某眼看船要沉没，便要他们将救生筏放入水中。五六分钟后，共有18名船员跳入救生筏中，“东渔运××号”船随即沉没，另外2名船员没有逃出。

“东渔运××号”船所配救生筏核定承载10人。由于进入救生筏的人数过多，加之当时海面风大浪高，导致救生筏内大量进水，为减轻救生筏载荷，有8位船员出筏，扶着筏的外沿，在海上漂流。10名筏内人员随即进行筏内刮水（排水），后由于风浪大，天气冷，8 人又陆续爬回筏内。其后，在救生筏内找到 2 支划桨、一只手电筒和 1 颗信号弹。见到附近有船经过，B 某便施放了红光手持火焰信号弹，但未被过往船只发现。

晚上，“东渔运××号”船炊事员出现脸色发红、口吐白沫昏厥状况，其弟见状便实施救助，因筏上施救设备简陋施救无效，炊事员死亡。在 B 某的提议下，为减轻筏内重量，经筏内船员同意，炊事员遗体被抛入大海。当晚又有数人陆续被海浪冲走或死亡后被抛入大海。

7 日天亮时分，救生筏内仅剩下 8 位船员。漂流中看到有一艘抛锚船出现在救生筏不远处时，筏内船员奋力用手或桨划水，试图靠近抛锚船，由于当时海水对流，划不过去，在努力了 1 小时左右后便停止了划水。其中 1 名船员套着救生圈跳入海中，试图游向抛锚船，后来不知去向。至 7 日上午 11 时左右，又相继死去 3 位船员，余下 4 人将 3 人遗体扔入大海。下午 4 时，载着 4 人的救生筏被正在 164 海区作业的一艘渔船发现并救起，后将获救船员转交一艘渔政船，渔政船将被救 4 名船员送岱山医院救治。被救 4 人为 B 某、船长和另两名船员。

3. 事故处置情况

×日傍晚，接到该县海洋与渔业局事故报告后，省、市、县三级海洋与渔业局立即起动应急预案，与海事部门一起积极组织东海专业救助船舶、渔业行政执法船舶以及在 164 海区附近作业的 16 艘渔船实施海上搜救，至 8 日晚，除发现海面上有少量漂浮物外，未发现其他失踪人员。

在展开搜救的同时，××市人民政府成立了以市长为组长、市委副书记、分管副市长为副组长，市政府办公厅、市安监局、公安局、监察局、海洋与渔业局、边防大队、海事处、镇政府等主要领导组成的“东渔运××号”船重大事故处理领导小组，并分设救助、调查、善后、处置协调分组，即时展开工作。

4. 事故主要原因

1）直接原因

（1）船舶严重超载，干舷严重不足。“东渔运××号”船设计排量 267.04t，载货量为 96t，干舷为 808mm。经技术部门鉴定，该船沉没前实际排水量为 350.26t，载货量为 179.23t；实际干舷为 342mm，超载 83.22t（87%），干舷减少 466mm。超载及干舷减少，直接造成船舶储备浮力和船舶稳定性复原力臂减少。

（2）货物装载不当。按设计要求，该渔运船主甲板上严禁装载货物，经调查证实，“东渔运××号”船沉没前主甲板装载鱼货及其他货物达 43.73t，且重心高度较高，直接造成船舶重心升高，使该船的实际重心高于极限重心高度 0.27m，致使船舶完全丧失了必须具备的最低抗倾覆能力。同时，甲板上装载的货物固定措施不当，倾覆时发生位移，进一步加剧了船舶倾覆。

（3）海况突然变化时操作处置不当。据查证，事故发生前后，长江口外海、舟山群岛东北方区域实况有雨，据舟山群岛北部岛屿自动气象观测记录，推测其时该地区极大风力有 9 级风。该船在严重超载和装载不当的情况下，遇风浪时船舶应采取偏、顶浪航行，即走“之”字形，避免横浪，减少倾覆外力影响。然而该船返航时设定航向 200°左右，但实际驾驶航向约为 150°~160°，始终处于横浪行驶状态，为船舶倾覆形成了外力条件。加之倾覆前欲由 150°~160°航向改为 180°~190°，转向过急，导致船身急速倾斜。当出现船身倾斜危险情况时，又没有采取抛弃甲板货物等有效措施，盲目采取“舵”操纵。一系列操作失误，加速了该船的倾覆沉没。

2）间接原因

(1) 该船从发生险情到沉没期间，由于没有遵守应急救援制度，未采用有效求救措施，丧失了外力救援机会，导致事故扩大。

(2) “东渔运××号”船主无视国家法律法规及有关部门海洋运输管理规定，在未办理签证手续、未配齐足额职务船员的情况下，擅自违章出海搭客、载货。

(3) 镇政府对船舶的安全检查存在疏漏，对存在问题整改不力。

(4) 对渔运船超载、违章搭客、职务船员配备不齐、出海签证监管不严等安全问题，××市人民政府及有关职能部门重视不够，渔业安全监管不力。

5. 事故性质

经“东渔运××号”船重大事故处理领导小组的认定，此次事故是一起重大责任事故。

6. 整改措施及建议

(1) 船舶所属镇政府要切实加强本辖区渔船的管理，进一步落实村、镇渔业安全生产管理责任，加强并健全安全生产管理网络，认真组织船长进行渔业安全生产宣传教育，努力提高辖区渔民的安全意识。

(2) 船舶所属镇政府要督促基层渔村落实对出海渔船的定时联络制度，加强对渔运船安全救护装备和海上通信设备的检查，切实提高安全保障能力和互救水平。积极配合有关职能部门加大对本辖区各类违章船只的查处力度，消除安全隐患；督促船东落实安全生产责任，完善安全生产条件，确保海上渔业作业安全。

(3) 船舶所属市海洋与渔业局要认真履行职责，加强渔业安全监管队伍建设，组织协调渔政渔监、渔业执法、渔船检验机构三个职能科室强化日常监管，加强职务船员配备的检查力度，前移管理重心，加大对各类违章船只的查处力度，杜绝渔业安全生产管理盲区。

(4) 船舶所属市海洋与渔业局要明确渔运船安全监管的主要内容，落实渔运船安全生产监管的责任，严厉查处违章、违规行为，确保安全执法检查具体措施的落实；要进一步完善海上救援体系，开展渔船安全演练，提高安全技术保障能力，努力消除和减少不利于生产安全的因素，保障渔船生产安全，促进当地社会经济持续健康发展。

(5) 船舶所属市政府要认真吸取事故教训，举一反三，尽快加强充实渔业安全生产监管力量，加大渔业安全管理资金投入，提高渔业安全生产的技术装备水平。要督促边防、渔业等有关部门建立健全渔业安全生产综合执法工作机制并形成合力。加大对渔业安全生产违章行为的处罚力度，进一步营造安全生产法治环境，确保渔业生产安全。

(6) 船舶所属市海洋与渔业管理局要进一步加强和完善渔运船的安全管理措施。要强化落实渔运船及10人以上各类渔业船舶的安全生产主体责任和监管责任，切实加强渔民渔业安全生产知识和操作技能培训教育工作，做好高危险渔船的检验和船舶安全设备的有效配备，加快渔业生产安全通信网络建设，做好渔船定人联系工作制度落实，完善事故防范和救援措施。

(7) 鉴于近期渔业捕捞及运输重大事故多发，建议省海洋与渔业局将“东渔运××

号”渔业海损事故和省政府调查组的事故处理意见通报全省，指导各地汲取教训、警钟长鸣，切实抓好渔业安全生产工作，确保渔区社会稳定。要组织开展渔业安全生产尤其是渔船超载、超员的专项治理活动，加强对渔船装载状态的控制，防止超载和装载不当；加强渔船安全设施有效配备工作的指导和检查力度，强化执法检查，加大处罚力度，坚决杜绝类似事故的再次发生。

7. “东渔运××号”事故处置评价一览表（表6－1）

表6－1 “东渔运××号”事故处置评价一览表

序号	设定要求	评价			
		技术评价	经济评价	社会评价	综合评价
1	应急组织	★	★	★	★
2	应急分工	★	★	★	★
3	应急救助	▲	▲	▲	▲
4	事故调查	★	★	★	★
5	事故取证	★	★	★	★
6	事故生还渔民处置	★	★	★	★
7	死亡失踪人员善后	▲	▲	▲	▲
8	事故责任认定	▲		▲	▲
9	事故非正常经费开支	▲	▲	▲	▲
10	事态控制效率	★	★	★	★
11	事态控制影响	▲	▲	▲	▲
12	整改措施	▲		▲	▲
13	责任追究	▲		▲	▲
14	处置协调	★	★	★	★
15	符合法规程度	▲		▲	▲
16	群众接受程度				
17	死亡家属处置满意状况				
18	处置保障				
19	媒体影响				
20	被追究责任人员影响				
21	管理规范度				

注：★—符合设定要求；▲—大部分符合；●—小部分符合；◎—不符合设定要求。

案例2 “淮渔养××号”重大海难事故应急处置

××年×月×日×时左右，××县××水产养殖场“淮渔养××号”船在东经121°19′，北纬32°42′黄海海面发生一起重大海难事故，造成13名养殖女工死亡，直接经济损失200余万元。

事故发生后，省委、省政府极为重视，省长、副省长作出重要批示。省政府副秘书长及省有关厅局负责同志抵达事故现场，指导抢险救灾工作和组织事故调查工作。×月×日，经省政府同意，成立了以省海洋与渔业局局长为组长，省总工会、省安监局、海事局、省海洋与渔业局和船舶所属市政府等单位相关负责同志组成的××省政府××县"淮渔养××号"重大海难事故调查组。事故调查组还聘请相关专家组成专家组协助事故调查，船舶所属市人民检察院也派员参与了事故调查。

1. 企业及船舶概况

××县××水产养殖场于2001年11月23日经县工商行政管理局登记注册，注册资金人民币30万元，为民营独资企业，主要经营范围为海、淡水产养殖、销售，甲某为企业法人代表，乙某（甲某丈夫）是该养殖场主要经营管理者。2001年9月，××县××水产养殖场与××县××水产养殖公司签订了滩涂租用协议，在××沙紫菜养殖场从事紫菜养殖。

××水产养殖场所属"淮渔养××号"船，船主时某。该船1996年12月由××市××船厂制造出厂，2002年底由一艘底拖网捕捞渔船改装后从事养殖生产，改装后经江苏省渔业船舶检验机构检验并取得安全证书。该船船长26.84m，船宽5.8m，型深2.45m，总吨位94t，主机功率198.6kW，钢质船。

2. 事故经过及施救、善后工作情况

×月×日中午，"淮渔养××号"船按照××水产养殖场负责人丁某的安排，从老坝港一水闸外口出海，去××沙紫菜养殖场准备运回紫菜养殖架，随船出海的除船长、轮机长外，还有16名养殖男工和22名养殖女工。×月×日下午3时许，该船到达紫菜养殖区域，待潮水退尽后，养殖人员陆续将紫菜养殖架装载在船的甲板上，紫菜竹架装载高度2m多。当日12时许开始涨潮后，船随潮水浮起，船长准备起锚返航，此时船上40人中有19名养殖女工从船右舷驾驶台前下方约600mm×600mm的舱口进入中舱休息，其余14名养殖男工和3名养殖女工在其他船舱休息，一养殖工位于后甲板，船长、轮机长和厨师位于各自岗位。起航约10分钟后，船体突然向右侧倾斜，大量海水从船右舷驾驶台前舱口灌入中舱，由于位于甲板中部的另外两个舱口被紫菜竹架压住，舱内人员无法及时逃生。此时船长紧急吹哨，其他人员分别都从其他船舱赶到甲板上进行施救，用刀具割断捆绑紫菜竹架的缆绳，并将紫菜竹架抛向海面。经过约20分钟紧急抢救，从甲板中部的两个舱门共抢救出6人。在施救过程中，船长用对讲机分别向在附近海域同行的3艘渔船呼救，接到呼救信息后的3艘船立即赶来营救。通过潜水泵抽出中舱存水，清理溺水人员，最后确认共有13人溺水窒息死亡，均为女性。事故船和营救船只于当日1时45分到港靠岸。

当日16时30分许，水产养殖场接到事故报告后，于16时40分左右将事故情况向镇政府报告，镇政府接到事故报告后，即向县委和县政府分别作了报告，同时立即组织了相关应急救援工作。县委、县政府接到事故报告后，主要领导和分管领导立即率领相关部门主要负责人及相关人员赶赴××港，迅速成立事故应急处理指挥部，组织救援和事故处理工作，同时向市政府报告。市长、副市长等市领导及有关部门负责人接报后先后赶往船舶所属镇，指挥事故处理工作。获得事故信息后的相邻县委、县政府也十分重视，派员赶赴船舶所属镇。

根据省委、省政府领导批示精神，在市委、市政府的直接指挥下，县委、县政府重点围绕救援、善后处理及稳定工作，迅速采取了切实有效的措施，并在各方的共同努力下，13具遇难者遗体于5月20日凌晨全部火化，事故补偿金支付到位，有关善后处理工作基本结束，遇难者家属情绪稳定，全县生产、生活秩序正常。

3. 事故性质和原因

1）事故性质

经过对事故原因的调查分析，认定这是一起由特殊的滩涂地形与异常增水形成的潮涌所引发、船长违规操作和管理不善造成的对自然灾害防范不当的责任事故。

2）事故直接原因

附近海域属浅海淤长型滩涂，地形地貌特殊，同是受东海前进潮波、黄海旋转波和苏北沿岸流的共同作用，海况极为复杂。若在某些海洋与气象条件吻合的条件下，经常在一些特殊地形浅海滩涂形成湍急潮涌。据查当时出事海域有0.54m的异常增水。事发现场地处竹根沙浅滩，事发时间处于涨潮中期，为一个涨潮期中流速最急的时段，已经具备了形成湍急潮涌的基本条件。同时，当时事发海域正好吹偏东风，对湍急潮涌的形成起到推波助澜的作用，并在“淮渔养××号”船舶所处地点，形成了湍急潮涌，造成船舶侧倾。

“淮渔养××号”船违反船舶操作规定，载人出海和在船舶甲板上装载大量的紫菜架，船舶在倾斜后，紫菜架发生移位，加剧了船舶侧倾。甲板紧急逃生舱口没有按照规章关闭，使得舱口进水，由于甲板中部两舱口被紫菜竹架堵死，又没有配备大副和大管轮，船舱进水后，人员逃不出，又延误了处置时间，造成船舱内人员死亡。

3）事故间接原因

（1）水产养殖场片面追求经济效益，忽视安全投入。虽然建立了安全生产规章制度，但不完善，尤其是缺乏主要负责人安全生产职责等；企业对员工的安全知识培训不到位；事故应急救援预案没有针对性，并且未组织演练；该养殖场与养殖船的安全管理有脱节现象，没有及时将政府和有关部门关于安全生产的有关要求传达到每条船、每个员工。

（2）县政府及渔业管理相关部门、企业所在地镇村，在渔业安全生产管理上做了大量工作，县渔业行政主管部门获得2004年度全市唯一的“渔业安全杯”优胜单位。但在渔业安全管理方面仍存在薄弱环节，尤其是对船舶违章载人和装载大量紫菜架的危险性认识不足，没有采取有针对性的果断措施。

（3）对附近海域特殊滩涂地形的海洋灾害发生机理，科研部门缺乏必要的研究，社会各界对此认识不足，各级政府和有关部门对此类灾害既没有预警预报手段，更缺少应对措施。

4. 事故认识和整改建议

（1）加强事故地区附近海域海洋灾害发生机理的研究。同时尽快开展事故地区沿海海洋灾害预警预报，并制定相应的应急预警预案。在事故易发或危险的滩涂养殖区域，设立危险警示标志。

（2）进一步明确安全生产责任制。各级政府及有关部门要进一步增强政治责任感，以对党、对人民高度负责的精神，切实担负起安全生产的监管责任。要经常检查督促安全工作责任的落实情况，做到一级对一级负责。要加快海域勘界步伐，消除海上作业安全生产监管盲区。要强化渔船船籍港安全生产管理制度的实施，对跨界生产的渔船，作业辖区政府有和船籍港所在地政府共同监管的义务，并就违规现象向船籍港所在地政府提出整改通知，使安全生产属地管理的原则和责任真正落实到位。

（3）进一步强化业主的安全生产主体责任。要督促业主依法履行安全生产职责，并按规定建立健全安全生产责任制，制定安全生产规章制度和操作规程；依法配足安全生产管理人员；强化对业主的培训和考核，使其具备相应的安全生产知识和管理能力；督促生产经营单位建立健全安全生产教育和培训制度、安全生产检查制度、危险作业管理制度等。每个业主的作业点都要明确1名安全信息员，及时掌握海上的风、浪、潮汐动态，确保安全。

（4）进一步加强对渔业船舶的监督和管理。海上作业属高危行业，加强船舶管理至关重要，要从船舶检验、改造、出港签证等诸多环节层层把关，严格管理。渔船检验部门对改造过的渔船和使用年限较长的渔船，要逐一进行清理，凡不符合稳定性和安全性要求的，或客观上为人货混装创造条件的，一律予以改正，并严禁出海。同时，要进一步严格船舶审验和出海人员签证管理。各有关监管部门要认真履行监管职责，进一步加大海洋渔业安全生产的监管力度，依法严格出海船舶审验和人员签证管理，切实落实安全监管措施。坚决打击和取缔“三无”或“三证不齐”的渔船出海。

（5）进一步加强海洋预报、预警、监测体系的建设。要加快全省专业化海洋气象预报体系建设，及时向出海渔民预报风、浪、潮汐情况。

（6）进一步加强安全生产教育、培训工作。要广泛深入开展安全生产教育，增强渔民（养殖工）的渔业安全生产意识，克服经验主义、麻痹侥幸心理。要分别不同层次，举办各种类型的培训班，进行安全生产法规和专业技术培训。海上养殖人员应当经安全技能培训合格后，方可从事海水养殖生产。凡不符合出海条件的，一律不得从事海水养殖工作。

编后语

为贯彻落实国务院《关于全面加强应急管理工作的意见》和《国家安全生产监督管理总局关于加强安全生产应急管理培训工作的实施意见》，提高交通运输安全生产领域应急管理人员和应急指挥人员的管理水平和专业技能，国家安全生产应急救援指挥中心组织交通运输部公路科学研究院、中国铁道学会安全委员会、农业部渔政指挥中心、农业部农机监理总站等单位专家，组成了《交通运输安全生产应急管理》培训教材编写组，在广泛调研的基础上，完成了教材编写和审定工作。

交通运输行业涉及领域众多，按生产环节可划分为交通建设领域、交通基础设施运行领域、客货运输领域和生产作业领域等；按运输方式可划分为公路、铁路、水路、民航、城市交通、管道、农业机械、渔业船舶等多个行业。限于编写时间有限，本书仅涉及交通基础设施运行、客货运输、生产作业三个领域，公路、铁路、农机与渔业船舶四个行业，有关交通建设领域和水路、民航、城市交通及邮政物流等暂未纳入本书。

《交通运输安全生产应急管理》共分六章。第一章简要介绍了安全生产应急管理内涵和我国安全生产应急管理体制、机制、法制，交通运输安全生产应急管理工作的基本概念、特点、任务和原则，分别对公路、铁路、农机和渔业船舶安全生产应急管理进行了总体概述。第二章至第五章分别详细论述了公路、铁路、农业机械和渔业船舶交通运输安全生产应急管理体系、预案与救援体系和应急处置技术。第六章以翔实的交通运输突发事件应急处置案例为基础，从突发事件过程、原因分析、应急处置措施和经验教训总结等方面，介绍了交通运输安全生产应急处置的完整过程。

《交通运输安全生产应急管理》由交通运输部公路科学研究院和相关单位的专家学者组成编写组集体编写，吕长清、毛庆祥、姚海、李彦亮、杜永东、吴春耕、刘启龙、燕科等专家参加了教材审定。

在本教材编写过程中，得到国家安全生产监督管理总局、交通运输部、铁道部、农业部及地方交通部门等单位领导、专家与同行的关心、支持和帮助，选择性地引用了国内外同行的部分研究成果，在此表示衷心感谢。

由于编写人员水平有限，书中错误和不足之处在所难免，敬请提出宝贵意见，以便在今后的教材修订工作中进一步修改、完善。

《交通运输安全生产应急管理》编写组

二〇一〇年五月

参考文献

[1] 国务院．国务院关于进一步加强企业安全生产工作的通知（国发［2010］23号）．

[2] 王德学．坚定信心突出重点、奋力攻坚，扎实推进安全生产应急管理工作的创新发展．在广东安全生产应急管理综合试点现场会暨全国安全生产应急管理工作会议上的讲话，2010年4月1日．

[3] 国务院．生产安全事故报告和调查处理条例（中华人民共和国国务院令第493号）．

[4] 国家安全生产监督管理总局．国家安全生产"十一五"发展规划［R］，2006.

[5] 国家安全生产监督管理总局．国家安全监管总局2009年工作要点［R］，2009.

[6] 王德学．理清工作思路，狠抓任务落实，努力开创安全生产应急管理工作的新局面．全国安全生产应急管理工作会议（北京），2006年8月31日．

[7] 国家安全生产应急救援指挥中心．安全生产应急管理［M］．北京：煤炭工业出版社，2007.

[8] 国务院．国家突发公共事件总体应急预案，2006.

[9] 黄典剑，李传贵．突发事件应急能力评价——以城市地铁为对象［M］．北京：冶金工业出版社，2006.

[10] 中华人民共和国突发事件应对法（中华人民共和国主席令第69号），2007.

[11] 国务院．国务院关于全面加强应急管理工作的意见（国发［2006］24号）．

[12] 国务院．国家安全生产事故灾难应急预案，2006.

[13] 国家安全生产监督管理总局．国家安全生产监督管理总局关于加强安全生产应急管理工作的意见（安监总应急［2006］196号）．

[14] 宋英华．突发事件应急管理导论［M］．北京：中国经济出版社，2009.

[15] 中华人民共和国交通运输部．公路交通突发事件应急预案（交公路发［2009］226号）．

[16] 广东省交通厅，长安大学．广东省交通行业突发公共事件应急管理［M］．广东：广东高等教育出版社，2007.

[17] 中华人民共和国铁路法（中华人民共和国主席令第32号），1990.

[18] 中华人民共和国消防法（中华人民共和国主席令第6号），2008.

[19] 中华人民共和国铁路运输安全保护条例（中华人民共和国国务院令第430号），2004.

[20] 农业部．农业部突发事件应急预案，2009.

[21] 农业部．农业机械安全监督管理条例，2009.

[22] 农业部．渔业船舶水上安全突发事件应急预案．2009.

[23] 中国渔政指挥中心．渔业船舶水上安全事故分类标准和报告统计制度研究课题报告［R］．2007.

[24] 国家安全生产应急救援指挥中心．危险化学品应急救援［M］．北京：煤炭工业出版社，2008.

[25] 国务院．地质灾害防治条例（国务院令第394号），2003.

[26] 汪宝山．地质灾害特征及影响［J］．四川气象，2003，(04)．

[27] 陈洪凯．后五年内公路地质灾害高发　增强震区公路防灾抗灾能力迫在眉睫［J］．中国交通报，2008，(6)．

[28] 赵永国．公路灾害防治与新技术应用［J］．中国科学技术出版社，2004.

[29] 中华人民共和国公路法（第二次修正）（中华人民共和国主席令第19号），2004.

[30] 中华人民共和国道路运输条例（中华人民共和国国务院令第406号），2004.

[31] 刘茂，吴宗之．应急救援概论——应急救援系统及计划［M］．北京：化学工业出版社，2004.

[32] 管强．中国突发事件报告［M］．北京：中国时代经济出版社，2009.

[33] 北京市突发公共事件应急委员会办联合课题组．突发事件典型案例汇编［M］．北京：中国人民大学出版社，2009.

[34] 河南省交通厅高速公路管理局，河南省公安厅高速交警支队．河南省高速公路恶劣天气交通管制

工作规范，2008.
[35] 公安部．高速公路交通应急管理程序规定，2008.
[36] 中华人民共和国安全生产法（中华人民共和国主席令第70号），2002.
[37] 中华人民共和国道路交通安全法（中华人民共和国主席令第8号），2003.
[38] 中华人民共和国道路交通安全法实施条例（中华人民共和国国务院令第405号），2004.
[39] 铁路交通事故应急救援和调查处理条例（中华人民共和国国务院令第507号），2007.
[40] 铁道部．铁路交通事故调查处理规则（铁道部令第30号），2007.
[41] 铁道部．铁路技术管理规程（第十版），2006.
[42] 国务院．国家处置铁路行车事故应急预案，2006.
[43] 铁道部．铁路地质灾害应急预案．
[44] 铁道部．铁路火灾事故应急预案．
[45] 铁道部．铁路防洪应急预案．
[46] 铁道部．铁路破坏性地震应急预案．
[47] 铁道部．铁路危险货物运输事故应急预案．
[48] 铁道部．铁路网络与信息安全事故应急预案．
[49] 铁道部．铁路处置群体性突发事件应急预案．
[50] 铁道部．铁路突发公共卫生事件类事件应急预案．
[51] 中华人民共和国防洪法（中华人民共和国主席令第88号），1997.
[52] 中华人民共和国防汛条例（中华人民共和国国务院令第441号），2005.
[53] 地质灾害防治条例（中华人民共和国国务院令第394号），2004.
[54] 破坏性地震应急条例（中华人民共和国国务院令第172号），2005.
[55] 国家破坏性地震应急预案（国办发［2000］53号）．
[56] 国家信息化领导小组关于加强信息安全保障工作的意见（中发［2003］27号）．
[57] 中华人民共和国计算机信息系统安全保护条例（中华人民共和国国务院令第147号），1994.
[58] 国家保密局．计算机信息系统保密管理暂行规定（国保发［1998］1号）．
[59] 铁道部．铁路计算机信息系统安全保护办法（铁道部令第10号），2003.
[60] 中华人民共和国刑法（中华人民共和国主席令第83号），1997.
[61] 中华人民共和国治安管理处罚法（中华人民共和国主席令第17号），2004.
[62] 中华人民共和国食品卫生法（中华人民共和国主席令第59号），1995.
[63] 中华人民共和国传染病防治法（中华人民共和国主席令第17号），2004.
[64] 突发公共卫生事件应急条例（中华人民共和国国务院令第376号），2003.
[65] 国内交通卫生检疫条例（中华人民共和国国务院令第254号），1999.
[66] 国土资源部铁道部关于加强铁路沿线地质灾害防治工作的通知（国土资发[2003]352号），2003.
[67] 铁道部．铁路200～250km/h动车组应急预案（试行）（铁运［2007］84号），2007.
[68] 铁道部．铁路暴风雨雪雾等恶劣天气应急预案（暂行）（铁运236号），2008.
[69] 铁道部．铁路突发大客流及旅客列车大面积晚点应急预案（暂行）（铁运237号），2008.
[70] 中国铁道学会安全委员会编委会．百年铁路安全大事记［M］．上海：上海交通大学出版社，2009.
[71] 铁道部．铁道部部长刘志军在“全国铁路运输安全工作座谈会上的讲话”，2009.
[72] 农业机械安全监督管理条例（中华人民共和国国务院令第563号），2009.
[73] 中国渔政指挥中心．渔业船舶水上生产安全事故与自然灾害事故的区分标准研究课题报告［R］，2008.
[74] 中国海上搜救中心．搜寻救助行动终（中）止管理规定，2008.

图书在版编目（CIP）数据

交通运输安全生产应急管理/国家安全生产应急救援指挥中心组织编写. --北京：煤炭工业出版社，2010

国家安全生产应急救援培训教材

ISBN 978-7-5020-3696-6

Ⅰ.①交… Ⅱ.①国… Ⅲ.①交通运输业-安全生产-生产管理-技术培训-教材 Ⅳ.①X951

中国版本图书馆 CIP 数据核字(2010)第 115920 号

煤炭工业出版社 出版
（北京市朝阳区芍药居 35 号 100029）
网址：www.cciph.com.cn
煤炭工业出版社印刷厂 印刷
新华书店北京发行所 发行
*
开本 787mm×1092mm 1/16 印张 17
字数 395 千字
2010 年 8 月第 1 版 2010 年 8 月第 1 次印刷
社内编号 6506 定价 50.00 元
